파브르 곤충기

J.H.Fabre Souvenirs Entomologiques

J. H. 파브르 지음 / 정석형 옮김

두레

만년의 파브르

파브르가 사랑한 방투우 산 기슭

쇠똥구리가 쇠똥을 굴려 가고 있다.

생 레옹 마을

파브르가 채집한 곤충들 표본(부분)

파브르 곤충기 지도

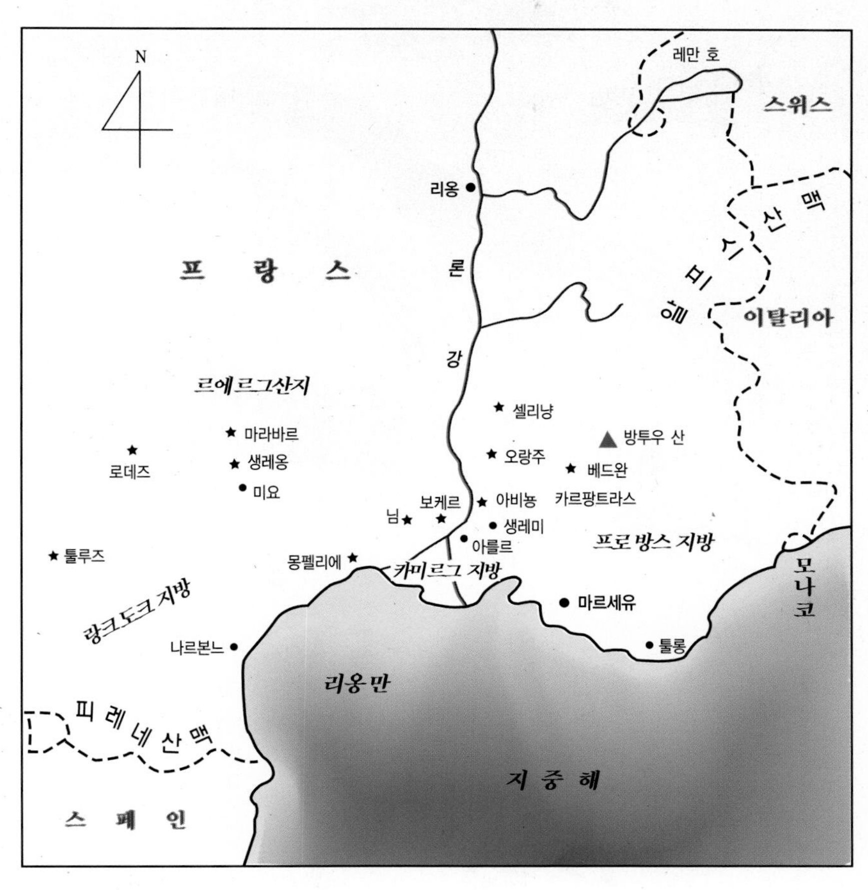

★표는 파브르와 관계가 있는 곳

알마스가 있는 곳

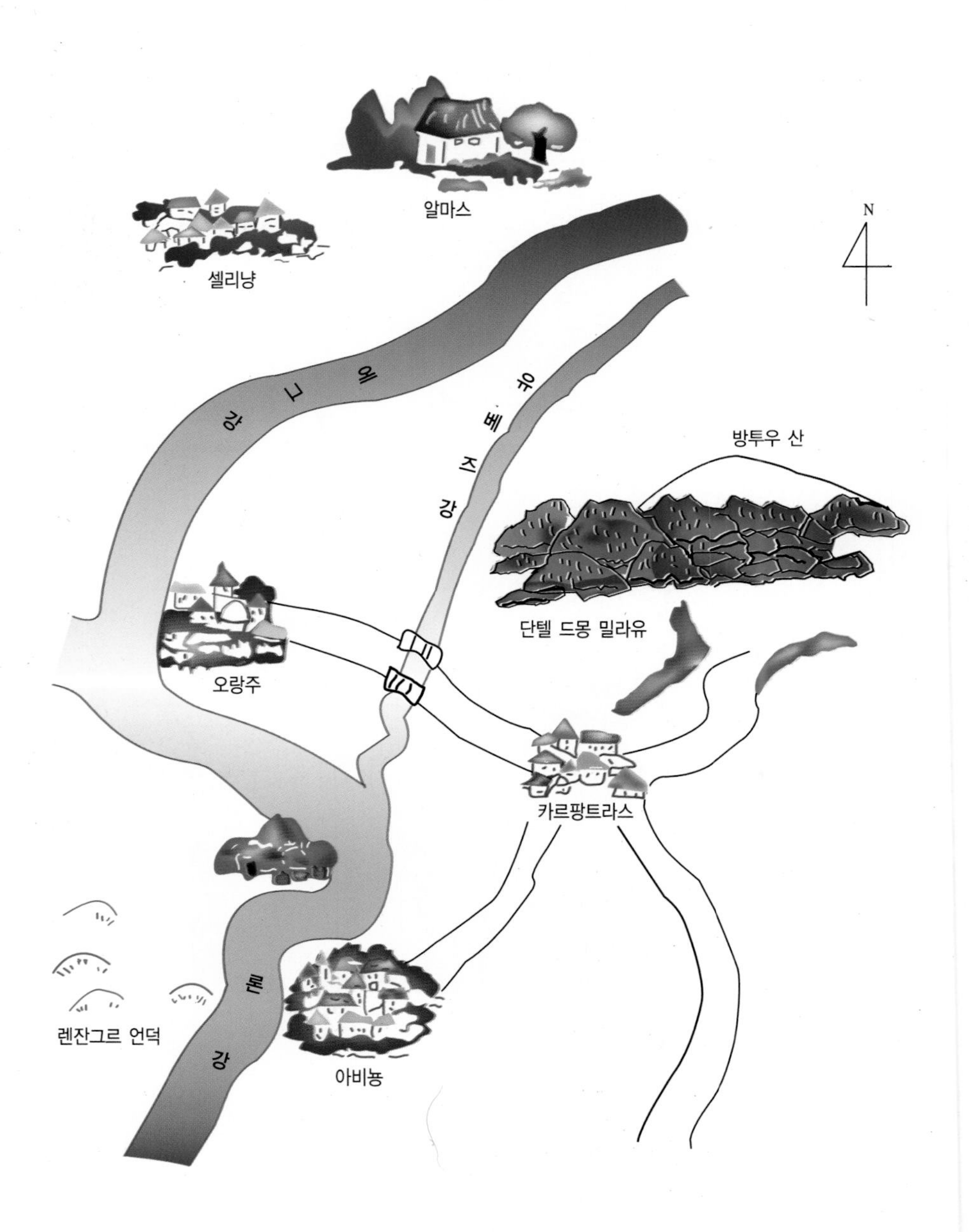

파브르 곤충기

J. H. 파브르 지음
정석형 옮김

두레

머리말

나는 마침내 『곤충기』의 결정판을 내기로 결심했다.

이제 나는 나이가 많이 들어 몸도 쇠약해지고 시력도 약해졌으며 움직이는 것조차 어렵게 되었다. 지금 나는 모든 연구 수단을 잃어버린 상태가 되었으며, 따라서 비록 나의 생명이 연장된다 할지라도 앞으로 이 책에 무엇인가 더 보탠다는 것은 생각할 수 없게 되었다.

이 책의 첫째 권은 1879년에, 마지막 제10권은 1910년(보완한 결정판을 말하는 것 같음. 제10권의 초판은 1907년에 간행되었다 - 옮긴이)에 간행되었다. 최근 발표한 두 개의 독립된 연구, 즉 '개똥벌레'와 '양배추 흰나비의 애벌레'는 가까스로 마무리되어 제11권의 첫 초석이 될 수 있었다.

내가 개척자의 한 사람으로 길을 열어온(곤충학의) 중요한 문제들에 대해서는 40년 가까운 긴 세월에 걸쳐 많은 연구가 이루어지고 축적되고 있다. 그러나 본능에 관한 나의 관찰의 견실성을 근본적인 결론으로부터 조금이라도 흔들어 놓은 연구는 내가 아는 한 아직 하나도 없다.

특히 지성을 가지고 곤충의 많은 행동을 설명할 수 있다고 믿었던 진화론은 그 주장을 조금도 증명해 주지 못했다고 나는 생각한다. 본능의 영역은 우리들의 모든 학설이 빠뜨려 보지 못하고 있는 법칙에 의해 지배당하고 있기 때문이다.

그러므로 내가 항상 주장하고 옹호해 왔던 생각을 나는 지금도 움직일 수 없는 신념으로 갖고 있다.

이 책을 출판하는 과정에서 나는 나의 아들 폴 파브르와 협력하여 앞의 판에서 비판받았던 결함을 많은 노력을 들여 메꾸어 넣었다. 이번 판에는 이 책이 연구대상으로 삼았던 대부분의 주인공들과 그들의 현장모습을 보여주는 2백 장 이상의 사진을 실었다. 그 많은 사진들은 자연 속에서 살아 있는 그대로를 찍은 것이다.

그러나 그 가운데 조금은 자연을 재구성하여 만들지 않을 수 없었다. 자연 상태에서 직접 사진을 찍는 것이 곤란했기 때문이다.

끝으로, 나의 제자 중에 가장 헌신적인 사람이며 나의 전기작가이고 또한 친구이기 도 한 J. V. 르그로 박사가 이 책을 완성시키기 위해 색인을 만들어 주었음을 여기 밝힌다. 그것은 대단한 작업이다. 독자는 이 색인을 통해 원하는 자료를 직접 찾아 볼 수 있을 것이다. 이것은『곤충기』의 진짜 분류목록이 될 것이다. 그리고 여러분은 이 방대한 전체표를 한 눈에 보면서 동시에 연역하고 귀납함으로써 곤충들의 관계가 얼마나 끝없이 이어지고 있는가를 알게 될 것이다.

내 생애의 유일한 위안이었던 이 연구를 중지할 수밖에 없게 됨에 실로 안타까움을 금할 수 없다. 곤충의 세계는 모든 종류의 사색을 위한 양식으로 가득차 있다. 만약 내가 다시 태어나거나 긴 생애를 몇 번인가 다시 살 수 있다 할지라도 곤충에 대해 흥미를 잃는 일은 없을 것이다.

J. H. 파브르

글·실·는·순·서

1. 방투우 산에 올라

프로방스 지방에 있는 방투우 산은 프랑스에서 가장 높은 산이다. 대머리처럼 민둥산인 이 산은 허허벌판 한가운데 우뚝 솟아 있으며, 드넓은 하늘 아래서 대기를 마음껏 호흡하고 있다. 그리고 온대 · 한대 식물이 명확히 나뉘어져 자라고 있다. 그러므로 식물을 연구하는 데는 더할 나위 없이 좋은 산이다.

산기슭에는 지중해 지방에서나 흔이 볼 수 있는 식물 즉, 추위를 몹시 타는 올리브나무, 그리고 사향초 따위의 향그러운 냄새를 풍기는 식물들이 무성하게 자라고 있다. 이와는 반대로, 일 년 중 반 년 동안이나 눈에 덮여 있는 산꼭대기에는 멀고 먼 북쪽나라 끝에서 옮겨다 심은 듯한 한대지방의 식물들이 숲을 이루고 있다.

이 산을 오르노라면 한나절 동안에 남쪽에서 북쪽으로 먼 여행을 하는 도중에나 볼 수 있는 가지각색의 식물들을 만날 수 있다. 온갖 종류의 꽃과 나무를 보는 것은 언제나 신기하고 재미있는 일이 아닐 수 없다. 그래서인지 나는 이 산을 스물 다섯 번이나 올랐지만, 한 번도 싫증은 느껴본 적이 없다.

1865년 8월, 나는 25번 째의 등산길에 올랐다. 일행은 모두 여덟 명, 그중 셋은 식물생태를 연구하기 위해서이고 나머지 다섯 명은 그냥 등산을 즐기는 사람들이었다. 산마루턱에 올라 서니 눈 아래 펼쳐지는 장엄한 경치에 온 정신을 빼앗길 지경이었다.

방투우 산의 모습은 한 마디로 말해서 길에 깔아 놓은 자갈더미같은 산이라고 하는 것이 적합할 것이다. 높이가 2000미터나 되는 하얀 돌무더기 산을 생각해 보라. 그리고 그 하얀 석회암 위에는 검푸른 숲들이 여기 저기 자리잡고 있다.

오르막길은 처음부터 돌투성이 길이다. 비교적 순탄한 길이라도 바로 엊그제 돌멩이를 깔아 놓은 길보다 더욱 험할 지경이다. 이런 비탈지고 험준한 돌 길이 1912미터의 높이에까지 계속 이어지고 있다.

우리들은 새벽 4시에 출발했다. 식량과 도구 등을 꾸려 나귀 등에 실었다. 안내인 트리부레가 앞에서 나귀와 노새를 이끌고 걸어갔다.

공기가 차가워지니까 벌써 올리브나무며 닥나무들의 모습이 보이지 않았다. 그리고는 포도와 살구나무, 좀 더 오르면 뽕나무, 호두나무가 차례로 없어지고 회양목이 빽빽한 곳이 나타나는데, 여기가 나락을 심을 수 있는 땅으로는 마지막이다.

이제부터는 떡갈나무가 무성한 경계선에 들어서는 것이며 산 박하가 많은 곳이다. 일행은 물씬물씬 풍기는 산 박하 냄새에 취했는데, 노새 등에 실은 치즈(이 치즈는 산 박하 양념을 넣고 만들었다)가 군침을 삼키게 했다.

나는 다음 휴게소까지 시장기를 면하는 방법을 일행에게 가르쳐 주었다.

"이런 때는 감제풀(시금초의 한 종류)을 씹는 게 제일이야."

동료들은 그저 우스개 소리로 들었는지 웃기만 하더니 얼마 안가서 모두 감제풀을 뜯기에 바빴다. 이 새큼한 감제풀을 씹으며 떡갈나무 숲이 우거진 지대에 이르렀다. 처음에는 드문드문 땅 위를 덮고 있던 짝달막한 떡갈나무들이 이윽고 무성한 수풀로 변하고 나중에는 굵은 줄기를 뻗은 아름들이 삼림지대로 변했다.

이 삼림지대는 멀리서 보면 마치 방투우 산의 중턱을 동여맨 허리띠와 같아 보였다. 한 시간 넘게 걸려 이곳을 넘고 나니 키가 짜달만한 떡갈나무가 드문드문 서 있었다.

이제야 일행은 한숨을 내쉬었다. 드디어 등산클럽이 있는 샘터에 도달한 것이다. 땅속에서 솟아 나오는 물줄기를 떡갈나무로 만든 물통에 받았다.

산에서 양을 치는 목동들이 멀리서 양떼들에게 물을 먹이려고 몰고 오는 것이 보였다. 물의 온도는 7도, 찌는듯이 무더운 한여름에 땀을 줄줄 흘리는 우리들에게는 더할 나위없이 반가운 청량제였다.

부드럽게 깔린 이불처럼 풀밭 위에 깔개를 펴고 짐을 뒤져 음식물을 꺼내 놓았다. 마늘을 다져서 양념한 염소의 다릿고기가 구수한 냄새를 피워 입맛을 돋구었다. 그밖에 연한 닭고기와 부드러운 식빵, 산 박하향이 나는 별미의 치즈, 아를르의 소세지 등도 식탁을 장식했다.

"아, 정말 아름다운 추억으로 남을 거야."

하고 이야기하면서 일행은 즐겁게 먹기 시작했다. 처음 얼마동안은 입에 가져가기가 바쁠 정도로 탐스럽게 먹어댔다.

"이렇게 먹다가는 오늘 저녁으로 끝나고, 내일 아침은 굶겠는걸……."

우리들은 날개가 돋친듯이 없어져가는 염소 고기나 식빵을 바라보며 이런 말을 했다. 무척 즐거운 식사였다. 허기를 어지간히 채우고 나자 모두들 약속이나 한 듯 팔을 베고 큰 대 자로 누워 하늘에 시선을 던졌다.

이렇게 한 시간 가량 쉬었을 때, "출발!"하고 안내인이 외치는 소리가 들렸다. 안내인은 짐 실은 나귀와 노새가 쉽게 넘을 수 있는 길을 택해서 남쪽을 향하여 걷고 있었다. 그는 우리들을 해발 1550미터 지

점에 있는 오두막집에서 기다리겠다고 했다. 그 집은 오늘밤 우리들을 재워 줄 단 하나밖에 없는 돌로 지은 집이다.

우리들은 여기서 다시 오르기 시작하여 봉우리를 타고 꼭대기까지 올라갔다가 해질 무렵 산 마루를 거쳐 이 오두막집에 다시 돌아올 예정이었다. 마침내 산 봉우리에 올라왔다.

남쪽은 비교적 경사가 완만하게 멀리까지 이어져 있어서 우리들이 막 올라왔던 길을 내려다 볼 수 있으나, 북쪽으로 눈을 돌리면 무섭도록 웅대한 경치가 정신을 아찔하게 했다. 어떤 곳은 절벽이 병풍처럼 둘러쳐져 있고 약 1500미터나 계속되는 낭떠러지가 있는 곳도 있었다.

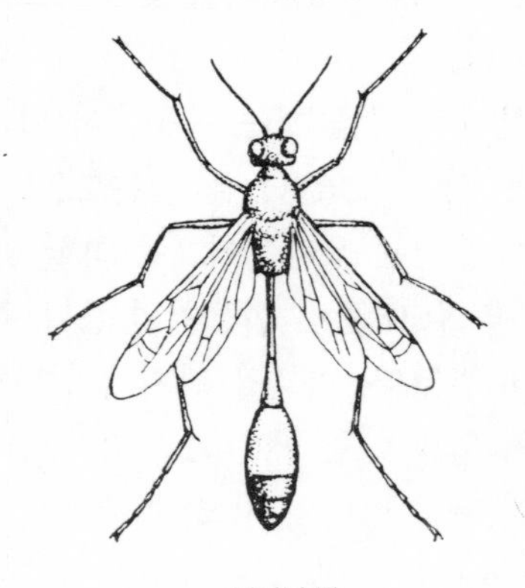
나나니 벌

돌을 던지면 멈출 줄을 몰랐다. 멀리 눈 아래 펼쳐져 있는 골짜기의 밑바닥에까지 굴러 내려갔다. 일행 중 누군가가 굴린 바위가 무서운 속도로 떨어지고 있을 때, 나는 널찍한 바위 틈에서 나나니벌을 발견했다.

평지에서는 길 옆이나 언덕 비탈에 항상 혼자 있는 것을 보곤 했는데, 이 방투우 산에서는 한 개의 바위 밑에 몇 백 마리씩 무더기로 있는 것이 아닌가.

어째서 이 벌들은 한 군데 이렇게 많이 모여 있는지 조사해 보려고 할 때, 아침부터 궂었던 하늘이 비 섞인 검은 구름으로 뒤덮였다. 이거 큰 일 났구나!하고 허둥지둥하는 사이에 우리들은 비 섞인 짙은 안개 속에 싸여서 한 치 앞도 내다 볼 수 없게 되었다. 엎친 데 덮친 격으로 일행 중 나와 가장 친한 드라쿠르가 혼자서 진귀한 고산식물을 찾으러

방투우산의 허리

간 것이 아닌가.

우리들은 있는 힘을 다해 큰 소리로 불러 보았으나 아무 대답도 없었다. 우리들의 고함소리는 소용돌이치는 짙은 안개 속으로 사라져 버렸다. 대답이 없으니 찾으러 나설 수밖에 도리가 없었다. 안개로 시야가 가려 지척을 분간할 수 없었기에 손에 손을 붙잡고 나섰다.

이 부근의 지리를 잘 알고 있는 사람은 나 혼자뿐이었다. 그래서 내가 맨 앞에 서서 몇 분 동안 고함을 치며 부근을 찾아 봤으나 헛수고였다. 어쩌면 그 친구는 방투우 산의 변화무쌍한 날씨를 잘 알고 있을 지도 몰랐다. 그래서 구름이 밀려오는 것을 보고 재빨리 오두막집으로 피했을 것이다.

그렇다면 우리들도 될수록 빨리 그 곳으로 가야 했다. 비가 사정없이 쏟아지니 빗물은 옷을 다 적시고 살갗에까지 스며드는 것 같았다. 바지는 마치 살가죽처럼 다리에 착 달라붙었다.

그런데 또 한가지 큰 일이 생겼다. 드라쿠르를 찾으려고 왔다 갔다 하는 사이에 방향감각을 잃어 버린 것이다. 어느 쪽이 남쪽 비탈인지 통 알아낼 수 없었다. 일행들의 의견도 제각각이어서 분명치가 않았다. 결국 여러 사람 중에서 한 사람도 자신있게 말하는 사람은 없었다. 우리들 주위에는 잿빛 안개뿐이었다.

발 밑에는 두 갈래로 시작되는 비탈길이 있었다. 어느 쪽으로 가야 할까? 어느 쪽이든 결정해서 빨리 내려가야만 할 텐데……. 만약 잘못해서 북쪽으로 가게 된다면 아까 보았던 그 아찔한 절벽이 앞을 가로막을 것이 아닌가. 거기서 떨어지면 우리들은 산산조각날 것이며 누구 한 사람 목숨을 건지기도 힘들 것이다.

나는 눈 앞이 캄캄해지고 정신이 아찔하여 어떻게 해야 할 지 갈피를 잡을 수 없었다.

"여기서 그대로 기다리고 있자. 비가 개일 때까지 기다리는 수밖에

도리가 없잖아."
하고 모두들 체념하고 말았다. 그렇다고 나마저 그러자고 할 수는 없었다. 비가 언제 그칠 지도 모르고 몸은 한기 때문에 떨고 있었다. 이대로 여기서 밤을 새운다면 우리들은 틀림없이 얼어 죽을 것이다.

방투우 산에 등산하기 위해 일부러 파리의 동물원에서 온 내 친구 베르나르는 그러나 조금도 당황하는 빛이 없었다. 나라면 이 곤란한 지경에서 벗어나게 할 수 있으리라고 꽉 믿고 있는 모양이었다.

나는 어쨌거나 다른 사람들을 이 곤경에서 구해 줘야 했기에 베르나르만을 옆으로 데리고 가 내 심정을 사실대로 털어 놓고 의논하기 시작했다. 동서남북을 가리키는 나침판이 없기 때문에 우리들은 머리 속의 '생각하는 나침판'을 이용하여 이 곤경을 돌파하지 않으면 안 된다고 생각했다.

"구름이 몰려왔을 때에"

하고 내가 말을 시작했다.

"분명히 남쪽에서부터였지?"

"그래! 틀림없이 남쪽이었어."

"그러면 바람은 별로 느낄 수 없었지만, 빗줄기는 남쪽에서 북쪽으로 약간 기울어져 쏟아지지 않았나?"

"그래, 바로 그랬어. 그렇다면 결론은 났잖아! 비가 내리는 쪽으로 내려가면 되겠는데."

"나도 그렇게는 생각했지만 분명치 않은 데가 있어. 바람이 어느 쪽에서 불어왔다고 단정하기에는 빗줄기가 너무 약하지 않았나 하는 거야. 그리고 또 산 꼭대기에 구름이 감돌 때 흔히 있는 일이지만, 바람이 한 바퀴 돌아서 불어오는 경우가 있거든. 그러니까 처음과 다른 수도 있잖아?

"하긴 그렇기도 해, 그러면 어쩌지?"

"만약 바람의 방향이 바뀌지 않았다면, 우리들의 몸은 한 쪽이 더 젖었을 거야. 우리들이 방향을 바꾸지만 않았다면 비를 한 쪽으로만 맞았을 것이고, 만일 바람의 방향이 바뀌었다면 어느 쪽이고 마찬가지로 젖었을 거야. 어디 한 번 조사해 보고 결정하기로 하지."

다른 친구들도 이 말을 이해한 모양이었다. 젖은 옷을 만져 보았다. 그러나 워낙 옷이 흠뻑 젖어서 웃옷만 만져 봐서는 소용이 없었다. 양 옆구리에서 바지에 이르는 부분이 중요했다.

나는 사람들이 오른쪽 배보다 왼쪽 옆구리가 훨씬 더 젖었다고 하는 말을 들었을 때 뛸듯이 기뻤으며 그제서야 마음이 놓였다. 바람의 방향이 바뀌지 않았으니까 비가 내리는 쪽으로 내려가자!

다시 손에 손을 맞잡은 다음 서로 끌고 끌리면서 내려가기 시작했다. 물론 나는 맨 앞에 서고 베르나르는 맨 뒤에 섰다.

출발 전 나는 베르나르에게 물었다.

"어때, 내려가 볼 자신있어?"

"괜찮을 거야. 나도 뒤에서 따라갈께."

이리하여 우리들은 불안한 미지의 세계로 소경처럼 뛰어들게 되었다.

가파른 비탈길이어서 조심 조심 20보 정도 내디뎠을 때였다. 다행히도 발 끝에 돌무더기 길이 밟혔다. 그렇게도 간절히 바라던 돌무더기 길이 발 아래 있었던 것이다. 우리들 일행에게 툭툭 채이는 이 돌무더기 소리만큼 감격적인 음악은 다시 없을 듯했다.

얼마 안 가서 우리들은 떡갈나무 지대 윗쪽에 이르렀다. 산마루보다 더 어둠컴컴했다. 새우같이 허리를 구부리고 나서야 발 디딜 곳을 찾을 수 있을 정도였다. 이토록 캄캄한 산 속에서 숲속에 묻혀 있는 오두막집을 어떻게 찾는단 말인가?

사람들이 자주 다니는 곳에 잘 자라는 명아주와 쐐기풀이 내 길잡이

방투우산에 있는 오두막집

였다. 걸으면서 한 손으로는 둘레를 더듬어 보았다. 그러다가 쐐기풀에 스치기라도 하면 순간적으로 따끔거리는 통증을 느꼈다. 하지만 이 쐐기풀이야말로 우리의 등대가 아닌가.

맨 뒤에서 따라오는 베르나르도 가시에 찔리면서도 연신 손을 내 저어 방향을 확인하고 있었다. 다른 일행들은 이런 방법을 반신반의하는 듯했다. 하지만 식물의 성질과 그 분포가 좋은 길잡이가 될 수 있다고 굳게 믿고 있는 베르나르는 내 의견에 찬성하여 우리들의 방법을 설명해 주기도 하고 용기를 잃은 친구들에게 낙심하지 말라고 격려하기도 했다. 여러 친구들도 결국 베르나르와 내 의견을 따르게 되었다.

쐐기풀의 수많은 그루터기를 더듬으면서 얼마 쯤 내려온 일행은 마침내 오두막집에 닿을 수 있었다.

행방불명되었던 드라쿠르도, 짐 실은 안내인도 용케 비가 내리기 전에 일찌감치 이 오두막집에 와 있었다. 불꽃을 토해내며 타는 장작불에 젖었던 옷을 말려 입은 우리들은 다시 명랑해졌다.

오두막집은 장작이 조금만 덜 타도 연기로 가득찼다. 그래서 신선한 공기를 마시려면 코가 땅에 닿도록 몸을 굽혀야만 했다. 연기 때문에 눈물과 콧물이 계속 흐르고 재채기를 주체할 수 없어서 우리들은 잠시도 눈을 붙일 수 없었다. 새벽 2시, 우리들은 두 다리를 쭉 뻗어 보다가 벌떡 일어났다. 산마루에 올라가서 아침에 솟아오르는 해를 구경하기 위해서였다. 비가 그쳐 하늘은 검푸르도록 맑았다. 좋은 날씨가 계속될 것 같았다.

산에 오르는 도중 몇 사람은 헛구역질을 했다. 공기가 희박한 탓도 있겠지만 피로가 쌓였기 때문일 것이다.

고도계의 수은주는 140밀리미터를 가리켰다. 우리가 호흡하던 평지의 공기보다 5분의 1이나 희박하다는 것을 말해 주는 것이다. 따라서 산소도 5분의 1은 준 셈이다.

오르는 길은 발걸음도 무거웠을 뿐만 아니라 호흡마저 가빴다. 이윽고 우리들은 아무렇게나 세워 놓은 허술한 예배당 안으로 쓰러질 듯이 들어갔다.

조금 지나자 해가 솟아오르기 시작했다. 한없이 펼쳐진 벌판과 지평선 위에 방투우 산은 세모꼴의 그림자를 드리우고 있었고 그림자 주위는 짙은 보라빛이 어른거리고 있었다.

남쪽과 서쪽에는 안개 낀 벌판이 계속되었다. 해가 좀 더 높이 솟으면 우리들은 이 벌판을 가로질러 은실을 길게 늘어뜨리며 흐르는 론강을 볼 수 있을 것이다.

북쪽과 동쪽, 우리들의 발 밑에는 솜같은 흰 구름바다가 끝없이 펼쳐져 있고, 높고 낮은 산 봉우리들은 바다에 뜬 섬인 양 외로이 서 있었다. 알프스의 먼 산봉우리에서는 백설이 아침 햇살에 눈부시게 반짝이고 있었다. 우리들은 요술쟁이처럼 시시각각으로 변하는 장엄하고도 아름다운 광경을 마음에 담은 채 길을 떠나야만 했다.

곤충들이 우리를 부르고 있었기 때문이다.

2. 수술 잘하는 사냥꾼 벌

나를 사로잡은 한 권의 책

어느 겨울밤, 집안 식구들은 모두 잠자리에 들었지만, 나는 여전히 불씨가 남은 난로 옆에 앉아서 책을 읽고 있었다. 중학교 물리교사로, 과학선생으로 어떻게 살아가야 할 것인지 하는 걱정을 애써 지우려고 책에 빠져 있었다.

나는 대학의 학사 자격증도 몇 가지 갖고 있고 25년간 일해오면서 공적을 인정받기도 했지만, 부자집의 말 관리인이 받는 것에도 못 미치는 연봉 1천 6백 프랑을 받고 있었다. 당시의 사회가 교육에 관해서는 너무 인색했기 때문이다. 또 관청의 규칙에 얽매인 까닭도 있었다. 나는 책을 읽는 잠깐만이라도 구차스런 생활의 고통을 잊어버리고 싶었다. 좋아하는 책을 읽고 있으면 그 시간만은 즐거웠기 때문이다.

그때 어떤 경위로 그 책을 읽게 되었는지는 기억이 희미하지만 나는 곤충에 관한 책을 손에 잡고 있었다. 책을 펼쳐 보았다.

그것은 당시 의사이며 박물학자이고 또 곤충학계의 원로인 레옹 뒤프르(1780~1865)가 비단벌레를 잡아 먹는 노래기벌의 습성에 대해 쓴 책이었다. 그러나 내가 곤충에 흥미를 갖기 시작한 것은 그때가 처음은 아니었다.

어린 시절을 돌아보면 나는 딱정벌레의 딱딱한 날개며 산호랑나비의 아름다운 날개 빛깔에 정신이 팔렸던 시절을 눈앞에 선명하게 떠올리곤 한다. 하지만 마음은 간절했지만 열의를 불태울 만한 계기가 없었다. 그러던 중 우연히 읽게 된 레옹 뒤프르의 책이 그런 계기를 마련해 주었다.

희망의 빛이 가슴 속까지 스며들어 왔다. 그야말로 정신의 눈을 뜨게 해 준 것이다. 예쁜 갑충류 따위를 코르크 상자 속에 진열해 놓고 각기 이름을 붙여서 분류하는 것만이 곤충학의 전부는 아니었다. 곤충의 몸의 구조나 활동 모습을 깊이 연구하는 등 좀 더 재미있는 일이 있었다. 나는 그런 놀라운 사실을 보고 가슴 두근거리며 읽었다.

그로부터 얼마 안 되어 부지런한 자에게는 그만한 보답이 돌아온다는 진리에 따라 나는 곤충학에 관한 첫 연구결과를 발표하게 되었다. 이것은 레옹 뒤프르의 연구를 더 깊이 파고 들어간 것이었다. 이 논문으로 나는 프랑스 아카데미로부터 학술상을 받았고 또 실험생리학상도 타게 되었다. 하지만 그보다 더 기쁘고 반가웠던 것은 나를 지도해 준 뒤프르 선생한테서 칭찬과 격려가 담긴 글을 받았던 것이다.

그런데 레옹 뒤프르 선생의 책에는 무엇이 씌어 있었을까? 내 연구의 출발이 된 뒤프르 선생의 논문을 여기 소개하는 것은 앞으로 내 이야기를 이해하는 데 도움이 된다고 생각하기 때문이다.

레옹 뒤프르의 연구

"내가 지금부터 쓰려는 사실만큼 진귀하고 색다른 것을 나는 지금까지의 곤충에 관한 책에서 읽은 적이 없다. 이 곤충은 비단벌레노래기벌이라고 하는 벌의 한 종류인데, 비단벌레 중에서도 제일 아름다운 것을 먹이로 잡아 자기 새끼를 기르고 있다. 내가 이 벌을 연구하면서 얼마나 깊은 감명을 받았는가 이제 여러분에게 알려 주려고 한다.

1839년 7월, 시골에 살고 있던 한 친구가 그 당시 내 곤충채집 상자에는 없었던 두줄얼룩비단벌레를 두 마리나 보내왔다. 그는 이 곤충과 함께 편지를 보내왔는데, 이 편지에서 그는 등에같이 생긴 두 마리의 벌이 날아다니다가 이 아름다운 비단벌레를 그의 옷과 땅 위에 떨어뜨렸다고 쓰고 있었다.

그로부터 1년 뒤인 1840년 7월, 의사인 나는 진찰을 하기 위해 이 친구네 집을 가게 되었다. 작년에 보내준 곤충 이야기가 나왔고 나는 그때의 상황이 어땠는지 물어 보았다.

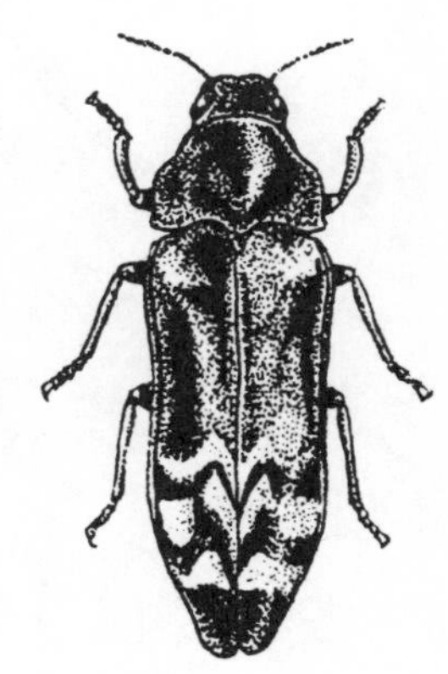
두줄얼룩비단벌레

그리고 계절도 장소도 같았기 때문에 나도 그런 곤충을 얻을 수 있겠다고 기대했으나, 날씨가 흐리고 서늘해서 벌들이 날기에는 적당치 않았다. 그래도 혹시나 하고 우리들은 뜰에 나가 길 한가운데서 지켜 보기로 하였다. 그러나 아무것도 날아다니지 않았다. 할 수 없이 우리들은 구멍을 찾아 보기로 했다.

새로 파낸 부드러운 흙이 무더기로 쌓여서 작은 두더지 무덤같이 된 곳이 내 주의를 끌었다. 그 곳을 파헤쳐 보니 땅 속으로 깊이 들어간 구멍이 보였다. 조심 조심 삽으로 파헤치다 그렇게도 찾았던 비단벌레의 딱딱한 날개가 조각 조각 부서져서 반짝이는 것을 볼 수 있었다.

그리고 얼마 안 되어 부분 부분이 떨어져 나가지 않고, 몸 전체가 고

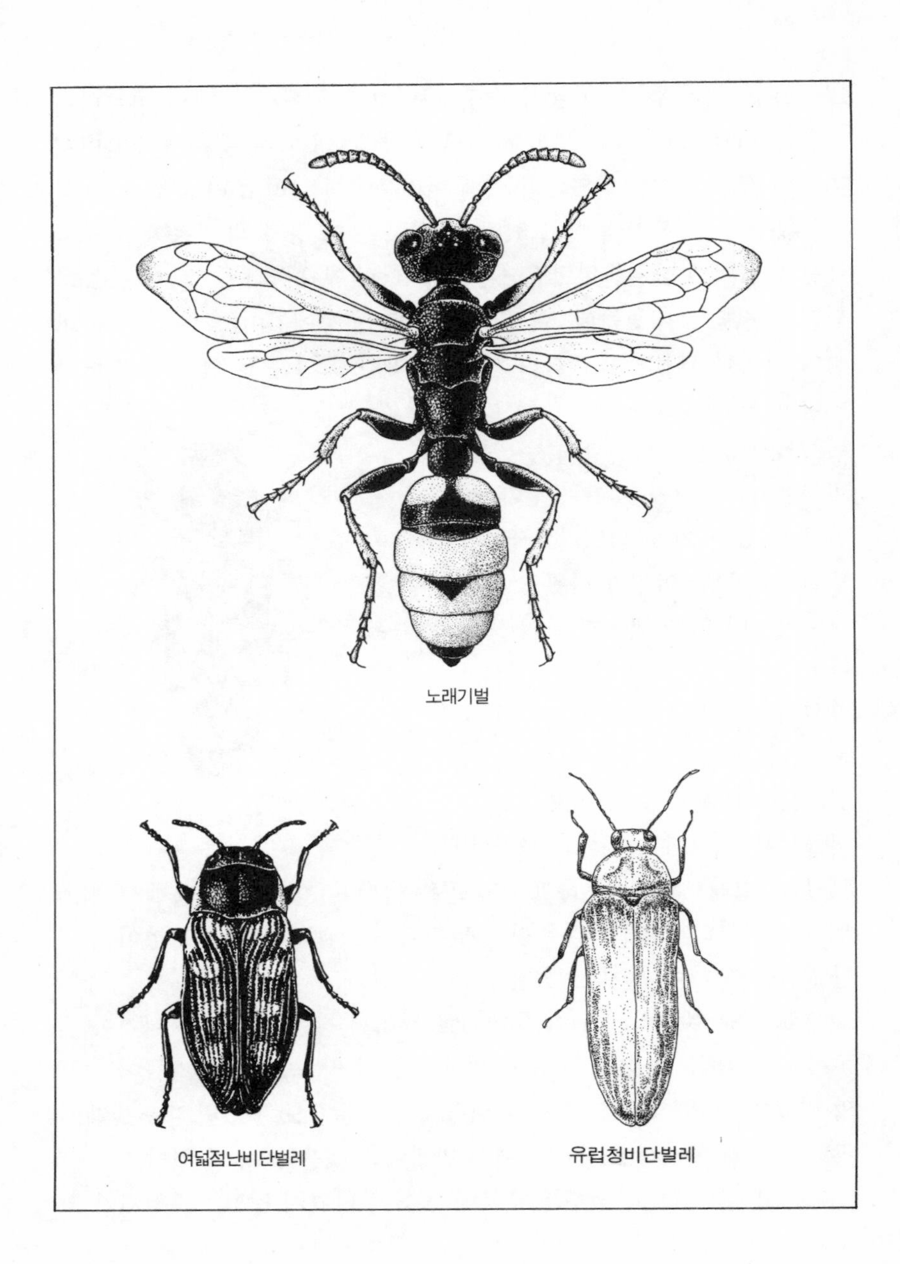

노래기벌

여덟점난비단벌레

유럽청비단벌레

스란히 남아 있는 또다른 비단벌레를 발견했다. 그것은 한 마리가 아니고 서너 마리였으며, 금빛, 에머랄드빛으로 반짝이고 있었다. 이렇게 손쉽게 얻으리라고는 미처 생각지 못했었다. 그러나 이 정도는 앞으로 얻게 될 기쁨과 흥미에 비하면 아무것도 아니다.

파헤친 흙더미 속에서 한 마리의 벌이 나타났다. 나는 그 놈을 달아나지 못하게 잡았다. 이 놈이 비단벌레를 잡아온 벌인데 비단벌레들 틈에서 달아나려고 했던 것이다. 이 땅구멍벌은 내가 오래 전부터 알고 있는 벌로서 스페인이나 쌍 스베 지방에서 지금까지 2백 번 가까이 보았던 비단벌레노래기벌이다.

하지만 그런 정도로 만족할 수는 없었다. 노래기벌이 땅 속에 만든 벌집에 비단벌레를 끌어들인 것은 무엇 때문일까? 자기 애벌레의 먹이로 주기 위해서였을까?

그렇다면 어디엔가 그 애벌레가 있을 것이다. 나는 이만큼 먹이를 풍족하게 쌓아 놓고 먹는 비단벌레노래기벌의 애벌레를 손에 넣고 싶었던 것이다. 처음 보았던 구멍을 다시 조사하고 다시 다른 구멍을 파 좀 더 자세히 부근을 조사해 보았다. 나는 다행히 애벌레를 찾아냈다. 바로 내가 바라던 훌륭한 수확물이었다.

한 시간 동안 나는 비단벌레노래기벌의 벌집을 세 군데나 파냈다. 여기서 나는 몸이 그대로 성한 비단벌레 열다섯 마리와 좀 더 많은 부스러진 껍데기를 얻을 수 있었다. 이 구멍에는 적어도 스물 다섯 마리나 있었던 셈이다. 그렇다면 한 구멍에 상당히 많은 비단벌레가 묻혀 있다는 얘기가 된다.

나는 우리 고장에서 30년 동안이나 곤충을 조사해 왔지만 아직까지 이런 벌레를 야외에서 본 적은 없었다. 다만 약 20년 전에 날개가 딱딱한 이 벌레의 허리가 썩은 떡갈나무 구멍에 끼여 있는 것을 한 번 본 일이 있을 뿐이다.

노래기벌의 집

이런 경험을 통해 두줄얼룩비단벌레의 애벌레가 떡갈나무 속에 산다는 것을 알았기 때문에 떡갈나무가 많은 지방에 비단벌레가 많은 까닭을 알 수 있었다.

비단벌레노래기벌은 떡갈나무가 많은 찰흙질의 땅보다는 바닷가 소나무가 우거진 곳에 많은 편인데, 나는 대체 이 벌이 먹이를 어떻게 구하는가가 늘 궁금했다.

어느날 나는 소나무 숲이 있는 바닷가로 나갔다. 바닷가의 소나무 사이에 있는 어느 집의 뜰이었다. 비단벌레노래기벌이 있는 구멍은 쉽게 찾을 수 있었다. 뜰 한가운데 있는, 사람들이 밟아서 단단해진 흙속의 벌이 튼튼하게 집을 지을 수 있는 곳에 구멍이 있었다.

나는 땀을 흘려가며 20개 가량의 벌집을 조사해 보았다. 이런 일은 벌집과 먹이인 비단벌레가 땅 표면에서 30~40센티미터나 되는 깊은 곳에 있기 때문에 여간 힘든 것이 아니다.

따라서 벌집을 깨지 않기 위해서는 비단벌레노래기벌의 구멍에 지푸라기를 넣어 표시를 한 다음 그 지푸라기에서 20~30센티미터 가량 떨어진 곳에 네모지게 예정선을 그어 놓고, 그 금을 따라 흙을 덩어리채 들어내듯이 파내야만 한다.

그리고는 흙덩이를 뒤집고 조심 조심 흙을 부셔 보아야 한다. 이렇게 해서 눈 앞에 예쁘고 아름다운 비단벌레가 점점 많아지는 것을 바라볼 때의 즐거움은 뭐라고 표현할 수 없다.

흙덩이를 잘게 부수고 나서 비단벌레가 햇빛을 받아 반짝이는 모습을 보았을 때, 또 먹이에 달라붙은 비단벌레노래기벌의 애벌레나 구리빛·에머랄드빛 날개 속에 끼여 있는 번데기를 발견했을 때의 기쁨을 맛보는 것은 30~40년 동안이나 벌레들과 친구처럼 지내온 나로서도 처음 겪는 일이었다. 그리고 정말 놀라운 것은 여기 있는 400 마리나 되는 벌레 가운데 비단벌레가 아닌 것은 한 마리도 없었다는 점이다.

이 만물박사 같은 비단벌레노래기벌은 그 먹이를 단 한 번도 실수하지 않고 비단벌레만 모아다 놓았던 것이다.

파낸 400여 마리의 비단벌레의 종류는 다음과 같았다. 여덟점난비단벌레 · 두줄얼룩비단벌레 · 자두나무얼룩비단벌레 · 청동비단벌레 · 두점호리비단벌레 · 유럽청비단벌레 · 노랑털비단벌레 · 넉점넓적비단벌레 · 유럽노랑비단벌레.

이번에는 비단벌레노래기벌이 집을 만들거나 사냥감인 비단벌레를 간수해 두는 모습을 조사해 보았다.

비단벌레노래기벌이 집을 짓는 장소는 표면이 튼튼하고 딱딱한 땅이다. 그리고 햇볕이 잘 들고 비가 와도 곧 마르는 곳이다.

만일 벌이 땅굴을 좀 더 파기 쉽고 부드러운 모래사장에 집을 짓는다면 어떻게 될까? 굴파기는 쉬워지겠지만 곧 벽이 무너지거나 조금만 비가 내려도 터널이 무너져 굴을 막아 버릴 것이다. 이 벌은 타고난 지혜로 어떤 곳을 골라야 할 지를 정확히 알고 있다.

굴은 꽤 크게 판다. 벌이 들어갈 뿐만 아니라 벌보다 덩치가 큰 먹이인 비단벌레를 끌고 들어가야 하기 때문이다.

불가사의한 것은 아직 한 번도 비단벌레를 잡아본 적이 없는 노래기벌이라도 틀림없이 그렇게 넓은 출입구를 만든다는 것이다. 누구에게서 배우지 않았어도 벌은 본능적으로 그것을 알고 있는 것이다.

벌은 땅속 깊숙히 굴을 파고 들어가서는 흙을 밖으로 옮겨 놓는다. 벌집 옆에 조그만 무덤같은 것이 생기는 것은 이런 흙이 쌓인 것이다.

굴은 곧지 않다. 만일 굴이 우물처럼 곧게 파여졌다면 바람이 불거나 그밖의 조그만 충격에 의해서도 쉽게 메꾸어질 것이다. 입구에서 약간 들어간 곳에서 굴은 괄호형으로 구부러져 있는데, 이 터널의 길이는 20센티미터 정도이다.

벌은 이 굴의 밑바닥에 애벌레가 있을 방을 만든다. 방은 5개 정도인데 반원형으로 배열되어 있다. 방은 모양도 크기도(타원형으로 길이가 3센티미터 정도) 모두 올리브 열매와 비슷하다. 방의 벽은 튼튼하고 깨끗이 다져져 있다.

그리고 각 방에는 세 마리씩의 비단벌레가 들어 있다. 이 세 마리의 비단벌레가 벌의 애벌레 한 마리를 키우는 양식이 되는 것이다.

어미벌은 이 세 마리의 먹이 사이에 알을 낳고 나면 흙으로 방의 입구를 막아 버린다.

꽃의 꿀 말고는 다른 것은 먹지도 않는 비단벌레노래기벌이 육식(肉食)하는 새끼벌레들을 위해서 갖가지 크기·형태·빛깔의 비단벌레만을 잡는 솜씨야말로 신기한 일이 아닐 수 없다.

신기한 일은 또 있다. 이 비단벌레노래기벌의 집 속에 파묻힌 비단벌레는 언제나 싱싱한 빛깔을 잃지 않고 있을 뿐만 아니라, 다리·수염·그리고 몸 전체의 다른 부분을 연결시키는 표피까지 자유자재로 구부리거나 펼 수 있을 정도로 부드럽다는 것이다. 그리고 이 비단벌레는 아무 데도 상처입은 곳이 없었다.

나는 또 이 비단벌레를 종이봉지 속에 따라 넣고 36시간 그대로 버려둔 일이 있다. 그런데 7월의 한더위에도 비단벌레의 마디는 변함없이 나긋나긋 했으며, 그 중 몇 마리를 해부해 보았지만 내장은 살아 있을 때와 꼭 같았다.

그러나 내 오랜 경험에 따르면 이만한 크기의 갑충류는 여름이면 죽은 지 12시간만 지나도 내장이 말라 붙거나 썩어서 그 형태를 분간할 수조차 없었다.

비단벌레노래기벌이 특별한 침이라도 사용했는지 이 비단벌레는 1주일이나 2주일이 지나도 마르지도 썩지도 않았다. 그런데 이 특별한 침이란 대체 어떤 것일까?……”

레옹 뒤프르의 책에는 이상과 같은 내용의 글이 씌어 있었다. 레옹 뒤프르가 비단벌레 사냥의 명수에 대해 쓴 연구가 떠오를 때마다 나도 비단벌레노래기벌이 일하는 것을 실제로 한 번 보고 싶었다. 비단벌레라는 호사스러운 먹이를 찾아내는 그러한 벌은 아니었지만, 그러나 나에게도 마침내 그 기회가 왔다. 내가 본 것은 왕노래기벌이라는 별명을 갖고 있는, 좀 더 평범한 먹이로도 만족하는 커다란 흙노래기벌이었다.

카르팡트라스의 비탈길에서

내가 자주 가는 곳의 하나에 카르팡트라스라는 곳이 있다. 그곳은 석회질 모래가 많은 굳은 땅인데, 그런 곳은 벌이 땅굴을 만들기에 좋은 땅이다. 이런 곳이라면 혹시 한 마리 정도의 노래기벌이 땅굴을 파는 장면을 만날 수도 있지 않을까 기대되기도 했다.

9월 중순이 지나면 이 땅굴벌은 땅에다 구멍을 파서 집을 짓고 깊숙한 곳에 애벌레의 먹이를 파묻는다. 레옹 뒤프르는 비단벌레노래기벌의 구멍을 평평하고 단단한 땅에서 찾았지만 왕노래기벌은 그와는 달리 비탈진 언덕에 주로 있다.

그러므로 이 땅굴벌은 길 옆의 비탈진 언덕이나 바위가 무너져내려 생긴 비탈의 중턱에 집을 짓는다. 카르팡트라스 근처에는 이런 비탈길이 얼마든지 있었다. 내가 왕노래기벌을 많이 관찰한 곳도 그곳이며, 이 벌에 대한 대부분의 자료를 수집한 것도 그곳이었다.

아름다운 햇빛 아래서 이처럼 부지런히 일하는 땅굴벌을 관찰하는 것은 참 재미있는 일이다. 어떤 벌은 구멍 속에서 끈덕지게 모래 섞인 흙덩이를 조금씩 뜯어서 밖으로 운반하고 있었다. 또 다른 벌들은 갈퀴 같은 갈고리로 구멍 속의 담벽을 긁어서 흙덩이를 밖으로 쓸어내고 있

카르팡트라스의 비탈길

었다. 이런 흙과 모래는 파고 있는 구멍 속에서 규칙적으로 밖으로 운반되는데, 나는 그 흙무더기를 더듬어 올라가 왕노래기벌의 집을 발견할 수 있었다.

왕노래기벌의 집은 불과 며칠 사이에 완성되었다. 작년에 쓰던 굴을 약간 고쳐서 다시 쓰는지 상당히 빨리 끝났다. 조상때부터 물려오는 집터를 충실하게 지키고 있는 왕노래기벌은 어버이들이 썼던 집을 소중히 지키며 그것을 수리해서 사용한다. 모래바위 지붕도, 천장도 그대로 사용한다. 굴의 지름은 엄지손가락이 들어갈 만큼 넓다. 굴 구멍은 처음 10센티미터~20센티미터의 깊이까지는 수평으로 파여졌다가 그 안쪽에서부터는 갑자기 구부러져서 여러 방향으로 비스듬히 나 있다. 미로와도 같은 땅굴의 전체 길이가 50센티미터나 될 때도 있다. 깊숙히 들어가면 막다른 곳에 애벌레의 방이 있다. 방은 그리 많지 않지만 어느 방에나 대여섯 마리의 먹이가 들어 있다.

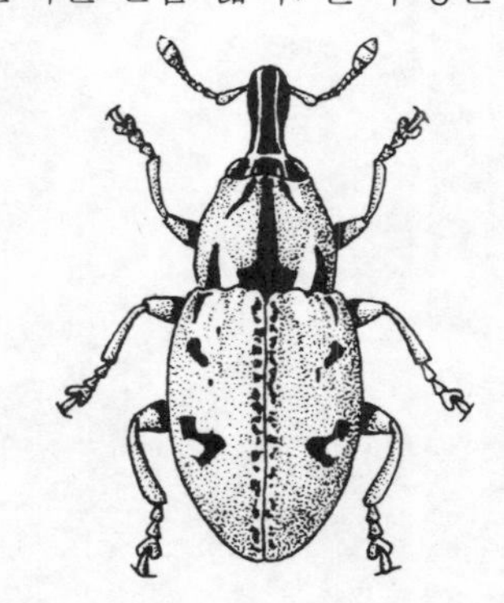
넉점길쭉바구미

그러면 이제 이런 토목공사같은 세세한 이야기는 그만 하고 한층 더 놀랄 만한 이야기로 나가자.

왕노래기벌은 비단벌레를 잡지 않는다. 이 벌이 새끼를 기르기 위해 준비하는 먹이는 바구미 종류 가운데서도 몸집이 큰 넉점길쭉바구미이다. 이 바구미는 벌과 크기가 비슷하지만 무게는 벌보다 훨씬 무겁다. 이렇게 무거운 짐을 지고도 유유히 하늘을 날 수 있다는 것은 날개의 힘이 얼마나 강한가를 보여 주는 것이다. 나는 왕노래기벌과 그 먹이의 무게를 재봤는데 벌은 150밀리그램, 넉점길쭉바구미는 평균 250밀리그

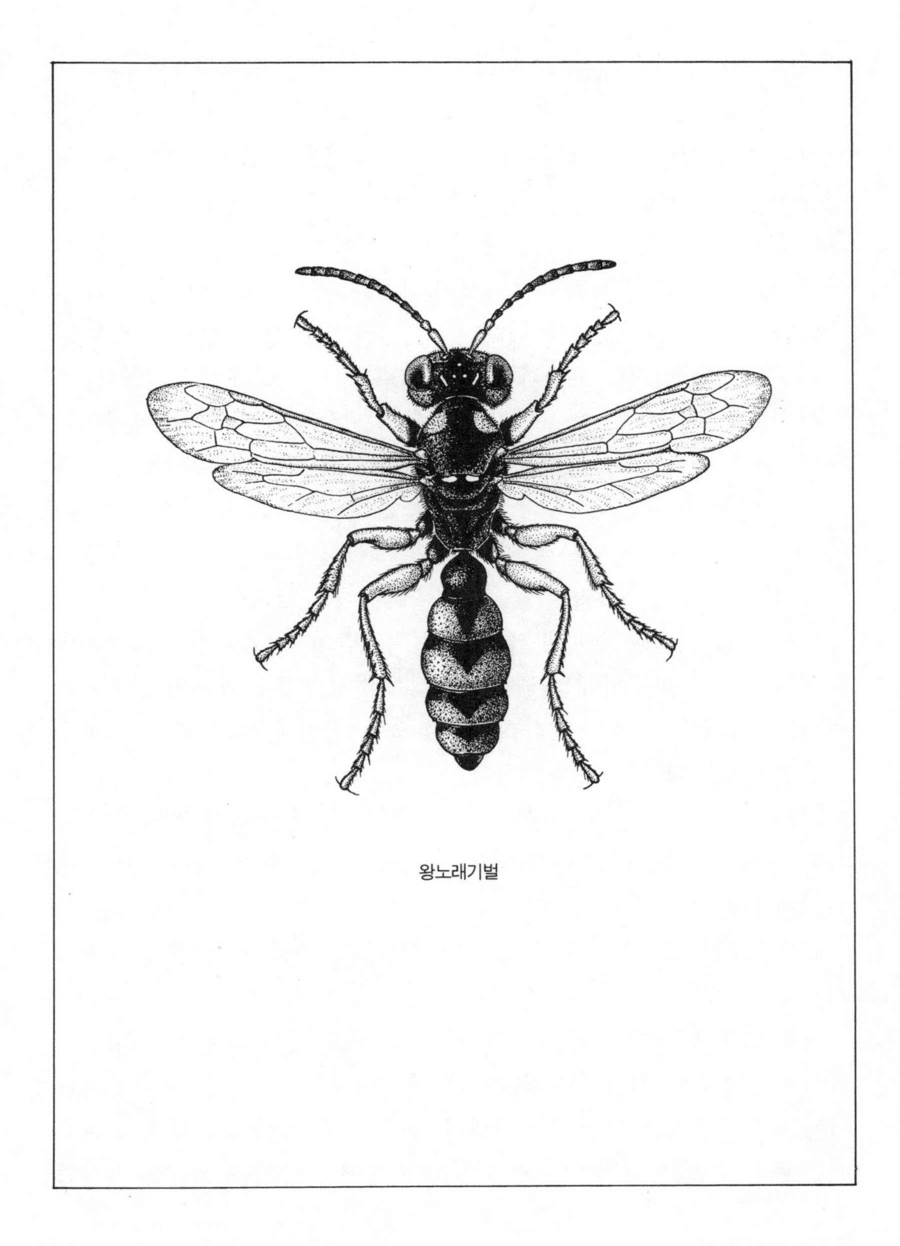

왕노래기벌

램으로 먹이가 약 2배 큰 편이다.

사냥당한 바구미는 싱싱했다. 색깔은 아름다웠고 관절도 부드러웠으며 내장도 살아 있을 때와 꼭 같았다. 확대경으로 살펴보아도 상처는 한 군데도 없었다.

나는 이 바구미들을 유리관이나 봉투 속에 넣어 내버려 두었다. 하루가 지나면 벌레가 바삭바삭 말라버리거나 썩어버릴 그런 무더운 날씨였다. 그런데 놀라운 일이었다. 이런 날씨가 한 달 이상이나 계속 되었는데도 벌레는 거의 처음과 같은 상태로 마르지도 썩지도 않았다.

이것으로 보아 나는 바구미가 죽었다고 생각할 수 없었다. 바구미가 똥을 싼 것으로 보아 살아 있는 것이 틀림없었다. 이 바구미를 얼마라도 움직이게 할 수는 없을까? 나는 톱밥을 휘발유에 담그었다가 병 속에 넣고 그 위에 바구미를 넣어 놓았다. 그랬더니 바구미가 약 15분 동안 움직이는 것이 아닌가!

나는 같은 실험을 벌에게 잡힌지 몇 시간밖에 지나지 않는 바구미와 3~4일이 지난 바구미에 대해 해 보았다. 바구미들은 앞서의 실험에서와 같이 다리를 움직였다. 다리의 움직임은 잡힌지 여러 날 되는 바구미일수록 나타나는 속도가 느렸다.

나는 이 실험을 통해 바구미는 죽어 있는 것이 아니라 벌의 침으로 몸을 움직이는 신경을 마비당하여 움직이지 못하게 된 것이라는 것을 깨닫게 되었다.

그러면 왕노래기벌은 바구미를 사냥할 때 어떻게 이 벌레를 마비시키는 것일까?

나는 왕노래기벌이 사냥하는 것을 직접 보고 싶어서 온갖 주의를 기울이며 비탈길 근처를 두루 돌아다녔다. 그러나 대낮부터 반 나절이나 다니다가 나중에는 단념하고 말았다. 여기 저기 흩어져 있는 왕노래기벌은 빠른 속도로 날아 사라져 버리기 때문에 사냥하는 장면을 좀처럼 볼 수 없었다. 나는 그것을 포기하고 말았다.

살아 있는 넉점길쭉바구미를 벌집 구멍 근처에 잡아다 주면 왕노래기벌은 거져 얻은 먹이에 마음이 끌려 내가 바라는 활극을 보여 줄까? 좋은 생각인 것 같았다. 나는 다음날부터 살아 있는 넉점길쭉바구미를 채집하러 돌아다녔다. 포도밭 · 클로버꽃이 피는 뜰 · 보리밭 · 담장 · 길가 등 가리지 않고 찾아 다녔다.

이틀 동안이나 열심히 찾아 다녔지만 나는 겨우 넉점길쭉바구미 세 마리를 손에 넣었을 뿐이었다. 그것도 다 지쳐빠져 있고 먼지 투성이에다 더듬이나 다리가 부러져 버린 병신이었으므로, 왕노래기 벌이 좋아하지 않을 수도 있는 못난이였다.

바구미 한 마리를 잡기 위해 미친 듯이 돌아다니던 때로부터 꽤 많은 시간이 흘러갔다. 나는 지금도 거의 매일같이 벌레를 찾으며 시간을 보내고 있지만 이 유명한 바구미가 살림을 차리는 곳을 지금도 모르고 있다.

본능의 힘이란 참으로 무서운 것이다. 내가 그렇게 찾았어도 발견하지 못한 바로 그곳에서 잠간 동안에 왕노래기벌은 사람이 찾지 못하는 바구미를 몇 백 마리나 찾아내는 것이다.

어쨌든 나는 변변치는 못하지만 내가 잡은 포로로 시험해 보기로 했다. 한 마리의 왕노래기벌이 먹이를 가지고 굴 속으로 들어갔다. 그 놈이 나와서 사냥을 가기 전에 나는 벌집 구멍에서 조금 떨어진 곳에 내가 갖고 있던 넉점길쭉바구미 한 마리를 놓아 주었다.

넉점길쭉바구미는 이리저리 왔다 갔다 했다. 너무 멀리 갔다 싶으면 나는 그 놈을 다시 구멍 앞에 잡아다 놓았다. 마침 왕노래기벌이 커다란 머리를 내밀고 굴 구멍에서 나왔다. 벌은 잠시 구멍 주위를 기어 다니다가 마침내 내가 잡아다 놓은 넉점길쭉바구미를 발견했다. 가까이 가서 옆을 왔다갔다 하며 몇 차례나 그 등 위를 넘나들었지만 그러나 결국 입도 대보지 않고 날아가 버렸다.

나는 그만 맥이 풀렸다. 다른 벌집 구멍에서도 시험해 보았으나 역시 마찬가지였다. 확실히 이 예민한 사냥꾼은 내가 갖다 놓은 먹이가 마음에 들지 않는 모양이었다.

사냥하는 장면을 보고 싶은 마음만 더 간절해질 뿐 나는 적당한 방법을 찾을 수가 없었다. 좀 더 좋은 방법이 없을는지 생각해 보기로 했다.

왕노래기벌의 외과수술

아주 좋은 생각이 떠올랐다. 그렇지! 이것은 꼭 성공할 것이다. 내가 잡은 넉점길쭉바구미를 사냥에 열중하고 있는 왕노래기벌에게 내주어 보는 방법이다. 그렇게 하면 벌은 사냥에 열중하여 먹이가 싱싱한 것인지 낡은 것인지 구별할 여유가 없을 것이다.

사냥에서 돌아온 왕노래기벌은 집 구멍에서 조금 떨어진 낭떠러지 기슭으로 내려와 잡아온 먹이를 끌어올릴 것이다. 그때 핀세트으로 먹이를 빼앗고 바로 넉점길쭉바구미를 준다면 어떻게 될까?

이 방법은 대성공이었다. 먹이가 배 밑에서 없어진 것을 안 왕노래기벌은 화가 나서 발을 동동 구르며 방향을 바꾸었다. 벌은 몰래 바꿔친 바구미를 발견하고는 재빨리 발로 움켜잡고 옮겨가려고 했다. 그러나 곧 그 먹이가 아직도 살아 있다는 것을 알아차렸다. 그리고는 바로 격투가 벌어져 정말 놀랄 만큼 빠르게 상대방을 넘어뜨리고는 견고한 이빨로 상대방의 곳등을 깨물어 꼼짝 못하게 눌러 버렸다. 넉점길쭉바구미는 다리를 뻗어버렸다. 바로 이때 왕노래기벌은 아랫배로 넉점길쭉바구미의 허리를 아래서부터 감고 힘껏 구부린 다음, 바구미의 첫번째와 둘째번 발이 달린 중간 가슴께에 눈깜짝할 사이에 독침을 두 세 번 찔렀다.

곤충이 죽을 때 흔히 일으키는 경련이나 쭉 뻗는 것도 없었다. 넉점길쭉바구미는 감전된 듯이 이제는 영원히 움직이지 못했는데, 그 솜씨는 무서울 만큼 빠른 것이었다. 왕노래기벌은 먹이를 눕혀 배와 배를 마주 대고 이쪽 발과 저쪽 발을 짝지어 움켜쥐고 날아가 버렸다. 세 마리의 바구미로 나는 세 차례 실험을 되풀이했다. 그러나 벌은 똑같은 방법으로 한 번도 실수하지 않았다.

물론 나는 처음에 왕노래기벌이 잡았던 먹이를 돌려주고 넉점길쭉바구미는 되찾아서 나중에 천천히 조사해 보기로 했다. 나는 이 사냥꾼의 솜씨가 대단하다고 생각은 했지만, 이번 실험을 통해 그것을 충분히 확인할 수 있었다. 침이 박혔던 자리에는 조그만 자국도 없었을 뿐더러 물이 흘러나온 흔적도 없었다. 놀라운 것은 순식간에 꼼짝달싹도 못하게 하는 솜씨였다. 바로 눈 앞에서 수술당한 바구미가 꿈틀대기라도 할려나 하고 찔러 보았으나 벌레는 전혀 움직이지 않았다.

만약 곤충채집가가 이 굳센 넉점길쭉바구미를 산 채로 코르크 판 위에 찔러 놓았다면 바구미는 몇 주일 동안이나 버둥거렸을 것이다. 그런 바구미가 독침 한 대를 맞고는 그 자리에서 움직이지 못하고 있는 것이다.

그런데 소량으로 그런 효과를 낼 수 있는 독약은 대체 무엇일까? 청산가리라면 몰라도 수술을 받은 바구미가 왜 그 자리에서 움직이지도 못하게 되는가? 생리학과 해부학은 그 이유를 더 잘 설명해 줄 지도 모른다. 독약이 그토록 강했다기보다는 상처를 입은 데가 어느 곳이냐 하는 것이다.

그러면 침을 맞은 자리는 어디이며 거기엔 대체 무엇이 들어 있을까?

죽은 듯이 보이면서도 살아 있는 포로

왕노래기벌은 외과수술을 할 때 침놓는 자리를 우리들에게 알려 줌으로써 그 비밀을 조금 드러냈다. 그러나 문제는 쉽사리 풀리지 않는다.

우리는 문제를 푸는 하나의 실마리로서 왕노래기벌의 땅구멍 집 속에 있는 그들의 먹이에 대해 생각해 보기로 하자.

언뜻 보기에 벌들은 이 먹이들을 사냥해다가 쌓아 두는 일이 손쉬울 것으로 생각되지만 그 일에는 많은 어려움이 따른다. 왕노래기벌은 형태도 빛깔도 살아 있을 때와 꼭같은 넉점길쭉바구미를 원하는 것이다. 앞 뒷 다리도 성하고 상처도 없으며 몸 전체에 조그만 이상도 없는 살아 있는 싱싱한 것을 원한다. 이처럼 싱싱한 넉점길쭉바구미는 어쩌다 손 끝만 살짝 닿아도 묻어 오는, 빛깔 있는 고운 가루를 갖고 있는데 그것이 조금이라도 떨어져서는 안 된다.

그런데 과연 넉점길쭉바구미는 죽어 있는 것일까? 그것은 진짜 시체일까?

만약 우리들이 사냥을 나가서 동물을 이렇게 잡아야 한다면 그것은 거의 불가능할 것이다. 아무렇게나 잡는다면 할 수 있는 일이겠지만 본래의 살아 있는 모습대로 죽인다는 것은 아주 어려운 일일 수밖에 없다.

코끼리벌레는 머리를 잘려도 한참이나 팔 다리를 내젓는 기운센 벌레이다. 누군가가 우리들에게 그 벌레를 상처 하나 내지 말고 죽이라고 한다면 우리들은 어찌 할 바를 몰라할 것이다.

곤충채집가라면 독을 떠올릴 것이다. 그러나 그것도 휘발유나 유황가스를 사용하는 옛날 방법으로는 성공하기가 어렵다. 독있는 공기중에서는 벌레가 오랫동안 발버둥치며 날아 다니기 때문에 몸의 윤기가 없어진다. 결국 청산가스나 사람에게 위험성이 적고 쓰기 편한 이황화탄소(二黃化炭素)처럼 즉사시키는 가스를 사용하는 수밖에 없을 것이다.

위에서 본 것처럼 왕노래기벌이 잠간 동안에 그처럼 간단한 방법으로 사냥한 포로를 처리하듯이 벌레를 상처 하나 없이 죽이는 데는 무서운 독약의 힘이 필요하다.

만약 사냥해온 먹이가 이미 죽은 것이라면 살아 있는 먹이만을 먹는 왕노래기벌의 새끼들에게 식량이 될 수는 없을 것이다. 먹이가 약간 썩기만 해도 애벌레는 그것을 견디지 못한다. 애벌레에게는 조금도 변하지 않은 신선한 식량이 필요한 것이다.

더구나 그 먹이를 산 채로 집으로 운반해 갈 수는 없다. 그리고 터지기 쉬운 벌의 알을 살아 있는 식량과 함께 둔다면 어떻게 될까? 가냘픈 애벌레, 조금만 건드려도 죽을 수 있는 이 어린 생명을 거친 바구미와 함께 넣어 둔다면 어떻게 될까? 갈퀴가 달린 긴 다리로 몇 주일이고 발버둥칠 바구미와 함께 넣어둔다면 어떻게 될까? 애벌레에게는 죽은 듯이 있으면서 살아 있는 것처럼 내장이 신선한 식량이 반드시 필요한 것이다.

지금 해부학자와 생리학자가 여기에 모여 있다고 상상해 보자. 시체처럼 전혀 움직이지 않으면서도 살아 있는 것처럼 신선한 먹이를 많이 얻기 위해 이들은 어떤 방법을 선택할까?

우선 떠오르는 제일 자연스럽고 간단한 방법은 레옹 뒤프르가 비단벌레에게 했듯이 썩지 않게 하는 약을 사용하는 것이다. 그리고 그들은 벌의 독액에는 굉장한 살균력 있다고 생각할 것이다. 하지만 아직까지 그런 희귀한 살균력을 증명하지는 못하고 있다.

좀 더 깊이 들어가 애벌레에게 가장 필요한 것은 썩지 않는 그냥 고기가 아니라 조금도 움직이지 않으면서 마치 살아 있는 것 같은 먹이라고 할 수 있다. 학자들은 이리 저리 궁리한 끝에 마취를 생각해낼 것이다. 그렇다. 바로 그대로이다.

곤충의 생명을 빼앗지 않고 몸을 마비시켜 운동만을 못하게 만들어야 한다. 그러려면 급소 한 군데를 잘 찾아서 이 곤충의 신경조직을 하나 둘 끊어 움직이지 못하게 하는 수밖에 없다.

문제 하나는 풀린 셈이다. 그러나 또 한 가지 복잡한 문제가 있다. 해부학자라면 곤충이 아무리 발버둥쳐도 수술용 칼을 들이대서 상처가 나든 말든 곤충의 신경조직을 끊어 놓지만 벌은 그렇게 할 수도 없다. 벌의 '칼'은 침 한 자루뿐인데 상대방은 빈틈없는 갑옷으로 몸을 감싼 넉점길쭉바구미이다. 가늘고 잘 휘어지는 연장으로는 도저히 단단한 갑옷을 뚫을 수 없다.

바구미는 딱딱하기 때문에 이런 연약한 침으로 뚫을 수 있는 곳은 불과 몇 군데밖에 없다. 얇은 껍질로 싸여 있는 마디가 있는 곳뿐이다. 물론 발이 달려 있는 마디에 침을 놓았다고 해서 전신마비가 되는 것은 아니다. 가능한 한 단 한 번에 전신을 마비시키지 않으면 안 된다. 그러므로 벌은 먹이의 신경 중심에 침을 놓아야만 한다.

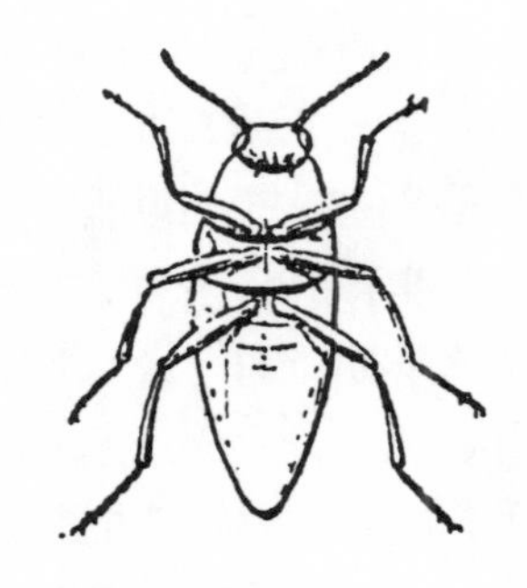

비단벌레의 배

벌의 연약한 침으로 이렇게 할 수 있는 곳은 두 군데 뿐이다. 목과 앞가슴이 이어진 곳과 가슴의 앞과 뒤의 중간, 즉 첫째와 두번째 다리가 붙은 사이이다. 그 중 정통으로 효과가 있는 곳은 한 곳뿐이다. 가슴 아래 첫째 다리와 두번째 다리 한 가운데가 그 곳이다. 대체 머리가 얼마나 영리하기에 벌은 침을 놓아야 할 그곳을 알고 있는 것일까?

그러나 문제는 그리 간단하지 않다. 벌이 넘어야 할 더 어려운 산이 있다. 물론 벌은 놀라운 솜씨로 그 어려운 일도 해치운다. 곤충의 팔 다리를 움직이는 신경의 중심은 가슴마디에 세 개가 나란히 자리잡고 있다. 이 중심은 서로 독립되어 있어서 하나가 상처를 입어도 곧바로 다른 부분이 마비되지는 않는다.

더욱이 첫째와 둘째 다리 사이에 나란히 있는 세 개의 운동신경의 중추를 차례로 찌른다는 것은 거의 불가능하다. 어떤 종류의 딱정벌레는 가슴에 있는 세 개의 신경중추가 거의 맞붙어 있고, 또 어떤 종류는 세 개가 하나처럼 연결되어 있다. 이런 곤충일수록 노래기벌의 좋은 먹이가 된다.

한 차례 침을 쏘아서 완전히 마비시킬 수 있는 갑충이란 대체 어떤 곤충들일까? 문제는 여기에 있다.

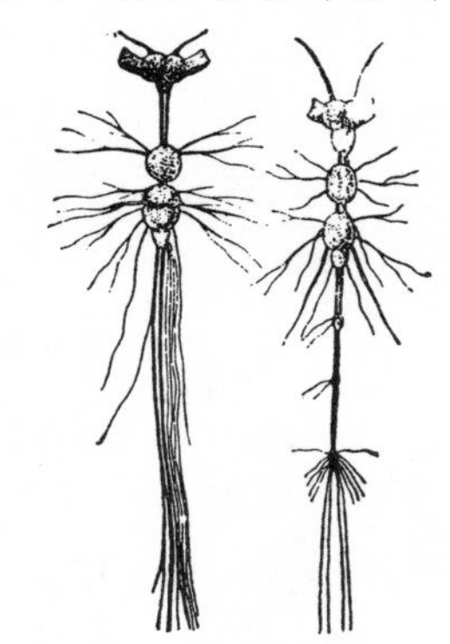
비단벌레의 신경

나는 갑충의 신경계통에 관한 에밀 블랭샤르의 훌륭한 연구기록에서 그 해답을 찾았다. 블랭샤르의 기록에 따르면 신경중추가 하나로 연결된 것은 쇠똥구리류에 많다고 한다. 그러나 이 곤충은 노래기벌이 공격하거나 운반하기에는 너무 크다. 그리고 대개 이 곤충은 더러운 곳에서 살고 있기 때문에 노래기벌이 그런 곳까지 먹이를 찾으러 가지는 않을 것이다.

그리고 블랭샤르가 그 다음으로 든 것은 풍뎅이류였다. 이 곤충은 동물의 죽은 몸을 파먹는 벌레이다. 고약한 냄새가 나기 때문에 노래기벌은 더러운 벌레에게 다가가지 않는다. 왕귀뚜라미도 썩은 것을 먹고 사는 곤충이므로 노래기벌은 좋아하지 않는다. 기록의 말미에 신경중추가 가까이 모여 있는 곤충으로 비단벌레와 바구미의 이름이 있었다.

뜻밖에도 이 어려운 문제를 풀 수 있는 매듭을 발견했다. 노래기벌의 사냥물이 될 수 있는 수많은 딱정벌레 중에서 오직 비단벌레와 바구미만이 이 벌이 찾고 있는 특징을 갖추고 있다는 것이다. 갑충류에 속하는 곤충을 애벌레의 식량으로 저축하는 여덟 종류의 노래기벌은 그밖의 먹이는 절대로 잡지 않고, 겉모습이 서로 다른 비단벌레 무리와 바구미 무리만을 먹이로 하고 있는 것이다.

신(神)의 지혜라고 해야할지 정말 교묘한 방법으로 여러가지 문제가 훌륭히 해결되고 있다. 어떻게 생각하면 우리들이 무의식중에 착각한 것은 아닌가 하고 의심할 정도이다.

하나의 과학적인 결과는 여러 각도로 실험을 거듭해서 증명되었을 때에 비로소 참된 사실로 믿어진다. 그래서 나는 왕노래기벌이 우리들에게 알려준 수술방법을 실험을 통해 다시 한 번 확인해 보려고 한다.

벌에게서 배운 나의 실험

내가 실험에서 쓰려는 수술 방법은 매우 간단하다. 침 하나로, 좀 더 편리하게는 쇠붙이 펜 끝으로 곤충의 앞가슴 마디를 첫번째 다리가 붙은 바로 뒤에서 살짝 찌르고, 운동중추에 암모니아를 한 방울 넣어 주는 것이다. 내가 사용한 액체는 암모니아였으나, 이와 비슷한 약물이라면 모두 같은 결과가 나올 것이다. 펜 끝에 잉크를 묻히듯이 암모니아를 발라서 주사해 보았다. 쇠똥구리 · 비단벌레 · 코끼리벌레들의 경우에는 효과가 만점이었다.

이 생명을 앗아가는 약물 한 방울이 신경중추에 가 닿으면 경련도 일으키지 않고 모든 운동이 한 순간에 멎어 버린다. 왕노래기벌이 주사한다 해도 이보다 빨리 운동이 멎지는 못할 것이다. 쇠똥구리가 이처럼 순식간에 운동을 정지하는 것은 참으로 놀랄 만하다. 그러나 벌의 침과 암모니아의 독을 바른 펜 끝이 비슷한 결과를 낳는 것은 그것만이 아니다.

내 손으로 주사한 쇠똥구리 · 비단벌레 · 바구미 등은 전혀 움직이지 못하지만, 3주일에서 길면 한 달이나 두 달 동안 마디가 살아 있을 때처럼 여전히 부드럽고 내장도 신선하게 유지되었다. 처음 얼마 동안은 평소와 마찬가지로 똥도 싸고 전기를 통하면 움찔하기도 했다. 바로 왕노래기벌의 침을 맞은 바구미와 똑 같다고 할 수 있다.

그리고 움직임은 전혀 없지만 죽은 것은 아니다. 신체 중에는 생명이 붙어 있다는 증거가 남아 있는 곳도 있으며, 얼마 동안은 내장도 신선함을 그대로 유지한다. 그러나 물론 그것도 점점 사라져 마침내는 썩어 버린다.

또 어떤 경우에는 암모니아의 독이 다리만을 마비시키는 경우도 있다. 아마도 독액이 몸 전체에 고루 퍼지지 못했기 때문일 것이다. 더듬이는 주사한 지 한 달이 지난 다음에도 약간 충격이 가해지면 움직이기도 한다. 제대로 움직이지는 못하지만 아직 목숨이 붙어 있다는 증거이다.

암모니아를 주사하면 으레 쇠똥구리 · 비단벌레 · 바구미 등은 즉시 운동을 멈춘다. 그러나 항상 곤충을 이런 상태로 만들 수 있는 것은 아니다. 상처가 깊거나 주사한 약물이 너무 강할 때에는 바로 죽어 버려서 2~3일 내에 썩어 버린다. 이와는 반대로 주사한 약물이 너무 약한 경우에는 잠시 마비되었다가 되살아나서 부분적으로는 운동을 할 수 있게 된다. 곤충을 사냥하는 왕노래기벌들도 때로는 사람과 마찬가지로 실수하는 경우가 있다.

나는 벌의 침에 쏘인 곤충이 정신을 차리고 움직이는 것을 본 적이 있다. 노랑날개구멍벌은 애기 땅강아지를 독침으로 쏘고 나서 그것을 물어다가 구멍 안에 저장해 둔다. 나는 그 벌집에서 처참한 모습의 땅강아지를 세 마리나 끄집어낸 일이 있다. 그것은 전혀 움직이지 못해서 다른 곳에서 보았다면 죽었다고 생각했을 것이다.

그러나 이때 본 땅강아지는 죽은 것 같았을 뿐이다. 병 속에 넣을 때에는 전혀 움직이지 못했으나 3주일이 지나도 썩지 않았다. 그 뒤 그 중 두 마리는 곰팡이가 슬었고, 나머지 한 마리는 부분적이지만 다시 움직였다. 더듬이와 주둥이, 그리고 참으로 신기하게도 앞의 두 다리가 움직이게 된 것이다.

제2류의 갑충류, 즉 가슴의 신경중추가 서로 떨어져 있는 곤충의 경우에는 암모니아를 주사한 결과가 전혀 다르다. 방석딱정이류가 저항력이 가장 강하다. 커다란 왕쇠똥구리까지 즉시 마비시키는 주사라도 몸이 작은 방석딱정이류에게는 미미한 경련을 일으키게 할 뿐이다. 잠시 버둥거리다가 차차 정상을 되찾고 몇 시간 뒤에는 아무런 일도 없었던 것처럼 움직인다.

파브르의 곤충연구를 격려해준 레옹 뒤프르

한 마리의 곤충에게 두 세 차례 실험을 되풀이해도 결과는 마찬가지였다. 나중에 주사를 맞은 상처가 너무 깊어지면 벌레는 결국 죽게 된다. 그리고 햇볕에 마르거나 썩어 버리게 된다.

이러한 사실은 결정적이다. 갑충류를 애벌레의 먹이로 삼는 노래기벌들은 먹이를 선택할 때 생리학자나 해부학자들만이 알고 있는 방법을 그대로 사용하고 있다. 이것을 우연의 일치로 볼 수는 없다. 이러한 자연의 조화를 우연이라고 한다면 더 설명할 길이 없다. 노래기벌은 본능이라는 불가사의한 지혜의 힘으로 정확히 그것을 알고 있다고 보지 않을 수 없다.

나는 이상과 같은 관찰과 연구결과를 종합하여 논문을 썼다. 곤충에 관한 나의 최초의 연구였는데, 이 논문은 고맙게도 프랑스 아카데미로부터 실험생리학상을 받았다.

3. 알마스에서

파뷔에

5월 어느날, 나는 알마스의 야외 연구소에서 뭔가 새로운 일이라도 생기지 않았나 궁금해하면서 주위를 살피며 왔다갔다 하고 있었다. 파뷔에는 바로 옆의 채소 밭에서 일을 하고 있었다. 파뷔에는 어떤 사람일까? 지금 바로 이 사람에 대해서 약간 이야기해 두는 것이 좋을 것 같다. 그는 내 이야기에 몇 차례 나오는 인물이니까.

파뷔에는 군인 출신이다. 아프리카의 거대한 나무 아래서 풀잎으로 오막살이를 짓고 살기도 했고 이스탄불에서는 섬게를 날로 먹어 본 일도 있으며, 크림반도에서는 대포의 포격전이 멎은 틈을 타서 찌르레기 사냥도 해 본 사나이다. 여러 곳을 두루 돌아다니면서 많은 것을 보았기 때문에 모르는 게 없었다.

겨울철로 접어들어 일찌감치 농삿일이 끝나고 저녁시간이 길어지면 그는 갈고랑이나 쇠스랑, 손수레를 챙겨서 제자리에 넣고 장작불이 이글이글 타고 있는 난로 곁으로 와서 걸터 앉는다. 그는 파이프를 꺼내어 침을 바른 엄지손가락 끝으로 담배를 솜씨좋게 눌러 담고 성냥 불을 붙이고는 점잖게 빨기 시작한다. 벌써부터 피우고 싶었던 것을 꾹

참은 모양이다. 요즘은 담배값도 비싸서 마음대로 피우지 못하고 참았던 터라 한층 더 맛있는 모양이었다. 그는 한 모금의 연기도 아깝다는 듯이 들여마시곤 했다.

그러는 동안 이야기가 시작된다. 파뷔에는 자기가 경험한 여러 나라의 이야기를 해 주었기 때문에 언제든지 난로 옆 제일 좋은 자리에 앉게 마련이었다. 이 이야기꾼이 이야기를 꺼내면 어른 아이 할 것 없이 집안의 모든 사람들이 재미있게 듣곤 했다.

그의 말투는 거칠기는 했지만 이야기 자체는 조금도 무지스럽지 않았다. 어쩌다 파뷔에의 이야기를 듣지 못하는 날이면 허전하고 서운해 하곤 했다. 그는 도대체 어떤 이야기를 하기에 이처럼 우리들에게 환영받았던 것일까?

그는 프랑스를 저주스러운 제정(帝政)으로 만든 쿠데타 때에 경험한 이야기를 해주었다.(1852년 프랑스 대통령이 되었던 나폴레옹 3세는 이듬해에 쿠데타를 일으켜 황제가 되었다. 이것을 좌시할 수 없었던 사람들이 들고 일어났다. 이 때 파뷔에는 군인으로 있었기 때문에 명령에 따라 나폴레옹 3세에 반대하여 궐기한 사람들을 향해 총을 쏘아야 했다.－옮긴이) 자기에게 술을 먹여 취하게 한 다음, 모여 있는 군중들에게 발포하게 했다는 이야기다. 그는 담벽에다가만 총을 쏘았다고 단언했다. 그는 영문도 모르는 채 이 계획에 말려들게 되었던 것을 진심으로 부끄럽게 생각하고 있었기 때문에, 나는 그의 말을 믿는다.

그는 세파스토폴리 주변의 참호를 지켰던 때의 이야기도 해주었다. 한밤중 최전선에서 보초로 혼자 나가 눈 위에 쭈그리고 앉아 있는데, 바로 옆에 그가 '꽃화분'이라고 부르는 것이 떨어져서 얼마나 놀랐던가를 이야기해 주었다. 그것은 불꽃을 내뿜고 연기를 토하며 그 부근을 환하게 밝혔다. 이 무서운 탄환은 금방이라도 터질 것 같았다. 파뷔에는 이제는 꼼짝없이 죽는구나 하고 체념했다고 한다. 그러나 뜻밖에도

'꽃화분'은 아무 일 없이 꺼져버렸다. 이것은 적군의 움직임을 살피기 위해 밤 하늘에 쏘아올린 조명탄이었다.

이야기는 전투 때의 비극적인 장면으로 이어졌다가 병영생활의 재미있는 희극으로 흘러갔다. 그는 식량의 숨바꼭질과 반합 속의 비밀이며 영창에서의 희비극을 낱낱이 이야기해 주었다.

이야기가 결코 바닥을 보이지 않고 짜릿한 맛까지 있기 때문에 우리들은 저녁시간이 가까워진 것도 모르고 이야기에 흠뻑 취해 버리곤 했다.

파뷔에가 내 주의를 끈 것은 그가 누군가의 코를 납작하게 해 준 일이 있는 다음부터였다. 내 친구 한 사람이 마르세이유에서 어부들이 바다의 왕거미라고 부르는 큰 게 두 마리를 보내왔다. 이 게 꾸러미를 풀고 있을 때 마침 집 수리를 하던 페인트공과 미쟁이들이 점심을 먹고 몰려왔다.

이 기묘한 동물의 등은 칼을 꽂은 듯한데, 긴 발 위에 몸 전체를 얹어놓고 어기적 어기적 기어가는 모습이 왕거미가 변화를 부려 괴물의 탈이라도 쓴 것 같았다. 이 동물을 보자 그 곳에 몰려왔던 일꾼들은 기겁을 하며 고함을 질러 댔다. 이때 파뷔에가 전혀 아무렇지도 않다는 듯이 몸부림치는 이 왕게를 집어 들었다.

"이 놈은 내가 잘 알고 있지"하고 그는 말했다. "바르나에서 이 놈을 먹어 봤는데, 맛이 정말 기가막혔어."

그리고 그는 옆에 있는 사람들을 깔보듯이 둘러보고는 이렇게 말하고 싶어하는 것 같았다. "당신들은 우물안 개구리같이 한 번도 밖에 나가 본 일이 없으니까" 라고.

파뷔에에 관한 이야기가 또 있다.

이웃 아주머니가 의사의 지시대로 해수욕을 하러 갔다 돌아오는 길에 선물로 진귀하고 기묘한 과일을 사가지고 왔다. 그녀는 그것을 아주 진귀한 과일이라고 여기고 있었다. 귀 옆에서 흔들면 소리가 들렸다. 그 속에 씨앗이 들어 있다는 증거였다. 그것은 공처럼 생겼고 가시가 나 있었다. 한 쪽에는 희고 조그마한 꽃무늬 모양을 한 단추구멍 같은 것이 보였다. 다른 쪽 끝은 약간 움푹 패인 데에 몇 개의 구멍이 나 있었다.

그 아주머니는 파뷔에한테 달려가 과일을 보여 주면서 나에게 그 이야기를 해 주는 것이 좋겠다고 말했다. 그 귀중한 과일을 나에게 주어도 좋다고 생각한 모양이었다. 그것이 진귀한 나무로 자라면 가을의 뜰을 아름답게 장식할 것이라고 생각한 것이다.

"이것은 꽃이고, 이 쪽은 뿌리가 달렸던 곳이죠."

하고 그 과일같은 것의 안팎을 파뷔에에게 보여주면서 아주머니는 말했다.

파뷔에는 피식 웃었다.

"이거 봐요. 이건 섬게요." 그는 말했다. "바다의 밤송이란 말이오. 이스탄불에서 먹어본 일이 있지"하고 덧붙였다. 그는 섬게에 대해 가능한 한 자세히 설명해 주었다. 그러나 그 아주머니는 그의 말이 전혀 이해가 가지 않는 것 같았다. 그녀는 틀림없이 과일이라는 자기 주장을 굽히지 않았다.

그녀는 파뷔에가 자기를 속이고 있다고 생각했던 모양이다. 파뷔에가 이토록 진귀한 과일을 자기가 아닌 파브르에게 주는 것을 시기하고 있다고 생각했던 것 같았다. 실랑이는 마침내 나에게 오게 되었다.

"이것은 꽃이고, 여기가 뿌리가 달리는 곳이지요."하고 순박한 아주머니는 또다시 되풀이했다. 나는 그녀에게 그것은 섬게라는 것과 꽃처럼 보이는 곳은 하얀 다섯 개의 이가 모인 곳이고, 뿌리처럼 보이는 곳은 입과 반대편에 해당된다고 말해 주었다. 아주머니는 돌아갔다. 그러나 아직도 그것이 섬게라는 데에 찬성할 수 없다는 눈치였다.

파뷔에는 만물박사처럼 아는 것이 많았다. 특히 그는 웬만한 것은 먹은 적이 있어서 알고 있었다. 그는 너구리의 등심이 맛있고, 여우의 넓적다리 고기가 비싸다는 것도 알고 있었다.

숲속의 뱀장어라 불리는 누룩뱀의 어느 부분이 제일 별미인지도 잘 알고 있었다. 그는 도마뱀을 남국의 라사드 기름으로 튀기기도 했고, 메뚜기를 프라이하는 방법을 생각해내기도 했다. 그가 방랑생활에서 경험한 요리는 어이가 없어서 입이 딱 벌어질 지경이었다.

나는 그가 이처럼 사물을 기가막히게 찾아내는 날카로운 눈을 갖고 있고 한 번 본 것을 결코 잊지 않는 데 대해 놀라지 않을 수 없었다. 내가 그에게 어떤 식물에 관한 이야기를 한다면 그것은 그에게 아무런 가치도 없는 한낱 풀에 지나지 않을 것이고 따라서 아무런 흥미도 느끼지 않을 것이다. 그런데 그는 이야기에 올랐던 풀이 근처의 숲속에서 자라고 있으면 그것을 캐 오거나, 그렇지 않으면 그것을 채집할 수 있는 곳을 나에게 알려주는 것이었다. 하찮은 식물이라도 그의 예리한 눈을 피할 수는 없었다.

나는 이전에 출판했던 보클뤼즈 지방의 핵균류에 관한 연구논문을 보충하기 위해 곤충이 동면하는 겨울 내내 확대경을 손에서 놓지 않고 식물을 채집했다. 추위로 땅이 굳거나 비로 인해 땅이 질퍽질퍽할 때면 나는 파뷔에로 하여금 농삿일에서 손을 떼게 하고 그를 산 속으로 끌고 갔다. 우리는 가시덤불이나 숲속을 헤치고 땅 위에 쓰러져 있는 나뭇가지에 곰팡이같이 붙어 있는, 아주 작은 식물을 바쁘게 찾아 다녔다.

그는 가장 큰 씨앗을 '대포의 화약'이라고 부르곤 했다. 그 근사한 표현은 이전부터 식물학자들이 써온 것인데, 핵균과의 하나를 가리키는 말이다. 그는 언제나 나보다 식물을 더 많이 찾아내는 것이 신나는 모양이었다. 어쩌다 포도빛 솜에 싸인 젖망울같이 탐스러운 뱀딸기라도 발견하면 나는 파이프를 꺼내 그에게 한 대 피우게 했다. 그때의 기쁨에 대해 한 턱 내고 싶었기 때문이다.

그는 또 내가 새로운 것을 찾으러 다니면서 가끔 부딪히게 되는 귀찮은 사람들을 쫓아버리는 데 놀라운 수완을 보여 주었다. 시골사람들은 호기심이 많아서 어린 아이들처럼 이것저것 물어보기를 좋아한다. 그런데 그들의 눈에는 한심스럽게 비치는지, 물어보는 말 속에는 언제나 심술과 비웃음이 섞여 있었다. 자기가 모르는 것에 대해서는 냉소적인 태도를 보이는 것이다.

그들에게는 그물로 잡은 파리나 땅바닥에서 주워 모은 고목나무를 확대경으로 관찰하는 모습이 우스꽝스럽게 비치는 모양이었다. 이런 경우 파뷔에는 단 한 마디로 심술궂은 질문을 보기좋게 받아넘겨 버렸다.

산 넘어 남쪽 비탈에는 석기시대의 유물인 뱀무늬가 있는 돌도끼나, 화살, 창끝같은 것이 흔했다. 나와 파뷔에는 허리를 구부리고 조심조심 땅 위를 살피며 찾아 다녔다.

"네 주인은 어디에 쓰려고 이런 것을 줍지?"

불쑥 나타난 사나이가 물었다.

"유리가게 사람들을 위해서 퍼티(공기 중에서 시간이 지남에 따라 굳어지므로 창유리를 붙이거나 철관을 연결하는 데 사용하는 물질 -옮긴이)를 만들 때 쓰려고."

파뷔에는 점잖게 시치미를 떼고 대답하는 것이었다.

어느날 내가 산토끼의 똥을 한 움큼 채집하고 그것을 확대경으로 조사했더니 그 속에는 연구할 가치가 있는 은화식물(隱化植物)이 들어있었다.

이 귀중한 재료를 내가 종이 봉지에 정성스럽게 넣고 있는데, 이것을 보고 있던 어느 입심좋은 사람이 앞으로 나섰다. 그는 나를 수지맞는 돈벌이나 하는 장사꾼으로 안 모양이었다. 시골 사람들은 무엇이든 돈과 연결시키는 습관이 있었다.

"네 주인은 저 토끼 똥을 어디에 쓰지?"

무지스러운 물음이 파뷔에게 날아왔다.

"증류시켜서 향수를 만들려는 걸세."

파뷔에는 능청맞게 대답했다. 그러면 질문하던 사나이는 두 말 없이 돌아가 버리는 것이었다.

나나니벌

상대방을 기막히게 골려주곤 했던 군인 출신 파뷔에에 관해서는 이만하기로 하고, 알마스의 야외연구실에서 나의 관심을 끌었던 이야기로 돌아가기로 한다.

몇 마리의 나나니벌이 날았다 앉았다 하면서 잔디밭 위에서 먹이를 찾고 있었다. 3월 중순의 날씨 따뜻한 어느날, 나는 오솔길 옆에서 기분좋게 해바라기 하고 있는 나나니벌을 발견했다. 모두 한 종류의 나나니벌이었다.

나는 이 벌이 과학적으로 수술하는 솜씨를 한 번 본 적이 있는데, 혹시 빠뜨린 것이 있을지 몰라 한 번 더 보고 싶었다. 또한 정확하게 관찰했다 해도 다시 확인하는 것은 유익하다고 생각했다. 물론 이런 광경은 100 번 본다 해도 전혀 싫증나지 않았다.

나는 나나니벌이 처음 모습을 드러냈을 때부터 줄곧 살펴보았다. 벌은 우리집 대문밖 바로 옆에 있었기 때문에 내가 참을성있게 견딜 수 있다면 사냥하는 모습을 반드시 볼 것이다. 그러나 3월도, 4월도 헛된 기대 속에 지나가 버렸다. 아직 집 짓기에는 때가 일렀든가 아니면 내가 놓쳐 버렸기 때문일 것이다.

5월 17일 드디어 기회를 잡았다. 나나니벌 몇 마리가 바삐 움직였다. 그 중 제일 활동적인 놈을 따라가 보았다. 이 놈은 길가에 있는 제 구멍에 먹이를 운반하기 전에 준비가 완벽한지 점검하는 모양이었다. 먹이는 이미 마비시켜서 제 구멍에서 몇 미터 떨어진 곳에 놓아 두었을 것이다.

구멍 안은 깨끗했다. 출입문 어귀도 이만하면 큰 먹이라도 넣을 수 있겠다고 판단했는지 나나니벌은 먹이를 가져오기 위해 나갔다. 땅 위에 놓아 두었던 잿빛 거염벌레(밤나방의 유충)에는 벌써 개미들이 까맣게 달라붙어 있었다. 나나니벌은 대개 먹이를 다른 놈에게 빼앗기지 않기 위해 높은 곳이나 나무 그루터기 위에 그것을 둔다. 그런데 깜박 잊었거나 아니면 이 큼지막한 먹이가 꿈틀거리다 저절로 굴러 떨어졌는지 개미떼가 부지런히 몰려든 것이었다. 이런 도둑놈들을 쫓아내는 일은 매우 어렵다.

개미 한 놈을 쫓으면 열 마리도 넘는 개미가 떼지어 덤벼들기 때문이다. 벌은 제 먹이에 개미가 달라붙어 있는 것을 보고는 싸우는 대신 새로운 먹이를 찾아 다시 사냥에 나선다. 먹이는 제 구멍에서 반경 10미터 내에서 찾는다.

나나니벌은 기면서 땅 위를 샅샅히 훑는다. 활처럼 구부러진 더듬이로 벌은 쉴 새 없이 땅 위를 더듬는다. 맨땅, 자갈이 있는 곳, 풀이 나 있는 곳을 가리지 않고 살핀다. 나는 무더운 한 나절에 세 시간 가까이나 먹이를 찾고 있는 나나니벌에게서 눈을 떼지 않았다. 벌이 거염벌레를 찾는 일은 무척 힘들어 좀처럼 찾아내지 못했다. 당장 필요한 먹이를 찾는 일은 사람에게도 어려운 일이다.

사냥꾼 벌의 수술에 입회하기 위해서는 이 벌이 애벌레에게, 움직이지는 못하지만 그렇다고 죽어 있지는 않은 먹이를 찾아주려고 할 때,

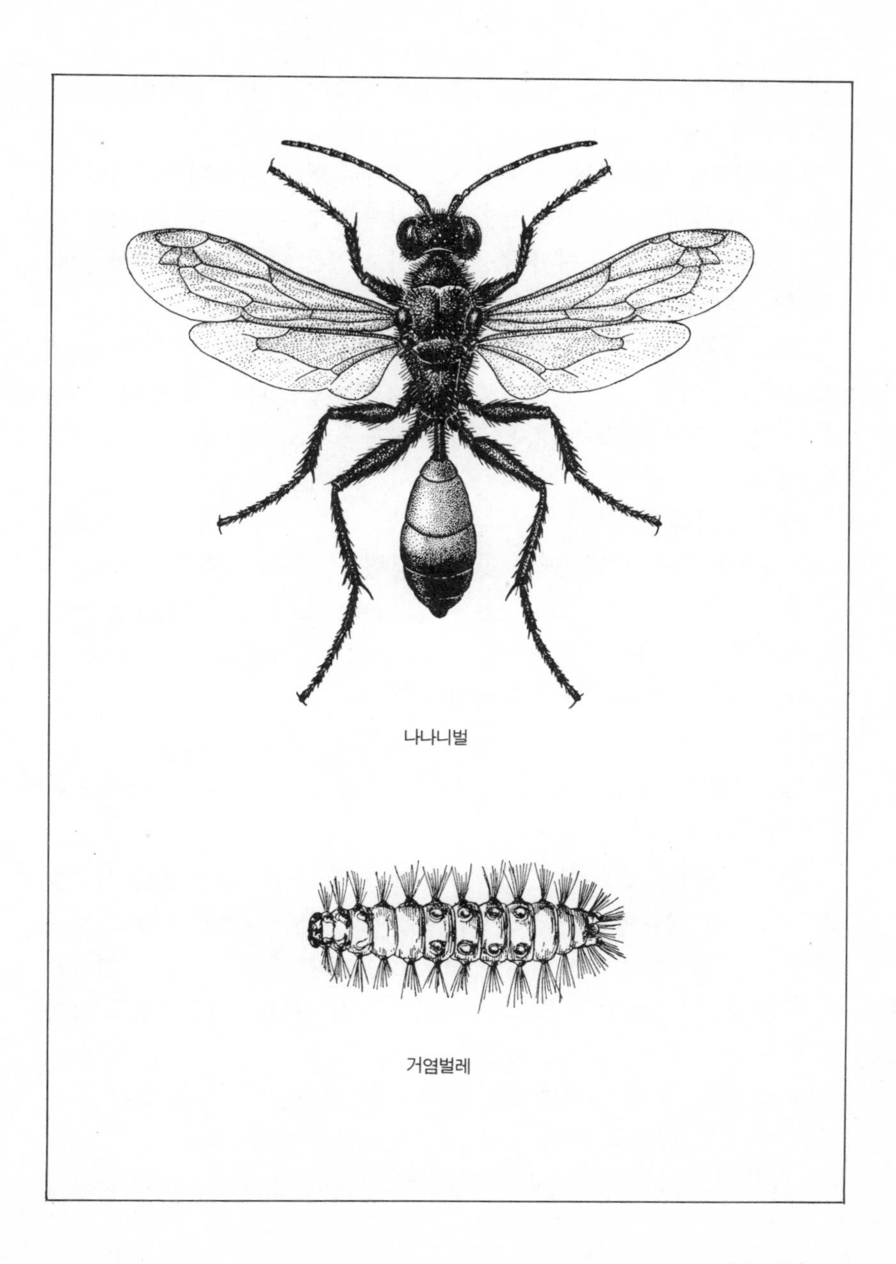

나나니벌

거염벌레

사냥꾼 벌에게서 먹이를 빼앗고 그 대신 앞에서와 같이 살아 있는 먹이를 줘야만 한다.

나나니벌에게도 전과 같은 작전을 쓰기로 했다. 나나니벌의 수술 솜씨를 보기 위해서는 될수록 빨리 거염벌레를 몇 마리 잡아야만 했다.

나는 조금 떨어진 곳에서 뜰을 손질하고 있는 파뷔에에게 소리쳤다.

"빨리 와 주게! 거염벌레가 필요해."

그도 얼마 전부터 알고 있는 이야기지만, 나는 전후 사정을 자세히 이야기해 주었다. 그리고 조그만 나나니벌의 습성과 이 벌의 사냥감을 우선 알려 주었다. 그는 내가 조사하는 곤충의 습성을 대략은 알고 있었다.

"알았습니다."

파뷔에는 즉시 거염벌레를 찾기 시작했다. 상치의 뿌리와 딸기밭의 덩굴 속을 뒤지고, 길 옆의 창포 속을 살피기도 했다. 그의 육감을 신뢰해 오던 터라 마음이 놓였지만 시간은 마냥 흘러갔다.

"파뷔에! 거염벌레 아직 못 잡았나?"

"안 보이는데요."

"할 수 없군, 그럼 도움을 청해야지. 클레르! 아그라에! 집에 있는 사람은 모두 나와서 좀 도와다오."

집안 식구가 총동원되었다. 그들은 지금 벌어지고 있는 중대 사건을 준비하는 데 열심히 도와 주었다. 나는 나나니벌을 놓치지 않기 위해 한쪽 눈으로는 사냥나온 벌을 지켜보면서, 다른 한쪽으로는 거염벌레를 찾았다. 보람도 없이 세 시간이 지나갔다. 아무도 거염벌레를 잡지 못한 것이다.

나나니벌도 역시 거염벌레를 찾지 못한 모양인데, 벌은 있는 힘을 다해 땅 위를 더듬고 있었다. 벌은 살구씨만한 흙덩이를 뒤집어 엎었다. 힘겨운 일이었지만 그러나 그곳에도 벌레는 없었다. 이때 나에게 한 가지 의문이 떠올랐다.

우리들 네 다섯 명이 거염벌레를 한 마리도 찾아내지 못하는데, 나나니벌도 실패하지 않을까? 그러나 사람은 못해도 곤충은 신기하게도 자기 목적을 이룬다. 아마도 벌은 예민한 육감에 따라 움직일 것이다. 몇 시간 동안이나 얼토당토않은 곳을 찾아다닐 까닭이 없다.

분명히 거염벌레는 비가 내릴 것을 알고, 땅속으로 깊이 들어 갔을 것이다. 사냥나온 벌은 벌레가 있는 곳을 잘 알면서도 땅 속 깊히 숨었기 때문에 어쩌지 못하는 것이다. 어떤 장소를 잠깐 찾다가 마는 것은 장소를 잘못 찾은 것이 아니라, 벌에게 흙을 파헤칠 힘이 부족하기 때문이다. 나나니벌이 긁어 헤치던 장소에는 어느 곳에나 틀림없이 거염벌레가 한 마리 쯤은 있을 것이다.

벌을 도와 주어야겠다고 생각했다. 벌은 지금 밭 한 모퉁이의 아무것도 심지 않은 땅 위를 조사하고 있다. 벌은 지금까지처럼 그곳에서도 더 이상 흙을 파지 않고 있다. 나는 칼 끝으로 벌이 파헤치던 장소를 계속해서 파 보았다. 그러나 아무것도 없었다. 실망하고 있는데 벌이 다시 날아와 내가 파헤쳤던 바로 옆을 파기 시작했다.

"에이! 되게 둔한 사람이군. 자아, 비켜, 비켜! 벌레가 있는 장소를 내가 가르쳐 주지."

벌은 나에게 이렇게 말하는 것 같았다. 벌의 지시에 따라 나는 그 장소를 파 보았다. 정말로 거염벌레 한 마리가 튀어나왔다. 정확한 육감을 가진 나나니벌이여, 네가 아무것도 없는 곳을 파헤칠 리가 없지! 내 생각 그대로야.

사냥개가 위치를 알려 주면 사람이 뒤따라 와 거두는 그대로였다. 나는 나나니벌이 먹이 있는 곳을 알려 주면 계속해서 칼 끝으로 그곳을 파내었다. 이렇게 해서 두 마리, 세 마리, 네 마리의 거염벌레를 잡아낼 수 있었다. 파헤친 곳은 모두 몇 달 전에 괭이로 뒤집었던 흙이다.

"어때! 파뷔에. 클레르야! 아그라에야! 우리는 세 시간 동안이나 뒤졌지만 거염벌레를 한 마리도 찾지 못했어. 하지만 이 육감이 기막히게 정확한 벌은 내가 뒷 일을 맡겠다고 하기가 바쁘게 원하는 대로 벌레가 있을 법한 곳을 가르쳐 주잖아."

이제는 바꿔치기 할 수 있는 벌레를 여러 마리 얻게 되었다. 내 도움을 받아 벌이 얻어낸 다섯 번째의 벌레는 나나니벌에게 넘겨 줘야지.

그러면 이제 나는 눈 앞에서 벌어진 연극의 한 토막 한 토막을, 번호를 붙여서 따로 따로 여러분에게 보여 주겠다.

관찰은 더없이 좋은 조건 속에서 이루어졌다.

나는 수술하는 나나니벌 옆에 엎드렸다. 수술장면을 단 하나라도 놓치고 싶지 않기 때문이었다.

(1) 나나니벌은 거염벌레의 목덜미를 구부러진 주둥이로 간신히 물어서 제꼈다. 거염벌레는 엉덩이를 비틀어 몸 전체를 구부렸다 폈다 하면서 바둥거린다. 벌은 전혀 놀라는 기색 없이 옆으로 비켜 서서 깔리지 않도록 조심한다. 나나니벌은 주사침을 거염벌레의 머리와 첫째 마디가 있는 가슴 한복판, 즉 가죽이 가장 얇은 곳에 찌른다. 이 침은 꽂힌 자리에 약간 오래 머문다. 거염벌레를 쉽게 다루기 위해 큰 충격을 주려는 것 같았다.

(2) 나나니벌이 먹이에서 떨어지더니 배를 땅에다 대고 부들부들 떨며 나자빠졌다. 발을 뻗었다 구부렸다 하며 날개를 떨면서 죽어가는 시늉을 한다. 나는 벌이 격투 중에 급소를 맞은 것이 아닌가 하고 걱정했다. 용감했던 벌이 이처럼 무참히 쓰러졌으니, 오래 시간을 허비한 실험이 실패로 돌아가는 것이 아닌가 걱정되었다.

그러나 나나니벌은 침착하게 날개를 털고 더듬이를 쫑긋하면서 기운을 차려 몸을 가다듬고 거염벌레에게 다시 덤벼든다. 죽기 직전의 몸부림이 아니라 승리자로서의 기쁨에 도취해서 '시위'를 했던 것이다.

잡은 거염벌레를 놓아두고 집안을 조사하러 가는 나나니벌

벌은 이 괴물을 쓰러뜨리고 승리감에 몸을 떨었던 것이다.

(3) 벌은 아까보다 좀더 내려와서 벌레의 등을 문다. 그리고 둘째 마디도 배바닥에서부터 찌른다. 이어서 거염벌레의 엉덩이 쪽으로 내려와서 등 뒤를 물고 끝이 구부러진 집게로 꽉 누른 다음, 마디 마디마다 주사침을 계속 찌른다. 사냥꾼벌은 마치 먹이의 크기라도 재는 것처럼 천천히 해 나가는 것이었다.

발이 달린 가슴의 세째 마디, 발이 없는 둘째 마디, 배에 달린 발 다음의 네째 마디를 찔러서 상처를 입히고, 뒤쪽 끝에 있는 네 개의 마디는 그대로 둔다.

수술은 손쉽게 끝난다. 거염벌레는 맨처음의 주사 한 대를 맞고 거의 맥을 못 추게 되었다.

(4) 끝으로 나나니벌은 입을 최대한 벌려서 거염벌레의 머리를 물고 상처가 나지 않도록 조심조심 깨물며 숨통을 누른다. 이 과정은 천천히

되풀이된다.

벌은 한 차례 이런 동작이 끝날 때마다 거염벌레의 상태를 살펴 결과를 확인하는 것 같았다. 목적을 제대로 이루려면 조정할 것은 알맞게 조정해야 하는 모양이다. 너무 지나치면 벌레는 죽어 썩을 수도 있기 때문에 벌은 세게 다루는 대신 횟수를 늘여서 20번 정도 반복하면서 조금씩 다루어 가는 것 같다.

외과 수술은 끝났다. 거염벌레는 몸을 반 쯤 구부리고, 배를 땅에 대고 쓰러지더니 꼼짝도 못했다. 나나니벌이 자기 집으로 옮기는 사이 저항하거나 애벌레에게 해를 끼치지 못할 정도로 되었다. 나나니벌은 그 자리에 거염벌레를 그대로 두고 집으로 돌아온다.

나는 벌의 뒤를 밟았다. 벌은 먹이를 창고에 넣기 위해서인지 열심히 집안을 정리했다. 천장에서 툭 튀어나와 식량을 운반하는 데 방해가 될 커다란 돌을 끌어 내리려고 했다. 날개를 비벼대는 소리로 보아 무척 힘겨운 일 인 것 같았다. 벌은 그리 크지 않은 안방을 좀 더 넓혔다.

일이 잘 안 되려고 그러는지 나와 나나니벌이 거염벌레에게 다시 돌아갔을 때 거염벌레는 이미 개미들에게 둘러싸여 있었다. 두 번이나 낭패를 당하고 나니 나도 나지만 나나니벌은 맥이 쭉 빠지는 모양이었다.

벌은 내가 갖고 있던 거염벌레 한 마리를 주어도 거들떠 보지도 않았다. 더욱이 해가 지고 어두워 하늘이 시커멓게 되더니 빗방울까지 뚝뚝 떨어졌다. 이래가지고는 사냥을 다시 할 수 없었다. 계획은 수포로 돌아갔다.

다른 거염벌레를 이용해서 두 번째 수술하는 모습을 볼 수도 없게 되었다. 나는 오후 1 시부터 저녁 6 시까지 잠시도 쉬지 않고 이것을 관찰했던 것이다.

4. 벌들의 놀라운 귀소본능

왕노래기벌과 왜코벌의 실험

날이 저물기 시작하면 구멍을 파던 나나니벌이 작업을 중단하고 출입구의 문단속을 하는 장면을 자주 볼 수 있다. 나나니벌은 돌로 구멍을 막은 다음 공사장에서 나와 꽃에서 꽃을 따라 날아 다닌다.

다음 날이면 그 부근을 잘 알고 있지도 못하고, 때로는 처음 보는 장소인데도 그 전날 파 두었던 구멍으로 어김없이 나비의 애벌레를 물고 돌아온다.

왜코벌 또한 흙으로 덮여서 부근의 흙과 구분하기 어려운 구멍을 한 치의 오차도 없이 먹이를 가지고 찾아서 내려 앉는다. 나보고 그 장소를 기억해 두었다가 다음 날 찾아 보라고 해도 그토록 정확하게 찾을 수는 없을 것이다.

벌의 눈과 기억력은 뛰어나게 정확하다. 곤충들 중에는 우리가 기억력이라고 흔히 부르는 것 이상으로 방향과 장소를 식별하는 신비로운 힘을 갖고 있는 것들도 있다. 내가 여기서 기억력이라고 표현한 것은 달리 무어라고 불러야 할지 모르기 때문이다.

나는 가능한 한 곤충 심리학의 이러한 점을 조금이라도 해명하려는 뜻에서 힘닿는 데까지 실험을 해 보았다.

첫 실험대상은 넉점길쭉바구미를 사냥하는 왕노래기벌이었다. 아침 열 시 쯤 나는 같은 비탈진 장소에서 구멍을 파거나 식량을 운반해다 구멍 속에 넣고 있는 암펄을 열 두어 마리 쯤 잡아 왔다. 벌을 하나씩 다른 종이 봉지에 넣고 한 데 모아서 상자 속에 넣었다. 나는 벌집이 있던 곳에서 약 2킬로미터쯤 떨어진 곳에서 왕노래기벌을 놓아 주었다. 놓아주기 전에 나중에 구별할 수 있도록 물감으로 지워지지 않게 가슴 한복판에 흰 점으로 표시를 해 두었다.

풀려난 벌들은 잠시 이리 저리 날아 다니다가 풀잎 위에 앉아서 머뭇거리기도 하고 앞발로 눈을 비비기도 했다. 그러더니 어떤 놈은 빨리, 어떤 놈은 느릿느릿 모두 원래 자기들이 있던 남쪽을 향해 날기 시작하여 자기 구멍으로 찾아가는 것이었다. 다섯 시간 뒤 나는 그 벌들의 구멍이 있던 비탈길로 돌아갔다.

그곳에서 나는 흰 점을 찍어 두었던 두 마리의 왕노래기벌이 벌써 부지런히 일하고 있는 것을 보았다. 조금 뒤 세 번째 벌이 발 끝에 먹이를 달고 벌판에서 돌아왔다. 그리고 네 번째 벌이 뒤따라 왔다. 15분 동안 열 두 마리 중 네 마리가 돌아왔다.

이것은 벌들이 돌아오는 길을 알고 있다는 증거이다. 나는 더 이상 기다릴 필요가 없다고 생각했다. 네 마리가 해냈으니 다른 벌들도 이미 해냈거나 앞으로 해낼 것이다. 아직도 눈에 띄지 않는 벌들은 먹이를 찾아 돌아다니고 있든지 구멍 속에 깊이 들어가 있을 것이다.

이와 같이 방향도 길도 알지 못하도록 어두운 상자 속에 넣어 2킬로미터나 운반 되었던 왕노래기벌 가운데 네 마리가 틀림없이 제 집을 찾아서 돌아온 것이다.

나는 왕노래기벌이 얼마나 멀리까지 사냥을 나가는지 모르지만 반경 2킬로미터 내에서는 아무리 눈을 가린다 해도 벌들은 그곳을 속속들이 알고 있다고 말할 수 있다. 거리로 보아 내가 데리고 갔던 곳이 그들이 날아다니는 지역에서 충분히 벗어났다고는 말할 수 없을 것이다. 이 근처는 익숙한 곳이어서 돌아올 수 있었는지도 모른다. 좀 더 멀리, 전혀 낯선 곳이어서 돌아가는 길을 찾을 수 없을 것이라고 생각되는 곳으로 옮겨가서 다시 한 번 실험해 볼 필요가 있었다.

그날 아침 같은 구멍에서 잡아온 왕노래기벌 가운데서 아홉 마리의 암펄을 선택했다. 그 중 세 마리는 처음에도 실험했던 놈이다. 이번에도 벌들을 종이 봉지 속에 넣어가지고 캄캄한 상자 속에 담아 운반했다. 목적지는 벌집이 있는 지점에서 3킬로미터 쯤 떨어진 카르팡트라스였다.

처음에는 벌판 한복판에서 벌을 놓아 주었지만 이번에는 인구가 많은 복잡한 거리의 중심지였다. 해가 이미 기울었기 때문에 벌들을 종이 봉지 속에 넣은 채로 하루 밤을 재우기로 했다.

다음날 아침 여덟 시 쯤 나는 흰 점을 한 개 찍은 어제의 벌과 구별하기 위해 앞가슴에 점을 두 개씩 찍었다. 그리고는 거리의 한복판에서 한 마리씩 놓아 주었다.

왕노래기벌은 양편에 줄지어 서 있는 건물 사이로 위를 향해 곧장 날아갔다. 마치 혼잡한 거리에서 될수록 빨리 빠져나가, 드넓은 지평선이 바라보이는 데까지 올라가려는 것 같았다. 그리고는 즐비한 지붕들을 굽어보며 곧바로 남쪽을 향해 쏜살같이 날아갔다. 내가 이 벌들을 남쪽에서 가져왔으니 벌들은 물론 남쪽으로 가야만 한다. 나는 한 마리씩 놓아 준 아홉 마리의 벌들이 낯선 땅에서도 제 집을 용케 찾아서 날아가는 광경을 실지로 눈앞에서 아홉 차례나 보았다.

5~6시간 뒤 나는 벌집이 있는 곳으로 돌아갔다. 가슴에 흰 점을 하나 그려 넣은 어제의 왕노래기벌을 몇 마리인가 볼 수 있었다.

그러나 카르팡트라스의 거리에서 놓아준 벌들은 한 마리도 볼 수 없었다. 그 놈들은 제집을 찾지 못한 것일까? 아니면 먼 곳까지 사냥을 간 것일까? 놀란 가슴을 진정시키느라고 구멍 속에 틀어박혀 있는 것일까? 알 도리가 없었다.

다음날 아침 찾아간 나는 마음이 흡족했다. 가슴에 흰 점이 두 개 찍힌 왕노래기벌이 다섯 마리나 아무 일도 없었던 듯이 일터에서 부지런히 일하고 있었던 것이다. 3킬로미터나 떨어진 거리도, 많은 집들과 굴뚝, 그리고 시골놈이면 어리둥절할 혼잡한 거리도 왕노래기벌이 제 집을 찾아오는 것을 방해하지 못한 것이다.

알에서 막 깬 비둘기를 조금 길러서 아주 낯선 곳에 데려다가 놓아주어도 비둘기는 어김없이 제 집으로 돌아온다. 만약 여행 거리와 몸의 크기를 비교한다면 3킬로미터나 떨어진 곳에서 제 집을 찾아 돌아오는 왕노래기벌은 비둘기보다 더 영리하다고 할 수 있다. 이 벌의 크기는 1세제곱센티미터도 안 되는데 비둘기는 대략 10세제곱센티미터쯤은 될 것이기 때문이다. 비둘기는 이 벌보다 1천 배나 크다고 할 수 있으므로 벌과 어깨를 견주려면 적어도 3천킬로미터의 거리에서 제 집을 찾아 돌아와야 할 것이다. 프랑스의 북쪽에서 남쪽 끝까지의 3 배나 되는 곳에서 제 집을 찾아 돌아와야 하는 것이다.

그러나 천성으로 타고난 우수한 기억력이나 날개의 힘을 거리로 측정할 수는 없다. 몸집의 크기도 문제가 안 된다. 그렇다면 우열을 가리는 일은 그만두고 다만 이 벌이 비둘기와 좋은 상대가 된다는 것만 기억하기로 하자.

그런데 비둘기나 왕노래기벌은 와 본 적도 없고 방향도 모르는 먼 곳까지 사람에 의해 옮겨졌다가 어떻게 제 집을 찾아가는 것일까?

그들은 기억에 의지하여 찾아가는 것일까? 그들이 일정한 높이까지 올라가서 어떤 목표를 정하고 제 집이 있는 지평선을 향하여 전속력으로 날아갈 때 기억력이 나침판 구실을 하는 것일까? 정말로 기억력에 의해 처음으로 보는 산과 들을 넘어서 길을 찾아가는 것일까?

그렇지 않을 것이다. 전혀 모르는 것을 생각해 낸다는 것은 있을 수 없는 일이다. 벌이나 비둘기는 지금 자기가 와 있는 장소가 어딘지 모른다. 어느 쪽에서 끌려 왔는지 배운 바도 없다.

그들은 캄캄한 상자 속에 담겨 왔기 때문에 장소도 방향도 알 턱이 없다. 그렇지만 벌이나 비둘기는 특별한 어떤 능력, 일종의 예민한 육감을 지니고 있다. 우리들은 그것과 비슷한 것을 아무것도 갖고 있지 않기 때문에 그것을 상상조차 할 수 없을 뿐이다.

나는 실험으로 다음과 같은 사실을 증명해 보기로 했다. 즉 곤충의 능력은 범위는 좁더라도 굉장히 예민하고 정확하다는 것이고, 또 하나는 이것과는 대조적으로 평상시와 달라진 상태에서는 아주 어리석은 행동을 보여 주기도 한다는 사실이다. 곤충의 타고난 재능은 이 두 경우에 항상 대립한다.

새끼를 위해 쉴 새 없이 먹이를 날라오는 왜코벌 한 마리가 집구멍에서 나왔다. 그 벌은 잠시 후 사냥한 먹이를 가지고 돌아올 것이다.

벌은 사냥을 나가기 전에 출입구의 흙을 뒷발로 쓸어 모아 집구멍을 막아 놓고 떠난다. 겉보기에는 다른 모래 흙이나 조금도 다름이 없지만, 벌은 조금도 주저하지 않고 육감으로 자기집 출입구를 정확하게 찾아낸다.

자, 그러면 이제부터 속임수를 써 보자. 즉, 벌이 자기 집을 찾지 못하도록 그 부근의 모습을 바꾸어 놓는 것이다. 나는 출입구에 손바닥만한 넓직한 돌을 덮어 놓았다. 얼마 지나지 않아 벌이 돌아왔다.

그러나 자기가 집을 비운 사이에 일어난 큰 변화에 결코 놀라거나 당황하는 기색이 없었다. 왜코벌은 즉시 돌 위에 내려 앉더니 꼭 출입구에 해당하는 곳을 파려고 했다. 그러나 장애물이 너무 딱딱하다는 것을 알고 곧 파는 것을 중지했다. 그리고는 여기 저기 돌 위를 날아 다

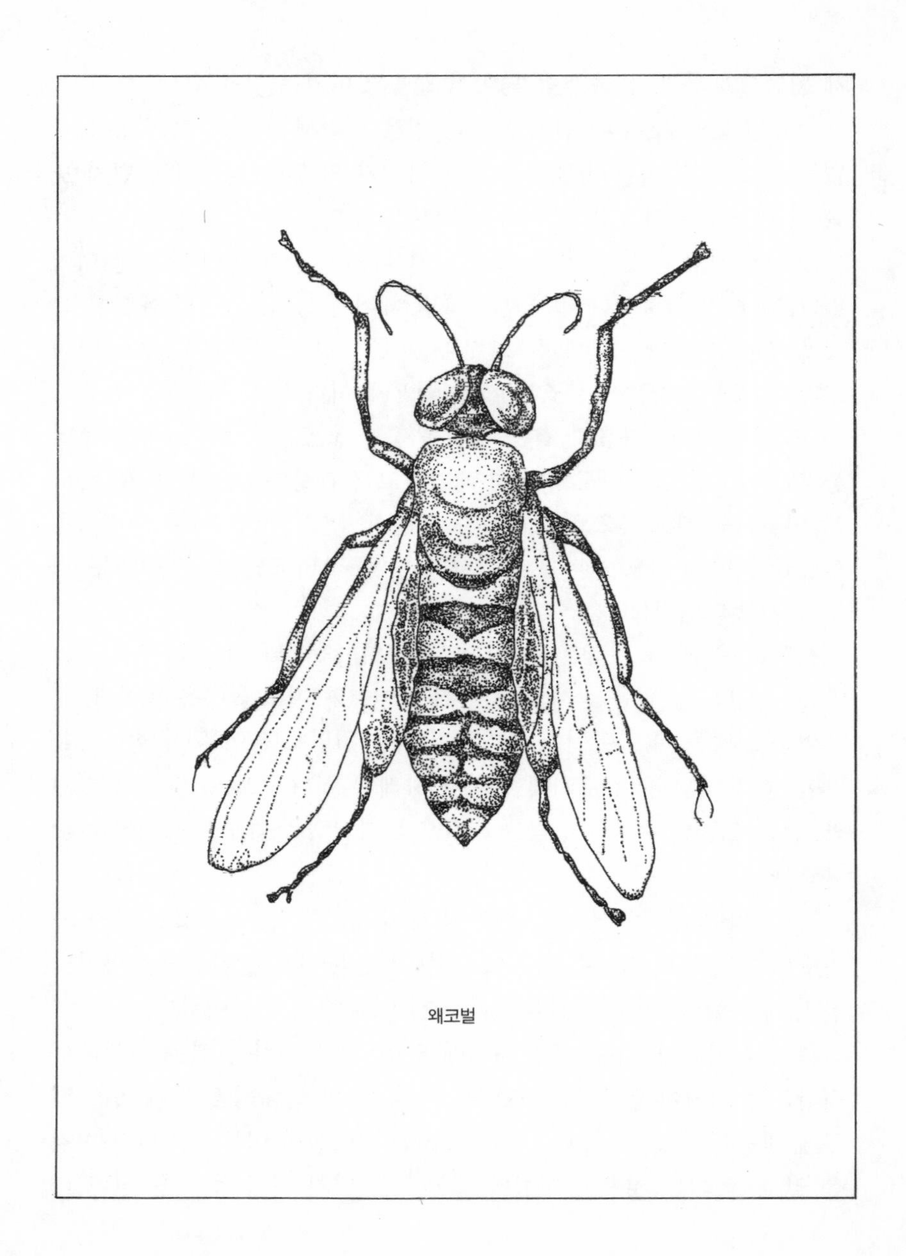

왜코벌

니면서 주위를 한 바퀴 돈 다음 돌 아래로 기어 들어가서 바로 구멍이 있는 방향으로 흙을 파기 시작했다.

평평한 돌같은 것은 이 영리한 벌을 속일 수 없다는 것이 확실해졌다. 좀더 그럴듯한 방법을 생각해 보기로 하고 나는 구멍을 파고 있던 벌을 손수건으로 쫓아 버렸다. 쫓겨난 벌은 겁이나서 얼마 동안 집에 돌아오지 않을 테니까, 나도 천천히 실험 준비를 할 수 있었다.

이번에는 어떤 재료를 사용할까? 실험에 유용한 재료라면 무엇이든지 이용해야 한다. 얼마 멀지 않은 곳의 길 바닥에 말똥이 널려 있었다. 마침 좋은 재료라고 생각하고 말똥을 모아 가지고 왔다. 그리고 그것을 잘게 썬 다음 벌집의 출입구와 부근을 넓이 25제곱센티미터, 두께 3센티미터로 만들어 덮어 버렸다.

확실히 왜코벌은 지금까지 이런 장벽을 본 적이 한 번도 없었을 것이다. 그 빛깔, 재료의 성질, 냄새 때문에 벌은 당황할 것이다. 이 더러운 말똥으로 덮여 있는 곳을 과연 자기 집의 현관이라고 생각할까?

그러나 벌은 벌써 모든 것을 알아차리고 있음이 분명했다. 벌은 날아와 자기집 주위를 날고 있었다. 공중에서 자기 집 둘레의 이상한 물체를 살피더니 말똥 한가운데, 출입구가 가리워진 바로 그 곳에 내려앉아 파기 시작하는 것이었다. 그러더니 길을 터놓고 흙 있는 데까지 파내려가서 출입구의 구멍을 찾아냈다. 나는 다시 한 번 벌을 멀리 쫓아 버렸다.

벌이 지금까지 한 번도 본 적이 없는 모습으로 위장해 놓은 출입구에 정확히 내려앉는다는 것은 무엇을 말해 주는 것일까? 벌이 물체를 '보는 힘'과 '기억력'에만 의지하지는 않는다는 증거가 아닐까? 그렇다면 벌은 어떤 능력을 가지고 있는 것일까? 냄새를 맡는 힘일까? 말똥 냄새도 벌의 정확성을 흐리게 하지는 못했다. 그래도 한 번 더 냄새로써 시험해 보자.

마침 나는 곤충 연구의 한 재료로 '에테르'가 들어 있는 조그마한 병을 가지고 있었다. 벌집의 입구에서 말똥을 걷어내고 두텁지는 않으나 꽤 넓게 바위 이끼를 깔아 놓았다. 그리고 바위 이끼 위에 병마개를 뽑은 채 에테르를 놓았다. 곧 벌이 날아오는 것이 보였다. 에테르의 냄새가 너무 강한지 벌은 처음에는 옆으로 비켜났다. 그러나 잠깐 동안이었다. 벌은 아직도 어지간히 강한 에테르의 냄새가 풍기는 이끼 위에 내려앉았다. 벌은 장애물을 뚫고 자기 집 구멍을 찾아 들어갔다.

에테르의 냄새도 말똥과 마찬가지로 벌을 혼란에 빠지게 할 수는 없었다. 그렇다면 후각이 아닌 다른 무엇이 출입구를 벌에게 알려주고 있는 것이다. 벌의 이런 능력은 머리에 달린 더듬이의 특별한 감각 때문이라고들 한다. 나는 앞에서 벌이 더듬이 없이도 자기 구멍을 찾는다는 것을 증명했었는데 다시 한 번 시험해 봐야 겠다. 충분한 조건을 갖추고 실험해 보기로 하자.

나는 왜코벌의 더듬이를 몽땅 자르고 그 자리에서 놓아 주었다. 아프기도 하겠지만 그동안 손에 잡혀 있었기 때문인지 벌은 쏜살같이 달아나 버렸다. 나는 다시 돌아오지 않을 수도 있다고 생각하며 한 시간 동안 꼬박 기다려 보았다.

그런데 벌은 다시 돌아왔다. 전과 마찬가지로 바로 그 장소, 내가 네 번이나 모양을 바꾸어 놓은 출입구 바로 옆에 내려 앉는 것이었다.

이번에는 벌집 구멍 둘레에 호도알만한 돌을 주어다 흙이 보이지 않을 정도로 덮어 놓았다. 내가 만들어 놓은 장애물은 왜코벌이 보기에 부르타뉴의 옛 유물인, 카르낙의 멘히르(고대 무덤이라고 알려진 돌무지)보다 더 크게 보일 텐데 그것으로도 더듬이가 잘려나간 벌을 속일 수는 없었다. 왜코벌은 앞서 여러 힘든 조건 속에서도 자기 집을 찾아냈듯이 더듬이 없이도 내가 덮어 놓은 돌더미 한 가운데서 출입구를 찾아낸 것이다. 이번에도 나는 이 충실한 어미벌을 제 집으로 들어가도록 해 주었다.

구멍 주위의 모습이 네 번씩이나 바뀌고 출입구의 빛깔, 그 냄새, 그 재료까지도 바뀌었으며 그리고 나중에는 양쪽의 더듬이까지도 잘리는 아픔, 이 모든 것으로도 벌을 속일 수는 없었다.

벌들이 무언가 우리가 모르는 신비로운 힘을 갖고 있다고 생각하지 않는 한 촉각이나 후각이 쓸모없게 되었을 경우에도 자기 집을 찾아내는 능력을 어떻게 설명해야 할 것인가?

며칠 뒤 실험하기 좋은 기회가 찾아 왔다. 나는 지금까지와는 다른 각도에서 그 문제를 다시 다루기로 했다.

그것은 왜코벌의 벌집을 다치지 않도록 조심하면서 깡그리 드러내 놓는 것이다. 벌집은 그리 깊지 않은 곳에 거의 수평으로 놓여 있었고 파 내는 흙도 그다지 굳지 않아서 실험하기가 좋았다.

모래와 흙을 조금씩 칼끝으로 파 나갔다. 지붕을 벗기고 보니 땅 속의 벌집 구멍은 길이가 20센티미터 가량 되었는데, 곧거나 또는 구부러진 조그만 수채통이나 도랑같은 모양을 하고 있었다. 출입문 어귀는 열려 있으나 다른 쪽 끝은 막다른 골목이었다. 애벌레는 먹이 한 가운데에 가로 뉘어 있었다.

내리쬐는 햇볕 아래 벌집 구멍이 송두리채 드러나 있었는데, 어미 벌은 돌아와 이것을 보고 어떻게 할까? 어미 벌은 애벌레에게 먹이를 날라다 주기 위해서 돌아올 것이다. 하지만 애벌레에게 가려면 우선 출입구를 찾아야 한다. 이 때 출입구와 애벌레를 따로 따로 조사하는 것이 좋을 것 같았다.

그래서 나는 애벌레와 먹이를 모두 치워 놓았고, 벌집은 텅 비게 되었다. 준비는 다 끝났고 이제는 끈기있게 기다리기만 하면 된다.

마침내 벌이 돌아왔다. 그리고 곧바로 출입구로 날아갔다. 여기서 거의 한 시간 동안이나 땅을 파 보고, 쓸어 보고, 모래를 긁기도 했는데,

이것은 새로운 구멍을 파려고 하는 것이 아니라 출입문을 열심히 찾는 것이었다.

그리고 어미 벌은 쉽게 움직일 수 있는 출입문의 재료가 아니라 아파서 파헤칠 수 없는 딱딱한 흙에 부딪쳤다. 입구가 나오지 않자 어미 벌은 집 둘레를 조사하며 돌아다녔다. 물론 언제나 출입구가 있었던 자리의 부근만을 맴돌았다.

어미벌은 몇 센티미터 정도의 반경 내에서 열 번, 스무 번 조사하고 쓸어 보았던 곳을 또 조사하고 쓸어 보는 것이었다. 그러면서도 그 반경밖으로 나가 보려고 하지는 않았다. '출입구는 여기 있을 것이다. 다른 곳에는 있을 수 없다'라는 확신에 차 있는 것 같았다.

나는 몇 번이나 지푸라기로 벌을 저만치 밀어 놓았다. 벌은 내가 미는 대로 밀려가다가 또다시 출입구가 있던 자리로 돌아왔다. 때로 홈통같이 된 곳에 관심을 갖는 듯했지만 잠깐뿐이었다.

벌은 긁기만 하면서 몇 발자국 앞으로 나가더니 다시 출입구 쪽으로 돌아왔다. 두 세 번 도랑 가운데를 끝까지 지나가기도 했다.

벌은 애벌레가 있던 방까지 가서는 그 곳을 마구 파 보다가 출입구가 있던 곳으로 바삐 돌아와서 다시 출입구를 찾았다. 그 끈기에 내가 도리어 지칠 지경이었다. 한 시간이 넘어도 벌은 끈기있게 출입구 근처를 계속 맴돌고 있었던 것이다.

벌집 속에 애벌레가 있었다면 어떻게 되었을까? 이것이 두 번째 의문이다. 같은 왜코벌로 실험을 계속한다면 내가 바라는 결과를 얻지 못할 것 같았다. 이 벌은 계속 출입구만 찾다가 이제는 화가 치밀어 미쳐 있는 것만 같았다. 이래서는 실험 효과를 기대할 수 없었다. 흥분하지 않고 평상시처럼 행동하는 새로운 왜코벌이 필요했다. 얼마 안 되어 기회가 왔다.

나는 벌집 구멍을 앞서와 마찬가지로 끝에서 끝까지 몽땅 들어냈다.

그러나 이번에는 집 안에 있는 것에는 손을 대지 않았다. 애벌레는 본래 있던 자리에 두었고, 먹이도 건드리지 않았다. 집안은 깨끗이 정리되어 있었다. 다만 지붕만 없을 뿐이다.

그런데 구석 구석 볼 수 있고 출입구도 구멍 속도, 애벌레와 먹이가 산더미같이 쌓여 있는 아랫방도 한 눈으로 볼 수 있도록 열어 젖혀진 집 앞에서 어미 벌은 처음 벌과 꼭같이 행동하고 있었다. 도랑처럼 만들어진 집안 한 구석에서 내려쬐는 햇볕이 따가운지 애벌레가 알몸을 버둥거리고 있었다.

그러나 어미 벌은 새끼는 돌보지 않고 원래 출입구가 있던 자리에 발을 멈췄다. 어미벌은 그 곳을 파면서 널려 있는 모래와 흙을 쓸어 버렸다. 그리고 몇 센티미터 반경으로 여기저기 조금씩 파 보고는 언제나 그 자리로 다시 돌아왔다. 그러나 버둥대며 괴로워하는 애벌레는 거들떠 보지도 않았다.

연한 살갗에 둘러싸인 애벌레는 촉촉한 땅 위에서 눈이 부시도록 빛나는 햇볕을 받으며 먹고 있던 먹이 위에서 여전히 온 몸을 비틀고 있었다. 하지만 어미 벌은 여전히 모른 척했다. 어미 벌은 자기의 애벌레가 땅 위에 흩어진 여러가지 물건, 조그마한 돌이라든가 흙덩이, 말라붙은 찰흙같은 것과 별로 다르지 않다고 생각하는지 전혀 신경을 쓰지 않았다.

자식들이 있는 잠자리 곁으로 가려고 죽음을 무릅쓰고 있는 어미 벌에게 지금 당장 필요한 것은 출입구의 문, 언제나 자유로이 출입했던 문 뿐이었다. 어미 벌은 오직 자기가 항상 드나들던 출입문을 찾으려는 마음만 간절할 뿐이었다.

길은 열려 있었다. 어미벌의 길을 가로막는 것은 아무것도 없었다. 그런데 어미벌은 자신이 그렇게도 고생하며 찾으려는 자기의 어린것들이 바로 눈 앞에서 불안에 떨며 어쩔 줄 몰라하는데 어째서 사랑하는 자기 자식 곁으로 곧장 가지 않는 것일까? 서둘러 새끼들이 살 새 집을 파고 땅 속의 안전한 방에 넣어 주면 좋으련만 그러려고 하지 않았다. 자식이 햇볕에 타죽어 가도 어미 벌은 여전히 없어진 출입구만을 찾고 있었다.

눈 앞에서 벌어지고 있는 이 어리석은 모성애를 보고 나는 무척 놀랐다. 모성애는 동물의 모든 감정 가운데서 가장 강하고 가장 지혜로운 것이다. 나나니벌 · 왜코벌을 관찰하면서 이 어리석은 모성애를 싫증이 나도록 보지 않았더라면 나는 눈 앞에서 벌어지고 있는 사실을 거의 믿지 않았을 것이다.

그런데 이보다 훨씬 심한 예가 있다. 어미 벌은 오랫동안 망설이다가 끝내 본래의 터널이 있던 도랑으로 들어갔다. 어미 벌은 여기저기 이르는 곳마다 성에 안 차는지 쓸기도 하고 부딪히기도 하면서 앞으로 나갔다. 그리고 뒷걸음질쳤다가는 다시 앞으로 나갔다. 우두커니 서 있다가 생각이라도 난 듯이 다시 움직이곤 했다. 어미 벌은 희미한 기억에 이끌렸는지 또는 먹이에서 풍겨나오는 냄새라도 맡았기 때문인지 터널 밑의 애벌레가 누워 있는 곳으로 가기도 했다.

그리하여 어미 벌은 자식의 얼굴과 마주쳤다. 고생 끝에 서로 만나니 그동안 얼마나 고통에 시달렸느냐는 근심 가득찬 사랑을 표현할 법도하다. 하지만 왜코벌은 자기 애벌레를 전혀 알아보지 못했다. 애벌레는 어미에게 전혀 가치가 없는 장애물처럼 귀찮은 존재일 뿐이다. 어미 벌은 알몸의 애벌레 위를 바삐 왔다갔다 하면서 거리낌 없이 밟아버렸다. 방 한 구석에 구멍을 뚫으려고 할 때는 애벌레를 귀찮다는 듯이 차고, 밀어 제끼고, 뒤집고, 내쫓았다. 일에 방해가 되는 돌덩이라도 이처럼 거칠게 다루지는 않을 것이다.

이렇게 심하게 당하고 나면 애벌레도 가만히 있지만은 않는다. 나는 이토록 학대를 받던 애벌레가 먹이의 뒷다리라도 깨물 듯이 주저하지 않고 어미 벌의 발목을 물고 늘어지는 것을 보았다. 싸움은 맹렬했지만 끝내는 물고 늘어졌던 애벌레의 주둥이가 어미의 발에서 떨어진다. 그러자 어미 벌은 날개로 붕붕 소리를 내며 날아가 버렸다. 자식이 어미를 물고 늘어져서 끝내는 먹어 버리려고 하는, 자연의 법칙에 어긋나는 광경은 좀처럼 볼 수 없는 것이지만, 그러나 그것은 사실이었다.

다시 본래의 이야기로 돌아가자.

우리들의 왜코벌은 한 차례 터널 밑을 더듬어 보고는 자기가 찾고 있는 구멍의 출입구 쪽으로 돌아가서 거기서 마냥 출입구를 찾았다. 출입구를 찾아 순서대로 들어가야만 자기집과 새끼를 찾을 수 있다고 생각하는 것이다. 애벌레는 어미 벌에게 채여 계속 몸을 비틀었다. 어미 벌은 항상 다니던 길을 찾지 못해 안타까워할 뿐 제 자식을 까맣게 잊어버리고 전혀 돌보아 주지 않았다. 애벌레는 죽게 될 것이다. 다음날 나는 그 곳에 다시 가 보기로 했다. 우리들은 저 애벌레가 도랑 밑에서 햇볕에 반쯤 데어서, 전에 자기 먹이였던 파리의 밥이 된 것을 보게 되었다.

이것이 본능적인 여러가지 행위의 연결이다. 결국 왜코벌의 어미는 무엇을 찾고 있는 것일까? 말할 것도 없이 애벌레이다. 그리고 애벌레가 있는 곳까지 가려면 집의 터널에 들어가야 하고, 그 터널에 들어가려면 우선 출입구를 찾아야 한다.

그런데 어미 벌은 그 넓직한 터널을 앞에 두고, 그 먹이를 앞에 두고, 애벌레를 앞에 두고도 출입구를 찾는 데만 골몰하고 있다.

허물어진 집, 죽어가는 애벌레 같은 것들은 지금의 어미 벌에게는 아무런 가치도 없다. 그에게는 항상 다니던 바로 그 길, 제 머리로 받기만 하면 곧바로 모래가 허물어지고 문이 열리는 출입구가 필요한 것이다. 이 출입구, 이 길을 찾지 못하는 한 살던 집, 그 속에 있던 애벌레 등 이 세상의 모든 것이 어떻게 되든 상관이 없다.

어미 벌의 행동은 한 줄로 이어진 메아리처럼 어느 한 가지가 다음의 것을 깨우쳐주지 못하는 한, 결코 다음에서 다음으로 메아리가 전달되지 않는 모양이었다.

어미 벌이 애벌레한테 가지 못하는 것은 항상 드나들던 출입구가 없기 때문이다. 살고 있던 문이 활짝 열려 있어서 들어가는 데 전혀 어려움이 없는데도 어미 벌은 자기가 열지 않았기 때문에 마냥 헤매고만 있는 것이다. 맨 첫 과정에서 메아리가 아무 소리도 내지 않았으므로, 다음의 다른 메아리들도 모두 잠잠한 것이다. 도무지 알아차리질 못한다.

본능과 지혜의 힘 사이에는 얼마나 큰 거리가 있는가? 지혜의 힘으로 움직이는 어머니라면 허물어진 집의 복잡한 길을 헤치고 우선 자식들을 찾아갈 것이다. 그러나 본능에만 의지하는 어머니는 항상 버릇처럼 드나들던 문만 찾느라고 언제까지나 그 근처를 맴돌기만 하는 것이다.

다윈의 편지에서

내가 지금부터 쓰려고 하는 것은 웨스트민스터 사원에서 뉴턴을 마주보며 영원히 잠들어 있는 저 유명한 영국의 박물학자 다윈 (1809~1882, 진화론을 주장하여 세계적으로 커다란 반향을 일으킴 – 옮긴이)에게 편지로 보내려던 것이다.

나는 그와 편지를 주고 받았는데, 그는 한 편지에서 나에게 이런 저런 실험을 해보는 것이 어떠냐고 제안했고, 나는 그 실험결과를 그에게 보고하기로 되어 있었다.

이것은 나에게 무척 즐거운 일이었다. 왜냐하면 나의 관찰결과로 볼 때 그의 이론을 그대로 믿기는 어려웠지만, 그의 훌륭한 인품과 학자로서의 정직성을 높이 사 왔기 때문이다.

하지만 내가 이 보고서를 준비하고 있을 때 슬픈 소식이 전해졌다. 이 훌륭한 인물이 세상을 떠난 것이다.

그러므로 이 편지를 웨스트민스터에 있는 다윈의 무덤으로 보낼 수도 없는 일이고 해서 나는 편지 대신 독자들에게 다음과 같은 나의 실험 결과를 쓰기로 한다.

나의 『곤충기』 1권을 읽은 다윈은 뒝벌이 먼 곳까지 끌려가서도 자기가 살던 집으로 돌아오는 능력을 갖고 있다는 이야기에 깊은 인상을 받았던 것 같다.

돌아오는 길을 알려주는 나침판 구실을 하는 것은 무엇일까? 무엇이 벌을 이끌어 주는 것일까?

다윈은 비둘기로 실험해 보고 싶은 생각을 갖고 있는데, 일이 바빠서 하지 못하고 있다는 사연을 써 보내왔다. 나는 이 실험을 내가 기르고 있던 벌로 할 수 있었다.

아래 글은 그의 편지 가운데서 실험에 관한 부분만을 간추려서 옮긴 것이다.

"곤충이 자기 집으로 돌아가는 길을 찾아낸다는 당신의 훌륭한 연구를 읽었습니다. 나는 벌써부터 비둘기를 가지고 그런 실험을 해보려고 생각하고 있었습니다.

곤충을 종이봉지에 넣고 데려가려는 목적지와 반대편으로 1백미터 쯤 걸어갑니다. 그리고 그곳에서 돌려보내기 전에 돌림대와 손잡이가 있는 둥그런 상자에 곤충을 넣고, 돌림대를 중심으로 하여 양쪽으로 바꾸어 가며 상자를 빨리 돌려서 곤충이 전혀 방향을 알지 못하게 하는 것입니다. 그렇게 하지 않으면 곤충이 옮겨간 방향을 알게 되지 않을까 생각되기 때문입니다."

이 실험 방법은 아주 훌륭한 것이라고 나는 생각했다. 내 실험 결과에 따르면 3~4킬로미터 떨어진 곳으로 옮겨진 뒝벌은 어두운 종이봉지 속에서도 내가 걸어가고 있다는 사실만으로도 끌려가고 있는 방향이 어느 쪽인가를 짐작할 수 있다.

그리고 그 짐작을 그대로 간직한 벌은 그 느낌을 나침판 삼아 제 집으로 돌아오는 것이라고 말할 수도 있다. 그러나 다윈은 앞서의 방법으로 벌을 빙빙 돌려서 동서남북을 분간하지 못하게 한 다음 놓아 주면 끝내 자기 집에 돌아가지 못할 수도 있다고 말하고 있다.

나도 이 방법이 훌륭하다고 생각했다. 특히 근처에 살고 있는 사람들이 이것을 충분히 뒷받침해 줄 수 있는 사실을 이야기해 주었기 때문에 나는 더욱 그렇게 생각했다.

더욱이 이런 지식에서는 어떤 대가를 지불하더라도 찾기 어려운 사람인 파뷔에가 나에게 그 실마리를 찾아 주었다. 그는 이렇게 말하는 것이었다.

살던 집에서 멀리 떨어져 있는 곳으로 고양이를 보내려면, 보내기 전에 고양이를 자루 속에 집어넣고 빠르게 돌린다. 그렇게 하면 고양이는 옛집으로 돌아오지 못한다. 다른 사람들도 똑 같은 말을 했다.

"자루에 넣어서 빙빙 돌려두면 걱정없어요. 그 쯤되면 고양이가 방향을 잃어서 되돌아오지 못하니까요."

나는 내가 들은 것을 다윈에게 전했다. 나는 시골 사람들이 다윈이 생각하고 있는 방법을 벌써 실제로 써왔다는 사실을 전해 주었다. 다윈은 이 이야기에 흥미를 느꼈고, 나도 역시 그랬다.

이 이야기는 한겨울동안에 시작되었는데, 실험은 다음 해 5월에 할 수 밖에 없기 때문에 준비할 충분한 시간이 있었다.

"파뷔에, 나는 자네가 알고 있는 그 뒝벌의 집이 필요하네. 우선 미장이한테 가서 새로운 기와와 회반죽을 얻어오지 않겠나? 그리고 그것

뒝벌

을 가지고 저기 보이는 이웃집 창고의 지붕에 올라가서 벌집이 가장 많이 붙어 있는 기와를 한 다스쯤 벗기고 새 기와로 바꿔 주게."

파뷔에는 시키는 대로 재료를 구해 가지고 이웃 집으로 갔다. 이웃집은 기와를 바꿔 없는 데 기꺼이 찬성했다. 그도 그럴 것이, 그 사람은 가끔 미장이를 시켜서 기와 속에 달린 벌집을 떼어 내야 했기 때문이다. 그렇게 하지 않으면 언젠가는 지붕이 무너져 내릴 것이다. 올해 아니면 다음해에는 꼭 수리를 해야 할 실정이었기에 이웃집으로서는 반가운 부탁이었다.

저녁 무렵 나는 큼직하고 네모난 벌집을 열두 장이나 손에 넣었다. 벌집은 기와의 밑면에 붙어 있었다. 무게를 달아보니, 16킬로그램이나 되었다. 그런데 이 벌집을 뜯어온 지붕에는 열일곱 장의 기와가 이런 벌집으로 덮혀 있었다. 만약 뒝벌이 이대로 집을 짓도록 방치한다면 이 지붕은 무게 때문에 무너져 버리고 말 것이다. 벌집을 그대로 방치해서 습기가 차면, 언젠가는 머리 위에 기와벼락이 떨어질 것이다. 이것이 바로 널리 알려져 있지 않은 뒝벌의 거대한 건축물이다.

그러나 이웃에서 가져온 이 벌집이 내가 생각하는 실험에 꼭 맞는다고는 할 수 없었다. 왜냐하면 조상 때부터 오랜 세월을 두고 이 창고를 제 집으로 삼고 살아온 벌들이므로 멀리 데려간다 해도 대대로 내려오는 유전의 힘에 의해 어렵지 않게 저 지붕을 찾아서 제 집으로 돌아올지도 모르기 때문이다. 오늘날에는 유전의 영향에 대해 많은 관심을 갖고 있으므로 나는 이웃에서 가져온 벌을 실험에 쓰지 않기로 했다.

벌집이 우리 뜰에서 멀리 떨어져 있어서 고향으로 돌아왔다 해도 우리집 뜰에 있는 벌집으로 돌아올 길잡이가 없는 벌이 나에게는 필요했다.

파뷔에는 이런 사실을 잘 알고 있었기 때문에 나는 그에게 앞으로의 일을 맡겼다. 이 마을에서 좀 더 떨어진 에그 강변의 낡은 집에 뒝벌

뒝벌의 집으로 뒤덮인 기와.

텡벌을 길러 관찰한 포치

집이 있다는 것을 그는 알고 있었다. 그는 등에 광주리를 지고 일꾼 한 사람과 함께 길을 나섰다.

파뷔에의 도움으로 나는 벌집이 빽빽히 붙어 있는 기와를 네 장이나 손에 넣었다. 그것은 두 사람이 등에 질 수 있는 최고의 무게였기 때문에 돌아왔을 때는 두 사람 다 지쳐 있었다.

그런데 이 기와를 어디에 둘 것인가. 나는 눈에 잘 띄는 관찰하기 편한 곳에 두고 싶었다. 예전처럼 항상 사다리를 오르내린다든지 발바닥이 아프도록 막대 위에 서 있거나 담벽에 반사하여 나오는 따가운 햇볕으로 인한 더위 때문에 괴로움을 겪는 것은 피하고 싶었다.

그리고 또 내 귀중한 손님인 벌들에게 제 집에서와 마찬가지로 생활할 수 있도록 해 줄 필요가 있었다.

새로운 생활에 익숙해지도록 하기 위해서는 무엇보다 벌들이 즐겁게 생활할 수 있도록 해 주는 것이 중요하다. 우리집에는 벌들에게 알맞은 장소가 있었다. 발코니 밑에 있는 넓은 포치(건물입구에 붙여 지은 지붕을 얹어 만든 일종의 현관)가 그것이다.

그것의 담벽에는 햇볕이 들어오고 안에는 그늘도 지기 때문에 사람이나 벌에게 모두 좋은 장소였다. 햇볕은 벌들을 위해서 좋았고 그늘은 나를 위해서 좋았다.

기왓장 하나 하나에 쇠줄 갈고리를 달아서 적당한 높이로 담벽에 걸었다. 벌집의 절반은 오른쪽 벽에, 또 절반은 왼쪽 벽에 걸고 보니 진기한 풍경이었다.

내가 벽에 걸어 놓은 것을 처음 본 사람들은 내가 어떤 진귀한 짐승의 고기를 햇볕에 말렸다가 급히 베이콘을 만들려고 널어 둔 것이라고 생각하기도 하고, 내가 특이한 종류의 꿀벌을 기르고 있다고 말하기도 했다. 그러나 이것으로 내가 무엇을 하려는지 그들은 알지 못했다.

4월이 끝나갈 무렵 우리 벌집에서는 벌써 바쁜 활동이 시작되었다.

한참 일이 바쁠 때는 벌떼가 큰 소용돌이처럼 함께 뭉쳐서 웅웅 소리를 냈다. 포치는 사람의 발길이 잦은 통로인데다가 식량을 넣어 둔 방에 가기 위해서는 그 곳을 지나야 했다. 처음에는 내가 이토록 가까운 곳에 무서운 벌집을 만들었다고 가족들의 불평이 많았다.

"음식을 가지러 갈 수 없어요. 벌떼를 피해 쏘이지 않도록 조심 조심해야 하잖아요."

그래서 나는 이런 불평에 대해 벌을 두려워할 필요가 없다는 것을 증명해 두지 않으면 안 되었다.

우리들의 벌이 일부러 잡으려고 하지 않으면 칼을 뽑지 않는 평화로운 곤충이라는 것을 증명해 두지 않으면 안 되었다.

나는 새까맣게 벌이 붙어 있는 진흙덩이 벌집에 닿을 듯 말 듯 얼굴을 가까이 갖다 댔다. 그리고는 손가락을 이리저리 벌떼 속으로 집어넣으면 벌 몇 마리가 손에 올라 앉았다. 벌떼가 우굴거리는 한가운데에 들어가 보아도 벌이 쏘는 일은 없었다.

나는 벌써부터 이 벌들이 평화롭다는 것을 알고 있었다. 이렇게 실험해 보기 전에는 나 역시 두려워 했지만, 지금은 조금도 그렇지 않다. 벌을 화나게 하지 않는 이상 쏘일가봐 걱정할 필요는 없다. 기껏해야 벌 몇 마리가 이상하다는 듯이 사람의 얼굴이나 귓가에 와서 물끄러미 바라보며 위협적인 날갯소리를 낼 뿐이다. 모른 체하면 아무일 없다는 것을 직접 본 가족들은 아무 거리낌없이 현관 안을 지나다니게 되었다.

조금 지나자 벌은 무섭기는 커녕 심심풀이 대상이 되었고 바쁘게 일하는 벌을 바라보는 것이 하나의 즐거움이 되었다. 하지만 이웃사람들에게는 이런 사실을 전혀 비밀에 부쳤다. 누가 볼 일이 있어서 찾아왔다가 현관 앞을 지나게 되면 매달아 놓은 기왓장 앞에 서 있는 나를 보고는 어김없이 이러한 말들을 했다.

"당신을 쏘지 않는 것을 보면 길이 잘 든 모양이군요."

“그럼요. 잘 들었지요.”

“나라면 어떻겠습니까?”

“글쎄요. 당신한테는 어떨까요?”

이렇게 대답하면 조심조심 한 걸음 뒤로 물러섰다. 그것은 내가 바라는 대로였다.

이제 실험에 대해 생각해야겠다. 실험에 사용할 뒝벌에게는 구별할 수 있는 표시를 해야 한다.

아라비아 고무를 녹인 액체에 빨강색 흰색, 그 밖의 색가루를 풀어서 물감을 만들고 실험할 벌의 등에 점을 찍어 놓았다. 색깔을 구분해 두면 실험에 쓰인 벌이 뒤섞일 염려가 없다.

처음 실험할 때는 놓아 줄 장소에까지 가서 표시를 했다. 표시를 하려면 벌을 하나 하나 손가락 사이에 잡아 끼어야 했기 때문에 나는 가끔 손 끝을 쏘이기도 했다. 몇 번 쏘이고 나니 꽤 따끔따끔했다. 그래서 엄지 손가락으로 벌을 모질게 다루었는데 그 때문에 가엽게도 벌들은 날아다니는 힘이 약해졌다. 이러한 방법은 나나 벌을 위해서도 바꿀 필요가 있었다. 전혀 손을 대지 않고 표시를 해서 먼 곳까지 데리고 가서 놓아 줄 수 있는 방법이 없을까?

그래서 이런 방법을 사용하기로 했다.

벌이 좁은 구멍에 몸을 들이밀고 날라온 꽃가루를 떨어 뜨리고 있을 때나 미쟁이 일을 하고 있을 때는 일에 온통 정신을 쏟고 있을 때이다. 이때라면 벌을 화나게 하지 않고도 색깔을 찍은 지푸라기로 등에 쉽게 표시할 수 있다.

이런 식으로 살짝 색깔을 칠하면 벌은 조금도 아랑곳하지 않고 밖으로 나가 집 지을 진흙이나 꽃가루를 가지고 돌아온다. 등에 찍은 표시가 완전히 마를 때까지 나는 벌들에게 그 일을 계속하게 했다.

벌이 즐겁게 일하는 날씨 좋은 날에는 표시가 쉽게 마른다. 다음으로는 손대지 않고 벌을 잡아서 종이봉지에 넣어야 한다. 이 일은 그리 어려울 것이 없다. 정신없이 일하고 있는 벌 위에 플라스크를 씌우면 벌은 날아올라 플라스크 속으로 들어오게 된다. 그러면 종이봉지 속으로 옮기고 곧 전체를 운반하는 양철 상자에 넣는다. 놓아 줄 때는 이 종이봉지만 풀면 된다. 이렇게 하면 손으로 잡는 위험한 짓을 하지 않아도 된다.

또 한 가지 제 집으로 돌아온 벌의 숫자를 세어보는 날짜를 미리 정해 둬야 한다. 등 한가운데에 표시해 둔 흰 점은 털에만 묻어 있어서 오래가지 못한다. 또한 뒝벌은 항상 몸을 깨끗이 하기 위해서 솔질을 한다. 구멍에서 밖으로 나올 때마다 몸에 묻은 먼지를 털고, 꽃에서 꿀을 빨아올릴 때나, 드나드는 구멍의 담벽에 스칠 때마다 벌의 옷은 닳아서 넝마같이 된다.

이런 것들을 생각하면, 등에 찍힌 표시가 오랫동안 지워지지 않으리라고 말할 수는 없다. 그렇기 때문에 집에 돌아온 벌은 수효를 빨리 조사할수록 좋다. 나는 그날 안에 돌아온 벌만을 세기로 하였다.

끝으로 남은 문제는 돌림통을 만드는 것이다. 다윈은 돌림대와 손잡이에 돌리는 장치를 한 둥근 통으로 하는 것이 어떠냐고 말하고 있으나 내게는 그런 재료가 없다. 오히려 이곳 시골 사람들이 자루에 고양이를 넣고 빙글빙글 돌려서 방향감각을 잃게 하는 방식이 훨씬 쉽고 빠르지 않을까? 그리고 효과면에서도 그다지 큰 차이가 없을 것이다.

나는 각기 종이봉지 속에 넣었던 벌을 양철 상자에 집어 넣고 돌릴 때 서로 부딪히지 않도록 칸막이를 했다. 그리고는 양철 통에 줄을 달아서 이것을 잡고 마음대로 휘두르면 벌은 확실히 방향감각을 잃게 될 것이라고 생각했다. 8자 형으로도, 원형으로도, 되는 대로 돌릴 수 있어 좋을 것이라고 생각했다.

1880년 5월 2일, 나는 부지런히 일하고 있는 뒝벌 열마리의 등에다 흰 점을 찍었다. 나는 점이 마르기를 기다려 앞서 이야기한 것처럼 그 벌들을 잡아서 양철통에 넣었다.

나는 우선 내가 가려고 하는 목적지와는 정반대의 방향으로 벌통을 500미터쯤 옮겨갔다. 우리집으로 통하는 좁은 길은 이런 실험에 꼭 알맞은 곳이어서 양철통을 휘두를 때에도 사람들은 나타나지 않을 것이다.

길 한 끝에 십자가가 하나 서 있었다. 그 십자가 아래 서서 계획한 대로 벌통을 돌리는 것이다. 양철통을 둥글게 돌리다가 8자 형으로 돌리고 있는데 어떤 시골 여자가 지나가다가 나를 물끄러미 바라보고 있었다. 그 여자 눈동자의 놀라는 모습이라니……. 십자가 아래서 별 미친 짓을 다하고 있네 하는 눈치였다. 소문이 퍼질 것이다.

"저것은 죽은 사람을 점치는 의식이야."

"저 사람은 얼마 전에 죽은 사람을 파내지 않았을까?"

"그런 것 같아. 오래 된 무덤을 파니까 사람의 뼈와 장례식 때에 넣었던 여러가지 물건이 나왔대."

"또 요술쟁이의 여행용 도시락인 말의 어깨 뼈도 몇 개 나왔다는군."

"저 사람이 그런 짓을 한 거야. 모두가 그 사실을 알고 있다던데."

사람들은 이런 이야기를 나눌 것이다. 나는 십자가 아래서 악마의 의식을 행하다 그 여자한테 들킨 셈이 되었다. 이런 일은 나에 대한 나쁜 소문을 퍼뜨리는 데 아주 알맞은 것이었다.

내게는 상당한 용기가 필요했지만 그래도 상관이 없었다. 뜻하지 않은 입회인이 지켜보고 있었지만 나는 마음쓰지 않고 양철통을 충분히 돌렸다. 그리고는 발걸음을 돌려서 셀리냥 마을 서쪽으로 갔다.

나는 되도록 사람들과 마주치지 않으려고 발길이 아주 뜸한 사잇길을 택하여 밭 가운데로 걸어갔다. 걷는 중에도 나는 실험을 좀 더 완벽하게 하기 위해 이리저리 양철통을 휘둘렀다. 여기는 작은 살구나무와 떡갈나무가 들어 서 있는 들판의 한 구석이었다. 곧은 길인데다 빠른 걸음으로 왔지만 오는데 30분이나 걸렸다. 약 3킬로미터쯤 되는 거리였다. 북풍이 약간 불었지만 날씨는 좋았고 하늘은 끝없이 밝았다.

나는 벌이 어느 방향으로나 마음대로 갈 수 있도록 해 놓고는 남쪽을 보며 땅에 주저 앉았다. 벌은 2시 15분에 놓아 주었다. 종이봉지를 열어 주자 벌들은 잠깐 내 주위를 빙빙 돌다가 기운차게 하늘 높이 날아갔다.

방향은 내가 아는 한에서는 셀리냥 쪽으로 날아 갔는데, 관찰하기가 무척 힘들었다. 벌들은 출발하기 전 낯설어 보이는 나를 잘 보아 두기나 하려는 듯이 두 세 바퀴 내 둘레를 돌더니 갑자기 날아가 버렸다.

벌집 옆에 서서 지켜보고 있던 나의 큰 딸 안토니아는 15분이 지난 뒤 놓아준 벌 가운데 한 마리가 돌아오는 것을 보았다. 저녁 때 내가 돌아 왔을 때는 두 마리가 더 돌아와 있었다. 열 마리 중 세 마리가 그 날 안으로 돌아온 셈이다.

다음 날도 나는 실험을 계속했다. 뒝벌 열 마리에 빨간 표시를 했다. 이렇게 하면 흰 점을 찍은 벌들을 없애지 않고도 어젯밤 돌아온 벌과 앞으로 돌아올 놈을 구별할 수 있을 것이다.

나는 처음과 똑같은 환경에서 같은 방법으로 벌을 놓아 주었다. 다만 도중에는 벌통을 돌리지 않고 출발할 때와 놓아 줄 장소에서만 돌리기로 했다. 시간은 오전 11시 15분이었다. 아침 한 나절은 벌들이 한층 더 일을 바쁘게 일하기 때문에 이 시간을 택한 것이다. 11시 20분에 그 중 한 마리가 제 집에 돌아온 것을 안토니아가 발견했다. 맨처음 놓아 준 벌이라 하더라도 날아오는 데 5분밖에 걸리지 않은 셈이다. 이것은 내가 조사하고 확인한 것 중에서 가장 빠른 놈이다. 정오에 집으로 돌아왔을 때 나는 세 마리를 또 볼 수 있었다. 나머지는 돌아오지 않았으므로 열 마리 중 네 마리가 돌아온 셈이다.

5월 4일, 바람도 없는 맑은 날이었다. 실험에는 더 없이 좋은 날씨였다. 나는 초록색 점을 찍은 뒝벌을 50마리 준비했다.

벌이 돌아오는 길은 먼젓번과 마찬가지였다.가려는 방향과는 반대 방향으로 몇 백걸음 옮겨간 다음 처음으로 양철통을 돌렸다. 그리고 도중에서 세 번 또 돌리고 놓아 줄 때 다시 다섯 번 돌렸다.

이렇게 했는데도 길을 잃지 않고 제집을 찾아온다면 나에게 잘못이 있는 것은 아닐 것이다. 9시 20분에 나는 종이봉지를 열기 시작했다. 아직 이른 아침시간이었다. 벌은 놓아 주었는데도 아직 마음을 정하지 못했는지 우물쭈물하고 있었다. 그러나 들에 햇빛이 비치자 날아가기 시작했다.

나는 앉아서 남쪽을 보며 벌들을 주의깊게 지켜 보았다. 왼쪽에는 셀리냥, 오른쪽에는 피올랑스가 있었다. 날아가는 속도는 눈으로 지켜 볼 수 있을 만큼 느려서, 대부분 왼쪽으로 날아가는 것을 알 수 있었다. 몇 놈은 특이하게 남쪽으로 날고, 두세 놈은 동쪽으로 날아갔다. 북쪽은 내 몸이 병풍이 되어 볼 수가 없었다. 요컨대 대부분의 벌들은 왼쪽, 즉 제 집이 있는 방향으로 날아가고 있었다. 9시 40분, 마지막으로 벌을 모두 놓아주었다. 50마리의 벌 가운데 한 놈은 종이봉지 속에서 점이 지워져 버렸다. 이것을 빼면 모두 49마리가 날아간 셈이다.

돌아오는 벌을 지키고 있던 안토니아의 말에 의하면 제일 먼저 벌이 돌아온 것은 9시 35분이었다. 놓아주고 나서 15분이 지난 후였다. 정오까지 11마리, 정오에서 오후 4시까지는 17마리가 돌아와 49마리 중 28마리가 돌아 왔다.

네 번째 실험은 5월 14일에 이루어졌다. 이 날도 날씨는 좋았으며 북풍이 약간 불고 있었다. 오전 8시에 나는 장미빛 점을 찍은 뒝벌을 20마리 준비하였다. 방법은 먼젓 번과 차이가 없었다. 내가 가려는 방향과는 반대쪽으로 걸어간 뒤, 돌아오기 전에 한 번, 도중에 두 번, 그리고 목적지에서 네 번 벌통을 돌렸다. 내가 볼 수 있었던 벌들은 모두 왼쪽 즉 셀리냥 쪽으로 향하고 있었다. 나는 벌이 어느 방향으로든 자유롭게 갈 수 있게 했고, 내 오른쪽에 있던 개도 멀리 쫓아버렸다. 벌을 놓아 주고 내가 집에 돌아왔을 때는 9시 40분이었는데 장미빛 점이 찍힌 벌이 벌써 두 마리 돌아와 있었다.

오후 1시까지 일곱 마리가 돌아왔다. 나머지는 돌아오지 않았다. 돌아온 것은 20마리 중 일곱 마리였다. 실험은 이제 충분한 듯해서 그만하기로 했다. 알 만한 것은 거의 다 안 셈이기 때문이다.

하지만 이 실험으로 찰스 다윈의 예상이나 나와 마을 사람들이 고양이에 대한 이야기를 듣고 예상했던 것은 크게 빗나갔다는 것이 드러났다.

다윈이 부탁한 대로 우선 놓아 주는 곳과는 반대 쪽으로 벌을 옮겨 양철통을 빙빙 돌려 보아도, 그리고 놓아 주는 장소를 다섯 번이나 바꾸어 보아도 별 효과가 없었다. 100마리의 뒝벌 가운데 30~40마리가 돌아왔기 때문이다.

그처럼 훌륭한 영국 학자가 가르쳐 준 방법이 문제를 완전히 풀어 줄 것이라고 믿고 있다가 그것을 포기해 버린다고 생각하니 아쉬움을 금할 수 없었다.

그러나 훌륭한 결과를 예상했다 할지라도 그보다 훨씬 명확한 사실이 눈 앞에 펼쳐져 있었다. 문제는 제자리로 돌아가서 해결하지 못 한 채 남아 있다는 것이다. 돌아온 벌은 어떻게 돌아온 것이며, 돌아오지 못한 벌은 왜 돌아오지 못 했을까? 전처럼 그 이유를 알지 못 하고 있다는 것이다.

나는 다음 해 5월 다시 실험을 계속해 보았으나 결과는 역시 마찬가지였다. 만약 다윈이 비둘기를 가지고 실험할 기회가 있었다면, 그의 비둘기 역시 나의 벌처럼 같은 결과를 보여 주었을 것이다. 아무리 이리저리 돌린다 해도 비둘기는 속아 넘어가지 않았을 것이다.

5. 붉은병정개미 이야기

남의 새끼를 심부름꾼으로 부리는 개미

알마스의 내 연구소에 있는 곤충들 가운데서 가장 별난 놈은 뭐니뭐니해도 노예사냥을 잘 하는 붉은병정개미이다. 이 놈은 새끼를 기르는 것은 물론이고 먹이를 찾는 것도 서투르다. 그래서 뻗으면 손이 닿을 만한 곳에 있는 것도 가져올 줄을 모른다.

그러므로 이 붉은 개미에게는 먹이를 입에 가져다 주거나 집안 일을 거들어 줄 심부름꾼이 필요하다. 붉은 병정개미는 남의 새끼를 훔쳐와서 자기네 마을의 심부름꾼으로 부린다. 종류가 다른 근처의 개미집을 습격해서 이 개미의 번데기를 잡아오는데, 이 번데기가 깨어나서 붉은 개미의 충실한 심부름꾼이 되는 것이다.

6~7월 무더운 여름이 되면 붉은병정개미는 해가 기울어 석양이 질 무렵 막사에서 나와 전투하러 길을 나선다. 전투 행렬의 길이는 5~6미터나 되는데, 별다른 사건이 일어나지 않는 한 상당히 규율있게 움직인다.

그러나 어쩌다 반불개미의 집 비슷한 것과 맞닥뜨렸을 때는 선두에 섰던 개미가 행진을 멈추고, 개미들은 큰 일이나 난 것처럼 법석을 떨면서 부근으로 흩어진다. 그리고 뒤따라 부대가 몰려오므로 개미떼는 더욱 커진다. 척후병이 달려나가 사실이 아니라는 것을 확인하면 행렬은 다시 전진하기 시작한다.

부대는 뜰의 작은 길을 가로질러 잔디밭을 지나고, 얼마 후엔 좀 더 먼 곳까지 나아가 낙엽이 쌓인 산 속으로 자취를 감춘다. 이렇게 이곳 저곳을 찾아 다니다가 이 숱한 개미떼는 끝내 반불개미의 집을 찾아낸다.

붉은병정개미는 반불개미의 번데기가 누워 있는 애벌레의 잠자리를 불시에 습격하고 재빨리 전리품을 가지고 밖으로 나온다. 이때 개미집 속과 출입구에서 자기들의 자녀와 재산을 지키려는 반불개미와 붉은병정개미 사이에 치열한 싸움이 벌어진다. 이 싸움에서는 힘의 차이가 워낙 크게 나기 때문에 붉은병정개미가 승리한다. 승리한 병정개미는 제각기 노획한 번데기를 입에 물고 제 집으로 급히 돌아온다.

번데기 도둑의 이 행렬이 움직이는 거리는 그때마다 다른데, 반불개미가 어디에 있느냐에 따라 결정된다. 나는 언젠가 전투부대들이 뜰 밖으로 줄을 지어 나가는 것을 본적이 있는데, 행렬은 4미터 높이의 흙담을 넘어서 밀밭으로 가고 있었다. 붉은병정개미는 길이 아무리 험해도 아랑곳하지 않았다.

그런데 재미있는 것은 개미들이 돌아오는 길은 언제나 일정하게 정해져 있다는 것이다. 길이 꼬불꼬불 구부러져 있든 위험한 곳이든 갈 때 지나왔던 길을 따라서 그대로 다시 돌아오는 것이다. 무척 피곤하거나 행진 도중 큰 일이 벌어져도 이 길을 바꾸는 법은 없다.

예를 들어 개미가 낙엽이 쌓인 산속을 지난다고 하자. 개미에게는 그야말로 절벽이 이어진 험난한 길이다. 무리 중 한 놈이 발을 헛 디더서 절벽 아래로 떨어진다. 그러면 그 개미는 흔들거리는 디딤돌을 골라 밟으며 다시 기어 올라온다.

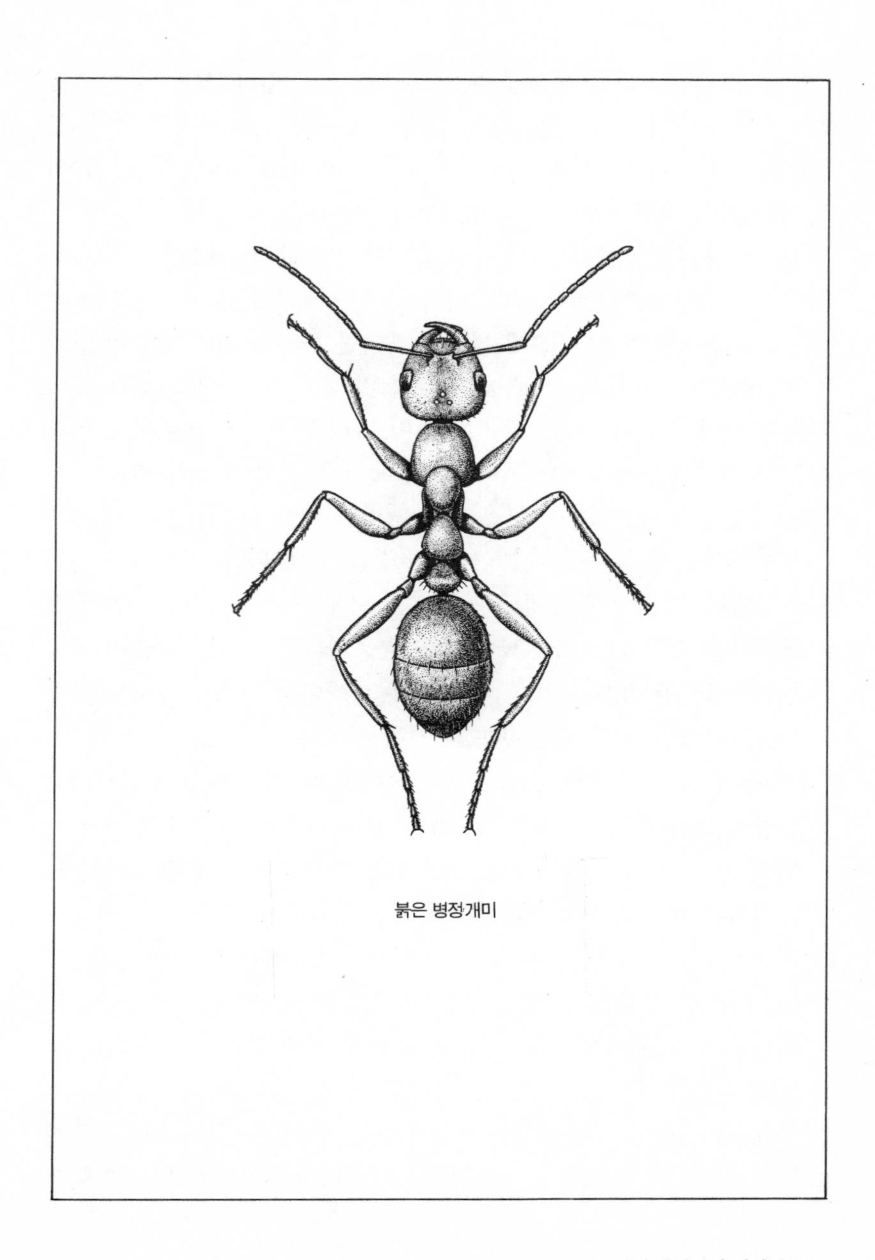

붉은 병정개미

이런 식으로 복잡한 미로를 빠져 나오느라 진땀을 뺀다. 돌아오는 길은 언제나 짐이 무거워지는데도 정해진 험준한 길을 다시 걷는다. 약간만 옆으로 비켜 가도 몇 발자국 안 되는 곳에 넓고 좋은 길이 있는데도, 이 옆길이 그들에게는 보이지 않는 것 같다.

어느날 나는 전투에 나서는 개미 일행을 발견했다. 행렬은 시멘트로 바른 연못가를 행진하고 있었다. 이 연못에는 예전에 살고 있던 개구리 대신에 금붕어가 있었다. 그때 세차게 불어온 북풍이 개미 행렬의 옆구리를 사정없이 내리치는 바람에 행렬의 몇 줄이 물 속으로 날라가 버렸다. 금붕어들은 웬 떡이냐고 달려들어 머리를 쳐들고는 허위적 거리고 있는 개미들을 빠끔 빠끔 삼켜 버렸다. 이런 길은 목숨을 거는 길이었다. 이곳을 지나면서 개미들은 많은 생명을 바쳤다.

나는 개미들이 돌아올 때는 이 비탈길을 피해 다른 길로 오리라고 믿고 있었다. 그러나 뜻밖에도 번데기를 입에 문 일행은 이 위험한 길로 되돌아온 것이었다. 그래서 연못의 금붕어들은 개미와 더불어 노획물인 번데기까지 먹게 되었다. 이들은 두 번씩이나 피해를 입어도 다른 길을 택하지 않고 같은 길을 반드시 걷는 것이다.

원정을 나갈 때마다 다른 길을 선택한다면 제 집을 찾아 돌아온다는 것이 쉽지 않을 것이다. 그러므로 틀림없이 자기 집을 찾아 오기 위해 할 수 없이 갔던 길로 돌아오는 것이리라. 길에서 헤매지 않으려면 도중의 위험은 문제가 되지 않는다. 개미들은 그들이 알고 있는 유일한 길, 즉 그들이 지나갔던 길을 통해 집으로 돌아오지 않으면 안 된다. 그러므로 붉은병정개미들은 길이 좋든 나쁘든 자신들이 걸었던 그 길, 먼저 지나왔던 길을 되밟아 제 집으로 돌아오는 수밖에 도리가 없는 모양이다.

이 개미가 제 집을 찾아오는 방법은 제 집 방향을 알아내는 독특한 감각을 지니고 있는 퉹벌이나 나나니벌과 어떤 차이가 있을까? 붉은

병정개미는 벌과 같은 막시류(膜翅類)에 속한다.

사람들은 개미가 냄새를 맡아서 길을 찾는다고 한다. 쉴새 없이 움직이는 더듬이로 냄새를 맡는다고 말한다. 미안한 말이지만 나는 이러한 생각에 찬성할 수 없다. 우선 더듬이에 냄새를 맡는 기능이 있는지조차 분명치 않다. 가능하다면 나는 붉은 병정개미가 어떤 냄새, 예를 들면 개미산(蟻酸) 같은 것을 길에 남겨 두었다가 나중에 그 냄새를 맡고 지났던 길을 다시 찾아온다는 생각이 틀렸다는 것을 실험으로 증명해 보고 싶다.

쉽지 않으리라고 생각했지만 막상 며칠을 허비해 가며 붉은병정개미의 출동을 감시하고 있자니 이런 실험에는 시간이 많이 걸린다는 것을 새삼 깨닫게 되었다.

나는 나보다 한가한 사람의 도움을 받기로 했다. 손녀인 뤼시는 장난꾸러기인데, 개미 이야기를 해 주었더니 아주 재미있어했다. 뤼시는 붉은병정개미와 반불개미의 싸움을 구경한 일이 있는데, 뤼시는 그때 애기번데기를 서로 빼앗으려는 것을 보면서 생각에 잠겼었다.

자기가 무척 중요한 일을 하고 있다는 이야기를 듣고 비록 몸은 작지만 과학자의 조수가 될 수 있다는 것이 기뻤던지 뤼시는 뜰 안팎을 뛰어다니며 붉은병정개미를 감시하고 있었다.

마침 날씨도 좋았는데, 그 애가 할 일은 붉은병정개미들이 기어가는 길을 따라가서 공격받는 반불개미의 집까지 자세히 보아 두는 것이었다. 손녀의 곤충에 대한 열의는 익히 알고 있었으므로 안심할 수 있었다.

어느 날 내가 날마다 정리하는 원고를 뒤적거리고 있는데 문 밖에서 달려오는 발자국 소리가 났다.

"똑똑. 뤼시예요. 빨리 나오세요. 붉은병정개미가 반불개미 집으로 들어갔어요. 빨리요! 빨리!"

"지나간 길은 다 알고 있겠지?"

"그럼요. 표시를 해 두었어요."

"뭐, 표시를 해 두었다고? 어떻게?"

"엄지손가락 소년이 그랬듯이 지나는 길에다 흰 돌을 줄지어 세워 놨어요."

나는 달려 나갔다. 일곱 살 난 내 조수의 말 그대로였다. 뤼시는 미리 조그마한 흰 돌을 준비했다가 개미들이 제 집에서 나오자 그 뒤를 바짝 따라가면서 개미가 지나간 길 군데 군데에 그 돌을 놓아 두었던 것이다. 붉은병정개미는 이 흰 돌을 따라 전투에서 돌아오는 길이었다. 집까지의 거리는 대체로 1백 걸음 쯤 되었다. 이만한 거리면 충분한 시간을 가지고 실험을 준비할 수 있다.

나는 커다란 비로 1미터 가량의 넓이로 개미가 지나갈 길을 쓸었다. 표면의 부드러운 흙은 다 쓸어 버리고 다른 곳에서 가져온 새 흙을 깔아 놓았다. 만약에 흙의 표면에 냄새가 나는 무언가가 묻어 있었다면 개미들은 길을 찾지 못하게 될 것이다. 나는 4~5미터 간격을 두고 네 곳을 이렇게 해 놓았다.

개미의 행렬이 흙을 쓸어 놓은 첫 번째 곳에 이르렀다. 개미들이 당황하는 것이 역력했다. 뒷 걸음질치다가 다시 오는 놈이 있고, 옆으로 비껴서 돌아가려는 놈도 있었다.

처음에는 행렬의 선두가 3~4센티미터의 폭으로 뭉쳐 있었는데 이제는 3~4미터의 넓이로 벌어졌다. 그리고 개미들이 뒤어어 오기 때문에, 길이 끊긴 곳은 대혼잡을 이루고 있었다. 그러더니 몇 마리의 개미가 표면에 새로 깐 흙 위에 대담하게 올라가고 또 다른 개미가 그 뒤를 따랐다. 다른 몇 마리는 길을 돌아가다가 다시 만나 행렬은 다시 이어졌다. 끊긴 곳에서는 언제나 이런 혼란이 일어나거나 항상 같은 방법으로 어려운 고비를 뚫고 나가는 것이었다. 내가 만들어 놓은 함정은 효과가 없었으며 개미들은 표시하기 위해 놓아 둔 흰 돌길을 따라 집으로 돌아갔다.

이번 실험은 개미가 냄새로 길을 찾는다는 견해를 뒷받침하는 것처럼 보였다. 개미들은 내가 흙을 쓸어 버려 길을 끊어 놓은 네 곳에서는 분명히 당황해 했다. 그러나 그들은 지나갔던 길을 그대로 되돌아왔다. 그것은 어쩌면 흙을 쓸 때 빠뜨린 곳이 있어서 냄새가 밴 흙이 조금 남아 있었기 때문인지도 모른다.

눈으로 길을 찾는 개미

냄새로 길을 찾아 돌아온다는 말이 맞는지 아닌지 결론을 내기 전에 좀 더 완벽한 조건으로 실험을 해봐야 겠다고 생각했다. 우선 냄새의 근원을 완전히 없애 버려야 한다. 4~5일이 지난 다음 계획이 정해지자 뤼시는 다시 개미떼를 지켜보러 나갔다. 얼마 지나지 않아 뤼시가 개미의 출동을 알려 왔다. 붉은병정개미는 6~7월의 무더운 여름, 소나기라도 쏟아질 듯이 찌는 날이면 원정하러 나가지 않는 날이 별로 없다. 이번에도 개미가 지나가는 길을 흰 돌로 표시해 놓았다.

뜰에 물을 뿌리는 호스를 연못에 있는 수도에 꽂고, 수도 꼭지를 틀어 놓았다. 개미가 지나간 길이 물난리로 1미터 가량 끊어져 버렸다. 15분 쯤 흙을 씻고, 냄새를 완전히 없애기 위해 호스에서 나오는 물을 폭포같이 흘러내리게 했다. 싸움터에서 돌아오는 개미들이 가까워졌을 때는, 개미들이 건널 수 있을 만큼 흐름을 약하게 하고 흐르는 폭도 좁혀 주었다.

만약 개미들이 어떤 일이 있어도 처음에 지났던 길을 다시 가야 한다면 그들은 이 장애물인 강물을 건너야 할 것이다.

개미들은 오랫동안 망설였다. 일행의 맨 끝에 있던 놈까지 선두를 따라올 정도로 시간이 흘렀다. 그러더니 씻겨나간 땅 위에 드러나 있는 작은 돌을 디딤돌 삼아 흐르는 물 가운데로 용감히 나섰다. 발 붙일 곳이 없어서 물에 떠내려 가기도 했다. 개미들은 노획한 것들을 입에 문 채 떠내려 가다가 어떤 여울목에서 육지에 올라 건널 만한 곳을 찾는다.

물에 쓸려 내려온 지푸라기가 다리가 되고 나뭇잎이 손님을 태우는 뗏목이 되었다. 그 중 용감한 몇 놈은 운좋게 뗏목을 타고 건너 편 언덕으로 건너갔다. 이러한 물난리에도 노획한 것은 결코 놓지 않았다. 그렇게 하기보다는 차라리 죽어 버리겠다고 생각하는 것 같았다. 결국 붉병정개미는 지났던 길을 되찾아서 흐르는 물을 건너는 것이었다.

처음에 15분 동안은 물로 흙을 씻어 버렸고 개미가 돌아올 때까지 계속 물을 조금씩 흘려 보냈음에도 개미가 지났던 길을 되찾아 오는 것으로 보아, 길에 남겨 놓은 냄새로 길을 찾는다는 견해는 틀린 것으로 생각되었다.

만약 개미가 지나가면서 길에 개미산을 뿌려 놓았다고 가정하고 그것보다 훨씬 냄새가 강한 물질을 길에 뿌려 놓는다면 어떻게 될까? 나는 개미들의 세 번째 원정을 기다렸다. 개미가 지나간 뒤에 길 한 군데에 금방 따온 박하를 문질렀다. 그리고 한 걸음 앞에는 박하 잎을 쌓아 놓았다.

그런데 돌아오던 개미들은 박하로 문지른 곳을 그냥 지나쳤다. 전혀 이상하게 생각하지 않는 것 같았다. 잎을 쌓아 놓은 데서는 잠시 주춤하더니 다시 걸음을 재촉해서 지나가 버렸다. 나는 이 실험으로 개미들이 냄새를 맡아 길을 찾는다는 생각을 거의 믿을 수 없게 되었으나, 실험을 한 가지 더 해보기로 했다.

이번에는 땅은 그대로 건드리지 않은 채 개미들이 지나간 길 위에 신문지를 펴고 조그만 돌로 네 군데를 눌러 놓았다. 땅은 그대로 둔 채 주위 모습을 완전히 바꿔 버린 신문과 맞닥뜨리자 개미는 박하나 흐르는 물을 만났을 때보다도 더 머뭇거렸다.

양 옆으로 척후병이 달려나가 앞으로도 가고 뒤로 물러나 보기도 했다. 한참 어쩔 줄 몰라 하더니 마침내 종이가 펼쳐진 곳을 가로질러 갔다. 그리고 행렬은 처음과 마찬가지로 정돈되었다.

그러나 그들의 앞길에는 함정이 또 기다리고 있었다. 나는 개미가 돌아가는 길 중간에 누런 모래를 뿌려 두었다. 흙 자체는 희멀건 잿빛이었는데, 빛깔이 달라진 것만으로도 개미들을 잠시나마 당황하게 하는 데 충분했다. 신문지를 펴 놓았을 때보다는 시간이 짧았지만 역시 한바탕 소동을 겪고 나서야 간신히 함정을 넘어갔다.

만약 지나가는 길에 냄새가 배어 있다고 한다면, 모래를 뿌리거나 신문지를 깔아 놓는 것만으로는 냄새를 없앨 수 없을 것이다. 그런데도 물로 씻어내거나 박하로 문질렀을 때처럼 당황해 하는 것을 보면 개미가 냄새를 맡아서 길을 찾아 내는 것이 아니라는 것은 확실하다.

개미가 길을 찾는 힘은 냄새가 아니라 눈이다. 왜냐하면 내가 길을 비로 쓸어 버리거나, 물을 흘려 보내거나, 박하잎을 쌓아 놓거나, 신문지를 덮어 놓거나 모래를 뿌리거나 해서 길의 모습을 바꿀 때마다, 돌아오던 개미의 행렬은 더 나가지 못하고 허둥댔기 때문이다. 그리고는 어디가 어떻게 변했는지 열심히 알아내려고 했다. 그렇다, 눈의 힘인 것이다!

그리고 이 눈은 굉장한 근시안이어서 길에서 작은 돌을 몇 개만 치워도 부근의 모습이 달라지기 때문에 개미들은 난데없이 장애물이 생기기만 하면 완전히 낯선 지방에 온 것 같이 당황해 하는 것이다.

그래서 노획한 물건을 잔뜩 짊어지고 돌아오는 개미 부대들은 낯선 경치에 놀라서 걸음을 멈추게 되는 것이다. 그리고는 여기 저기에 탐색대를 내보내서, 그 중 어느 놈이 먼저 지나온 길이 계속되는 것을 찾아내면 이 탐색대를 따라 다른 일행들도 행진을 계속하는 것이다.

그렇더라도 붉은병정개미가 한 번 지나갔던 길을 확실히 기억하지 못한다면, 아무리 시력이 대단해도 원래의 길을 찾아낼 수는 없을 것이다.

개미의 기억력! 그것은 도대체 어느 정도일까? 우리들의 기억력과 비슷한 것일까? 나는 그것을 모른다. 다만 곤충들이 한 번 지나갔던 장소를 아주 뚜렷하고 정확하게 기억하고 있다는 것만은 증명할 수 있다.

때로는 붉은병정개미가 공격해 들어갔던 집 속에 다 가지고 갈 수 없을 만큼 노획물이 많을 경우가 있다. 그리고 그 부근에 다른 반불개미들이 많이 남아 있는 경우가 있다. 이런 때는 다시 한 번 그곳을 가야할 필요가 생긴다.

개미의 두 번째 원정은 다음날 아니면 2~3일 뒤에 반드시 이루어진다. 이때는 전혀 망설임 없이 곧바로 번데기가 있는 집으로 들어간다.

이런 일도 있었다. 나는 개미가 지나간 길 위에 작은 돌로 표시를 해두었는데, 이틀 뒤 붉은병정개미떼는 돌로 표시해 놓았던 바로 그 길로 행진해 갔다. 지나는 길에 뿌렸던 냄새가 며칠이 지나도 그대로 남아 있다고는 아무도 말하지 못할 것이다.

그러므로 붉은병정개미는 눈으로 길을 더듬어 가는 것이 확실하다. 장소를 기억하는 힘, 눈의 힘이다. 한 번 본 것을 기억했다가 눈으로 되짚어 가는 것이다. 이 기억은 2~3일 뒤에도 남아 있으며 하찮은 것까지도 충실하게 기억하고 있는 것이다.

만약 전혀 모르는 곳에 놓여진다면 붉은병정개미는 어떻게 행동할까? 아주 낯선 곳일 경우 개미도 벌처럼 방향감각을 갖고 있어서 그 짐작으로 자기 집이나 자기 부대의 행렬로 돌아올 수 있을까?

우리집 뜰에 있는 개미의 약탈부대는 뜰의 어느 곳이나 다 가는 것이 아니다. 붉은병정개미의 행진부대는 대개 제 집에서 북쪽으로 나간다. 그러므로 남쪽에서 그 놈들과 마주치는 일은 극히 드물다. 따라서 우리집 뜰의 남쪽은 개미들에게 완전히 낯선 곳이다. 그러면 개미가 이런 곳에 끌려갔을 때에는 어떻게 할까?

나는 개미집 근처에서 지키고 있다가 개미의 전투부대가 노예 사냥을 끝내고 돌아올 때 나뭇잎을 내밀어서 그 중 한 놈을 납치했다. 그리고는 행렬에서 2~3미터 떨어진 남쪽으로 옮겨다 놓았다. 이만하면 개미에게는 전혀 낯선 곳이 된다. 개미를 땅에다 내려 놓으니 어리둥절하여 여기 저기를 정처없이 헤맸다. 물론 노획물은 입에 물고 있었다.

가만히 지켜보니까 개미는 동료들한테 가려고 애를 쓰지만 오히려 더 멀어져 갔다. 그 놈은 다시 되돌아 오다가 또 멀어져 갔다. 본부대에서 경우 2~3미터 떨어진 곳인데 이곳 저곳을 분주히 왔다갔다 하며 길을 찾아 헤매는 것이었다. 내가 지켜볼 때까지 이 길 잃은 개미는 3분이나 헤매다가 끝내는 행렬을 찾지 못하고 번데기를 입에 문 채 점점 더 멀어져 갔다. 저 놈은 나중에 어디로 갈까? 물고 있는 노획물은 어떻게 될까? 나는 이토록 지혜가 부족한 약탈꾼을 참을성 있게 끝까지 지켜보지는 못했다.

이번에는 붉은병정개미를 그들이 자주 원정나가는 북쪽 뜰에 놓고 실험해 보았다. 개미는 잠시 어리둥절하여 두리번거리다가 용케도 본부대가 있는 곳을 찾아갔다. 이곳 지리는 훤한 모양이었다.

이 개미는 막시류의 한 종류이면서도 벌들이 지니고 있는 방향감각을 전혀 갖지 못했다. 장소는 기억하면서도 그 이상의 것은 아무 것도 갖고 있지 못한 것이다.

6. 어미 등에 업힌 독거미의 자녀들

9월 초순이 되면 얼마 전 알에서 깨어난 독거미 새끼들이 자라나서 밖에 나올 수 있게끔 된다. 거미 새끼들은 모두가 한꺼번에 알 주머니에서 밖으로 나온다. 그리고는 즉시 어미 거미의 등으로 기어 올라간다. 거미새끼들은 서로 껴안고 한 덩어리가 되어 수에 따라서는 이중 삼중으로 겹쳐서 어미 거미의 등 전체를 점령해 버린다.

그로부터 어미 거미는 7개월 동안이나 밤낮없이 새끼들을 업고 돌아다니게 된다. 옷입은 것처럼 새끼들을 업고 다니는 이 독거미만큼 단란한 가족의 모습은 어디서도 찾아보기 어려울 것이다. 게다가 새끼 거미들은 온순하기가 비할 데 없다. 어느 한 놈도 제멋대로 움직이지 않고 옆에 있는 놈에게 싸움을 걸지도 않는다.

서로가 모두 손발을 마주 붙잡고 촘촘하게 짠 무명 헝겊처럼 닥지닥지 붙어 있어서, 어미 거미는 이 낡아빠진 넝마 아래 깔려서 보이지 않을 정도이다.

대체 이것도 동물인가? 그렇지 않으면 털실 뭉치인가? 또는 한 데 뭉친 알 덩이일까? 얼른 보아서는 무어라고 말하기조차 어려울 정도이다.

이 살아 있는 펠트 덩어리는 언제나 균형이 잘 잡혀 있는 것은 아니기 때문에 새끼들은 늘 잘 떨어진다. 더욱이 어미 거미가 자기 방에서 나와서 구멍 밖의 양지쪽을 찾아 새끼들에게 해바라기라도 시킬 때면, 구멍의 가장자리에 조금만 부딪쳐도 가족의 일부분이 허물어져 떨어진다. 그러나 이런 일은 그리 대단한 것도 아니다.

암탉은 병아리들이 근심스러우면 떨어진 놈들을 불러서 한 군데로 모아 놓는다. 하지만 독거미는 이렇듯 어미로서의 마음 가짐을 모른다. 그저 떨어진 새끼들이 스스로 길을 찾아 돌아오기를 기다린다.

새끼 거미들은 놀랄 만큼 재빨리 어미 등으로 갈 길을 찾는다. 새끼 거미들은 떨어졌다고 종알대는 일도 없이, 그 자리에서 일어나 먼지를 털고 다시 어미의 등으로 기어 올라온다.

떨어진 놈들은 언제나 쓸 수 있는 사다리가 어디 있는지 알고 있는데, 그것은 어미의 다리이다. 새끼 거미는 될수록 빨리 사다리로 기어올라 업어 주는 어미 등으로 간다. 새끼 거미로 뒤덮인 어미의 등거죽은 잠깐 동안에 본래의 모습대로 된다.

새끼 거미로 뒤덮여 있는 어미 거미 옆에, 다른 한 마리의 어미 거미 등에 업혀 있던 새끼거미가 떨어진다. 제 어미를 잃은 새끼 거미들은 아장아장 걷다가 다른 어미의 다리를 보고는 그곳으로 기어 올라가 인심 좋은 다른 어미 등에 자리를 차지한다. 어미 거미는 새끼 거미들이 하는 대로 내버려 둔다.

새끼 거미는 그곳에 있던 새끼 거미들 틈에 끼어 들어가 좋은 자리를 차지하려고 발버둥친다. 또 새끼들이 뭉쳐 있는 자리가 지나치게 좁을 때는 앞으로 기어 나가 허리에서 가슴으로, 다시 가슴에서 머리 끝까지 올라간다.

그러나 눈이 있는 곳만은 결코 가리지 않는다. 업고 있는 어미의 눈을 가려서는 안 되기 때문이다. 업혀 있는 여러 형제자매들의 안전을 위해서도 이것은 꼭 지켜야 할 일이다. 새끼 거미들은 이 사실을 잘 알

새끼들을 등에 업은 어미거미(위)
어미의 등으로 급히 기어올라가는 새끼거미들(아래)

고 있다.

그러므로 모여든 새끼거미의 수가 아무리 많아도, 눈알이 있는 곳만은 삼가하여 경의(敬意)를 표하고 있다. 어미 거미의 온 몸은 새끼 거미의 깔개같이 뒤덮여 있다. 다만 자유롭게 운동할 수 있는 팔 다리와 땅에 비벼댈 염려가 있는 아랫배만이 남을 뿐이다.

나는 짐을 잔뜩 지고 있는 어미 거미의 등에 붓끝으로 제3의 가족을 덧붙여 주어 보았다. 어미는 이 식구도 아무 말 없이 받아들였다. 그들은 아무리 비좁을지라도 층을 지어서 겹쳐지면서도 한 놈도 남김 없이 자기 자리를 마련한다. 이쯤되면 어미 거미는 이미 벌레의 모습이 아니다. 무엇이라고 불러야 좋을지 모를, 움직이는 공이다.

나는 이제 더 견딜 수 없는 극한—업고 있는 어미 거미의 자애심의 극한이 아니라, 더 업을 수 없는 균형의 극한—에 도달했다는 것을 알았다. 어미 거미는 등 위에 안전하게 업을 수 있기만 하면 얼마든지 남이 버린 아이들까지도 주어 올린다.

그러면 이번에는 누구를 차별할 것 없이, 전체 가운데서 아무나 집어 올려 어미에게 돌려보내기로 하자. 그렇게 하면 아무래도 새끼 거미가 바뀌는 일이 벌어지게 될 것이다. 하지만 이런 것은 대수로울 것이 없다. 어미 거미의 눈에는 친자식이나 양아들이나 모두 한가지니까.

내가 필요 이상의 간섭을 하지 않아도 인심좋은 어미 거미는 이웃집 가족을 받아들일까? 또 자기 자식과 이웃집 자식과 합쳐진 가족의 장래는 어떻게 될 것인지?

나는 하나의 실험기구 안에 새끼를 업은 두 마리의 어미 거미를 살게 했다. 나는 두 마리가 사는 곳을 그릇의 넓이가 허락하는 한 될수록 멀리 떨어져 있게 했다. 거리는 24~5센터미터 이상 떨어져 있었다.

하지만 이것만으로는 부족했다. 마음껏 사냥할 땅을 갖기 위해서는 서로 충분히 멀리 떨어져 살아야만 하는데 실험기구 안에서는 그럴 수가 없는 것이다. 이 사귀기 어려운 친구들이 이웃해 살았기 때문에 얼마 안가서 격렬한 싸움의 불꽃이 일어나게 되었다.

어느 날 아침, 나는 이 두 마리의 어미 거미가 땅 위에서 싸우는 것을 발견했다. 지게 된 놈은 벌렁 자빠져서 땅 위에 쓰러졌고, 이긴 놈은 진 놈의 배에 자기 배를 맞대고 발을 모아 끌어안은 다음, 몸을 움직이지 못 하도록 누르고 있었다. 양 편이 모두 독니를 벌리고 당장에라도 물어뜯을 듯이 벼르고 있었다. 그 이빨은 양쪽이 서로 무서워 하는 것 같았다. 얼마동안 서로 위협하고 있다가 결국 강한 놈, 즉 위에 있던 놈이 그 살생 도구인 독니로 아래 깔린 놈의 머리를 깨물었다. 그리고는 죽은 놈을 조용히 먹기 시작했다.

그러면 어미 거미가 먹히고 있는 동안 어린 새끼 거미들은 무엇을 하고 있었을까?

어린 것들은 싸우던 무서운 광경 따위는 알지도 못하는 듯이, 이긴 놈의 등에 기어 올라 태평스럽게 이긴 놈의 새끼들 속에 끼어 자리를 잡는 것이었다. 그리고 동료를 잡아 먹은 마녀는 그것을 싫어하지도 않고 자기 자식처럼 받아들이는 것이었다. 그녀는 어미를 잡아먹고 고아들에게는 방을 빌려주는 셈이다.

한 가지 더 말해 두어야 할 것이 있다. 그것은 이 어미가 이제부터 몇 달 동안에 걸쳐 새끼 거미가 세상에 나가는 첫 걸음을 떼어놓을 때까지 양아들이나 친자식이나 아무 구별 없이 한결같이 같은 등에 업어 기른다는 것이다.

비극적으로 맺어졌지만 두 가족은 그 다음부터 한 가족이 된다. 그러나 이것으로 알 수 있듯이 여기에 모성애라든가 어머니의 사랑같은 것이 정확히 적용된다고 말하기는 어렵다.

새끼 거미들은 7개월 동안이나 어미 거미의 등에서 우글거리린다. 그런데 어미 거미는 적어도 새끼들을 기르고 있는 것일까? 먹이를 잡았을 때 새끼들에게도 먹여 주는 것일까? 나는 맨 처음 그러리라고 생각했다. 그래서 한 가족이 모여 앉아 단란하게 식사하는 것을 보고 싶어 어미 거미가 먹이를 먹을 때 특별히 주의를 기울여 지켜보았다.

식사는 대개 사람의 눈을 피해서 구멍 속에서 하지만 때로는 구멍 밖 출입구에서 먹는 일도 있다.

독거미와 그 가족을 흙을 깐 쇠그물 도옴(dome) 속에서 기르는 것은 쉬운 일이다. 포로로 잡혀온 거미가 구멍을 파려고 결심하는 일은 없었다. 그것은 이미 시기에 맞지 않은 일이었기 때문이다. 그래서인지 무엇이든 열어제쳐 놓고 다 보이는 장소에서 해치우는 것이었다.

그러면 나는 어미가 새끼에게 먹이를 주는 것을 보았던 것일까? 어미 거미가 먹이를 씹으며 빨아서 삼킬 때에, 새끼들은 등에서 움직이려고 하지 않는 것이었다. 한 마리도 제 자리를 떠나는 놈이 없었고, 맛있는 먹이를 얻어 먹으려고 내려가고 싶어 하는 눈치도 없었다. 어미 거미도 와서 먹도록 청하지 않았으며 먹다 남은 것을 넘겨 주지도 않았다.

어미 거미는 먹고 있었지만 다른 놈들은 바라보고 있었다. 아니, 어미 거미가 무엇을 하고 있는지 도무지 아랑곳하지 않았다. 이렇게 새끼 거미들이 전혀 무관심하다는 것은 그들의 위가 음식을 섭취할 필요를 느끼지 않는다는 증거였다.

어미등을 떠나기까지의 새끼 거미

그러면 어미의 등에 업혀서 자라나는 7달 동안 새끼 거미들은 무엇으로 영양을 섭취하는 것일까? 업어 주는 어미 거미에게서 나오는 분비물이 아닌가 우선 생각해 볼 수 있다. 새끼들은 기생충처럼 어미의 몸에서 양분을 빨아먹는 것이 아닐까?

그러나 이런 생각은 옳지 않았다. 나는 새끼 거미가 젖꼭지 대신 살가죽에라도 주둥이를 대고 있는 것을 결코 본 일이 없다. 또 어미 거미는 빨려 먹혀서 약해지기는 커녕 점점 더 뚱뚱해 지고 있었다. 새끼를 다 길러 갈 무렵에도 어미는 전과 다름없이 뚱뚱하기만 했다. 어미는 아무것도 잃은 것이 없었다. 오히려 반대로 이득을 보고 있었다. 다음해 여름 지금처럼 수많은 새끼들을 또다시 낳을 만한 힘을 몸 속에 저축하고 있었다.

다시 물어 보자. 도대체 새끼 거미들은 무엇을 먹고 자라는 것일까? 꼬마들이 살아가는 데 소모되는 것을 채워 주는 것이 알 속에 있을 때부터 저장된 것이라고는 믿어지지 않는다. 저장물이 있다면 7달 동안이나 소비할 수 있는 양이어야 하기 때문이다. 그러나 저장된 것은 거의 없는 것에 가깝고 또한 이것은 명주실을 뽑아 내는 재료로서 아껴두지 않으면 안 된다. 그렇다면 이 꼬마들의 활동력에는 무엇인가 그 밖의 것이 작용하고 있음에 틀림없다.

조금도 움직이지 않는다면 완전히 단식했다고도 할 수 있다. 하지만 정지상태는 살아 있는 것이 아니다. 새끼 거미들은 대개는 어미 등에 업혀서 가만히 있지만, 무슨 일이 있을 때는 움직일 수도 있고, 재빠르게 등에 기어 오르기도 한다. 어미 거미의 등에서 떨어지면, 새끼 거미들은 즉시 일어나서 재빨리 어미 다리를 타고 기어 올라와서 등 위로 간다. 굉장히 씩씩하고 날쌘 행동이다.

또 어미 등에 업혀 있다 해도, 그 많은 가족들 가운데서 밀려나지 않으려면 단단히 붙잡고 있지 않으면 안 된다. 작은 손발을 뻗치기도 하고 밀고 밀리고 붙들기도 해야 한다.

그런데 생리학은 한 올의 섬유도 에너지가 소비되지 않고는 움직여지지 않는다는 것을 우리에게 가르쳐 주고 있다. 동물들은 대체로 우리들의 공업용 기계와 흡사해서 운동으로 사용해 버린 생체의 힘을 회복 시켜주고 운동으로 변화한 열(熱)을 보충해 주지 않으면 안 된다.

기관차에 비유해도 좋다. 기관차는 연료를 넣어주지 않으면 움직이지 않는다. 그리고 이 쇠붙이로 만들어진 동물은 일을 하면 할수록 점점 피스톤이나 차바퀴, 기관 등이 낡아지기 때문에 그때 그때 수리를 해서 완전한 상태로 돌려 놓지 않으면 안 된다.

그러나 기관차가 제작 공장에서 갓 나왔을 때는 아무런 힘도 없다. 이것을 움직이는 데는 기관사가 '에너지를 낼 수 있는 음식물'을 넣어주지 않으면 안 된다. 다시 말하면 그 뱃속에 석탄을 넣어 태워 주어야 한다. 이 열로 인해 기계의 운동이 일어난다.

동물도 마찬가지다. 무(無)로부터는 아무것도 생겨나지 못한다. 맨 처음엔 알이 영양을 공급한다. 그 다음엔 생물의 주물사(鑄物師)인 '형태를 만드는 음식물'이 어느 정도까지 신체를 발육시키고, 신체를 사용하는 데 따라 소모되는 것을 회복 시켜 준다. 에너지의 샘인 연료는 일시적으로 체내에 머물러 있을 뿐이다.

그것은 체내에서 연소되어 열을 공급하고 운동을 일으킨다. 생명은 하나의 용광로와 같다. 동물이라는 기계는 음식물로 에너지를 얻어서 움직이고, 걷고, 뛰고, 헤엄치고, 날고 하는 따위의 운동기관을 움직이는 것이다.

독거미 새끼에게로 다시 돌아가자. 새끼 거미는 어미를 떠나 독립할 때까지 자라지 않는다. 7개월이 지나도 태어날 때와 크기가 별로 변함이 없다. 알이 조그마한 몸집을 만드는 데 필요한 원료를 공급해 준 그대로이다. 지금으로서는 소비되는 물질의 손실이 극히 적다고 해도 괜찮을 정도이다. 이 꼬마들이 크게 자라기 시작하기까지는 몸의 모습을 만드는 음식물의 보급은 필요치 않다. 이런 점에서는 장기간에 걸친 단식도 아무런 지장이 없을 것이다.

그러나 아직 '에너지가 되는 먹이'의 문제가 남아 있다. 이것은 아무래도 그대로 지나쳐 버릴 수는 없는 문제이다. 독거미의 새끼는 활동을 하고 있고 그것도 원기왕성하게 하고 있기 때문이다. 그렇다면 동물이 아무런 먹이도 먹지 않는다면 운동으로 소모되는 에너지를 어디서 얻는 것일까?

한 가지 생각이 떠오른다. 사람들은 이렇게 말한다. 비록 생명이 없다 할지라도 기계는 물질 이상의 것이다. 왜냐하면 사람이 거기에 혼(魂)의 일부를 불어 넣었으니까 라고.

그런데 쇠붙이 동물이 석탄을 식량으로 소비하는 것은 실제로는 태양의 에너지가 쌓이고 쌓였던 먼 태고의 거대한 양치식물의 잎을 먹고 있는 것이라고 할 수 있다.

살과 뼈로 이루어진 동물도 이와 다르지 않다. 동물은 서로 잡아먹거나 식물에서 먹이감을 징발하여 살아 간다. 이러한 동물의 삶은 어디까지나 태양 에너지, 즉 초목의 열매나 씨앗 속에 축적된, 또는 그러한 식물을 양식으로 하고 있는 동물의 몸 가운데 축적된 이 에너지를 섭취함으로써 유지되는 것이다. 우주의 혼이라고 할 수 있는 태양은 수많은 생명에게 에너지를 나누어 주는 최고의 분배자이다.

창자로 영양분을 받아들이는 영예롭지 못한 길을 택하지 않고, 마치 전지(電池)가 축전기를 충전하듯 동물에게 이 태양 에너지를 직접 집어넣어 활동력을 부어 넣어 줄 수는 없는 것일까? 우리는 태양으로부터 직접 영양을 받아 살아갈 수는 없는 것일까?

대단한 혁명가인 화학은 영양소의 인공합성을 우리에게 약속하고 있다. 농장이 없어지고 그 자리에 공장이 들어설 것이다. 물리학이라고 해서 거기에 손을 안댈 리가 없다.

물리학은 형태를 만드는 원소의 배합을 시험관(試驗管)에 맡기고, 에너지가 되는 음식물의 연구에만 몰두하게 될 것이다. 물리학은 운동에 사용되는 태양 에너지 음식을 정밀한 기계로 우리들의 신체 내에 침투시켜 줄지도 모른다. 위(胃)나 그밖의 부속된 기관들의, 때로는 고통을 느끼는 기관의 도움을 받을 필요가 없는 이 기계는, 어디에서 활동의 태엽을 감게 될 것인가? 아! 태양의 빛으로 아침 식사를 하게 되는 세계야말로 얼마나 굉장한 세상일까?

이것은 몽상일까? 먼 장래에나 실현될 수 있는 꿈일까? 과학이 갖고 있는 최고의 문제 중의 하나인 이러한 꿈이 이루어질 수 있을 것인가를 우선 독거미의 증언을 통해 알아 보기로 하자.

7개월 동안 새끼 거미들은 형태가 있는 먹이는 하나도 섭취하지 않은 채 운동에 필요한 에너지를 사용하고 있다. 그들은 그 힘을 어디서 얻는 것일까?

그 대답은 이렇다. 즉 근육 기계의 태엽을 감기 위해 새끼 거미들은 열과 햇빛에 몸을 드러내 놓고 직접 원기를 회복시킨다는 것이다. 어미 거미는 아직 배에 알 주머니를 달고 있을 때부터 햇빛에 알을 쬐고 있었다. 집의 입구에서 알 주머니에 햇빛이 비치도록 두 다리를 치켜들고 돌아가면서 조용히 빛을 받게 했던 것이다. 생명을 불어 넣는 햇빛에 모든 부분을 고루고루 쬐는 것이었다.

생명의 씨눈을 눈뜨게 하는 이 생명의 일광욕은 지금도 계속되고 있어서 새끼 거미들을 활동시키고 있다.

날씨만 좋으면 독거미는 매일매일 새끼 거미를 등에 업고, 구멍에서 기어 나와 구멍 변두리에 무릎을 꿇고 온 종일 해바라기를 시켜주는 것이다. 여기서 거미 새끼들은 어미 등에 업힌 채로 즐겁게 태양열을 쬐며 활동에 필요한 힘을 흡수하고 에너지를 몸 전체에 축적시키는 것이다.

거미 새끼들은 움직이지 않고 가만히 있다. 그러나 조금이라도 입김을 불어 주면 폭풍이라도 지나간 것처럼 야단들이다. 허둥지둥 사방으로 흩어졌다가는 바람이 없어지면 또다시 부리나케 햇빛이 비치는 제자리로 모여든다.

이것은 물질적인 먹이를 먹지 않아도 이 꼬마들의 동물 기계가 언제든지 움직여질 수 있도록 기관차의 수증기처럼 힘의 증기(蒸氣)를 비축해가고 있다는 증거이다. 저녁이 되면 어미 거미와 새끼 거미는 대지에 가득찬 태양열을 마음껏 들이마시고 구멍 속으로 들어간다.

오늘은 태양열 식당에서의 에너지 요리가 이것으로 끝났다. 겨울철에도 날씨만 좋으면 새끼 거미가 독립하여 먹이를 스스로 구해 먹을 때까지 날마다 이런 생활이 되풀이된다.

7. 독거미와 벌의 결투

거미의 독

거미는 평판이 매우 좋지 않다. 거미를 보고 예쁘다거나 귀엽다고 말하는 사람은 거의 없을 것이다. 으레 경계하고 징그럽다고 싫어하며 눈에 띄면 발로 밟아 버리는 것이 예사다.

그러나 학술적으로 거미를 연구하는 사람들은 달리 이야기한다. 거미가 명주 같은 실로 베짜기를 잘 하며 사냥하는 솜씨가 놀라워서 지혜로운 벌레로 여기고 있다. 어쨌든 거미는 연구할 만한 가치가 있는 곤충이다.

그러나 거미에게는 독이 있다고 한다. 그래서 거미는 경계의 대상이 되고 해로운 벌레로 여겨진다. 독이 있다는 것이 거미가 억센 이빨을 두 개 갖고 있으며, 사냥한 작은 곤충을 그 자리에서 죽여 버린다는 것을 뜻한다면 별 문제가 되지 않는다.

사람을 해친다는 것과 파리 같은 곤충을 죽인다는 것과는 커다란 차이가 있다. 사실 거미의 독은 거미줄에 걸린 곤충을 그 자리에서 죽일 수는 있지만 사람에게는 큰 해를 끼치지 않는다. 아픔도 각다귀한테 쏘인 정도다. 프랑스에 있는 거미들은 대부분 그렇다고 말할 수 있다.

마르미니아트 털거미

배가 검은 독거미(나르본느 자루거미)

그러나 그 중 몇 종류는 조심하지 않으면 안 된다. 코르시카 섬의 농부들은 마르미니아트 털거미를 두려워 한다. 나는 이 거미가 좁은 길옆에 줄을 치고 있다가 주저하지 않고 큰 곤충에게 덤벼드는 것을 본 적이 있다. 나는 이 거미가 울긋불긋한 붉은 점이 찍힌 검정 빌로드 치마를 걸치고 나서는 모습에 마음을 홀딱 빼앗겼었다.

아작시오 지방과 보니파키오 부근에서는 이 거미에 물리면 대단히 위험해서 사람이 생명까지도 잃는 것으로 알려져 있다. 시골사람들은 분명히 그렇다고 말하고 있으며, 심지어 의사들도 이구동성으로 그렇다고 말한다.

이탈리아 사람들은 달랑튀르거미한테 물리면 미친 사람처럼 발작을 일으켜 춤추게 된다고 말한다. 이 거미한테 물리면 달랑튀르병에 걸린다고 하는데, 이 병을 고치려면 음악의 힘을 빌어야만 한다. 그 밖에 약이 없으며 아픔을 누그러뜨리는 데 효과적인 특별한 노래가 조금 있을 뿐이라고 한다.

이런 이야기를 들으면 진실이라고 믿어야 할 지 웃어버려야 할 지 머리를 갸우뚱하게 된다.

나는 거미에 대해 좋지 못한 이야기를 들을 때면 언제나 다시 한 번 생각하고는 조사를 해 보곤 했다. 그 결과 전부가 진실은 아니더라도 어느 정도는 소문대로인 경우도 있었다.

우리가 살고 있는 지방의 여러 거미 중에서 제일 멋진 배가 검은 독거미부터 알아 보자. 우선 그놈의 본능을 조사하고 습성, 사냥 수단, 지혜, 먹이를 죽이는 방법 등을 차례로 조사해 보자.

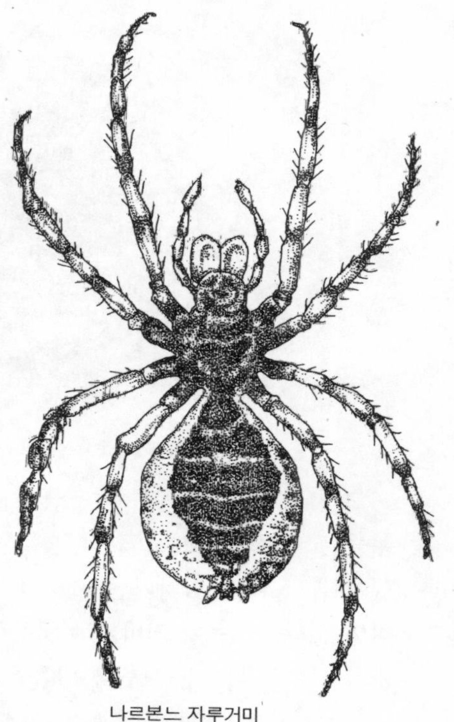
나르본느 자루거미

우리 지방에는 배 검은 독거미가 살고 있다. 별명은 나르본느자루거미이다. 이 거미는 배가 검은 빌로드 빛이며, 그 아래 쪽에 갈색 무늬가 있고 다리에는 회색과 흰색의 얼룩줄 무늬가 있다. 그리고 이놈들은 자갈이 섞인 메마른 땅이나, 사향초가 햇볕에 바작바작 타며 자라고 있는 땅을 좋아한다.

나의 알마스 연구소 부근에는 이 거미의 집이 약 20개 정도는 있을 것이다. 나는 그 옆을 지날 때마다 잠깐씩 구멍 속을 들여다 보곤 했다.

그러면 다이아몬드같은 네 개의 커다란 눈, 구멍 속에 숨어 있는 네 개의 반짝거리는 망원경을 발견한다. 더 작은 다른 네 개의 눈이 있지만 밖에서는 보이지 않는다.

만약 더 많은 거미를 보고 싶으면 집에서 좀 떨어진 높은 언덕에 있는 황무지로 가면 된다. 억센 잡초가 자갈 틈에서 자라고 있는 이 벌판은 독거미의 천국이다.

한 시간만 이 부근을 돌아다녀 보아도 거미 집을 백 개는 찾아낼 수 있을 것이다.

거미 낚기

독거미의 집은 깊이가 30센티미터 가량 되는 구멍 속에 있다. 그것은 수직으로 내려가다가 갈고리모양으로 구부러져 있다. 구멍의 지름은 대략 3센티미터 정도이며 출입구에는 울타리가 처져 있다.

울타리는 여러가지 나뭇잎이나 지푸라기, 그리고 개암알만한 돌로 만드는데, 전체는 실을 뽑아 얽어 놓는다. 독거미의 손에 닿는 것이면 아무 재료나 모아서 만든 울타리인 것이다.

그 높이도 각각이다. 또 높이가 3센티미터 가량 되는 망루도 있고 출입구 둘레에 약간 흙을 높게 쌓는 경우도 있다. 땅 바닥이 흙으로만 되어 있으면 거미는 아무 어려움 없이 둥근 통같이 집을 짓는다. 그런데 흙에 조그만 돌이 섞여 있을 때는 집 모양이 여러 가지로 나온다.

이탈리아의 유명한 의사 바이뷔(1669~1706) 선생은 어린애같은 라틴어 말투로 우리들에게 독거미 잡는 법을 가르쳐 주고 있다. 나는 그가 가르쳐준 대로 거미집 밖에서 잡초를 흔들며 꿀벌이 속삭이는 흉내를 내어 독거미를 유인하려고 했는데, 잘 되지 않았다.

거미는 문 밖의 소리가 무엇인지 알아내려고 조금 구멍 위쪽으로 올라왔다. 그러나 이놈은 음흉하고 능청맞아서 웬만해서는 속지 않는다.

바로 이 쪽의 계략을 알아채는 것이다.

그는 구멍의 중턱에 조용히 있다가 조금만 이상해도 구부러진 구멍 속으로 슬쩍 내려가서 모습을 감추어 버린다. 이런 때는 다른 방법을 써야 한다. 나는 아래처럼 해서 성공했다. 거미가 큰 입을 벌리고 깨물 수 있도록 부드러운 이삭이 달린 풀 줄기를 될수록 구멍 깊숙히 넣어 주었다.

나는 이 먹이가 달린 낚싯대를 이리저리 흔들며 귀찮게 했다. 거미는 귀찮게 구는 데 화가 났는지 이삭을 깨물었다. 거미는 내 꾀에 넘어가 낚싯대를 문 것이다. 거미가 벽에 발을 댄 채 조심조심 아래로 끌어 당기기에 나도 잡아 당겼다.

거미가 구멍입구까지 끌려 왔을 때 나는 되도록 내 모습이 보이지 않도록 물러섰다. 내 모습을 본다면 그것으로 끝장이다. 그렇게 되면 거미는 즉시 물었던 이삭을 놓고 내려가 버릴 것이다.

이런 식으로 나는 조금씩 출입구까지 끌어 올렸는데, 바로 이때가 고비로서 거미를 낚는 최고의 기술을 필요로 한다. 의심많은 이 놈을 밖으로 끌어낼 때는 머뭇거려서는 안 된다. 느릿느릿 끌어올린다면 거미는 집밖으로 나온다는 것을 깨닫고 즉시 내려가 버린다. 그래서 땅 위로 나오는 바로 그 순간에 지체없이 잡아챘다.

이 갑작스런 행동에 독거미는 입에 물었던 것을 놓을 틈도 없이 이삭을 문 채 구멍 밖으로 나가 떨어졌다. 거미는 겁을 집어먹었는지 달아날 생각도 하지 못했다. 그 놈을 종이 봉지 속에 몰아넣었다. 이런 일을 하려면 참을성이 필요하다.

좀 더 쉬운 방법도 있다.

나는 뒝벌 몇 마리를 잡아서 그 중 한 놈을 구멍이 넓은 병에 넣고 거미 집의 구멍 쪽으로 거꾸로 세웠다. 억센 뒝벌은 이 유리병 속에서 윙윙거리며 날아 다니다가 거미의 집 속으로 들어갔다. 벌이 저승길을 제 발로 찾아간 셈이다.

벌이 들어가자 거미가 올라왔다. 구멍 속에서 싸움이 벌어지는 소리가 들렸고 잠시 최후의 노래와 같은 희미한 소리가 들려왔다. 습격을 받은 뒝벌의 마지막 날개 소리일 것이다.

그러더니 갑자기 잠잠해졌다. 병을 치우고 구멍 안으로 긴 핀셋을 집어넣어 뒝벌을 꺼냈다. 벌은 주둥이를 길게 빼고 죽어 있었다. 무서운 일이 구멍 속에서 일어났던 것이다. 거미는 이렇게 큰 먹이를 그냥 빼앗길 수 없다는 듯이 구멍 입구까지 따라 올라왔다.

그러나 때로는 거미란 놈이 바람에 사라지듯, 구멍 속으로 달아나 버리는 수도 있다. 그런 때는 뒝벌을 구멍 입구에 놓아 두는 것이 좋다. 거미는 다시 나타나 용감하게도 자기의 포로를 다시 차지하려고 한다. 이때 구멍을 막아 버린다.

이런 장면을 바이뷔는 라틴어로 다음과 같이 이야기했다.

"대기하고 있던 수사관은 거미를 체포한다. 뒝벌의 희생적 협조 덕분에."

나의 목적은 결코 독거미를 잡으려는 것이 아니었다. 나는 독거미를 잡아서 병 속에 넣고 기르는 일에는 흥미가 없었다. 관심은 이 놈이 제 힘만으로 생계를 유지해 가는 억센 사냥꾼이라는 점이었다. 이 거미는 자식들을 위해서 사냥 따위를 하지는 않는다. 자신만을 위해서 먹이를 사냥한다. 이 놈은 살아 있는 먹이를 순식간에 씹어 삼켜 버리는 무서운 놈이다.

독거미와 뒝벌의 격투

요새(要塞)와 같은 자기 집에서 먹이를 기다리고 있는 독거미에게는 제 힘으로 잡을 수 있는 먹이가 필요하다. 그런데 독거미가 사냥하는 곤충이 언제나 온순한 것만은 아니다. 억센 큰 턱을 갖고 있는 메뚜기류, 깡패같이 무자비한 장수말벌, 꿀벌, 뒝벌, 그 밖에 독침을 가진 곤충들이 이 거미의 함정에 걸리는 때도 있다. 이런 싸움에서는 무기의 좋고 나쁨은 큰 의미가 없다. 독거미가 독있는 이빨을 드러낸다면 장수말벌은 독을 바른 비수를 휘드른다.

이 두 사냥꾼 가운데서 누가 이길 것인가? 목숨을 건 싸움이다. 독거미는 자신이 가진 독이빨 이외에는 적군을 방어할 수단이 따로 없다. 호랑거미는 커다란 그물에 곤충이 걸리면 옆으로 달려가서 명주실 같은 거미줄을 포승 삼아 곤충을 꼼짝 못하게 묶어 놓는다. 거미는 포로를 칭칭 동여맨 다음 독있는 송곳니로 조심스럽게 찌르고 나서야 포로의 옆으로 다가간다. 별 위험이 없는 방법이다.

그러나 독거미는 사정이 다르다. 죽느냐 사느냐 하는 생명을 건 투쟁인 것이다. 그가 몸에 지니고 있는 것이라곤 굳센 용기와 송곳니뿐이다. 아무리 위험한 상대라도 용감하게 달려들어 그 놈을 억센 팔로 꽉 눌러 놓고, 자신있는 주먹으로 급소를 내려쳐서 순식간에 쓰러뜨려야 한다. 뒝벌의 경우에서 봤지만 참으로 순식간이다. 최후의 노래같은 날개소리가 그치는 순간 아무리 빨리 핀셋을 집어 넣어도, 강철같은 주둥이가 이만큼 나와 있고 팔다리가 축 늘어져 죽은 벌을 건질 뿐이다.

발이 가늘게 떨리는 것으로 보아 지금 막 숨이 끊어졌다는 것을 알 수 있다. 뒝벌은 즉사한 것이다. 이 무서운 도살장에서 즉사한 주검들을 꺼낼 때마다 나는 새삼스럽게 놀라지 않을 수 없었다.

그러나 거미와 벌은 우열을 가르기가 힘들다. 나는 독거미의 상대로 가장 큰 장수뒝벌을 선택했는데, 사실 이 두 전사는 거의 비슷한 힘을 갖고 있다. 그들의 무기도 막상막하다. 벌의 힘은 거미의 송곳니에 결코 뒤지지 않는다.

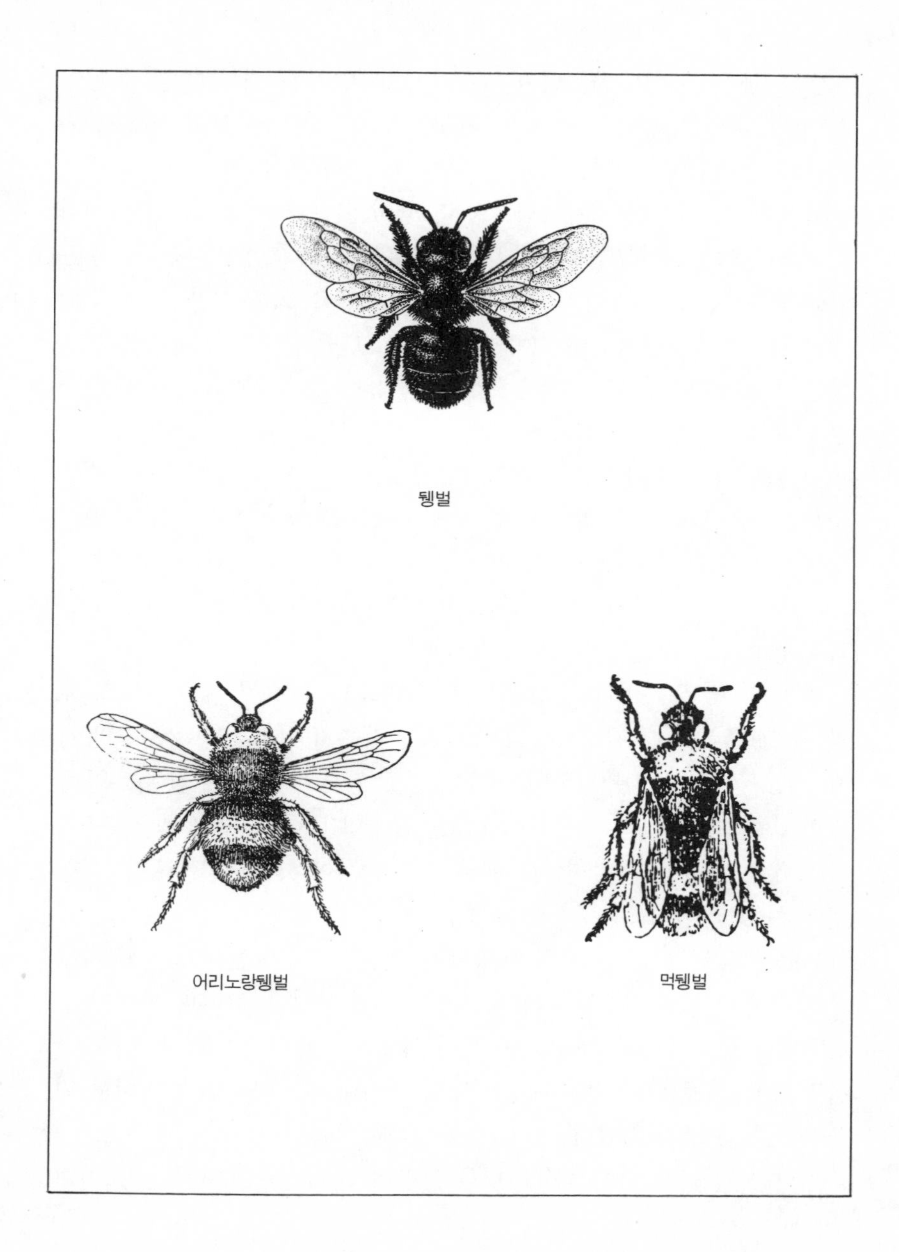
뒝벌
어리노랑뒝벌
먹뒝벌

벌의 침은 거미의 송곳니와 마찬가지로 치명적이다. 그런데 독거미가 자기 몸에는 전혀 상처를 입지 않고 순식간에 싸움을 끝내면서 항상 이기는 것은 무슨 영문일까?

확실히 거미의 전술은 과학적이다. 독이 아무리 치명적이라 할지라도 상대방에게 마구 찌른다고 해서 그토록 효과가 빨리 나타날 수는 없을 것이다. 독사라도 상대를 그렇게 빨리 쓰러뜨리지는 못한다. 그런데 독거미는 1초만에 그렇게 하는 것이다. 그렇다면 벌이 즉사한 것은 강한 독 때문이 아니라 급소를 거미에게 물렸기 때문이라고 보지 않으면 안 된다.

그러면 그 급소란 어디일까? 뒝벌만으로는 도저히 알아낼 수가 없다. 벌은 우리가 볼 수 없는 구멍 속에서 죽음을 당했기 때문이다. 그리고 현미경으로 살펴보아도 상처를 찾아낼 수 없다. 그만큼 거미의 무기는 정교하다고 할 수 있다. 그러므로 나는 거미와 벌이 싸우는 모습을 직접 눈으로 보지 않으면 안 된다.

나는 몇 번 독거미와 장수뒝벌을 한 마리씩 병 속에 넣고 실험해 보았다. 그러나 둘 다 갇힌 공간을 견딜 수 없는지 서로 도망치려고만 했다. 하루 종일 지켜봤으나 어느 쪽도 선뜻 덤비지 않았다. 감옥같은 유리병 속에 갇혀 있다는 사실이 더 견디기 힘든지 우물쭈물할 뿐 공격하지 않는 것이었다. 갇힌 신세에서 오는 근심이 사냥꾼의 전투열을 식게 하는 것 같았다.

나는 싸움터를 좀 더 좁혀 보았다. 나는 한 마리가 들어가면 꽉 차는 좁은 시험관 안에 장수뒝벌과 독거미를 함께 넣었다. 그러나 싸움이 맹렬하기는 하나 목숨을 빼앗는 데까지 이르지는 않았다. 뒝벌은 아래 깔리면 누운 채로 다리로 걷어차서 멀리 밀어내기는 하지만 번뜩이는 비수는 좀처럼 쓰지 않았다.

거미는 긴 발로 시험관 유리벽을 밀면서 미끄러운 표면에 몸을 기대고 상대와 떨어지려고 했다. 그러다가 거미는 점잖게 뒝벌이 어떻게 나오는지를 기다린다. 그러나 이런 상태는 억센 뒝벌의 행동으로 인해 곧 깨져 버린다.

벌이 위로 올라오면 거미는 발을 모아서 상대를 가까이 오지 못하게 한다. 결국 좁은 시험관 안에서도 치열하게 싸우지 않는 것이다. 넓은 병의 투기장에서나 시험관의 좁은 싸움터에서나 목숨을 건 싸움은 일어나지 않았다.

거미는 자기집 밖에서는 무척 신중해서 어쨌거나 싸우려고 하지 않았다. 싸우기를 좋아하는 뒝벌도 자기가 먼저 싸움을 걸려고 하지는 않았다.

나는 연구실에서의 실험을 단념하고 밖으로 나왔다. 뭐니뭐니 해도 밖으로 나가 독거미가 자기 싸움 상대를 골라 싸우게 하는 것이 제일 좋은 방법일 것이라고 생각했다.

지금 뜰 한가운데 핀 핑크색 분꽃에는 검은 빌로드 제복을 입고 보라빛 날개로 단장한 이 지방에서 가장 억세다는 어리호박벌이 많이 있다. 길이가 3센티미터 정도 되고 뒝벌보다는 몸집이 훨씬 크다.

이 놈의 비수는 대단히 위력적이어서 쏘이기만 하면 곧바로 퉁퉁 부어오르고 몇 시간 동안 통증이 가시질 않는다. 나도 이 놈에게서 쏘여서 고생을 한 적이 있다. 독거미의 싸움 상대로는 더 없이 손색없는 놈이라 할 수 있다.

나는 어리호박벌 몇 마리를 입구가 넓은 병에 한 마리씩 나누어서 잡아 넣었다. 그리고 힘이 무척 세고 용감하며 굶주려서 살기가 등등한 독거미를 골랐다. 먼저 했던 대로 이삭이 달린 풀을 거미 구멍에 넣고 흔들어댔다. 만약 독거미가 대담하게 출입구까지 올라온다면 나는 그 놈을 싸움에 참가시킬 참이었다. 물론 그렇지 못하면 싸울 자격이 없다.

어리호박벌

어리호박벌을 미끼로 넣은 병을 거미집 구멍에 거꾸로 세웠다. 벌이 유리병 안에서 윙윙 소리를 내자 사냥꾼이 구멍 아래에서 올라왔다.

거미는 그러나 나오지 않고 문턱에서 기회만 엿보고 있었다. 나도 기회를 잡으려고 눈을 떼지 않고 지켜보았다. 15분, 30분, 시간은 계속 흐르는데 변화의 기미는 없었다.

거미는 다시 구멍 속으로 들어갔다. 거미는 다시 힘겹겠다고 생각한 것 같다. 나는 거미의 구멍 몇 군데에 이런 실험을 해보았으나 사냥꾼 거미는 제 구멍에서 나오지 않았다. 행운은 그리 쉽게 오지 않았으나 오랫동안 기다린 보람이 있었는지 마침내 기회가 왔다.

그놈은 며칠 동안 굶주렸는지 살기등등하게 기다렸다는 듯이 구멍 속에서 뛰쳐나왔다. 거꾸로 놓인 병에서 일어난 비극은 오래 계속되지는 않았다. 그렇게 용맹스럽던 어리호박벌은 잠깐 동안에 죽어 넘어졌다.

독거미가 아직 상대를 문 채로 있으니까 벌이 어디를 물려서 죽었는지 조사해 보면 알 수 있을 것이다. 거미의 송곳니는 상대의 목덜미와 가슴이 맞닿는 곳을 찌르고 있었다. 거미란 놈은 그 곳이 치명적인 급소라는 것을 알고 있었던 것이다.

거미는 치명적인 급소인 벌의 뇌신경 마디를 독 이빨로 문 것이다. 찌르면 당장에 죽어 버리는 곳을 찌른 것이다. 거미의 사냥 솜씨에 그저 감탄할 뿐이다. 이것으로 오랫동안 햇볕에 타며 고생한 보람을 얻은 것이다.

그런데 이러한 단 한번의 행동을 가지고 거미의 습성이 이렇다고 믿어도 될까? 내가 본 것은 우연이 아닐까? 여느 때처럼 벌을 해치웠다고 할 수도 있겠지만 나는 한 번밖에 보질 못했으니 어쩌면 우연일 수도 있다.

다른 독거미로 확인할 필요가 있다. 나는 몇 놈한테 멋진 싸움을 한 번 보여 달라고 청했으나 독거미들은 좀처럼 제 구멍에서 나오지 않았다. 이 억센 어리호박벌을 보기만 해도 거미는 용기가 꺾이는 모양이었다. 그러나 이리도 굶주리면 숲속에서 나오는데 독거미 정도가 나오지 않고 버틸 수 있을까?

다른 놈들보다 훨씬 굶주려 보이는 두 놈이 가까스로 어리호박벌에게 덤벼들어 내 눈 앞에서 참혹한 살생 장면을 보여주었다.

이때도 벌들은 하나같이 목덜미를 물려 죽었다. 나는 아침 8시에서 12시 사이에 거미가 벌을 죽이는 현장을 세 번 볼 수 있었다.

이제는 밖에서 한 실험을 실험실 안에서 다시 확인하는 일만 남았다. 그래서 나는 이 살인귀 같은 거미의 사육장을 만들고, 거미의 독이 벌의 몸 각 부분에 어떤 영향을 미치는지 실험해 보기로 했다.

나는 유리병과 플라스크를 열 두 개 쯤 모아놓고 포로로 잡아온 거미를 집어 넣었다. 한 마리의 거미만 보아도 질겁을 하는 사람들에게는 무서운 독거미가 우글거리는 내 실험실은 두려움의 대상이 될 것이다.

독거미는 병 속에 자기를 집어넣는 사람에게 덤벼들 용기를 내지는 못했으나 무엇이든 송곳니에 닿기만 하면 아무 거리낌없이 물어 뜯었다. 내가 핀셋트로 거미의 가슴을 누르고 곤충을 입에 대주면 거미는 당장 입을 벌리고 물어 버렸다.

나는 우선 어리호박벌이 물린 곳에 따라 어떤 영향을 받고 있는지 확인해 보았다. 앞에서 본 대로 목덜미를 물리면 벌은 그 자리에서 죽었다. 배를 물린 벌은 자유롭게 움직일 수 있는 넓은 병 속에서 아무렇지도 않은듯 움직였다. 날기도 하고 걸어다니기도 하며 붕붕거리며 날개짓을 하기도 했다.

그러나 30분도 못 되어 죽음이 찾아왔다. 벌은 벌렁 눕거나 가로 쓰러져서 꼼짝도 하지 못했다. 다만 다음날까지 계속 다리가 떨리는 것만이 아직도 죽지 않았다는 것을 알려 주었다. 이렇게 해서 어리호박벌은 시체로 변했다.

이 실험 결과는 주목할 만했다. 목덜미를 물면 아무리 억센 벌도 순식간에 죽어버리므로 거미는 두려워 할 필요가 없다. 그러나 거미가 허리나 배를 물었을 때는 벌은 반 시간 정도는 비수같은 침과 톱니처럼 억센 입을 자유자재로 놀릴 수 있다. 그래서 이 비수에 찔리는 거미는 어지간히 운이 없는 놈이다.

나는 거미가 벌의 침이 있는 곳 옆을 물다가 주둥이 근처를 찔려서 하루가 지나 죽어가는 것을 몇 번이나 보았다. 그러므로 거미는 위험한 상대일 경우에는 뇌신경 중추를 물어서 즉사시키려고 한다. 그렇지 않으면 가끔 사냥꾼인 자신의 생명을 바치게 된다.

독거미에게 목을 물린 곤충은 덩치가 아무리 커도 즉사한다. 다른 곳을 물려도 죽기는 하지만 곤충에 따라 죽는 시간은 천차만별이다. 거미 구멍에 억센 먹이를 내밀어 줄 때 독거미가 지루할 정도로 오랫동안 망설이는 이유를 비로소 알게 되었다. 대개의 거미가 어리호박벌에게 덤벼들지 않는 것은 만만한 상대가 아니기 때문이다. 서툴게 깨물었다가 자칫 잘못하면 자기 목숨을 바쳐야 하는 것이다. 그러므로 상대를 쓰러뜨리기 위해 상대의 목덜미만을 노린다.

눈깜짝할 사이에 쓰러뜨리지 않으면 상대방은 화가 치밀어서 더욱 난폭해질 것이다. 거미는 이러한 사정을 아주 잘 알고 있기 때문에 불리한 경우에는 곧 달아날 준비를 해 두고 상대의 눈치를 살피고 있는 것이다.

거미는 쉽게 벌의 큰 목덜미를 물고 늘어질 기회가 오기를 기다리는 것이다. 그러다가 기회다 싶으면 순식간에 달려들어 쓰러뜨리고, 사정이 여의치 않으면 물러나 버린다.

예전에 나는 먹이를 수술하는 왕노래기벌한테서 배운 대로 비단벌레나 쇠똥구리, 바구미 등의 가슴에 암모니아를 주사해서 마비시킨 적이 있었다. 그때 나는 배운 대로 능숙하게 곤충들을 마비시켰었다. 나는 이 위험한 벌을 죽이는 독거미에게서 그 방법을 배우지 않을 수 없으며, 또한 그 방법을 버려둘 수 없었다.

나는 강철로 만든 가는 바늘 끝으로 어리호박벌과 풀무치의 목덜미에 암모니아를 약간 주사해 보았다. 곤충은 그대로 쓰러졌으며 때로 경련을 일으킬 뿐 전혀 움직이지 않았다.

이 자극적인 약물이 들어가면 뇌신경은 그 기능이 정지되고 죽음이 다가온다. 그러나 즉사한 것은 아니고 잠시 경련이 이어진다. 그러면 나의 실험이 거미만큼 곤충을 빨리 죽이지 못한 원인은 어디에 있는 것일까?

암모니아가 독거미의 독보다 약하기 때문일까? 그렇다. 이제부터 그 이야기를 해 보기로 한다.

나는 둥지를 떠나 날 수 있을 만큼 날개가 자란 새끼 참새의 다리를 독거미에게 물도록 했다. 피가 한 방울 떨어지더니 물린 자리 부근이 빨갛게 부어올랐다. 그리고 그 자리가 보라빛으로 변했다. 참새는 물린 다리를 못 쓰게 되어 발가락을 오무린 채 질질 끌었다. 아픔이 그리 심하지는 않은지 한 쪽 다리를 절룩거리면서도 먹이는 잘 주워 먹었다.

내 딸 끌레르가 파리나 빵조각 또는 살구씨 등을 주면 부지런히 먹어치웠다. 머지 않아 참새는 건강을 되찾아 물린 다리도 절룩거리지 않을 것이다.

곤충을 실험하려는 나의 연구 의욕 때문에 참새는 뜻밖의 고난에 처했지만 상처가 완전히 회복되기만 한다면 참새를 자유롭게 날려 보내줄 계획이었다.

12시간이 지나자 참새가 완쾌될 가능성은 더 커졌다. 빠른 속도로 회복되어 먹이를 조금만 늦게 주어도 마구 졸라댔다. 여전히 절룩거렸지만 이것은 일시적이며 곧 다 나을 것이라고 생각했다.

그런데 이틀 후 참새는 아무것도 먹으려고 하지 않았다. 몸을 움직이려고도 하지 않고 우두커니 섰다가 때로 발작을 일으켜 몸을 부들부들 떨고는 했다. 나의 딸들은 가엾다고 두 손으로 움켜쥐고 따스하게 해주었다. 경련은 점점 자주 일어났다. 그리고는 마지막이라는 것을 알려주는 듯 하품을 늘어지게 하더니 참새는 숨을 거두었다.

저녁 식사 때, 형언할 수 없는 슬픈 공기가 우리들 주위를 감돌았다. 식구들의 눈동자에는 내 실험에 대한 무언의 비난이 담겨 있었다. 나는 나의 잔인성에 대해 가책을 느꼈다. 가엾은 새끼 참새의 최후는 온 집안 식구들을 슬프게 했다. 나도 후회하는 마음을 누를 수 없었다. 내가 얻은 조그만 결과에 비해 너무 비싼 댓가를 치렀다고 생각했다. 사람을 따르는 개를 죽이면서도 눈썹 하나 까딱하지 않는 사람들은 목석으로 만들어진 사람일까?

그러나 나는 마음을 고쳐 먹고 다시 실험을 시작했다. 이번에는 상치밭을 파헤치는 두더지였다. 그런데 두더지는 항상 굶주려서 시장기를 면할 날이 없는 동물이다. 그 놈을 며칠 동안 집에 가두어 둔다면 문제가 생길 것이다.

만일 내가 먹이를 자주 주지 않는다면 두더지는 거미에게 물린 상처 때문이 아니라 영양 부족으로 죽을지도 모르는 것이다. 그렇게 되면 굶어서 죽었는지 거미의 독 때문에 죽었는지 알 수 없게 될 것이다.

그래서 우선 두더지를 포로로 잡아서 기를 수 있는가 확인해 보았다. 밖으로 뛰쳐나갈 수 없는 넓직한 우리 속에 두더지를 넣고 먹이로 풀무치 · 쇠똥구리 따위의 곤충들을 주었다. 이놈은 그 중에서 매미 같은 것을 아주 맛있게 먹었다. 나는 24시간 지켜보면서 두더지가 그 먹이에 만족하며 포로생활의 괴로움을 넉넉히 견딜 수 있겠다고 확신하게 되었다.

나는 독거미가 두더지의 콧등을 물도록 했다. 그리고나서 우리에 놓아주자 두더지는 납작한 발바닥으로 쉬지 않고 콧등을 긁어 댔다. 따끔따끔하고 가려운 모양이었다. 그러더니 즐기던 매미를 먹는 양이 점점 줄어들었다. 이튿날 저녁때는 매미를 거들떠 보지도 않았다. 물린 지 39시간이 지났을 무렵 두더지는 밤사이에 죽어버렸다.

우리에는 아직도 매미가 여섯 마리나 살아 있고 쇠똥구리도 몇 마리 있는 것으로 보아 영양부족 때문에 죽은 것이 아님은 확실했다.

배가 검은 독거미는 곤충보다 큰 동물에게도 이처럼 치명적인 것이다. 이것이 다른 동물에도 얼마나 광범위하게 적용될 수 있는지는 알 수 없다. 그리고 사람들에게 어느 정도 치명적일는지도 알 수 없다. 다만 내 실험 결과로 미루어 보아 이 거미에게 물렸을 때 사람도 그 상처를 그냥 내버려 두면 위험에 빠질 것이다.

8. 거미사냥의 명수

대 모 벌

곤충에 관해 조금이라도 흥미를 가진 사람이라면 대모벌을 이미 알고 있을 것이다.

해묵은 울타리 밑이나 인적이 드문 비탈진 오솔길 아래 거미가 그물을 칠 만한 곳이면 이 벌은 어디든지 바삐 날아다닌다. 먹이를 찾고 있는 것이다. 더욱이 그 먹이가 도리어 자기를 노리고 있는 놈이니까 기막힌 일이다. 대모벌은 그 새끼에게 거미 족속만을 먹이로 잡아 주는 것이다. 한편 거미는 자기 그물에 걸려드는 적당한 크기의 곤충이라면 가리지 않고 잡아 먹으며 살아가는 놈이다.

벌이 침을 갖고 있다면 거미는 독이 나오는 두 개의 송곳니를 가지고 있다. 싸움 솜씨라든가 힘의 세기는 엇비슷하여 거미가 이길 때도 적지 않다.

벌은 전략을 쓰는 데 뛰어날 뿐만 아니라 자기가 갖고 있는 침을 과학적으로 사용하는 방법도 알고 있다. 한편 거미는 상대방을 속여 넘기는 계략을 쓸 줄 알고 상대방의 목숨을 빼앗는 올가미를 갖고 있다. 벌은 날개가 있지만 거미는 교묘하게 얽어 놓은 그물이 있다. 한 쪽은 마취의 독약을 바른 비수를 갖고 있고, 다른 한 쪽은 적을 순식간에 쓰러뜨리는 주먹과 날카로운 이빨을 갖고 있다. 과연 어느 쪽이 상대방의 먹이가 될 것인가?

거미와 벌을 그 싸움 솜씨, 전투에 쓰는 무기, 독의 강력함 등 여러 면에서 비교하면 아마 거미가 우세할 것이라고 생각할 것이다 그러나 겉보기와는 달리 이 싸움에서 승리를 차지하는 것은 언제나 대모벌이다. 여기엔 어떤 비밀이 숨겨져 있는 것일까?

내가 살고 있는 지방에서 가장 굳세고 용감한 거미사냥꾼은 대모벌이다. 노랑과 검정이 섞인 옷을 입고 있고 다리는 길며 날개 끝은 검은데, 나머지는 연기에 그을은 듯한 노랑 색깔을 띠고 있어 마치 청어빛 같다.

이 체구가 당당한 벌이 한여름날 삼복 더위에 밭이나 길가를 성큼성큼 돌아다니는 것을 보면 가던 길을 멈추고 바라보게 된다. 그 늠름한 모습과 자신있는 걸음걸이, 그리고 거칠기 이를 데 없는 위풍당당한 태도는 누구든 덤벼보라는 듯이 상대를 찾아다니는 모습이다.

나는 전부터 그렇게 생각해 왔지만, 역시 내 육감이 맞았다. 내가 지켜보고 있는 동안 사냥꾼의 입에 포로가 물려 있었는데, 그것은 배가 검은 독거미였다. 어리호박벌이나 뒝벌 따위를 순식간에 쓰러뜨리고 참새나 두더지를 죽음에 이르게 한 바로 그 독거미를 물고 있는 것이다.

내가 벌과 거미가 싸우는 장면을 본 적은 한 번밖에 없었다. 내 시골집 뜰 앞에 있는 알마스의 야외 연구소에서 였는데, 그 용감한 거미사냥꾼이 근처에서 막 때려 눕힌, 저 이름높은 투사 독거미를 끌고가던 모습이 지금도 눈앞에 선하다. 벌은 담장 밑에 있는 구멍으로 끌고갔는데, 그것은 돌 사이에 자연스럽게 생긴 틈이었다.

벌은 구멍을 조사했다. 이번이 처음은 아니다. 먼저번에도 조사했는

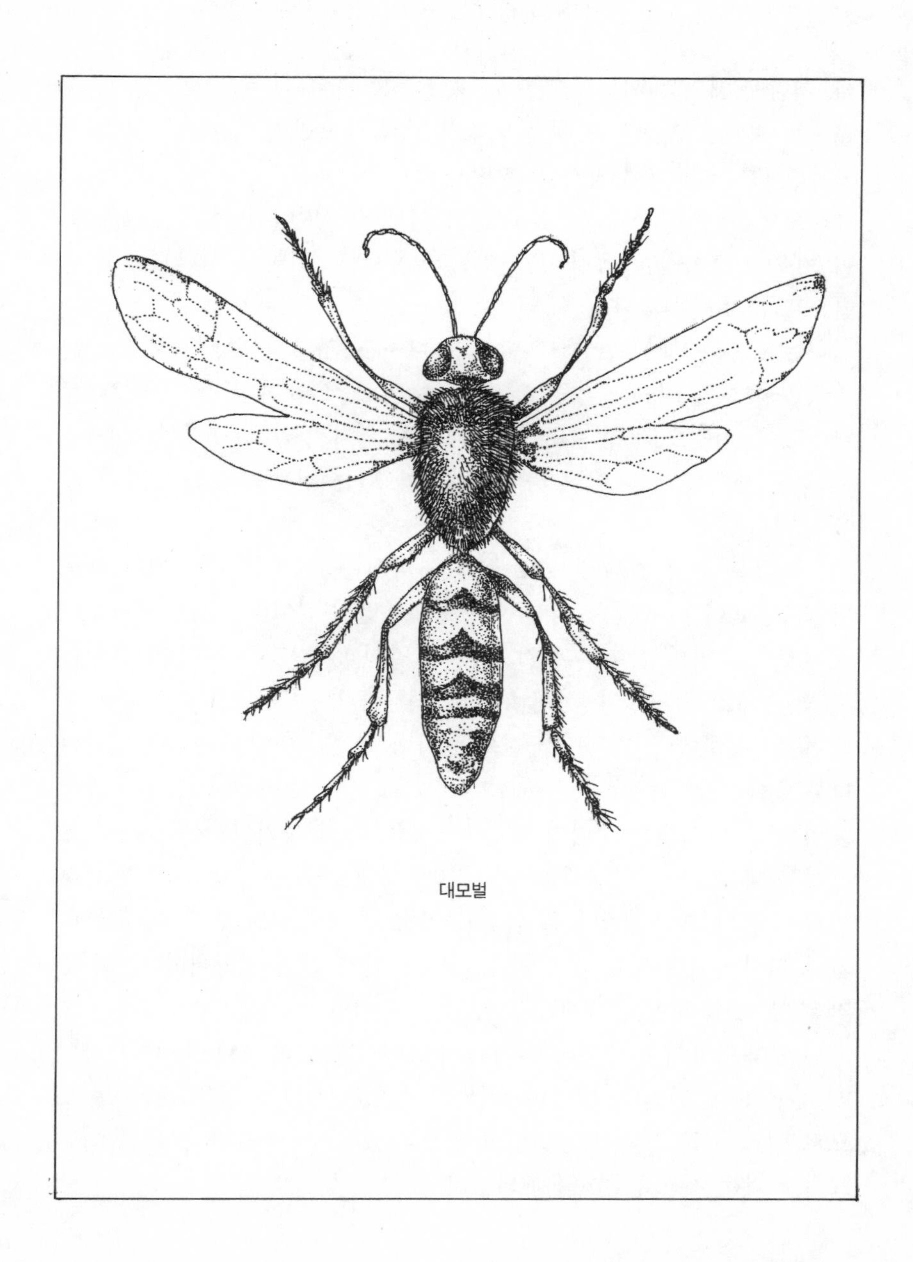

대모벌

데, 지금은 자기 새끼들의 집으로 점찍어 둔 곳이다. 벌은 사냥할 때 기절시킨 먹이를 가까운 곳에 두었다가 지금 창고에 넣어 두려고 끌어오고 있었다. 마침 그때 내가 그 장면을 보게 된 것이다.

대모벌은 다시 한 번 구멍 속을 살펴보더니 떨어진 석회 조각을 집어 치우고 조사를 끝냈다. 독거미는 누운 채로 하늘을 쳐다보며 구멍 안으로 끌려 들어갔다.

나는 모르는 체했다. 잠시 후 벌은 다시 모습을 나타내더니 조금 전 꺼냈던 석회 조각을 구멍을 향해 되는 대로 꾹 눌러 버리고는 그대로 날아갔다. 이것으로 일은 다 끝났다. 알은 낳아 두었고, 구멍 입구는 막아 놓은 셈이다. 이제 내가 이 구멍 속에 있는 것들을 조사해 볼 차례이다.

대모벌은 직접 자기 손으로 구멍을 파지는 않는다. 여기 저기 삐죽이 내민 돌 아래, 우연히 생긴 구멍이 대모벌의 집이다.

이것은 자연의 실수로 생긴 곳이지, 벌이 만든 것은 아니다. 문단속도 되는 대로 해치우며, 석회 부스러기를 몇 개 주워다 출입문 밖에 쌓아 두는 것 뿐이다. 그러니까 구멍을 막아 놓는다기 보다는 아무렇게나 덮는 것에 가깝다.

이 벌은 어지간히 성미가 급한 사냥꾼이라, 건축가로서는 솜씨가 보잘것 없다. 독거미 사냥에는 명수지만, 새끼를 위해 구멍을 파거나 흙먼지를 긁어 모아 출입문을 막을 줄을 모른다. 그저 담장 아래 오다가다 찾아낸 구멍으로, 웬만치 넓기만 하면 그만인 모양이다. 석회 조각을 몇 개 쌓아 두는 것으로 모든 것이 끝이다.

나는 대모벌이 사냥해온 거미를 구멍에서 꺼냈다. 낳은 알은 거미의 배 옆에 붙어 있었다. 그런데 꺼낼 때 건드려서 그만 알을 떨어뜨렸으므로 이제 모든 계획이 어긋나고 말았다. 알이 자랄 수 없으므로 애벌레가 자라는 것을 볼 수 없게 되었다.

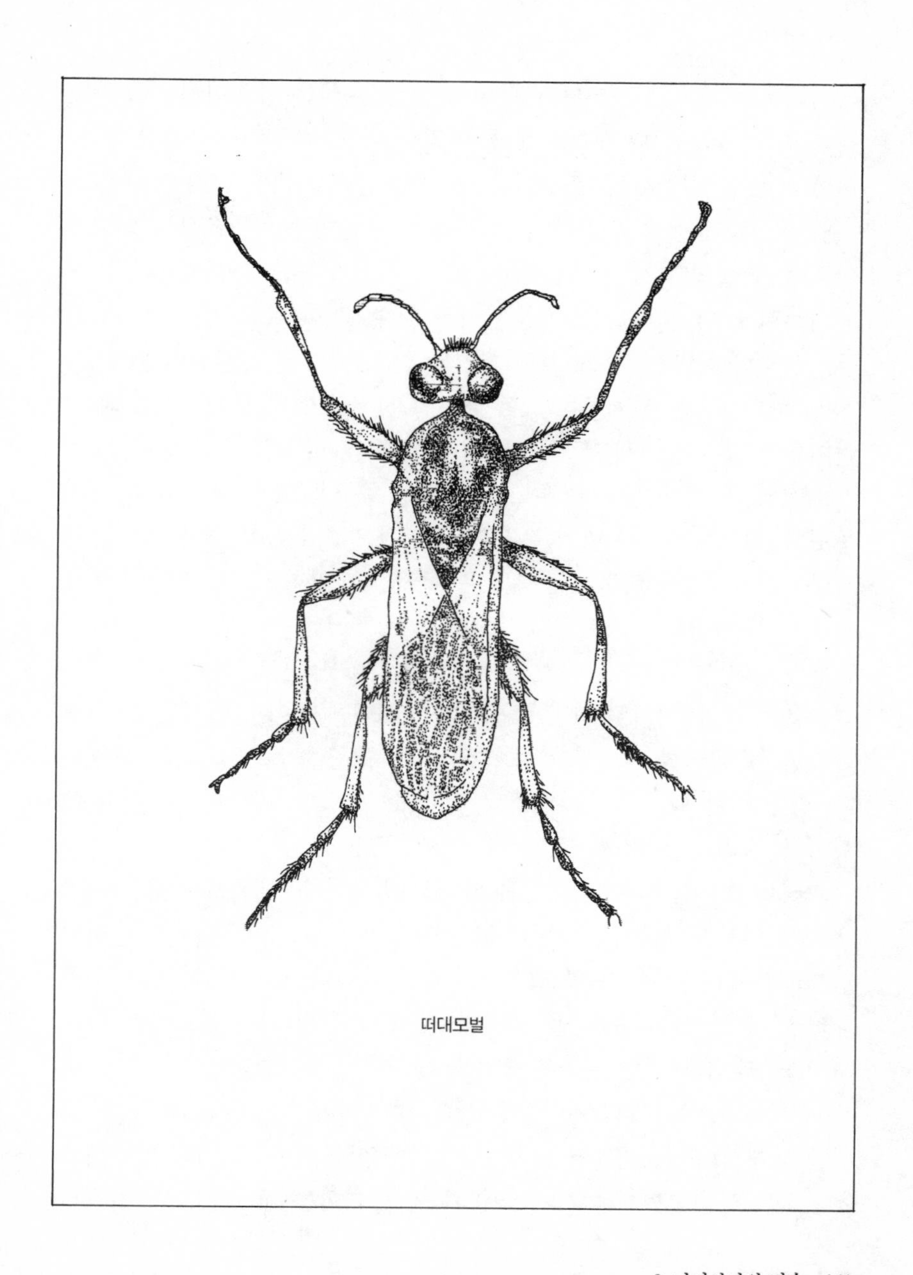
떠대모벌

거미는 어디에도 상처난 자국이 없었다. 거미는 움직이지는 못하지만 살았을 때처럼 나긋나긋 했다. 이것은 거미가 움직이지 못할 뿐 아직 살아 있음을 말해 주는 것이다. 가끔 발 끝이 가볍게 떨리는 듯했다.

나는 이렇게 죽은 듯한 곤충의 몸을 아주 많이 보아왔으므로 이렇게 된 사정을 쉽게 상상할 수 있었다. 이 거미는 가슴을 찔린 것이다.

거미의 신경계통이 그 곳에 모여 있는데 한 번 찔린 것이 틀림없었다. 나는 이 거미를 상자 속에 넣어 두었는데, 거미는 8월 2일부터 9월 20일까지 약 7주 동안 살아 있을 때처럼 신선하고 나긋나긋했다. 왜 그런지를 우리는 앞에서 보아 알고 있다.

그런데 내가 간절히 바라던 것 중 가장 중요한 것을 나는 아직 보지 못했다. 대모벌과 독거미가 목숨을 걸고 싸우는 모습이 그것이다. 계략과 무서운 무기가 대결하는 싸움은 어떤 모습일까? 벌은 거미 구멍으로 들어가 거미를 습격할 것인가?

벌이 그렇게 한다면 그것은 지극히 어리석은 일로, 벌이 이길 가능성은 희박하다. 커다란 뒝벌도 눈깜짝할 사이에 죽어 늘어지는 구멍 속이라면 이 대담한 대모벌도 들어가자마자 목숨을 빼앗길 것이 분명하다. 상대는 안에서 지켜보면서 당장이라도 목덜미를 물어 버리려고 할 것이다. 그러면 벌의 목숨은 끝이다.

그러나 우리들의 이런 걱정은 쓸데없는 것이다. 대모벌은 거미 구멍으로 들어가지 않는다. 그렇다면 구멍 밖에서 기습작전을 펴는 것일까? 그러나 독거미는 무척 조심성이 많은 놈이다. 나는 한여름 내내 이 놈이 밖을 돌아다니는 것을 본 적이 없다. 가을이 되어 대모벌이 사라져 버릴 때 쯤 되어야 이놈은 슬슬 돌아다니기 시작한다.

어미 독거미는 새끼 거미들을 등에 업고 구멍 밖을 돌아다닌다. 새끼를 등에 업고 나오는 것 말고는 거미는 집을 나서려고 하지 않는다.

그러므로 대모벌이 밖에서 거미와 싸울 기회는 거의 없으며 따라서

독거미를 잡으려고 노리는 좀벌이대모벌

이 두 놈이 구멍 밖에서 1대 1로 결투를 벌이는 것은 찾아보기 어렵다.

그렇다면 대모벌은 어디서 거미를 잡아오는 것일까? 수수께끼의 해답은 무엇일까? 이 수수께끼를 풀기 위해 다른 거미사냥의 명수들을 살펴보기로 한다. 그것은 우리에게 그 대답을 알려줄지도 모른다.

나는 수많은 종류의 대모벌들이 사냥을 떠나는 것을 여러 번 보았다. 그러나 나는 벌이 주인이 있는 거미집에 숨어 들어가는 것을 한 번도 본 적이 없다. 어떤 거미의 집이든 주인이 집에 있을 때에는 대모벌은 절대로 가까이 가지 않는다.

그러나 주인이 없다면 문제는 달라진다. 다른 곤충이라면 꼼짝도 못할 복잡한 그물 위를 대모벌은 아무렇지 않게 돌아다닌다. 거미가 뽑아내는 명주실도 이 벌에게는 붙거나 감기지 않는 모양이다. 그러면 이 벌은 주인이 없는 그물을 왜 살펴보는 것일까?

벌은 다른 곳에서 먹이를 기다리고 있는 거미를 감시하고 있는 것이다. 그래서 대모벌은 거미가 그물을 쳐 놓은 집 한 가운데 앉아 있을 때에는 결코 진격하지 않는다. 이런 조심성은 기막힐 정도이다.

이 거미사냥의 명수가 조심스럽게 적군을 경계하는 모습 몇 가지를 기록해 두었는데, 그 중 한 가지를 여기 소개하기로 한다.

거미 한 마리가 금작화의 작은 잎 세 개를 끌어당겨 자기가 자아낸 실로 나뭇잎 정자를 만들었다. 그것은 양쪽이 막히지 않은, 수평으로 된 통같이 생겼다. 먹이를 찾아다니던 대모벌 한 마리가 날아왔다. 벌이 먹이를 사냥하려고 점찍은 통 입구에 모습을 비치자 거미는 엉겁결에 반대 쪽으로 도망갔다. 그러자 벌도 거미집 통을 돌아서 반대편으로 갔다.

거미는 다시 반대쪽으로 돌아간다. 벌도 뒤따른다. 벌이 오는 동안 거미는 또 맞은 편으로 간다. 이런 식으로 15분 동안 둥근 통의 이 쪽과 저 쪽 끝의 사이를, 거미는 통 안에서, 벌은 통 밖에서, 서로 왔다 갔다 했다. 살아 있는 먹이가 꽤 먹음직스러운 모양이었다.

그래서 대모벌은 끝내 잡지 못하면서도 오랫동안 그 자리를 떠나지 않았던 것같다. 그러나 벌은 단념할 수밖에 없었다. 이 술래잡기에서 사냥꾼은 마지막까지 골탕만 먹었다. 대모벌은 어쩔 수 없는지 날아가 버렸다. 이윽고 거미는 비상경계를 해제하고 먹이가 걸려들기를 끈기 있게 기다린다.

그러면 벌은 거미를 잡기 위해서 어떻게 해야 했을까?

벌은 통의 이쪽 저쪽을 맴돌지 말고 거미집인 나뭇잎 정자로 쳐들어가 거미를 직접 좇아 갔어야 했을 것이다. 벌은 날쌔고 솜씨가 비상하기 때문에 그렇게만 했으면 틀림없이 거미를 잡을 수 있었을 것이다.

그러나 대모벌은 그것을 위험한 모험이라고 생각했다. 지금은 나도 벌의 판단이 옳다고 생각한다. 대모벌이 정자 속으로 들어갔다면 거미에게 목덜미를 찔려 거미의 먹이가 되었을 것이다.

시간이 많이 흘러갔건만 벌은 여전히 거미사냥의 비결을 알려주지 않았다. 당시 내 형편도 별로 좋은 편이 아니었다. 여러가지 여려운 일들을 처리해야 했기 때문에 시간이 없었다.

내가 오랑주에 머물렀던 마지막 해에야 수수께끼를 풀 수 있는 기회가 왔다.

우리집 집의 울타리는 흙담이었는데, 오랜 세월 속에서 헐고 부서져 있었다. 거미들 일당이 흙담의 돌 틈에 살고 있었다. 왕거미가 단연 많았다. 우리가 보통 검정거미라고 부르는 땅거미였다. 이놈들은 몸 전체가 시커멓고 주둥이만 초록색으로 빛났다. 두 개의 독니는 청동으로 만든 정밀한 세공품 같았다.

이놈들은 낡은 흙담의 조용한 구석이나 손가락 하나 정도 들어갈 수 있는 구멍이면 어디나 가리지 않고 집을 지었다.

그놈의 그물은 가늘고 길게 생긴 깔때기 모양으로, 크기는 넓은 면

이 고작 22제곱센티미터 정도 였으며, 반짝이는 은빛 실로 담벽에 처져 있다.

이 원뿔형의 그물은 굴 구멍과 붙어 있고, 굴 구멍은 담의 구멍 속으로 뚫려 있다. 그 밑에 식당이 있으며, 거미는 잡은 먹이를 그 곳으로 끌고가서 먹어 치우는 것이다.

두 발은 구멍 속에 넣어서 단단히 몸을 지탱하고, 앞에 달린 여섯 개의 발을 출입구 주위에 벌려 디딘 다음, 먹이가 걸려 그물이 흔들리는 것을 놓치지 않도록 만반의 준비를 갖춰 놓고 있다.

땅거미는 눈을 반짝이며 곤충이 그물에 걸리기를 기다리고 있는 것이다. 커다란 꽃등에가 어쩌다가 그물에 걸리는데, 이것이 거미가 흔히 맛보게 되는 맛있는 먹이이다.

그물에 걸린 등에가 몸부림치면 거미는 달려온다. 때로는 등에에게 덤벼들기도 한다. 등에가 머리 뒤통수를 물려서 죽으면 왕거미는 제 구멍으로 끌고 간다. 이런 사냥 도구를 갖추고 있을 뿐만 아니라 또한 먹이를 순식간에 해치우는 방법을 알고 있기 때문에 왕거미는 꽃등에보다 사나운 곤충도 잡을 수 있을 것이다.

땅거미는 왕벌이 와도 눈 하나 깜짝하지 않을 것이다. 실제로 실험해 보지는 않았지만 그 놈의 대담성으로 보아 능히 그럴 것이다. 이 거미는 독의 힘을 믿고 있기 때문이다.

곤충이 목덜미를 물렸을 때 독의 효력이 얼마나 빨리 나타나는지 아는 데는 왕거미의 꽃등에 사냥 장면을 보는 것으로 족하다. 명주실같은 거미줄의 올가미를 쓴 꽃등에의 죽음은 독거미의 구멍 속에서 뒝벌이 맞는 최후와 같다.

뒤제스는 그 독이 사람에게 어떤 영향을 주는지 연구했는데, 이 대담한 실험가의 경험담을 들어보자.

"내가 살고 있는 지방에서 독이 있는 것으로 유명한 왕거미(땅거

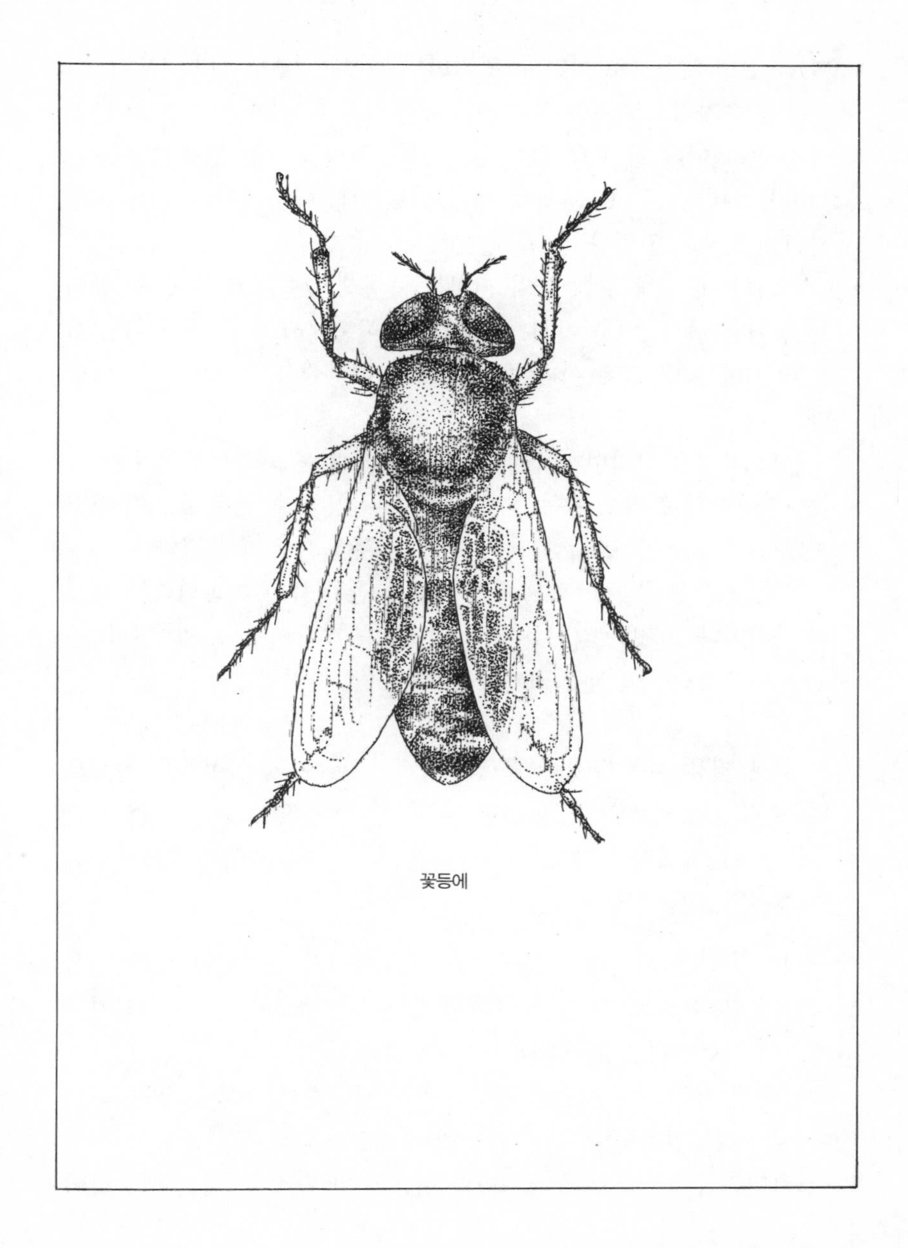

꽃등에

미)를 실험 대상으로 삼았다. 왕거미의 길이는 2센티미터 정도이다.

등을 손가락으로 누르면 다리를 구부리고 몸 전체를 움츠린다.(물리지 않고 어디 상한 데 없이 살아 있는 거미를 잡는 방법이다)나는 거미를 여러 도구나 옷 위에 놓기도 했는데, 어디에서나 전혀 대항하려는 기색이 없었다.

그러나 내 팔뚝 위에 놓자 거미는 초록색 주둥이로 살을 꽉 물어서 상처를 냈다. 너무 아파서 잡았던 거미등에서 손을 떼었는데, 그래도 거미는 내 팔에 이가 박혀 있었기 때문에 팔목에 매달려 있었다.

물었던 입을 벌리며 땅으로 떨어지자 거미는 급히 달아났다. 팔에는 5밀리미터 간격으로 두 곳에 상처가 나 있었다. 피는 흐르지 않았지만 둘레가 붉어지고 굵은 바늘로 찌른 듯한 자국이 생겼다.

물린 순간은 무척 아팠으며 5~6분 동안 아픔이 지속되다가 조금씩 약해졌다. 그것은 쐐기풀에 찔린 것만큼이나 아팠다. 얼마후 피부는 부어올라서 양쪽의 상처자국을 덮어버릴 지경이었다.

물린 곳 둘레의 피부는 반지름 3센티미터 정도로 단독(丹毒)과 같이 붉은 빛을 띠며 부풀어 올랐다. 1시간 반 쯤 지나 아픔은 가셨으나, 물렸던 상처 자국은 4~5일 동안이나 남아 있었다. 날씨가 약간 서늘한 9월이었기에 망정이지, 무더운 여름날이었다면 아픔은 더 심하고 길었을지도 모른다."

왕거미의 독은 사람에게 치명적인 것은 아니지만 상당히 강하다. 심한 아픔을 느끼게 할 뿐만 아니라 살갗을 부풀어오르게 한다. 하지만 뒤제스의 실험결과를 보면 안심해도 될 것 같다.

그러나 땅거미의 독은 곤충에게는 아주 강력하다. 그것은 곤충의 몸집이 작기 때문일까? 아니면 우리들과는 체질이 다르기 때문일까?

그런데 힘이나 크기로나 왕거미와 비교가 안 될 만큼 작은 대모벌이

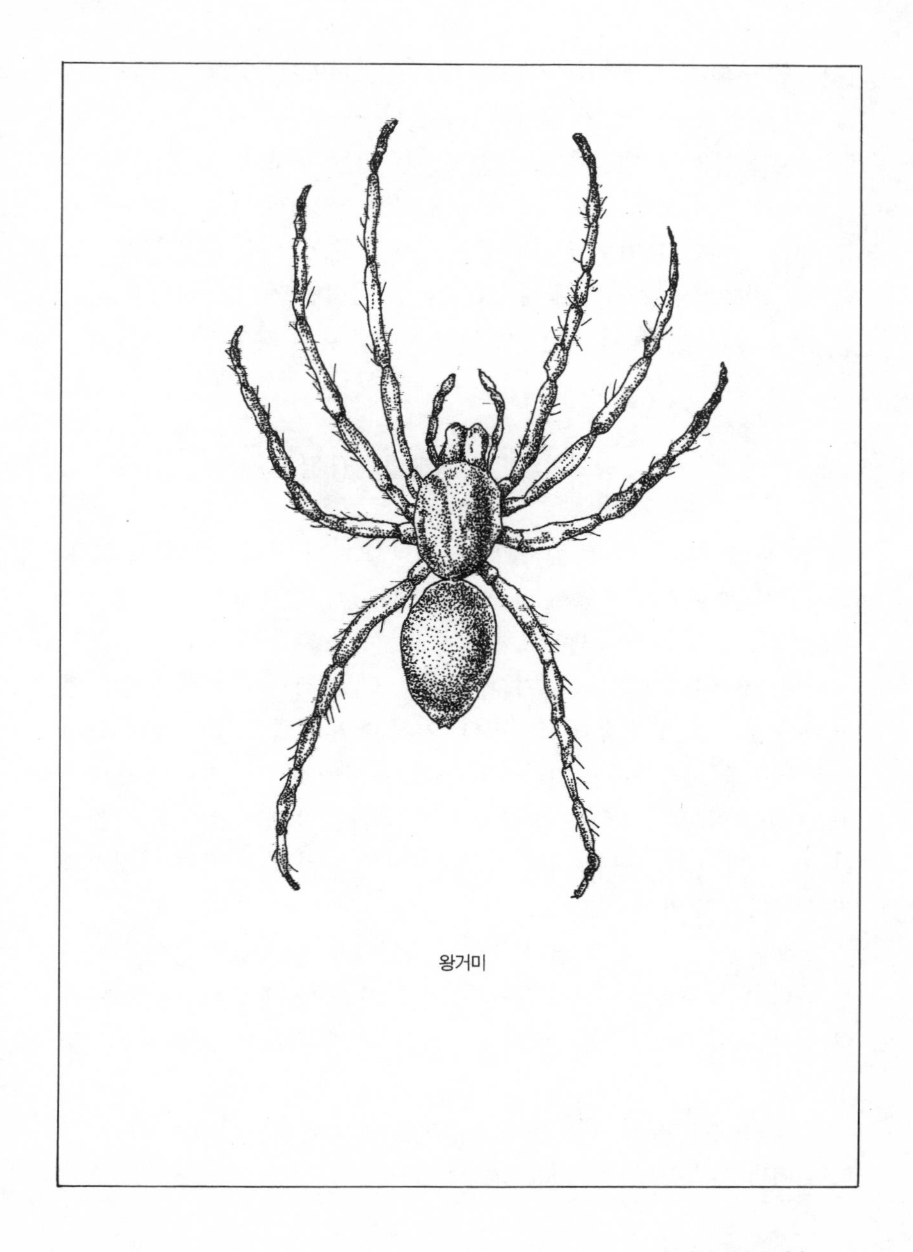
왕거미

1대 1로 싸워서 그 무서운 상대를 보기좋게 제압하는 것이다. 이 벌은 크기가 꿀벌과 큰 차이가 없으나 꿀벌보다 더 여위어 있다. 이 놈은 검정 제복을 입고 날개도 거무스름한데, 끝쪽은 투명하다.

그러면 이제 용맹스런 기사 검정대모벌이 왕거미의 집으로 원정가는 것을 따라가 보기로 하자. 7월의 무더위 속에서 한 나절을 보내야 하므로 참을성을 가져야 한다. 먹이가 될 상대인 거미도 상당히 강한 놈이므로 그것을 해치는 벌 역시 꽤나 고생을 해야 할 것이다.

왕거미와 검정대모벌의 대결

거미사냥의 명수인 검정대모벌은 흙담을 하나 하나 조사하고 있다. 날기도 하고 뛰기도 하면서 바쁘게 돌아다녔다. 더듬이를 약간 움직이며 날개를 등에 곧바로 세우고는 계속 비벼댄다.

벌이 거미의 깔때기 그물 가까이 다가가자 지금까지 보이지 않던 거미가 구멍 밖으로 모습을 드러낸다. 여섯 개의 앞발을 구멍 밖으로 내놓고 먹이를 사냥하려고 기다리고 있다. 무서운 적이 나타나면 도망치려는 것이 아니라, 자기를 노리는 놈을 잡아서 먹이로 삼으려는 것이다. 이 거미의 대담한 뱃심에 검정대모벌은 물러간다. 벌이 가버리자 거미는 다시 구멍 속으로 쑥 들어가 버린다.

얼마 후 벌은 다시 한 번 이 거미 구멍 앞을 지나간다. 빈틈없는 거미는 다시 현관으로 나온다. 구멍 밖으로 몸을 반 쯤 내밀고는 여차하면 싸우든지, 아니면 이 쪽에서 먼저 공격할 수 있도록 공격자세를 늦추지 않는다.

검정대모벌은 다시 사라지고, 왕거미는 구멍 안으로 또 들어간다. 그러나 거미는 또다시 비상경계 상태에 들어간다. 다시 벌이 나타난 것이다. 거미에게 계속 위협을 주는 행동이다.

거미는 사냥꾼이 구멍 근처를 왔다 갔다 하고 있을 때 번개같이 구멍 밖으로 나온다. 몸에 안전 로프가 달려 있어 발이 미끄러져도 떨어질 염려는 없다. 거미는 구멍에서 20센티미터 벗어난 곳까지 뛰어나와 대모벌 앞에 선다. 벌은 허겁지겁 달아난다. 왕거미도 재빨리 제 구멍으로 들어가 버린다.

거미란 놈은 사냥꾼 앞에서도 달아나지 않고 오히려 앞으로 내달리는 것으로 보아 먹이로서는 이상한 곤충이라고 할 수밖에 없다. 만일 내가 계속 관찰하지 않았다면 두 놈 중 누가 사냥꾼이고 누가 먹이인지 분간할 수 없었을 것이다. 나는 오히려 검정대모벌의 무모한 행동에 마음이 조마조마할 지경이었다.

올가미의 그물이 한 가닥만 발에 감겨도 벌은 목숨을 잃고 말 것이다. 거미는 상대방을 기다리면서 목덜미에 송곳니를 찌르려고 벼르고 있다. 지나가는 놈에게 항상 눈독을 들이고 있는 왕거미, 제 집을 단단히 지키면서도 구멍 밖에까지 공격해 오는 왕거미에 대해 벌은 도대체 어떤 작전을 세우고 있는 것일까? 이러한 의문에 사로잡혀 몇 주일 동안이나 흙담을 지켜보고 있는 나를 본다면 여러분은 어떻게 생각할 것인가? 아마 어이없다고 생각할 것이다.

나는 검정대모벌이 번개처럼 거미에게 덤벼들어 다리 하나를 문 채 구멍에서 거미를 끌어내려고 안간힘을 다하는 것을 보았다. 이것은 눈 깜짝할 사이에 이루어지는 기습작전이어서 거미는 몸을 피할 수 없다.

거미는 다행히 두 개의 뒷다리가 구멍 안에 달라붙어 있다. 왕거미가 몸을 한 번 뒤틀자 벌은 물고 있던 다리를 재빨리 놓아 주었다. 오랫동안 물고 있다가는 오히려 혼이날 수도 있기 때문이다. 일이 뜻대로 안 되자 벌은 다른 거미의 구멍으로 새로운 먹이를 찾아 나선다. 그러나 놀랐던 가슴이 진정되면 다시 돌아오기도 한다.

벌은 언제나 날개를 움직이며 거미가 앞발을 모으고 밖을 살피고 있는 구멍 근처를 주춤 주춤 거닐면서 공격의 기회를 노린다. 그러다가 갑자기 덤벼들어 앞발을 물고 끌어 당기면서 옆으로 비튼다. 대개 거미는 끌려오지 않지만 때로는 구멍 밖으로 조금 끌려나오기도 한다. 그러다가 곧 제 구멍으로 들어간다. 아마 끊기지 않은 안전 로프 덕택일 것이다.

검정대모벌의 의도는 분명하다. 거미를 구멍에서 끌어내어 멀리 던져버리려고 하는 것이다.

내가 기다린 보람이 있었는지 이번에는 진짜 싸움이 벌어졌다. 기회를 노리던 벌이 힘껏 거미를 끌어당겼다. 끌려나와서 정신이 없는지, 집 밖으로 나와서 겁을 집어먹었는지 거미는 벌써 용기를 잃고 맥을 못춘다. 거미는 이미 대담한 싸움 상대가 못된다.

거미는 발을 구부리고 땅바닥에 움츠린다. 그리고 사냥꾼은 끌어낸 놈을 바로 수술해 버린다. 나는 이 극적인 장면을 더 자세히 보려 했지만 가까이 갈 사이도 없었다. 왕거미는 가슴에 침을 한 대 얻어맞고 몸이 그대로 마비된 것이다.

검정대모벌은 정말 솜씨가 훌륭했다. 벌이 왕거미를 구멍 안에서 공격한다면 십중팔구 도리어 죽음을 당할 것이다. 그래서 무슨 일이 있어도 구멍 안에서는 싸우려 하지 않는다.

거미는 자기집 속에 있을 때는 대단히 용감하지만 일단 구멍에서 끌려 나오면 두려움에 떠는 겁쟁이가 된다는 것을 벌은 잘 알고 있다. 그러므로 벌은 거미를 구멍 밖으로 끌어 내기만 하면 되는 것이다. 여기까지만 잘 되면 그 뒤는 어려울 것이 하나도 없다.

왕거미를 잡는 검정대모벌처럼 독거미를 사냥하는 대모벌도 같은 방법으로 싸울 것이 틀림없다. 검정대모벌의 행동으로 미루어 나는 대모벌이 독거미를 사냥하는 장면을 다음과 같이 상상해 본다.

독거미 사냥꾼인 대모벌은 독거미가 물샐틈없이 경비하고 있는 구멍 주위를 치밀한 작전계획을 세우고 살피고 있다. 독거미는 먹이가 가까워지면 당장이라도 뛰어 나갈 태세이다. 그러나 달려드는 쪽은 오히려 대모벌로서, 벌이 먼저 선수를 친다.

벌은 거미의 다리 하나를 물고 끌어당겨 독거미를 구멍 밖으로 내던진다. 이쯤 되면 거미는 어느새 겁에 질린 포로가 되어 독니를 써 볼 생각도 못하고 벌의 주사침에 자신을 내맡긴다.

어떤 힘보다도 벌의 계략이 강한 것이다. 내 실험과도 어긋나지 않는다. 나는 독거미를 잡으려고 구멍 속에 풀이삭을 넣어 물게 하고는 조심조심 구멍까지 유인한 다음 갑자기 세차게 낚아챘던 것이다.

곤충학자나 벌이나 가장 중요한 것은 이 거미를 구멍 속에서 끌어내는 일이다. 일단 구멍 밖으로 나온 거미는 어쩔줄을 몰라하기 때문이다.

지금까지 이야기해 온 사실 중에서 두 가지는 정말 놀랄 만하다. 벌의 영리함과 거미의 미련함이다. 벌은 우선 상대방을 구멍에서 끌어낸 다음 아무런 위험도 느끼지 않으면서 독약으로 상대를 마비시키는 것이다.

어째서 대모벌에게 맞먹을 만큼 영리한 독거미가 이 벌의 계략을 알아 차리지 못하고 속아 넘어가는 것일까? 만약 저 왕거미가 그의 일가 친척들을 몰살당하는 것에서 구하고자 한다면, 대모벌이 가까이 올 때마다 구멍 입구에서 감시하지 말고 구멍 속으로 깊숙히 들어가 있는 것이 상책이라고 그들에게 가르쳐 주어야 할 것이다.

거미는 밖으로 나와서 자신이 용감하다는 것을 증명할 수는 있겠지만 그런 행동은 어리석고 위험천만한 일이다.

자신만만하게 밖으로 발을 내밀었다가 벌에게 붙잡히는 날이면 거미는 자신의 만용 때문에 목숨을 잃게 되는 것이다. 웬만한 먹이감이라

독거미를 사냥하여 끌고 가는 줄박이 대모벌

면 거미가 상대를 맞기 위해 공격태세를 취하는 모습은 더할 나위 없이 훌륭하다. 하지만 대모벌은 거미의 먹이가 될 수 없다. 어디까지나 적이며 적 중에서도 가장 무서운 적이다.

거미도 그것을 모르지는 않을 것이다. 거미는 벌이 나타나기만 하면 구멍에서 살피는 어리석은 짓을 하지 말고 상대가 공격할 수 없는 깊숙한 안전지대로 피하는 것이 좋을 텐데, 거미는 왜 그렇게 하지 않는지 나는 그 까닭을 알 수 없다.

그래서 나는 이렇게 생각해 보았다. 대모벌에게는 거미가 반드시 필요하다. 그래서 대모벌은 오랜 옛날부터 끈기있게 기다릴 줄 아는 계략을 가지고 있는 것이고 거미는 어리석기만 한 용기를 갖고 있는 것이라고.

그러면 검정대모벌과 왕거미를 포로로 잡아다가 유리병 속에서 대결시켜 보면 어떨까? 이 실험에서는 별로 재미있는 결과를 기대할 수 없을 것이다. 왜냐하면 포로가 되면 사냥꾼인 벌도, 먹이인 거미도 모두 그 재능이 잠들어버릴 것이기 때문이다.

유리병 속에서 벌과 거미는 과연 겁을 집어먹고 도망쳐 다녔다. 나는 병을 움직여 두 놈이 서로 부딪치게 했다. 벌은 몸을 도사리기만 할 뿐, 침을 쓰려고 하지 않았다. 거미는 벌을 붙잡아 쓰러뜨렸지만 적극적으로 물려고는 하지 않았다. 거미가 드러누워 벌을 받치고 앞발로 굴리며 입으로 무는 것을 본 일이 있다. 그러나 벌은 지금 받은 공격에 대해 별로 괴로와하는 것 같지 않았다. 유유히 날개를 씻고 더듬이를 앞발로 누르며 뛰고 있었다.

왕거미는 내가 병을 움직이는 데 자극받아 열 번쯤 공격을 되풀이했으나 대모벌은 불사신처럼 언제나 송곳니에서 빠져 나왔다.

벌은 정말 불사신일까? 그렇지 않다. 나중에 그렇지 않다는 증거를 보게 될 것이다. 벌이 쉽게 빠져 나온 것은 거미가 송곳니를 사용하지 않았기 때문이다. 서로 목숨을 해치지는 않겠다는 일종의 묵계가 되어 있는 것이다. 서로 포로가 되어 있기 때문에 기운이 나지 않아 침과 송곳니를 사용할 마음이 내키지 않았는지도 모른다.

나는 대모벌이 왕거미 앞에서 점잖게 수염을 쓰다듬고 있어서 이 포로의 운명이 안전하다고 생각했다. 그리고 좀 더 안전하게 해주기 위해 나는 병 속에 종이 부스러기를 넣어 주어 벌의 잠자리를 만들어 주었다. 벌은 거미로부터 벗어나 바닥의 종이에 안식처를 정했다.

그러나 이튿날 나는 벌이 죽어 있는 것을 보았다. 밤샘하는 습관이 있는 왕거미가 밤 사이에 용기를 되찾아 송곳니를 선물한 것이다. 어제의 공격자가 오늘은 공격을 당한 것이다.

대모벌을 꿀벌로 바꾸어 보았다. 두 시간 뒤 꿀벌은 물려 죽어 있었다. 꽃등에도 같은 운명이었다. 그러나 이 두 마리의 먹이에 손을 대지는 않았다. 거미는 이 이웃을 조용하게 만들 뿐 먹이로 할 생각은 없었던 것 같다.

나는 병 속에 중간 크기의 뒝벌을 넣어 보았다. 이튿날 거미는 죽어 있었다. 난폭한 동거자가 해치운 것이다.

유리병 속에서의 대결은 이만 하고 담 밑에 남겨 둔 대모벌 이야기로 돌아가자.

벌은 먹이를 땅 위에 내려 놓고 담으로 가더니 깔때기처럼 생긴 거미의 그물을 하나 하나 조사했다. 벌은 돌이나 땅 위를 걸을 때처럼 그물 위를 자연스럽게 걸어다녔다.

그리고 벌은 은실 거미줄로 방벽을 만든 거미의 구멍을 조사하려고 침 끝 같은 뾰족한 더듬이를 안으로 밀어 넣었다. 벌은 아무 거리낌 없이 구멍 속으로 들어갔다. 그런데 벌이 왕거미의 집 구멍을 이렇게 용감하게 드나들 수 있는 용기는 대체 어디서 생긴 것일까? 조금 전까지만 해도 철저하게 경계했는데, 지금은 안전하다고 느끼는 모양이었다.

아마 실제로 위험이 없기 때문일 것이다. 벌은 주인이 없는 집을 조사하고 있는 중이었다.

벌이 구멍 속으로 들어갈 때는 이미 그 곳에 아무도 없다는 것을 알고 있었던 것이다. 왕거미가 있었다면 벌써 구멍에 얼굴을 내밀고 있었을 것이기 때문이다. 가까이 있는 거미줄을 건드렸을 때 주인이 나오지 않으면 집은 분명히 비어 있다는 증거이다. 그러므로 대모벌은 아무런 걱정 없이 들어갈 수 있는 것이다.

앞에서도 말했지만 대모벌은 거미가 구멍에 있는 한 결코 줄을 쳐 놓고 경비하고 있는 집에는 들어가지 않는다.

조사한 구멍 중에서 하나가 벌의 마음에 드는 모양이었다. 한 시간가량 조사하면서 유독 그 구멍만 자주 들락거렸다.

그러다가 벌은 땅 위에 쓰러져 있는 거미에게 다시 가서는 담 옆으로 끌어다 놓고 마음에 들었던 구멍을 좀 더 자세히 살펴 보려고 한다.

조사가 다 끝났는지 벌은 거미에게 가더니 한 끝을 물었다. 먹이는 무척 무겁기 때문에 평지에서 끄는 것도 힘겨운 모양이다. 하지만 흙담 밑에 이르면 일은 퍽 쉬워진다.

담에서 자란 대모벌은 담 위에 한 번 발을 디디면 그 힘이 무척 세어진다. 지금 벌은 흙담에 발을 딛고 이 커다란 먹이를 뒷걸음질치며 끌어 올리고 있다.

때로는 절벽같고 때로는 비탈진 울퉁불퉁 솟아나온 돌 위를 기어서 2미터나 되는 담 위까지 올라간다. 그 곳은 마치 '테라스'같은 곳이다. 뒷걸음질로, 그것도 오르막 길을 무사히 넘어서 그곳까지 가는 것을 보니 벌은 미리 정찰해 두었던 것 같다. 대모벌은 그 곳에 먹이를 내려놓는다.

벌은 조금 전 여러 번 조사했던 구멍으로 간다. 다시 한 번 구멍을 조사하고는 거미를 구멍 속으로 집어 넣는다. 이윽고 구멍에서 나온 벌은 담 여기 저기에서 부서진 석회 조각을 찾아, 그중에서 꽤 큰 것을 두 세 개 골라다가 구멍을 막고는 날아가 버린다.

다음날 나는 이 기묘한 구멍을 조사해 보았다. 거미는 은실로 덮인 구멍 속에 있었다. 거미는 마치 해먹(기둥 사이나 나무 그늘 사이에 매달아 사용하는 그물 모양의 침대－옮긴이)에 누은 듯했다. 사방이 모두 담벽에서 떨어져 있었다. 벌이 낳은 하얀 알은 거미의 배가 아니고 등 한가운데 노여져 있었으며 길이는 2밀리미터 가량밖에 안 되었다.

벌이 주워온 석회 조각들은 거미줄이 늘어져 있는 방안을 간단히 가리는 데 사용되었다. 이처럼 대모벌은 먹이와 알을 자기가 직접 지은 집 구멍이 아니고 거미집에 낳아 둔다. 어쩌면 이 구멍은 먹이로 잡혀 온 거미의 집인지도 모른다. 그렇다면 거미는 집과 먹이를 모두 벌에게 바친 것이 된다.

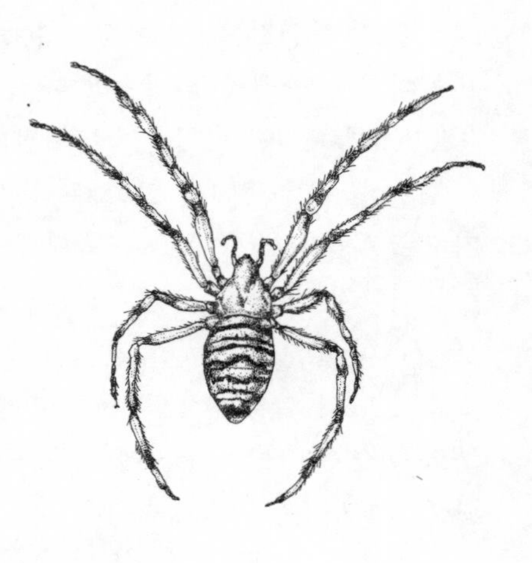
호랑거미

거미의 등에 업혀 있는 벌의 애벌레에게 왕거미의 따뜻한 집과 푹신푹신한 해먹은 정말 얼마나 사치스러운가?

지금까지 보았듯이 거미사냥꾼인 대모벌은 제 구멍도 팔 줄 모르며 자기 새끼를 적당한 구멍 아니면 애벌레의 먹이가 들어 있는 거미구멍에서 잠자게 한다. 아무 힘도 들이지 않고 남이 만들어 놓은 집을 거저 얻어다가 석회 조각으로 문을 막아 놓는 정도다.

그런데 대모벌 중에는 정말로 제 집 구멍을 파는 놈이 있다. 땅 속에

6센티미터 가량의 깊이로 훌륭하게 구멍을 판다. 그 대표적인 놈은 검정빛과 노란빛의 제복을 입고 호박색 날개를 가진 여덟점박이대모벌이다.

주로 호랑거미(줄박이호랑거미, 붉은호랑거미 따위)를 먹이로 삼는데, 이 놈은 세로로 크게 만든 그물 한 가운데 몸을 숨기고 있는 아름답고 큰 거미이다.

나는 이 벌의 습성을 기록으로 남길 만큼 자세히 알지 못하며 더욱이 사냥 습성은 모른다. 그러나 그들의 집에 대해서는 잘 알고 있다.

이 놈은 구멍 속에 집을 마련한다. 나는 이 벌이 구멍파는 벌들의 습성대로 정성을 쏟아 집을 완성하고 세심하게 문단속하는 것을 본 일이 있다.

9. 놀고먹는 곤충들

개미벌, 청벌, 침파리, 노랑털재니등에

8~9월의 어느 맑은 날, 햇볕이 쨍쨍 내리쬐는 개울가로 나가 보자. 그늘이라곤 하나 없이 타는 듯한 더운 날, 언덕이나 비탈진 곳에 조용히 걸터앉을 곳이 있으면 발을 멈추어 보자. 그러면 그 곳에서 온갖 곤충들이 여러분들을 기다리고 있을 것이다.

사막처럼 뜨거운 이 곳에는 여러 종류의 벌들이 우글거리며 살고 있다. 어떤 놈은 자기 새끼에게 먹이려고 바구미, 파리, 사마귀, 메뚜기, 거미, 애벌레 따위를 창고로 나르느라 바쁘다. 그런가 하면 또 어떤 놈은 날라온 꿀을 얇은 가죽 주머니나 찰흙 단지, 또는 나뭇잎 조각으로 만든 독 속에 저장하기도 한다.

평화롭게 집 구멍을 파는 놈, 진흙으로 벽을 바르는 놈, 꿀을 모아 오는 놈, 먹이를 사냥해 오는 놈, 창고에 먹이를 넣는 놈…… 벌들은 이렇게 부지런히 일하지만 그 가운데는 놀고먹는 벌도 있다.

이런 놈은 이집 저집으로 아주 바삐 오가며 구멍 안을 기웃거리다가 남의 창고 속에 있는 먹이에 제 새끼를 낳아 놓으려고 기회만 엿본다.

곤충의 세계, 아니 어쩌면 인간의 세계까지도 지배하고 있는 식량쟁탈전은 참으로 안타까운 일이다. 부지런한 벌이 땀흘려 제 자식을 위해 식량을 모아 놓으면, 게으름뱅이가 어슬렁거리며 와서 그 재산을 빼앗아 가는 것이다. 부지런히 일하는 놈이 하나 있으면, 대 여섯 마리의 게으름뱅이가 끈질기게 따라다니며 남이 모은 재산을 약탈해 가려고 한다.

이런 놈들은 약탈 정도가 아니라, 더 잔인한 일을 저지르기도 한다. 부지런한 벌의 새끼들은 부드럽고 아늑한 잠자리, 풍족한 식량을 즐기면서, 그리고 따뜻한 사랑을 받으며 탐스럽게 자라난다. 그러나 어느날 갑자기 밖에서 온 불청객들에게 먹이도 빼앗기고 험한 발길에 채여 죽기도 한다.

먹이를 다 먹은 애벌레는 빈틈없이 사면이 막힌 방 안에서 명주 이불에 싸여 평온하게 잠을 잔다. 그러다가 어미가 되기 위해 몸의 껍질을 벗기 시작한다. 애벌레에서 한 마리의 벌이 되는 과정은 몸 전체를 다시 만드는 어려운 일이기에 안정이 절대로 필요한 때이다.

그러므로 이 때만은 적에게 침입당하지 않도록 방비를 두루 해 놓아야 한다. 그러나 이렇게 방비를 해 놓아도 적은 이것을 쉽게 깨뜨리고 들어온다. 그 전술이 무서울 정도로 교묘해서 아무리 수비가 견고한 성이라도 침입해 들어온다.

저것을 보라. 지금 적은 잠든 애벌레 옆으로 침 끝에 알을 매달아 보내고 있다. 만약 그런 침이 없을 때는 눈에 띄지도 않을 만큼 작은 구더기, 살아 있는 세포가 잠자고 있는 애벌레에게 살며시 기어들어 온다. 그렇게 되면 애벌레는 난폭한 외부 손님에게 정복당하여 두 번 다시 눈을 뜨지 못하게 된다.

남에게 먹혀버린 애벌레의 잠자리나 고치는 외부에서 들어온 손님의 잠자리가 되어 고치로 변한다. 그리하여 다음 해 봄, 남의 집과 식량을 빼앗고 주인을 먹어버린 강도가 그 대신 속에서 기어나오게 된다.

이런 놈도 있다. 검고, 희고, 빨간 줄무늬에 털이 돋아 있고 토실토실하며 개미같이 생긴 곤충이다. 이놈은 사방팔방 비탈진 곳을 찾아다니며, 약간 으슥하고 구석진 곳까지도 빼놓지 않고 더듬이 끝으로 땅바닥을 살피며 돌아다닌다. 이 놈을 가리켜 개미벌이라고 하는데, 주로 잠자고 있는 애벌레를 훔쳐간다.

암컷에게는 날개가 없지만, 벌이 되다 만 것처럼 생겨서 쏘이면 아픈 침을 갖고 있다.

눈여겨보지 않은 사람은 짙은 빛깔의 옷을 차려입은 진귀한 개미로 착각하기 쉬울 것이다. 수컷은 커다란 날개에 아름다운 몸매를 자랑하며 땅 위의 몇 센티 미터 위를 끊임없이 날아 다닌다.

개미벌

어미 개미벌은 몇 시간이고 같은 곳에서 벌의 암컷이 땅 속에서 나오기를 기다리고 있다. 오랫동안 지켜보는 인내심을 잃지만 않는다면 우리는 어미 개미벌이 바쁜 걸음으로 이곳 저곳 더듬다가 어떤 곳에서 발을 멈추고 모래흙을 긁고 파헤쳐 마침내 구멍을 찾아내고는 깨끗하게 청소하는 것을 보게 될 것이다. 이렇다 할 만하게 출입구를 나타내는 표시는 없지만 어미 개미벌에게는 출입구를 알아볼 수 있는 그 무엇인가가 있는 것 같다.

그 놈은 남의 집에 들어가 잠시 머물다가 나올 때는 흙을 원래대로 메우고 문도 꼭 닫아 둔다. 어미 개미벌은 지금 심술궂게 자기 알을 낳고 나온 것이다. 얼마 후 고치 가운데 잠자고 있는, 남의 애벌레 옆에 낳아 놓은 개미벌의 알은 깨어나며, 마침내는 이 집 주인을 없애 버린다.

위 : 왜코벌의 집에 침입하는 청벌
아래 : 청벌 · 줄박이꽃벌 · 무늬말벌 · 무늬꽃벌 청벌

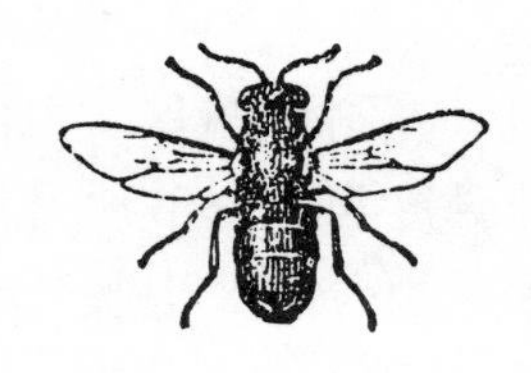

청벌

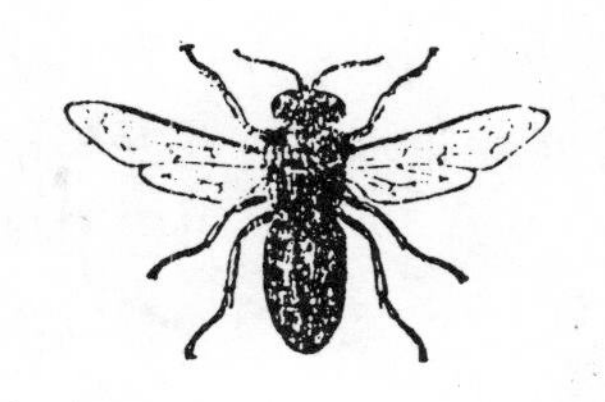

왜코벌

또 이런 놈도 있다. 에메랄드빛 · 푸른빛 · 보라빛 · 금빛을 반짝 반짝 빛내고 있는 청벌이다. 이놈은 힘안들이고 남의 것만 빼앗아 먹는다. 이 벌은 고치 속에서 잠자고 있는 남의 번데기를 죽이는 놈이다.

이 화려한 옷 속에는 잠자는 남의 애벌레를 죽이는 무서운 피가 숨어 있다. 에메랄드와 핑크빛으로 몸을 단장한 이 청벌이 왜코벌의 집으로 기어 들어가는 것을 보라. 그것도 구멍 속에서 어미벌이 자기 새끼에게 새로운 먹이를 주고 있을 때에 대담하게 기어 들어가는 것이다.

하기야 치장만 할 줄 알았지 일을 전혀 할 줄 모르는 청벌이 이런 때가 아니면 어떻게 왜코벌의 집에 들어갈 수 있겠는가?

어미벌이 집을 비울 때는 구멍을 막아 놓아 문단속을 하기 때문에 이 여왕같이 아름다운 옷차림을 한 악당은 문을 여는 수고도 피할 겸 어미벌이 집에 있을 때 들어가는 것이다.

이놈은 몸집은 비록 작지만 커다란 왜코벌의 침이나 억센 힘을 두려워 하지도 않고 어미벌이 있는 집으로 기어 들어간다. 집안에 주인이 있든 없든 상관하지 않는다.

왜코벌의 어미는 위험을 깨닫지 못하는지 무서워서 그러는지, 꼬마 청벌을 못본 체한다. 자기 집으로 처들어온 강도를 그저 바라보고만 있는 놈도 멍청한 놈이지만, 남의 집을 제 집보다 더 천연스럽게 들어가는 놈도 꽤나 뻔뻔한 놈이다.

다음에 일어날 일은 이미 정해져 있다. 왜코벌이 저장해 둔 꿀을 먹고 청벌의 새끼는 무럭무럭 자랄 것이다. 그리고 다음 해 봄에 이 등에 사냥꾼인 왜코벌의 집 뚜껑을 열어 보면 다갈색 명주로 지은 고치를 볼 수 있다. 이것은 작은 컵에 평평한 뚜껑을 덮은 듯한 모양을 하고 있는데, 굳은 껍질에 싸여 있는 비단집 속에는 청벌이 들어 있다. 왜코벌의 애벌레는 넝마같은 거죽만 남고 깨끗이 없어졌다. 청벌의 애벌레가 그것을 다 먹어치워 버린 것이다.

이런 '아름다운 악당들'의 이야기가 하나 더 있다. 이 놈은 가슴이 유리빛으로 빛나고 몸통은 피렌체의 청동빛과 금빛이며, 맨끝에는 하늘색으로 장식된 띠를 두르고 있다.

이 벌 또한 청벌의 한 종류이다. 이 놈은 애기호리병벌이 돌 위에 둥근 지붕모양으로 새끼들의 방을 많이 지어 놓고 마무리로 자갈을 가져다 박을 때나, 또는 먹이인 배추벌레를 다 먹어치운 고치 속의 새끼가 명주실을 뽑아서 방안을 단장할 무렵이면 남의 집 구멍에 나타난다. 굳게 닫혀진 남의 집 성문 앞에 모습을 드러내는 것이다.

이 벌은 눈에 보이지 않을 만큼 좁은 틈이나 석회벽의 이은 짬이라도 있기만 하면 침 끝을 길게 늘여서는 남의 집 속에 알을 밀어 넣는다. 다음 해 5월 말 쯤이면, 애기호리병벌의 새끼가 있던 방에는 역시 작은 컵 모양의 고치가 들어 있는 것을 볼 수 있다. 이 고치에서 한 마리의 청벌이 나오는 것이다. 애기호리병벌의 애벌레는 이미 형태도 그림자도 없다. 청벌의 새끼가 먹어 치웠기 때문이다.

파리 종류도 대개는 이렇게 몰래 남의 집에 기어드는 강도라고 할 수 있다. 파리는 사람이 손가락으로 건드려도 비칠대는 약한 놈들이지만 결코 얕볼 수 없는 음흉한 놈이기도 하다.

나는 침파리가 하는 일을 잘 알고 있다. 침파리는 매우 작은 회색 파리인데 벌집 근처의 모래 위해서 햇볕을 쬐며 끈기 있게 기회를 엿보

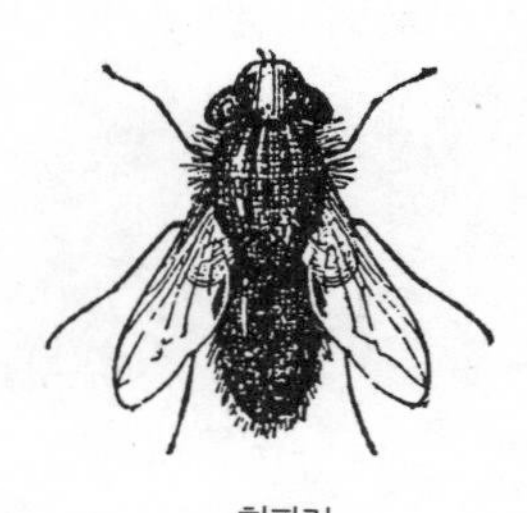
침파리

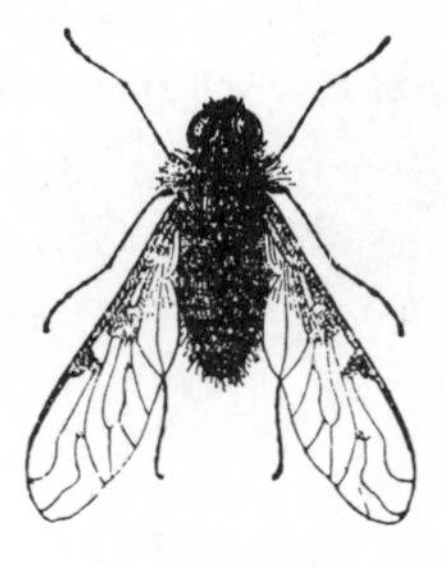
노랑털재니등에

곤 한다.

사냥을 하고 돌아오는 길에 왜코벌은 등에를, 노래기벌은 바구미를, 땅벌은 메뚜기를 잡아가지고 나타난다.

그럴 때면 침파리는 바삐 날아다니며 사냥꾼 뒤를 따라다니다가 사냥꾼이 먹이를 다리 사이에 끼고 자기 집으로 막 들어가려는 순간 그 먹이에 솜씨 좋게 알을 낳아 붙인다. 이 일은 눈깜짝할 사이에 끝난다.

문턱을 넘기도 전에 사냥한 먹이에 강도가 낳아 붙인 알은 남이 어렵사리 저축해 놓은 식량을 다 먹어 버리고, 주인 집의 새끼를 굶어 죽게 하는 것이다.

파리의 일종인 노랑털재니등에는 타는 듯이 뜨거운 모래 위에서 놀기를 좋아한다. 폭넓은 날개가 수평으로 달려 있으며, 재니등에의 동족답게 빌로드 같은 옷을 입고 있다. 재니등에는 숯장수처럼 시커먼 털보인데, 은빛 도련을 두른 상복을 입고 있다. 놀고 먹는 무늬말벌, 무늬꽃벌도 마찬가지로 검은 상복을 입고 있다.

오늘날 많은 사람들은 깊은 사색이나 관찰 없이 제멋대로 해석을 붙여 놓고는 한다. 사자의 갈기가 다갈색인 것은 아프리카의 모래빛이 그렇기 때문이라고 하며, 호랑이의 가죽에 검은 얼룩무늬가 있는 것은 인도의 대나무 그림자 때문이라고 한다.

그렇다면 무늬말벌이나 무늬꽃벌, 그리고 노랑털재니등에 등여러 종류의 등에가 진기한 몸차림을 하고 있는 것은 어찌된 까닭일까? 나는 그것을 알고 싶다.

동물의 보호색

보호색이란 동물이 활동하는 환경과 비슷하게 닮아서 동물을 보호해 주는 색깔을 말한다. 이런 보호색은 적의 계략을 뒤집거나 사냥할 때 살아 있는 먹이가 깨닫지 못하도록 가까이 접근하는 데 꼭 필요하다고 한다.

종달새는 무서운 날짐승의 눈에 띄지 않고 밭에서 먹이를 주워 먹을 수 있도록 흙빛이 되었다.

도마뱀은 숨어 있는 풀이나 나뭇잎과 분간하지 못하도록 풀빛이나 나뭇잎 빛깔과 같이 되었다. 양배추 포기에 붙어 있는 배추벌레는 작은 새들에게 쪼아 먹힐 것이 두려워서 자기 먹이와 같은 빛깔을 몸에 지녔다.

어렸을 때는 곧이곧대로 듣고 재미있어 했을 이야기이지만 그런 소년시절이 지나간 지금은 그냥 지나치기에는 궁금한 것이 너무 많아 나는 큰 의문에 사로잡혀 있다.

나는 궁금한 것 가운데 세 가지 예를 들려고 한다. 할미새는 종달새처럼 밭에서 먹이를 구하는데 어째서 하얀 가슴에 아름다운 검정 무늬로 단장하고 있을까? 녹슬은 무쇠빛과 같은 흙 위에서는 그 모습이 멀리서도 쉽게 눈에 띌 것이 아닌가?

할미새가 보호색으로 단장하지 않은 까닭은 무엇일까? 종달새처럼 할미새에게도 보호색이 필요했을 텐데…….

푸로방스에 있는 도마뱀의 한 종류인 장지뱀은 이끼도 나지 않은 양지 쪽 바위틈에서 살고 있는데 어째서 다른 도마뱀처럼 초록빛일까? 볕 잘 드는 양지쪽 바위 틈에 살고 있는 놈이 흰 돌 위에서 초록빛을 띠면 눈에 금방 띄일 텐데…….

그리고 보호색은 그렇다 치고 쇠똥구리를 사냥할 때 왜 장지뱀은 다른 도마뱀보다 서툰 것일까? 이들의 일가친척은 퇴화의 길을 걷고 있는 것일까? 하지만 흔하게 눈에 띄는 것으로 보아 숫적으로나 힘으로 이 일가친척들은 가장 전성기를 누리고 있는 것 같다.

버들옷의 애벌레는 살고 있는 나뭇잎의 빛깔과 전혀 딴판이며, 너무나도 눈에 잘 띄는 빨간색, 검정색, 흰색이 뚜렷한 줄무늬 옷을 입고 있는 것은 왜 그런가?

양배추의 애벌레처럼 자기 먹이의 빛깔을 닮는 것이 이 벌레에게는 하찮은 것이란 말인가? 이 놈에게도 적이 있을 텐데……. 사람이든 곤충이든 적이 없을 수 없다. 이 밖에도 그 예는 얼마든지 있다.

이렇듯 의문은 얼마든지 계속된다. 내게 시간만 있다면 보호색에 반대되는 본보기를 얼마든지 댈 수 있다. 100가지 예를 든다면 적어도 99가지의 예외를 들 수 있을 것이다. 그런 법칙이 어디 있단 말인가?

우리들은 조그만 일에도 그럴 듯한 설명만 붙으면 벌써 이 우주의 비밀을 풀 수 있는 열쇠라도 가진 듯이 "법칙이다. 이것이 법칙이다" 하고 떠들어대지만, 이 법칙의 문턱에는 그것과 반대되는 사실이 헤아릴 수 없이 많아서 자기의 설 자리도 찾지 못하는 예가 허다하다.

좁디 좁은 법칙의 문앞에서 수많은 청벌의 친척들이 떠들고 있다. 보석과 같이 놓고 보아도 손색이 없을 만큼 화려하고 아름다운 그들의 빛깔은 청벌들이 흔히 살고 있는 고장의 흙빛과는 전혀 어울리지 않는다.

청벌은 어두운 색깔 속에서도 루비나 사금처럼 반짝 반짝 빛나고 있는 벌레이다. 청벌은 몸서리치도록 무서운 제비나 당닭, 그 밖의 참새들의 눈을 속이기 위해서 모래언덕의 빛깔을 몸에 지니고 있지는 않다.

풀무치는 적을 속이기 위해 살고 있는 환경과 같은 풀빛을 띠고 있다. 그러면 본능에서나 싸움의 수단에서나 우수한 능력을 갖고 있는 벌들이 영리하지 못한 풀무치 따위에 뒤떨어져 있다는 말인가?

청벌은 풀무치와는 달리 보호색은 커녕 화려한 옷차림을 하고는 혀끝을 내두르며 벌들을 먹기 위해 군침을 삼키는 도마뱀 따위에게 자기를 다 드러내 보여주고 있다. 청벌이 살고 있는 곳은 잿빛인데 이 놈이 입고 있는 빛깔은 루비·에머랄드·터키석 등 찬란한 보석의 광채 그대로이다. 그렇다고 청벌의 종족이 쇠퇴해 없어져 가는 것은 아니다.

속여야 하는 것은 그들을 잡아먹는 적뿐은 아니다. 비슷한 색깔로 가장하는 옷은 집 주인을 속여서 놀고 먹는 벌레에게 아주 필요한 것이다. 침파리는 이 말이 옳다는 것을 뒷받침해 줄 만한 대표적인 곤충이다. 이 파리는 몸 전체가 잿빛인데, 사냥꾼 벌이 먹이를 갖고 돌아오는 것을 숨어 기다리고 있는 모래 흙과 비슷한 빛깔이다.

그러나 침파리가 아무리 위장을 잘 한다 해도 사냥꾼 벌의 만만한 상대는 아니다. 사냥꾼 벌은 땅 위에 발을 딛기 전에 높은 곳에서부터 벌써 그 놈을 발견하기 때문이다. 그래서 벌은 제 구멍 위를 조심 조심 날아다니면서 뱃속이 시커먼 파리를 골려주고 쫓아버리려고 한다.

그러나 파리란 놈도 호락호락하게 물러서지 않는다. 상대가 꼭 돌아올 장소에서 쉽게 자리를 뜨지 않는다. 목적을 이루려면 어떻게 해야 하는지 파리란 놈은 잘 알고 있는 것이다. 하지만 이 파리가 보호색을 갖고 있다고 해서 보호색이 없는 다른 벌레들 이상으로 자기 일을 잘 하고 있다고는 말할 수 없다. 번쩍 번쩍하는 옷을 걸친 청벌을 보라. 검정 바탕에 흰 줄을 아로새긴 무늬꽃벌을 보라!

어떤 사람들은 이렇게 말하기도 한다. 놀고먹는 벌레는 상대를 보기

좋게 속이기 위해서 대체로 상대와 비슷한 빛깔의 옷을 입는다고. 하지만 그렇지 않은 것도 얼마든지 있다. 주인이 집에 있는데도 마구 처들어가는 청벌은 왜코벌과 어디가 비슷하다는 말인가?

줄박이꽃벌의 새끼를 잡아먹는 먹뒝벌은 줄박이꽃벌과 어디가 비슷한가? 먹뒝벌은 검은 상복을 입고 있고 줄박이 꽃벌은 다갈색 옷을 입고 있어 같은 점이라고는 하나도 없다. 그리고 또 청벌은 커다란 등에 사냥의 명수와 비교하면 마치 난쟁이 같다.

더욱이 꽃벌이나 뒝벌・장미가위벌・그밖의 벌들은 자기집 문앞에 자기들의 동료가 와서 서성거리면 당장에 쫓아 버리면서도, 정작 놀고먹는 놈들이 광대처럼 우스꽝스러운 모습으로 나타나도 그냥 모른 체하고 내버려 둔다. 빨간 날개를 달고 초록빛으로 단장한 개미벌 종류도 그렇고 검은 몸에 붉은 셔츠를 걸친 장미가위벌 종류도 그렇다. 다만 염치없이 남의 집에 뚫고 들어오면서 너무 시끄럽게 구는 놈은 날개로 따귀 정도를 갈겨서 쫓아버리는 것이 고작이다. 큰 싸움은 벌어지지 않는다. 더군다나 목숨을 내건 싸움은 없다. 친한 친구 사이에 있을 수 있는 정도로 치고 때리고 할 뿐이다.

요컨대 곤충이 누구의 빛깔이나 모습을 닮는다는 생각은 근거가 없는 것으로 보인다. 좀 심한 표현을 쓴다면 '헛소리'라고까지 말할 수 있다. 문제는 여기에서 그치지 않는다. 닮는다는 것은 곤충학을 처음 공부하려는 사람들이 속기 쉬운 함정이다. 아니, 오랫동안 연구한 전문가도 까딱 잘못하면 이 함정에 쉽게 빠져든다.

언젠가 곤충학의 선배 한 사람이 나의 연구소에 찾아온 적이 있다. 나는 몇 종류의 놀고먹는 곤충을 보여 주었다. 그 중에서 노랑과 검정 빛깔이 섞인 놈이 눈에 띈 모양이다.

'이 놈은…'

하고 그는 말했다.

"장수 말벌의 식객이 분명하오."

나는 그의 짐작에 깜짝 놀라서 말을 자르고 물었다.

"어떻게 그걸 아시나요?"

"여길 보시오. 이 색깔은 장수말벌과 똑같잖아요? 검정 빛깔과 노랑 빛깔이 알록 달록하게 배합돼 있는 것이 그렇잖아요? 보호색도 이 정도면 빼다 박은 듯이 닮지 않았어요?"

"그럴 듯하기는 합니다만, 사실은 그렇지 않습니다. 검정과 노랑 빛깔이 뒤섞인 이 곤충은 뒝벌의 군식구입니다. 뒝벌은 형태도 빛깔도 장수말벌과는 전혀 다릅니다. 이 놈은 밑들이벌이라고 하는데 장수말벌이 사는 집에는 한 마리도 들어가지 않습니다."

"그러면 이 보호색은 어떻게 된 거지?"

"보호색이라든가 서로 닮았다는 것은 결국 속임수입니다. 그래서 차라리 그런 것은 잊어버리는 편이 좋습니다."

그리고 나서 나는 곤충이 어떤 것의 색깔이나 모양을 닮는다는 생각에 반대되는 예를 차례차례 보여주었다. 찾아왔던 학자는 자기가 지니고 있는 확신이 얼마나 터무니없는 근거에 서 있는가를 진심으로 인정했다.

자, 그러면 곤충이 입고 있는 옷에 대해서는 이쯤 해두고 놀고먹는 곤충에 대한 이야기로 돌아가 보자.

어원(語源)으로 볼 때 놀고 먹는다는 것은 남의 빵을 먹는 것, 다른 곤충의 식량으로 살아가는 것을 가리키는 말이다. 곤충학에서는 이 말을 본래의 뜻과는 달리 사용하는 일이 많다. 남이 벌어다 놓은 식량을 먹는다는 뜻이 청벌이나 개미벌 · 노랑털재니등에 · 밑들이벌처럼 남의 식량이나 남이 기른 애벌레에 알을 낳아 자기 새끼를 기르는 곤충을 놀고 먹는 곤충이라고 하는 것이다.

파리가 왜코벌이 모아 놓은 먹이 위에 알을 낳았을 때, 벌써 이 벌의 살림집은 놀고먹는 곤충이 자리를 차지한 것이다.

자기 자식을 위해 식량을 모아 놓았지만 굶주린 나그네가 주린 배를 채우기 위해 제 먹이처럼 달라붙어 있다. 이 곤충들은 자기들을 위해 차려놓은 식탁도 아닌데, 그 집 주인과 함께 주인 행세를 하며 먹이를 먹고 있다.

워낙 탐욕스럽게 먹기 때문에, 그 집의 진짜 주인은 굶어죽게 된다. 물론 남의 집에 침입한 강도는 배가 부르도록 먹이를 먹어치우지만 그 집주인의 새끼를 물어 죽이는 일은 없다.

먹퉹벌은 자기의 알을 꽃벌의 알과 바꿔치기한다. 이 놈도 막무가내로 남의 방을 제멋대로 차지하고 놀고먹는 곤충이다.

어미벌이 겨우겨우 힘들여 벌어온 꿀은 제 자식에게는 한 방울도 들어가지 못하고 다른 곤충의 새끼가 경쟁자도 없이 맛있게 먹어버린다. 침파리와 먹퉹벌, 이 놈들이야말로 진짜 놀고 먹는 곤충이며 남의 소유물을 훔쳐 먹고 사는 놈이다.

땅벌에 대해서도 같은 말을 할 수 있을까? 그럴 수는 없다. 우리들이 습성을 잘 알고 있는 땅벌들은 확실히 놀고먹는 곤충이 아니다. 어느 누구도 땅벌이 남의 식량을 훔쳤다고 비난하는 사람은 없다. 착실하고 부지런한 땅 벌은 땅 속에서 가족의 식량이 될 수 있는 기름진 애벌레 따위를 찾아 다닌다.

이 곤충은 나나니 벌・땅말벌・진노래기벌 따위의 이름높은 사냥꾼 벌 처럼 사냥을 하는 것이다. 다만 먹이를 창고로 옮겨 보관하지 않고 그 자리의 나뭇잎이 썩은 흙 속에 남겨두는 것뿐이다. 제 집이 따로 없는 사냥꾼인 땅벌은 먹이를 잡은 그 자리에서 새끼들에게 먹이는 것이다.

나는 개미벌이나 청벌・밑들이벌・노랑털재니등에, 그밖의 여러 곤충들도 땅벌과 조금도 다르지 않다고 생각한다.

물론 땅벌이 찾고 있는 먹이는 대항할 줄도 모르므로 주사침을 쓸 필요가 없다. 잠자코 있어서 저항할 줄 모르는 곤충을 식량으로 삼으려고 찾아다니는 것은 입이 단단한 꽃무지나 풍뎅이 따위를 용감하게 찔러 죽이는 솜씨와는 비할 바 없이 보잘것 없다.

하지만 맹렬히 달려드는 산돼지에게 비수를 찔러 쓰러뜨리는 대신, 대항할 힘도 없는 토끼를 총 한 방으로 쓰러뜨린다고 해서 사냥꾼이라고 할 수 없을까? 물론 사냥할 때의 위험은 없지만 목표물에 다가가는 일은 역시 어려운 일이므로 토끼 사냥꾼의 그 참을성만은 충분히 인정해줘야 한다.

땅벌이 먹이를 찾기란 무척 어렵다. 그 먹이는 튼튼한 성채 속에 틀어박혀 있고, 또 고치라는 성벽으로 몸을 감싸고 있기 때문이다. 그러니 먹이의 위치를 정확히 알아내고 자기의 알을 먹이의 몸이나 그 근처에 보내기 위해 어미벌은 얼마나 고생해야 하겠는가?

그래서 나는 청벌·개미벌·밑들이벌·노랑털재니등에 등을 사냥꾼 부류에 넣어주고, 놀고 먹는 곤충이라는 명예롭지 못한 이름은 침파리·먹퉁벌·무늬꽃벌·가뢰(斑描) 따위, 즉 다른 곤충의 양식을 먹고 사는 놈들에게 붙여 주고 싶다.

그런데 여러가지 사실을 깊이 생각해 볼 때 도대체 놀고 먹는 놈이라고 불리는 것은 왜 명예롭지 못한가? 상식적으로 생각해 보아도 남에게 의지하여 살아가는 게으름뱅이는 확실히 어느모로 보나 보잘 것 없다.

하지만 인간세계에서 받는 멸시를 동물도 그대로 달게 받아야 할까? 사람의 경우에는 아무리 나태한 게으름뱅이라도 이웃 사람들의 동정으로 살아가지만, 곤충의 경우에는 전혀 그렇지 않다. 사람 말고 '같은 종족(種族)'의 일꾼이 만들어낸 식량을 가로채 놀고 먹는 것을 나는 본 적이 없다. 곤충 가운데도 같은 일을 하는 동료의 것을 때로는 슬쩍 훔치는 자도 있고 무의식중에 우연히 약탈하는 경우도 있기는 하다.

하지만 이런 행위는 부분적이고 대단할 것도 없다. 참으로 내가 나쁘다고 생각하는 중요한 것은, '같은 종족'의 동물 가운데 어떤 동물이 남의 힘을 빌거나 동정으로 살아가느냐 하는 것이다.

나는 곤충과 함께 한 평생을 살아 왔지만, 아직까지 같은 종족의 이웃에게 폐를 끼치며 살아가는 곤충을 한 번도 본 일이 없다. 예컨대 벌이 같은 종족의 벌의 양식을 훔치거나 약탈하는 것을 본 적이 없다는 것이다.

몇 천 마리의 꿏벌들은 큰 집에서 함께 일하면서 이웃에 있는 남의 꿀통을 한 번도 핥지 않고 살림을 꾸려간다.

이웃과 이웃이 서로 존경한다는 약속이라도 한 것처럼 행동한다. 어쩌다 어리숙한 놈이 집을 잘못 찾아서 남의 집 꿀통에 발이라도 들여놓으면 그야말로 난리가 난다. 당장 집 주인이 달려와서 몰아내거나 무례한 행동을 타이른다.

누가 죽어서 남겨 놓았거나, 오랫동안 비어 있는 주인 없는 집이라면 이웃의 어미벌이 그 집을 차지한다. 주인 없는 부동산이기 때문에 어미벌이 그것을 이용하는 것이다. 좋은 의미에서 쓸 수 있는 것은 이용하는 검약 정신이다. 다른 벌들도 이와 마찬가지이다. 그들 사이에서는 내놓고 이웃의 소유물을 탐내는 게으름뱅이는 없다. 어느 곤충이든 같은 종족 사이에서 놀고 먹는 놈은 없다.

놀고 먹는다는 것이 서로 다른 종류의 동물 사이에서 일어난다면 어떤 결과가 일어날까? 일반적으로 생활한다는 것은 먹이를 빼앗고 빼앗기는 행위가 되풀이되는 과정이라고 말할 수도 있다. 자연은 자신을 뜯어 먹고 산다. 물질은 이 밥통에서 저 밥통으로 옮겨가며 주인의 생명을 유지시켜 준다. 생물 세계에서는 서로가 손님도 되고 맛있는 먹이가 되어 주기도 한다.

오늘은 먹는 놈이 내일은 먹히는 놈이 된다. 모든 생물은 살아 있는 것이나 살아 있던 것을 먹고 산다. 크게 보면 모두가 놀고 먹는 생활이다.

인간은 첫 손가락 꼽히는 놀고 먹는 존재이다. 모든 먹이를 잔인하게 약탈한다. 꽃벌이 다른 종족의 벌의 먹이를 약탈하는 것처럼 사람은 양의 젖을 훔치고 꿀벌의 꿀을 빼앗는다.

이 두 가지 예만 보아도 서로는 비슷하다. 그렇다면 이러한 사실은 우리들이 게으름뱅이라는 증거일까?

먹는 자와 먹히는 자, 약탈하는 자와 약탈당하는 자, 훔치는 자와 도둑맞는 자와의 무자비한 싸움에서, 먹뒝벌은 우리들 인간보다 더 놀고 먹는 자라는 불명예를 뒤집어쓸 수 없다.

먹뒝벌이 꽃벌의 살림살이를 파괴시킨다 해도 그것은 약탈과 착취의 대가(大家)인 인간을 약간 흉내내고 있을 뿐이다. 먹뒝벌의 행동은 인간의 게으름 이상으로 야비하지는 않다. 먹뒝벌은 자기의 자식을 키우지 않으면 안되는데, 그럴 수단을 갖고 있지 않다. 스스로 식량을 마련할 도구를 갖고 있지도 않고 그 방법도 알고 있지 못하므로 그들은 도구와 능력을 갖춘 다른 곤충의 먹이를 이용하는 것이다. 굶주린 자들의 잔인한 식량쟁탈전에서 먹뒝벌은 자기가 갖춘 능력의 범위 내에서 자신과 자녀들의 생존을 이어갈 방법을 찾고 있는 것이다.

놀고먹는 곤충은 게으름뱅이인가?

먹뒝벌은 게으름만 피우고 있었기 때문에 일할 수 있는 도구의 기능을 잃어 버렸다는 설이 있다.

이 벌은 건들건들 놀기를 좋아하며 새끼를 기를 때도 힘들이지 않고 남의 집에 맡겨두곤 했기 때문에 점점 일을 싫어하게 되었다는 것이다.

식량을 거두는 도구는 사용하지 않아서 그 기능이 점점 줄어들었고 쓸모없는 기관이 되었다가 끝내는 없어져 버렸다고 한다. 결국 먹뒝벌은 변화해서 본래와는 다른 종이 되었다는 이야기이다. 그래서 부지런하고 일 잘 하던 근로자가 게을러져서 끝내는 놀고 먹는 벌레가 되었다는 것이다.

어떤 어미 벌이 집의 건축공사를 끝내기도 전에 알을 낳게 되었다. 암펄은 남들이 식량을 모아 둔 방 한 구석이 적당하겠다고 생각하고, 그 곳에 알을 낳기로 했다.

먹뒝벌

집을 짓고 새끼의 먹이를 장만한다는 것은 그리 쉬운 일이 아니기 때문에, 일솜씨가 더딘 어미 벌로서는 자기 새끼를 위해서 미안하지만 남의 물건을 슬쩍할 수밖에 없었던 것이다. 어미벌은 이렇게 해서 시간이 걸리는 귀찮고 괴로운 일은 하지 않고 알을 낳는 일만 남겨 놓게 되었다.

먹뒝벌이 낳아 놓은 새끼들은 어미벌의 게으른 습성을 그대로 물려받았다. 그리고 그 버릇을 대대손손 물려주었다. 왜냐하면 생존경쟁을 치르면서도 손쉽게 살다 보니 자손을 퍼뜨리는 간단한 방법 이외에는 일하는 도구의 기능을 점점 잃었기 때문이다. 그러면서 곤충의 형태와 빛깔도 새로운 생활 환경에 맞추어 어느 정도 변화했다. 그리하여 마침내 놀고 먹는 놈의 가계(家系)가 이루어지고 만 것이다…….

진화론의 학자는 이런 식으로 말하고 있다. 그러나 나는 이 이론이 모두 맞다고는 생각하지 않는다.

우선 나는 곤충이 편리한 방법으로 자손을 남긴다는 그 '게으른 버릇'이라는 말이 못마땅하다. 나는 곤충이든, 사람이든, 활동만이 현재를 향상시키고 미래를 보장하는 유일한 길이라고 항상 믿어 왔으며, 또 누가 뭐라든 그렇게 믿고 있다. 활동하는 것만이 사는 것이다. 일은 진보를 보장한다. 민족의 힘은 그 민족이 일에 쏟아 넣는 전체의 힘의 총합계로서 측량된다고 나는 믿고 있다.

나는 학술적으로 흔히 쓰이고 있는 이 '게으른 버릇'이란 말을 좋아하지 않는다. 다시 한 번 되풀이하지만 우리들이 보잘 것 없는 인생에서 조금이라도 보람을 느낄 수 있는 일을 함으로써 얻을 수 있는 즐거움을 부인하려 드는 이런 폭언을 나는 싫어한다.

요컨대 나는 책임을 중요하게 여기는 인격 · 양심 · 의무 · 일에 대한 존엄성을 꿈 속에서라도 잊지 않기를 바란다.

세상의 모든 일은 쇠사슬처럼 얽혀 있다. 만약 동물이 빈둥빈둥 놀면서 남에게 폐만 끼치는 것이 자기 자손을 위한 것이라면, 왜 동물의 자손인 인간은 그렇게 하지 않는다는 말인가?

인간의 게으른 버릇이 자손 만대에 번영할 수 있는 기본이라고 한다면 어떻게 되겠는가?

이제는 내 이야기보다는 곤충들로 하여금 이야기하게 해 보자. 그들은 웅변으로 실증시켜 줄 것이다.

놀고 먹는 습성이 게으른 버릇에서 생겼다는 말이 사실일까? 놀고 먹는 곤충은 빈둥빈둥 노는 것이 좋아서 지금처럼 된 것인가? 노는 것이 어느 모로 보나 득(得)이기 때문에, 놀기 위해서 원래 지니고 있던 일 하는 습성을 버린 것인가? 다시 한 번 생각해 볼 필요가 있다.

자기 새끼에게 남의 것을 가져다 먹이는 벌들을 쭉 관찰하면서 나는 게으름뱅이를 본 적이 한 번도 없다. 이와는 달리 놀고 먹는 곤충은 부지런한 곤충보다 더 괴롭고 어려운 생활을 하고 있다. 여름날 타는 듯한 언덕에서 놀고 먹는 벌이 무엇을 하고 있는지 살펴보자. 우리는 그들이 정말로 불안하게 움직이고 있는 것을 볼 것이다.

그들은 햇볕이 내려쬐는 땅 위를 바삐 왔다 갔다하며 정처없이 의지할 곳을 찾아다니지만, 대개는 헛수고로 끝난다. 쓸데없는 구멍이나 먹이라고는 하나도 없는 빈 집을 몇 백 번이나 드나들고 나서야 적당한 집을 찾는다. 그리고 설사 집 주인이 너그럽다 하더라도 항상 좋은 낯으로 대해 주리라고 기대할 수는 없다. 놀고 먹는 장사가 언제나 운좋게 들어맞는 것은 아니다.

알을 남의 집에 잠재우기 위해서는 얼마나 많이 어려운 고비를 넘겨야 하고 숱한 시간을 허비해야 하는지 모른다. 부지런한 벌이 집을 짓고 꿀을 모아다가 가득 채우려고 애쓰는 괴로움이나 다를 것이 없다.

때로는 놀고 먹는 벌의 괴로움이 더 클지도 모른다. 부지런한 벌은 모든 일을 규칙적으로 하나 하나 처리해 나간다. 힘들이지 않고 알을 순조롭게 낳으려면 이렇게 하는 것이 가장 안전하다. 그러나 놀고 먹는 곤충은 남에게 의지하므로 무리가 생기고 알을 낳아 깨어나게 할 수 없는 경우가 수두룩하다.

뾰족벌이 다른 꽃벌의 집을 찾으려고 오랜 시간 허둥지둥하는 것만 보아도 남의 집을 가로채는 것이 얼마나 힘든 것인가 알 수 있다. 새끼를 편히 기르면서 자손을 번영시키기 위해서 놀고 먹는 곤충이 되었다는 이야기는 확실히 잘못된 생각에서 나온 것이다.

놀고 먹는 장사는 그저 놀며 사는 것이 아니라 괴로운 날들의 연속이다. 그리고 그 가족은 많은 자식들로 번창하는 것이 아니라, 겨우 몇 마리 안 되는 새끼가 남의 집에서 자랄 뿐이다.

좀 더 분명한 사실을 통해 이 점을 분명히 해두고 싶다. 뾰족벌은 미장이꽃벌을 찾아다니며 놀고 먹는 벌이다. 미장이꽃벌이 새끼들 방의 지붕 공사를 끝내면 건달 하나가 날아 온다. 이 조그만 몸집의 식객은 오랫동안 집 밖을 조사하고는 자기의 알을 석회로 굳게 둘러싸인 벽

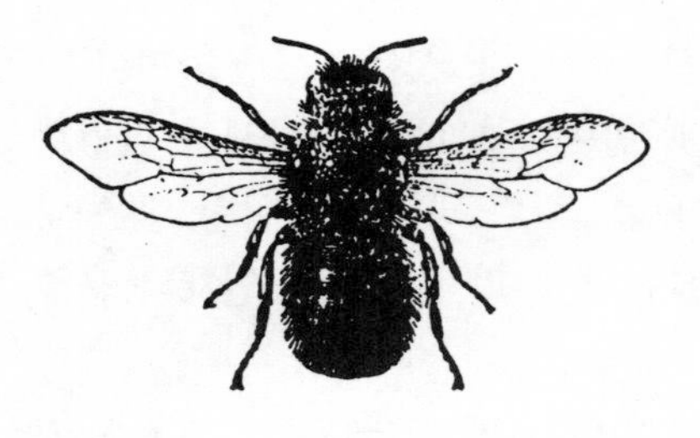
미장이꽃벌

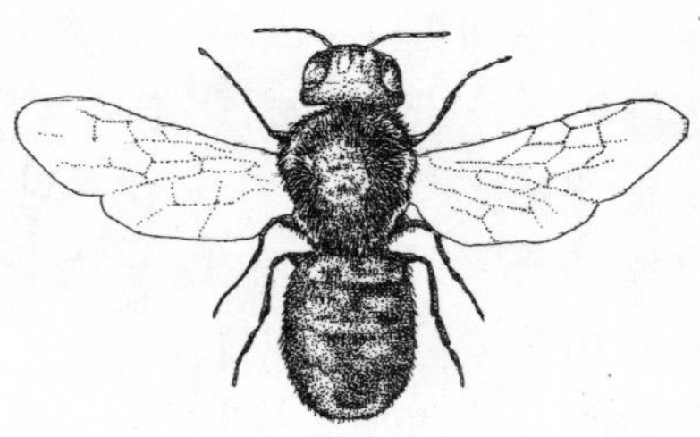
뾰족벌

안으로 들여보내기로 결심한다.

어디를 찾아보아도 철저히 막아 놓아 틈이라고는 조금도 없다. 두께가 족히 1센티미터는 돼 보이는 흙담이 새끼들의 방을 둘러싸고 있고, 방 자체도 하나 하나 두꺼운 담으로 칸막이가 되어 있다.

뾰족벌은 바위만큼이나 단단한 담벽에 구멍을 뚫고, 이중 삼중으로 보호받고 있는 새끼 방의 꿀이 있는 곳까지 기어 들어가야만 한다.

놀고 먹는 벌은 용기를 내서 일을 시작한다. 게으름뱅이가 중노동을 시작하는 것이다. 벌은 모래알을 하나 하나 집어내면서 구멍을 뚫는다. 겨우 들어갈 만한 구멍이 만들어지면 새끼들 방의 뚜껑이 나타난다. 그러면 뚜껑을 물어뜯고 양식이 나올 때까지 또 구멍을 판다.

구멍을 뚫는 일은 별로 능률도 오르지 않는 괴로운 일이다. 원래 석회로 다져진 벽은 시멘트보다 단단하기 때문에 칼 끝으로 파더라도 겨우 자국이 날 정도인데, 놀고 먹는 벌은 주둥이로 이 일을 해야 하니 얼마나 많은 노력이 필요하고 고통스럽겠는가?

뾰족벌이 드나들 수 있는 구멍을 뚫기까지 얼마나 시간이 걸리는지 나는 정확히 모른다. 이 일을 끝까지 조사해 볼 기회도, 조사할 끈기도 가져본 일이 없기 때문이다.

내가 알고 있는 것은 이 놈과는 비교도 안 될 만큼 크고 억센 미장이꽃벌이 그전 날 막아 놓은 새끼 방의 뚜겅을 놀고 먹는 벌이 내 눈 앞에서 깨기 시작했는데, 오후 내내 하고도 일을 끝내지 못했다는 사실이다. 무엇으로 깨는지 어둡기 전에 보고 싶어서 나는 벌을 거들어 주지 않으면 안 되었다.

미장이꽃벌의 진흙벽은 굳으면 돌같이 단단하다. 더구나 뾰족벌은 미장이꽃벌의 새끼가 먹는 꿀통 뚜껑에 구멍을 뚫는 것만으로는 부족하다. 그밖에 방 전체를 둘러싸고 있는 석회벽에 구멍을 뚫어야 한다. 그러므로 뾰족벌이 이런 엄청난 일을 다 해내려면 일의 능률과는 비교도 안 되는 얼마나 많은 노력과 시간을 소비해야 하는가를 짐작할 수 있을 것이다.

이토록 괴로운 중노동도 가까스로 끝났다. 꿀통이 보이기 시작한다. 벌은 식량이 쌓여 있는 곳까지 기어 들어가서 그 위에 미장이꽃벌의 소중한 알 옆에 나란히 자기 알을 낳아 놓는다. 저장되어 있는 꿀은 침입해 들어온 손님의 새끼와 미장이꽃벌의 새끼들이 함께 먹는 식량이 된다.

깨고 들어간 새끼 방을 부서진 그대로 버려둘 수는 없다. 구멍 밖에는 호시탐탐 식량창고를 노리고 있는 놈들이 있기에 놀고 먹는 벌은 자기가 뚫은 구멍을 다시 막아 놓아야 한다. 뾰족벌은 파괴자에서 다시 미장이로 변신한다. 밖으로 나온 벌은 자갈 섞인 찰흙을 조금 주워다가 침을 섞어 흙떡을 만든 다음 뚫었던 구멍을 다시 막는다.

그 정성드리는 품이나 솜씨로 보아 전문 미장이에 결코 뒤지지 않는다. 다만 미장이꽃벌이 손댄 부분과 빛깔이 달라 뚜렷이 구분된다.

집 주인 미장이꽃벌은 석회질의 자갈이 널려 있는 근처의 길가에서 시멘트 재료를 구해 오기 때문에 대문 밖의 붉은 찰흙을 절대로 사용

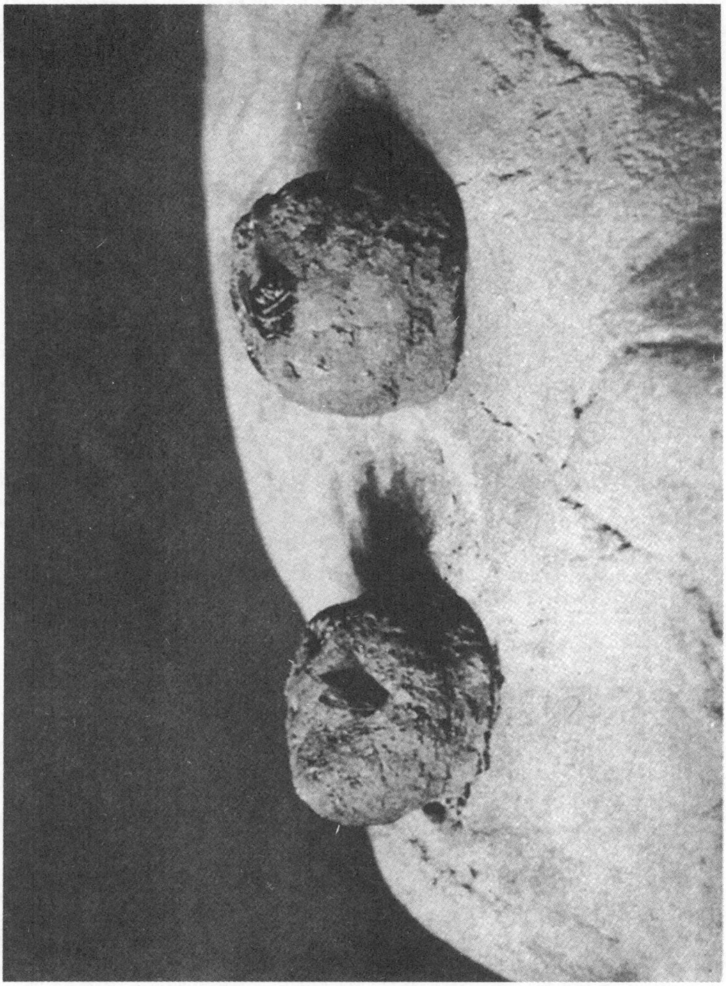

꽃벌의 집을 뚫고 들어가는 뾰족벌

하는 법이 없다. 집을 좀 더 견고하게 지으려고 했기 때문일 것이다. 길가의 석회질 흙을 침으로 반죽하면 붉은 찰흙보다 훨씬 단단한 시멘트가 된다. 미장이꽃벌의 집은 재료 때문에 언제나 흰 빛을 띠고 있다.

희멀건 바탕 위에 몇 밀리미터 가량 되는 붉은 점이 찍힌 것은 틀림없이 뾰족벌이 그 집에 침입했다는 증거이다. 시간이 지난 뒤 이 붉은 점이 찍힌 아랫 방을 열어 보자. 이 곳에는 놀고 먹는 뾰족 벌의 애기벌들이 살고 있다. 미장이꽃벌의 집 위에 있는 녹슨 구리빛 같은 점들은 다른 식객이 침입하여 가로챈 집이라는 표시이다.

그러므로 뾰족벌은 처음에는 바위를 주둥이로 뚫는 광부가 되었다가 진흙을 반죽하는 옹기장이로, 그 다음에는 천정을 수리하는 미장이가 되는 것이다. 이런 일을 속편하고 힘 안 드는 장사라고 볼 수는 없다.

그런데 이 벌이 놀고 먹는 이런 생활을 시작하기 이전에는 무엇을 했을까? 겉모습으로 판단하건대……하고, 진화론은 자신있게 아래와 같이 대답할 것이다.

뾰족벌은 본래 무늬꽃벌이었다. 거슬러 올라가면 털이 많은 식물의 마른 줄기에서 부드러운 솜털을 모아 집을 짓고 살았다. 그리고 그것을 돈주머니 같이 만들어 꽃가루를 저축했던 것이다. 이것이 이 놀고 먹는 벌의 조상이 지녀온 직업이었다.

……네, 뭐라고요? 어려운 일이 싫어서 편하게 살아보려고, 옛날의 솜붙이 장수가 단단한 시멘트 벽을 깨는 놈이 되었다고요? 꽃의 꿀만 빨아 먹던 곤충이 콘크리트를 물어뜯기로 결심했다고요?

이빨로 돌을 물어뜯으면서 이 가냘픈 곤충은 괴롭고 힘에 겨워서 머리가 핑 핑 돌 지경일 것이다. 미장이꽃벌의 새끼 방에 구멍을 뚫으면서 들이는 노고는 솜 주머니를 만들고 꽃가루 과자를 가득 채울 때와는 비교도 되지 않는다.

만약, 이 곤충이 옛날의 깨끗한 직업을 버리는 편이 자기나 후대의 자식들을 위해서 훨씬 이롭다고 믿었기 때문이라면…. 바른 대로 말하자. 그것은 어림도 없는 그릇된 생각이다. 사치스러운 비단 헝겊에 익숙한 손이 빌로드와 명주를 버리고 채석장에서 돌덩이와 씨름을 하거나 도로를 수리하러 나섰다고 해도 이보다 더 잘못된 이야기는 아닐 것이다.

동물이란 자기를 일부러 괴롭히는 바보짓은 하지 않는다. 절실하게 놀고 먹고 싶었다면 어느 누가 이전보다 더 괴롭고 힘든 장사를 택하겠는가.

한 번 쯤은 잘못을 저지를 수 있다 해도 자기 자식들에게까지 이렇게 수지 안 맞는 장사를 참을성 있게 계속시켰을 리는 없다. 솜털로 집을 짓고 꽃가루를 모으는 일을 마다하고 벽을 뚫거나 시멘트를 깎는 중노동을 택했다는 것은 아무리 보아도 그럴 듯하지 않다.

뾰족벌이 놀고 먹으려고 무늬꽃벌로부터 분가한 것은 결코 아니었다. 예나 지금이나 일꾼으로 자기 자신에게 맡겨진 일을 묵묵히 해내는 참을성 있는 직업인이었다. 여러분은 아직도 놀고 먹는 곤충의 생활이 편하다고 주장하겠는가?

이런 학설도 있다. 한 마리의 어미 벌이 우연한 기회에 다른 벌의 집을 차지하고는 거기에 알을 낳고 길렀다. 어미벌은 이런 방법이 너무 편했기 때문에 게으름을 몸에 익혔고 자손들에게 그 습성을 전해 주었다. 부지런하던 벌은 이런 생활에 익숙해지다 보니 놀고 먹는 벌레가 되고 말았다고.

그럴 듯한 이야기다. 그러나 현실을 검토해 보자. 여기에 미장이뒝벌 한 마리가 있다. 이 벌은 다른 벌이 자기집을 빼앗으면 그 보복으로 남의 방에 들어가서 자기 알을 낳아 놓는다.

미장이뒝벌은 진흙을 반죽하기 시작한 이래 마침 진화론에 영합되기 쉬울 정도로 몇 세기 동안이나 능숙하게 그렇게 진흙을 주물러 왔다.

미장이뒝벌은 남이 지어 놓은 집을 슬쩍했을 때 얼마나 기분이 좋았을까? 흙이나 돌을 물어오거나 석회 반죽을 하고 꽃가루를 모아 들이지도 않고 편안하게 알을 낳아 놓았을 때의 기분은 하늘을 날아갈 듯했을 것이다.

미장이뒝벌이 안락한 생활을 누리려 한다면 남의 집에 알을 낳는 생활을 그대로 계속하고 있으면 그만이다. 아, 가엾은 벌이여! 모든 괴로움과 정력을 소모하는 그런 일은 집어치워라, 집어치워! 진화론의 이론대로 하면 되는 거야. 너는 지금 그것을 할 수 있지 않아? 지금 하고 있는 대로 놀고 먹는 곤충이 되면 좋은 거야. 안 그래?

그러나 미장이뒝벌은 도리질을 하며 싫다고 한다. 자기의 조그만 보복을 끝내버리자 그는 평소와 다름없이 정열적으로 자기의 집을 짓고 꽃가루나 꿀을 채집하기 시작한다. 어미 벌은 홧김에 남의 것을 훔친 일은 어느덧 깨끗이 잊어버리고 게으름을 자식에게 가르치지도 않는다. 벌은 잘 알고 있다. 활동하는 것이야말로 사는 것이며, 일하는 것이 세상에서 누릴 수 있는 가장 큰 기쁨이라는 것을.

이 벌은 흙이나 석회를 반죽해서 집을 짓기 시작한 이래 수많은 창고와 방을 강도들에게 빼앗겼을 것이다. 그리고 이토록 손쉽고 편안한 버릇을 배울 기회가 얼마나 많았을 것인가? 몇 천만 번은 있었을 것이다.

그러나 이것은 이 벌을 놀고 먹는 벌로 만들지는 못했다. 이 벌들은 놀고 먹는 직업을 택하지 않았다. 일하기 위해서 태어난 미장이뒝벌은 줄곧 부지런히 일했다. 왜 이 벌은 거듭해서 남의 문을 무수고 방을 차지한 다음 자식을 번창시키지 않았을까?

나는 진화론이 이러한 의문을 해명해 줄 때까지는 옛날의 부지런한 일꾼이 놀고 먹는 게으름뱅이 곤충이 되었다고 아무리 말해 보아도 '과연 그럴까요?' 하고 웃어넘길 수밖에 없다.

세모뿔장미가위벌의 후손으로서 남의 집 문을 뚫고 들어가는 벌을 관찰해 보는 것도 흥미로운 일이다. 몇 마리의 세모뿔장미가위벌을 내 연구실 책상 위의 유리관 속에 넣고 이 벌의 집짓는 비밀을 세밀히 알아 보았다.

3~4주 동안 세모뿔장미가위벌은 각자 자기의 유리관 속에서 부지런히 일하면서 흙으로 칸막이를 하여 작은 방을 여러 개 만들었다. 나는 벌들의 가슴에 색칠을 하여 구별하기 쉽게 했다.

그리고는 유리관 하나 하나에 세모뿔장미가위벌을 한 마리씩 넣었다. 다른 놈이 들어가지도, 먹이를 갖다 놓지도 못하게 했다. 어수선한 틈을 타서 이웃에 사는 놈이 문 안을 기웃거리기라도 하면 집 주인은 당장에 수상한 놈을 쫓아 버린다.

일이 끝날 무렵까지는 모든 일이 순조롭게 진행된다. 대부분의 출입구는 두꺼운 것으로 막아지고 벌들은 거의 없어져 버린다. 그 자리에 남아 있는 것은 20마리 쯤 되는 병신, 즉 한달 동안의 힘든 일로 털이 닳아 빠진 것들이다.

세모뿔장미가위벌

나는 속이 막힌 유리관을 몇 개 치우고 그 대신 아직 사용하지 않은 유리관을 놓았다. 그러나 새로운 주택지는 전의 것과 전혀 다름이 없는데도 그것을 자기 것으로 삼으려는 벌은 아주 적었다.

병신이 된 벌은 다른 집, 즉 남의 집이 필요했다. 이 벌들은 알이 들어 있는 남의 유리관 속의 뚜껑에 구멍을 뚫으려 했다. 이것은 그다지 힘든 일이 아니다. 왜냐하면 그것은 뒝벌의 딱딱한 석회와는 달리 약한 재료로 만들어진 뚜껑이기 때문이다.

출입구를 들어가면 식량과 알이 든 작은 방이 눈 앞에 나타난다. 세모뿔장미가위벌은 억센 입으로 그 알을 문다. 그리고 그것을 깨뜨려 멀리 버린다. 나는 그것을 확인하려고 몇 번이나 이 잔인한 광경을 눈여겨 보았다. 특히 주목해야 할 것은 먹는 그 알이 바로 자신의 알인지도 모른다는 점이다. 지금 자기 새끼를 낳는 데만 몰두하고 있는 세모뿔장미가위벌은 이미 전에 낳아 놓은 알 따위는 안중에도 없는 것이다.

이 잔인한 어미 벌은 살생이 끝나면 식량을 한데 모은다. 이것은 도중에 그만두었던 일의 연장인 것이다. 그런 뒤 알을 낳고 망가진 뚜껑을 원래대로 복구시킨다.

알을 미처 낳지 못한 벌에겐 방 하나로는 부족할 때가 있다. 둘, 셋, 넷까지도 필요할 경우가 있다. 그러므로 집의 구석진 곳에 들어가기 위해 세모뿔장미가위벌은 앞에 있는 방을 엉망으로 짓밟아 버린다. 칸막이를 쓰러뜨리고 알은 먹어 버린다. 남의 집에 쳐들어간 벌은 흙투성이로 먼지를 뒤집어 쓰고, 둘러엎은 꽃가루로 노랗게 되며, 먹다 남은 알 찌꺼기로 범벅이 되어 제 모습을 찾을 수 없게 된다.

하지만 새 장소가 생기면 모든 것이 보통 순서로 돌아온다. 얼마 전에 버렸던 것들 대신에 새로운 먹이를 끌어들이느라 바쁘고, 알은 하나씩 낳아 각자의 먹이 위에 놓는다. 그리고 다시 칸막이를 세우고 대문도 새로 만들어 닫는다.

이렇게 빈 집을 습격하는 일이 너무 잦기 때문에 나는 그대로 보관해야 할 벌집을 안전한 장소에 따로 옮겨 놓아야만 했다.

일이 거의 끝날 무렵, 마치 전염병이나 미친 사람의 발광증 같은 강도질에 대해 나에게 설명해 주는 것은 아직 아무것도 없다. 알을 낳을 수 있는 장소가 없어서라면 그 까닭이 이해되지만, 그렇지도 않다. 알맞게 마련된 유리관이 바로 옆에 있어도 세모뿔장미가위벌은 그것을 사용하려고 하지 않는다. 이 벌은 남의 것을 훔치기 좋아하는 것이다.

이것은 힘든 활동 때문에 피곤해져서 그런 것일까? 그렇지 않다. 왜냐하면 남의 집을 엉망으로 만들어 텅텅 비워 놓은 다음, 천연스레 날마다 새 식량을 넣고 방마다 칸막이를 다시 세우지 않는가. 일은 쉬워지는 것이 아니라 한층 더 복잡해진다. 단지 알만 낳기 위해서라면 빈 유리관 속의 적당한 장소를 선택하는 것이 얼마나 쉬운 일인가. 그러나 세모뿔장미가위벌은 그렇게 하지 않는다.

세모뿔장미가위벌에게는 남이 곤란해 하는 것을 즐기는 나쁜 성질이 있는지도 모른다. 하기야 인간들 중에도 그런 사람이 있으니까.

세모뿔장미가위벌은 제가 지은 집 속에서도 나의 유리관 속에서와 마찬가지로 행동했다. 일이 다 끝나갈 무렵에 이 어미 벌은 남의 방을 습격해 들어간다.

나는 자기 새끼들을 살게 하기 위해 남의 알을 먹는, 소위 놀고 먹는 벌을 보여 주고 싶었다.

진화론과 놀고 먹는 벌레

사람들은 이렇게 말할 것이다. 내가 이렇게 글을 쓰고 있는 동안에도 놀고 먹는 놈들이 만들어지고 있는 중이라고.

진화론은 과거의 사실을 증명한다. 미래의 일도 말한다. 그러나 현재의 사실에 대해서는 가능한 한 건드리지 않으려고 한다. 진화가 이루어졌다. 그러므로 진화는 진행될 것이다. 그러나 현재는 그것이 진행되지 않고 있다는 데 문제가 있는 것이다. 세 시점(時點)가운데 하나만이 진화론에서 빠져 있다. 더욱이 우리들과 가장 가깝고 직접적인 관계가 있는 현재의 시점, 가설(假說) 따위로 되는 대로 꾸며댈 수 없는 오직 단 하나의 현실적인 시점이 빠져 있다.

마치 마을 성당에 걸린 유명한 그림을 보는 것처럼 내 마음에 들지 않는다. '헤브라이인 홍해를 건너다'라는 그림의 청탁을 받고 화가는 캔버스 위에 선명한 빛깔로 진홍빛 띠를 하나 쭉 그었다. 그것뿐이다.

"정말 홍해를 눈 앞에 대하고 있는 것 같군요"

하고, 값을 치르기 전에 이 걸작을 감상하던 사제가 말했다.

"정말 홍해와 똑같습니다. 그런데 헤브라이인은 어디 있습니까?"

"지나가 버렸습니다"

하고, 화가는 천연덕스럽게 대답했다.

"그러면 이집트인은?"

"앞으로 오겠지요."

진화는 이미 끝났고 앞으로 또 올 것이라는 말인가. 제발 지금 진행되고 있는 진화를 나에게 보여줄 수는 없을까?

미장이뒝벌이든 장미가위벌이든 그들은 그들의 종(種)이 이 세상에 태어난 이래 기회 있을 때마다 언제나 힘으로 남의 것을 빼앗고 강도질해서 빈둥빈둥 놀고 먹기 위해 열심히 노력해 왔다고 한다. 그렇다면 벌들은 몇 세기나 걸려서 놀고 먹는 건달패의 후계자를 만들어 낸 것일까?

나는 아직 그런 것을 본 적이 없다. 그렇다면 앞으로 만들어질 것인가? 사람들은 그렇다고 말한다.

그러나 지금 당장은 아무것도 없지 않은가? 오늘날의 장미가위벌이나 미장이뒝벌은 시멘트나 진흙을 이겨 집을 짓던 그 벌과 똑같지 않은가. 그렇다면 한 종류의 놀고 먹는 건달패를 만들어내기 위해서는 몇 세기라는 오랜 세월이 필요한 것일까? 그야말로 엄청나게 긴 세월일 것이라고 생각된다.

극히 드물기는 하지만 어떤 동물은 살아 있는 짐승을 먹이로 삼지 않고 풀을 먹은 일도 있었다. 그것은 그 동물의 성격을 크게 바꿔 놓았다고 한다.

그렇다고 해서 늑대가 게을러져서 더 이상 양을 잡아먹지 않고 풀을 뜯어 먹게 되었다고 한다면 우리들은 어떻게 말해야 좋을까? 이런 엉터리같은 이야기를 듣고는 누구나 입을 다물고 말 것이다. 그런데도 진화론은 우리들에게 이런 이론을 설파한다.

다음이 그런 전형적인 예이다. 나는 어느 해 7월 장미가위벌이 지은 집의 들장미 줄기를 세로로 찢어 보았다. 나란히 칸막이가 된 방이 있고, 그 가운데서도 가장 아랫 방에는 이미 벌의 고치가 들어 있었다. 윗방에는 먹이를 다 먹은 새끼 벌이 있었고 맨 윗 방에는 아직 그대로 남아 있는 식량과 벌의 알이 있었다.

이 알은 갸름한 통 모양이었고 길이는 3~4밀리미터 가량이었다. 이 알들은 한 끝이 꿀 위에 비스듬하게 세워져 있었다.

그런데 이런 식으로 집을 몇 번 관찰하면서 나는 10여 차례나 매우 중요한 것을 발견했다. 꿀에 떠 있는 알의 다른 한 끝에는 또 다른 알이 달려 있었던 것이다. 빛깔은 투명한 흰 빛으로 같지만 훨씬 작고 가늘며 길이는 2밀리미터, 폭은 0.5밀리미터 가량이었다.

이것은 틀림없이 놀고 먹는 곤충의 알일 것이다. 이 알이 남의 알에 붙어 있는 모습이 너무 신기해서 나는 관심을 가졌다.

이 알은 집주인인 장미가위벌의 알보다 먼저 깨어난다. 알에서 나온 꼬마 애벌레는 집 주인의 알 속을 먹어 치우는데, 그 속도는 엄청나게 빨랐다.

장미가위벌의 알은 투명하던 빛을 잃고, 윤기가 사라지며 차츰 주름

장미가위벌에 기생하는 붙음살이벌

이 잡혀갔다. 24시간 쯤 지나자 그것은 이미 텅 빈 껍데기만 남게 되고, 얇은 주머니처럼 되어 버렸다. 이리하여 경쟁의 상대가 없어지자 놀고 먹는 놈의 자식이 집주인이 되어 버렸다.

꼬마 애벌레는 원기왕성하게 남의 알을 먹어 치웠다. 이 애벌레는 위험한 상대를 될수록 빨리 해 치워야만 안전할 것이다. 이것이 끝나면 이 애벌레는 꿀통 위에 반듯하게 누워 움직이지도 않는다. 그러나 소화기관은 여전히 활동하므로 장미가위벌이 제 자식을 먹이려고 저장해 둔 식량은 점점 줄어든다.

2주일이 지나자 식량은 바닥이 나고 고치가 만들어진다. 고치는 꽤 단단해 보이는 달걀 모양으로 짙은 고동색이다. 겉모양만 보아도 이 고치는 장미가위벌의 둥근 통 모양의 고치와 전혀 다르다.

4월 5일, 드디어 한 마리의 곤충이 탄생했다. 수수께끼의 실마리가 겨우 풀렸다. 장미가위벌의 알집에 침입했던 놀고 먹는 곤충은 붙음살이벌이었다.

붙음살이벌

그런데 남의 식량을 훔쳐 먹는 이 놀고 먹는 곤충은 어떤 종류의 곤충과 관계가 있을까? 생김새나 몸의 구조로 보면 노래기벌의 일종으로 보인다.

그러나 분류학의 학자들은 붙음살이벌을 노래기벌의 다음, 개미벌보다 앞 자리에 놓아 먼저 기록하는 데 일치를 보이고 있다.

노래기벌은 살아 있는 먹이를 먹으며 산다. 개미벌도 마찬가지이다. 만약 장미가위벌의 놀고 먹는 곤충이 정말로 조상때 부터 진화해서 된 것이라면 처음에는 생명 있는 곤충을 잡아먹는 곤충이었을 것이다.

그러나 지금 그들은 꿀을 먹고 있다. 늑대가 양으로 변했다는 이야기보다 더 놀라운 이야기이다. 늑대가 살생하는 버릇을 버리고 꿀을 즐겨 먹게 된 셈이다.

지식이 많기로 유명했던 프랭클린은 도토리에서는 결코 사과가 열릴 수 없다고 어떤 책에서 말했다.

아뭏든 앞뒤가 맞지 않은 이론은 토대가 부실한 이론이다.

나의 의문을 차례차례 이야기한다면 한 권의 책으로도 모자랄 것이다. 여기서는 이만 해 두기로 하자. 모든 일에 의문을 품는 사람들은 생물이 생겨난 시초에 관해 '어떻게 해서'를 시대에서 시대로 전달하고 있다. 그 대답은 차례 차례 나타나며, 오늘의 진실이 내일에는 거짓이 되어 버린다. 그리고 진실의 여신 '이시스'는 언제나 베일을 쓰고 있다.

10. 쇠똥구리

'성(聖) 쇠똥구리'라 불리운 곤충

쇠똥구리의 신기한 행동은 기원전 4천~5천년 전부터 나일강변에 살고 있는 농민들의 눈길을 끌어왔다고 한다.

이집트의 농민들은 봄날 채소밭에 물을 대면서 크고 검은 곤충이 낙타 똥으로 빚은 공을 뒷걸음질로 분주하게 굴려가는 모습을 흔히 보았던 것이다.

쇠똥구리가 머리를 아래로 처박고 길다란 뒷다리를 위로 쳐들고는 가끔 나자빠지기도 하면서 커다란 공을 굴려 가는 것을 보노라면 놀라지 않을 수 없다.

순박한 이집트 농민들은 이 광경을 지켜보면서 쇠똥구리의 공은 대체 무엇일까? 왜 저렇게 열심히 굴려가는 것일까? 하고 퍽 의아하게 생각했을 것이다.

라메스가왕이나 투트메스왕이 나라를 다스리고 있던 멀고 먼 옛날에는 쇠똥구리의 이런 모습에 미신까지 곁들여져서 사람들은 쇠똥구리를 신성한 것으로 받들기도 했다. 이 벌레가 가지고 있던 지난날의 명예를 기념하기 위해 근대의 박물학자들은 이 곤충을 가리켜 '성(聖)

쇠똥구리'라고도 불렀다.

쇠똥을 공처럼 만드는 신기한 이 곤충의 이야기는 6천~7천년 동안이나 사람들의 입에 오르내리고 책에 씌어지기도 했지만, 쇠똥구리가 왜 쇠똥을 공처럼 만들며 새끼는 어떻게 키우는지에 대해서는 그다지 알려져 있지 않았다. 가장 정확하다고 하는 책에서도 이 곤충에 관한 이렇다 할 만한 사실을 전해 주지 못하고 있으며 오히려 커다란 잘못까지 범하고 있다.

아비뇽 근처에 있는 앙그루의 고원지대에서 내가 이 곤충을 연구하기 시작한지도 벌써 40년 가까운 세월이 흘렀다.

많은 고생을 거듭하면서 끝낸 첫 관찰에서 나는 쇠똥구리의 공이 알을 낳아 두는 집이 아니고 단지 식량이라는 것을 알아내고 또한 몇 가지 생활상태를 관찰해 낼 수 있었다. 하지만 이 곤충이 어떻게 집을 짓는지는 쉽사리 알아낼 수 없었다. 나는 오히려 쇠똥구리가 보여준 몇 가지 사실을 더듬어서 잘못 생각하고 있었다.

그런데 이번에 따사로운 햇볕을 받으며 풀뜯는 양떼와 함께 셀리냥에서 보낸 전원생활이 나에게 이 문제의 수수께끼를 풀 수 있는 열쇠를 주었던 것이다. 진짜 쇠똥구리 집을 손에 넣을 수 있었기 때문에 마침내 모든 것이 명백히 밝혀지게 되었다.

나는 양치기 소년에게 시간이 나거든 쇠똥구리의 사는 모습을 주의깊게 살펴두라고 부탁해 두었는데, 6월 하순의 어느 날 아침 그 소년이 얼굴에 웃음을 가득히 담고 나에게 달려왔다. 오랫동안 별러 왔지만, 지금이야말로 그 곤충을 조사하기에는 가장 좋은 기회라는 것을 알려주러 왔던 것이다.

소년은 쇠똥구리가 땅 속에서 기어 나오는 것을 우연히 발견하고 나오는 구멍을 파 보았더니, 그다지 깊지 않은 곳에서 기묘한 것을 찾아냈다고 하며 그것을 가지고 왔다.

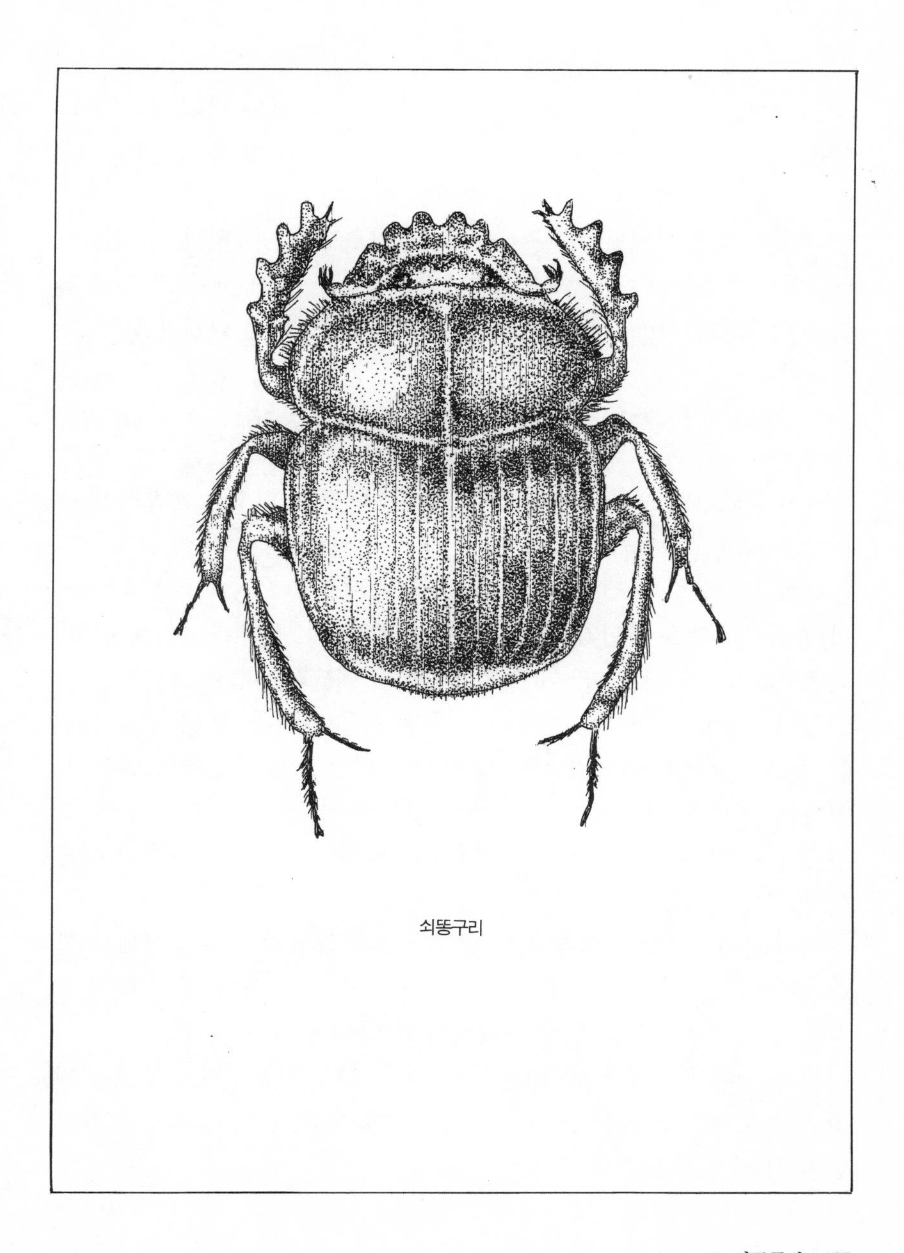

쇠똥구리

그것은 참으로 묘하게 생긴 것이었으며 지금까지 내가 품고 있던 생각을 백지로 돌려야만 할 물건이었다. 모양은 잘 익은 배를 빼박았다. 익을 대로 익어서 싱싱하던 초록색은 다 사라지고 살짝 상처만 나도 단물이 튕겨나올 듯한 누런 껍질에 싸인 배 그대로였다.

이것이 대체 무엇일까? 사람이 만들었다고도 할 수 없었고, 곤충이 만들었다고 하기에는 너무나 신기했다. 마치 어린이 장난감 모양으로 만든 배라고나 할까? 꼬마들이 내 둘레에 쭉 둘러서서 신기한 듯이 바라보았다.

그것은 문석(文石) 구슬보다 더 아름답고 달걀 모양으로 만든 상아나 회양목으로 깎은 팽이보다 더 예뻐 보였다. 물론 재료는 그리 좋아 보이지 않았다. 그러나 손끝으로 누르면 딱딱하고, 더욱이 예술적인 곡선까지 지니고 있었다.

하여간 자세하게 조사하고 연구가 끝날 때까지는 땅 속에서 발견된 이 진귀한 물건을 장난감으로 만들 수는 없다고 생각했다. 이것은 정말 쇠똥구리가 만든 것일까? 이 속에는 알이나 애벌레가 들어 있을까?

양치기 소년은 확실히 그렇다고 했다. 흙을 파헤칠 때 배 모양의 공을 잘못 건드려서 깨뜨렸는데, 그 속에 밀알만한 흰빛의 알이 들어 있었다는 것이다. 나는 이 말을 그대로 믿을 수가 없었다. 내 손 안에 있는 물건이 내가 생각하고 있던 쇠똥구리의 공과는 너무나 달랐기 때문이다.

정체를 알 수 없는 이상한 이 물건을 해부해서 내용을 조사해 본다는 것은 못 할 짓이 아닌가 하는 생각도 들었다. 그 속에 알이 들어 있다면 내가 깨뜨렸을 때 알이 부서질 수도 있을 것이다.

더욱이 배처럼 생긴 모습이 내 생각과는 너무 어긋났기 때문에 어쩌면 우연히 얻어진 것이 아닌가 하는 생각도 들었다. 앞으로 이런 물건을 다시 구할 수 없다면?

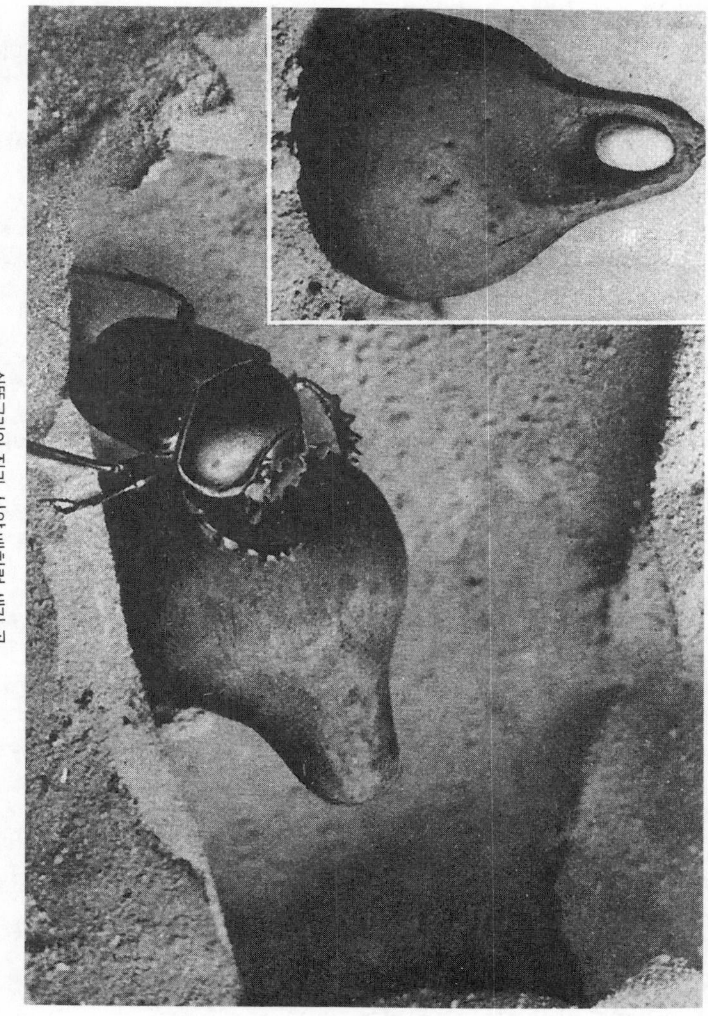

쇠똥구리의 집과 서양 배처럼 생긴 공

그래서 나는 이 희한한 물건을 그대로 두고 어떤 일이 벌어지나 기다려 보기로 했다. 그리고 그 현장을 조사하러 가는 것이 무엇보다도 중요한 일이라고 생각했다.

다음날 양치기 소년은 먼저 약속 장소에 와서 기다리고 있었다. 나는 벌목을 한 지 얼마 안되는 산비탈에서 양치기 소년과 만났다. 여기라면 뜨거운 여름 햇볕이 목덜미를 내려쬐기까지 아직 두 세 시간의 여유가 있었다.

서늘한 아침 나절 양떼들이 파라오(양떼를 지키는 개)의 보호를 받으며 풀을 뜯고 있는 동안, 우리들은 힘을 합쳐 이상한 보물 찾기에 나섰다. 땅속에 있는 쇠똥구리의 집은 곧 찾을 수 있었다. 땅 위에 새로 생긴 흙무덤으로 알아낼 수 있었다. 나의 젊은 친구는 손으로 땅을 파헤쳤다.

나는 파헤쳐지는 지하실이 어떻게 배열돼 있고 칸막이 등이 어떻게 되어 있는가를 자세히 보기 위해 땅 위에 배를 깔고 엎드려서 온 신경을 눈에 집중시켰다. 소년은 한 손으로 흙을 파며 또 한 손으로는 허물어지려는 흙을 걷어올렸다.

드디어 구멍이 나왔다. 빼끔히 드러난 구멍에서 풍겨나오는 훈훈한 김 속에 멋진 배처럼 생긴 공이 딩굴고 있었다.

쇠똥구리가 만든 이 이상한 공을 처음 보았을 때의 감격을 나는 잊을 수 없다. 그것은 앞으로도 나의 마음 속에서 오랫동안 사라지지 않을 것이다.

가령 내가 귀중한 이집트의 고적을 파내는 고고학자로서 파라오(옛날 이집트의 왕)의 어느 무덤 속에서 죽은 왕에게 바친, 에메랄드로 조각한 곤충을 캐냈다 할지라도 이보다 더한 감동은 받을 수 없었을 것이다.

갑자기 번득이기 시작한 진리를 맛볼 때 얻는 성스러운 기쁨, 이에 비할 만한 즐거움이 이 세상에 또 있을까?

양치는 소년도 흥분해서 몸을 떨고 있었다. 젊고 순박한 목동은 기뻐하는 내 모습에 미소를 보내 주었다.

우연은 되풀이되지 않는다. '같은 일은 두 번 다시 일어나지 않는다'는 옛 속담이 있다. 하지만 나는 이미 두 차례나 이 기묘한 물건을 눈앞에 보고 있다. 이것은 모두 한결같은 모양을 하고 있는 것일까? 그 공은 어찌된 것일까? 좀 더 계속해서 조사해 보면 알게 될까?

두 번째의 쇠똥구리 집을 발견했다. 먼젓 번 것과 똑같이 그 속에도 배처럼 생긴 물건이 하나 들어 있었다.

이 두 개의 물건은 풀잎에 맺힌 두 알의 물방울처럼 신통하게도 같은 모양이었다. 같은 판으로 찍어낸 것만 같았다. 그리고 나는 한층 더 중요한 사실을 발견했다. 두 번째 구멍 속에서는 배처럼 생긴 물건 옆에 어미 쇠똥구리가 소중한 듯이 그 공을 끌어안고 있었던 것이다. 아마 구멍에서 떠나기 전에 마지막 손질을 하고 있는 것 같았다.

모든 의문은 깨끗이 사라져 버렸다. 나는 이 배 모양의 물건을 만든 곤충이 틀림없이 쇠똥구리라는 것을 똑똑히 보았다. 이날 아침 햇볕이 너무 따가워 비탈진 언덕을 쫓겨 내려오기까지 나는 모양과 크기가 거의 같은 배 모양의 쇠똥구리 공을 열 두개나 캐냈는데, 어미가 구멍 속에 함께 있는 것을 여러 차례 보았다.

그 날 이후 한창 무더운 7월에서 9월 사이에 나는 거의 매일같이 쇠똥구리가 모여 있는 장소를 찾아 다녔다. 그리고 나무 주걱으로 파서 100여 개의 쇠똥구리 공을 얻을 수 있었다.

그것은 하나같이 아름다운 배 모양을 하고 있었다. 고무공처럼 둥글지도 않았고 책에서 본 것처럼 구슬모양도 아니었다.

그러면 이제부터 나는 실제로 관찰했던 것을 토대로 쇠똥구리가 어떻게 집을 짓는가를 이야기하겠다.

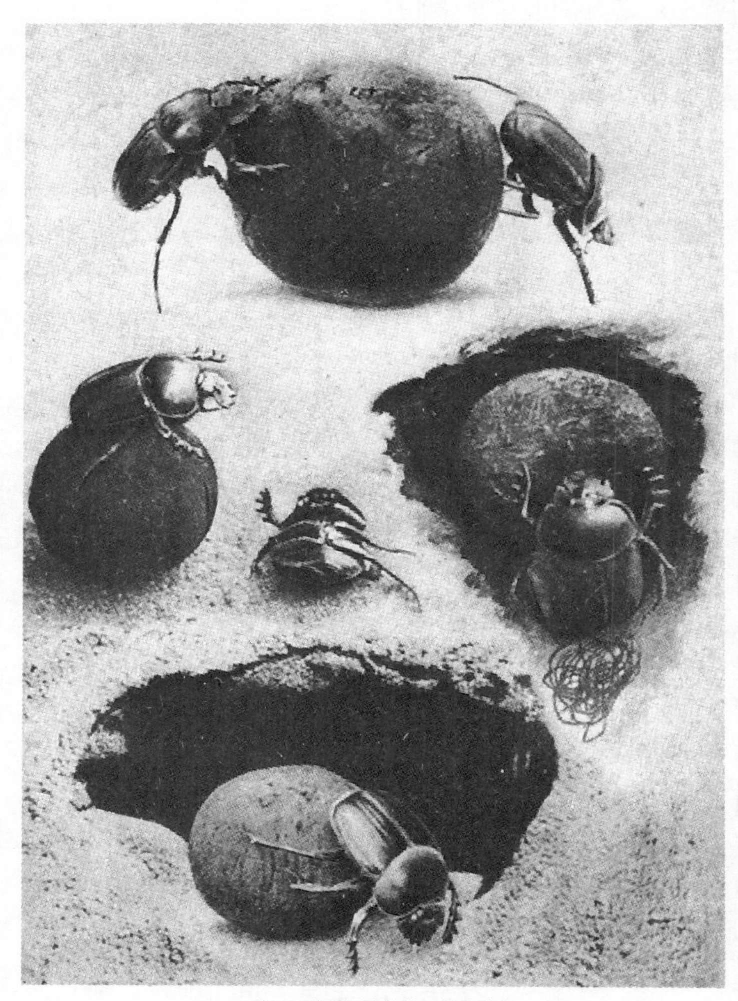

집으로 쇠똥을 굴려넣는 쇠똥구리

쇠똥구리의 집은 그 위에 있는 조그마한 흙무덤 때문에 겉으로 보아도 쉽게 알아볼 수 있다. 흙무덤 아래 10센티미터 가량의 깊이에 세로 구멍이 있고, 거기에 곧거나 꼬부라진 터널이 이어져 있으며, 그 끝에 주먹이 들어갈 만한 구멍이 있다. 바로 이 구멍이 쇠똥구리의 살림집이며 그 곳에 먹이에 싸여 있는 알이 있다.

알은 몇 센티미터 두께의 흙을 통해서 들어오는 뜨거운 태양열에 의해 깨어난다. 어미는 이 넓은 방에서 자유로이 왔다 갔다 하며 앞으로 태어날 새끼를 위해서 빵을 반죽하여 배 모양의 공을 만드는 것이다.

똥으로 만든 이 빵은 수평으로 놓여 있다. 그 모양과 크기는 생 장종(種)의 작은 배, 그 싱싱한 빛깔과 향기로운 냄새 때문에 아이들이 즐겨 먹는 배와 너무도 닮았다. 크기는 크게 차이가 나지 않는다. 제일 큰 것은 길이 45밀리미터에 폭 35밀리미터이며, 가장 작은 것도 길이 35밀리미터에 폭 28밀리미터이다.

겉은 윤이 나진 않지만 전혀 들쭉날쭉하지 않고, 붉은 흙으로 얇게 칠해진 다음 아주 정성껏 다듬어져 있다. 배 모양의 빵은 막 만들어졌을 때는 진흙처럼 무르지만, 시간이 흘러 마르면 단단해져서 손 끝으로 눌러도 자국이 나지 않는다. 이렇게 굳어진 껍데기는 애벌레를 적의 침입으로부터 보호한다. 애벌레는 이 속에서 조용히 먹이를 먹으며 자라는 것이다.

그런데 쇠똥구리는 어떤 재료로 빵을 만들까? 쇠똥구리가 보통 소나 말, 나귀의 똥이 흔한 곳에서 똥으로 공을 만들어 그것을 땅 속 자기 집으로 굴려 가는 것을 본 사람이면, 나귀나 소, 말이 그 식량을 공급하고 있다고 생각할 것이다. 그러나 그렇지 않다.

어미에게는 거친 여물이 섞여 있는 질이 나쁜 빵도 괜찮지만 애벌레가 먹는 빵은 선택이 여간 까다롭지 않다. 애벌레에게는 어디까지나 부드럽고 자양분이 풍부하며 소화가 잘 될 수 있는 빵을 만들어 주어야

쇠똥구리의 일터

만 한다.

그러므로 양들의 똥이 필요하다. 그것도 올리브 열매처럼 동글 동글한 것이 아니라, 진득 진득하게 반죽이 잘 되어 한 덩어리의 비스켓 같은 것이라야 적당하다. 이처럼 잘 반죽된 양들의 똥이 애벌레의 먹이로 알맞다.

배처럼 생긴 공이 비교적 작은 것은 이러한 이유에서이다. 나는 어미 쇠똥구리가 자기의 먹이 옆에 있는 것을 보기 전까지는 이 작고 예쁘장한 공이 새끼의 먹이라는 것을 상상조차 할 수 없었다.

또 내가 예전에 쇠똥구리를 실험실에서 기를 때 실패한 것도 이런 점 때문일 것이다. 나는 이 곤충의 가정생활을 전혀 몰랐기 때문에 말이나 나귀의 똥을 모아 쇠똥구리에게 주었던 것이다. 그러나 쇠똥구리는 자기 자녀들에게 이런 재료를 빵으로 주지는 않는다.

그런데 이상하게 생긴 이 빵 덩어리 어디에 쇠똥구리의 알이 있는 것일까? 둥글고 넓은 공의 한가운데 들어 있다고 사람들은 말하고 싶을 것이다. 이런 곳이면 외부에서 침입을 받아도 안전할 것이며 식량의 두꺼운 담에 둘러 싸여 있으므로 알에서 깨어난 애벌레가 아무데나 입 닿는 곳을 주저없이 먹을 수 있기 때문이다.

이런 생각은 이치에 맞기 때문에 나도 그럴 것이라고 생각했다.

나는 알이 있다면 배처럼 생긴 것의 한가운데 있을 것이라 확신하고 칼 끝으로 제일 첫 번째의 엷은 껍질부터 하나씩 벗기며 조사해 보았다.

그러나 놀랍게도 쇠똥구리의 알은 한가운데에 있지 않았다. 한가운데는 비어 있지 않았고 똑같은 먹이가 꽉 들어차 있었다.

그렇다면 쇠똥구리의 알은 도대체 어디에 있는 것일까? 그것은 배 모양의 꼭지 부분, 즉 한 쪽 끝으로 치우친 조롱목처럼 생긴 부분 속에 있었다.

이 조롱목 부분을 속이 망가지지 않도록 조심하며 세로로 쪼개자 그 곳에는 궁구른 곳이 있고, 담벽은 반들반들 하게 다듬어져 있었다. 이 곳이 알이 까지는 새끼 방이다.

알은 어미의 크기에 비할 때 퍽 큰 편이었다. 갸름한 타원형으로 빛 같은 흰 빛이고, 길이는 대략 10밀리미터 가량, 폭은 넓은 곳이라야 5 밀리미터 정도였다. 방안의 벽과 알 사이는 약간 떨어져 있었다. 구멍의 꼭대기에 붙어 있는 부분을 제외하고는 벽과 닿는 곳이 없었다.

알은 꼭지에 닿아 있는 것을 제외하고는 모두 이불 중에서도 가장 폭신폭신하고 따스한 공기로 가득찬 이불 속에서 잠자고 있는 셈이다.

그런데 쇠똥구리의 진귀한 배처럼 생긴 공은 왜 이러한 모습을 하고 있는 것일까? 그리고 이 기묘한 장소는 알을 위해 적당한 곳일까? 그것은 미묘하고도 알아 내기 어려운 질문이다.

아직 애벌레의 모습을 벗어나지 못한 새끼 쇠똥구리는 항상 위험에 부딛치고 있다. 식량이 말라서 굳어 버리기 때문이다. 애벌레가 살고 있는 구멍은 두께 10센티미터 가량의 흙 밑에 있다. 이 흙을 천장으로 하고 있는 셈이다.

땅을 태울 듯이 무더운 여름이면 그보다 깊은 땅속까지도 한증막같이 뜨거운데, 이 벌레가 살고 있는 방에 손을 넣어 보면 뜨거운 김처럼 후끈후끈하다. 그래서 적어도 3~4주 동안은 습기를 머금고 있어야 할 식량이 내려쬐는 8월의 뙤약볕 때문에 말라 버려서 먹지 못하게 될 염려가 있다.

부드러워야 할 빵이 돌덩이같이 굳어 버리면 애벌레는 이빨로 물어뜯을 수도 없게 되어 불행하게도 굶어 죽고 만다. 나는 이렇게 죽어 버린 애벌레를 여러 마리 보았다. 식량이 딱딱하게 굳어 버렸기 때문에 가엾게도 그 속에서 찜질을 당한 듯이 말라 죽었던 것이다.

다음의 실험은 그러한 사실을 한층 더 명확히 증명해 주고 있다. 쇠똥구리는 7월이면 가장 왕성하게 집을 짓는다. 나는 그 날 아침에 파낸 배 모양의 공을 열두 개나 상자 속에 넣어 두었다. 상자 뚜껑을 꼭 닫고 실험실의 그늘진 곳에 놓아 두었는데 그 가운데 완전한 쇠똥구리가 되어 나온 것은 하나도 없었다. 어떤 것에서는 알이 말라 버렸고 또 어떤 것은 새끼가 깨어 나오기는 했지만 곧 죽어 버렸다. 그러나 양철 상자와 유리 그릇에 넣어 두었던 것은 모두 별탈 없이 알을 깨고 나왔다.

왜 그런 차이가 생긴 것일까? 그 까닭은 아주 간단하다. 7월은 날씨가 뜨겁기 때문에 공기가 잘 통하는 종이 상자나 참나무로 둘레를 막은 상자 속에서는 수분이 빨리 증발해서 배처럼 생긴 공 속의 식량이 쉽게 마르고 따라서 애벌레는 굶어 죽게 되는 것이다.

양철처럼 공기가 통하지 않는 상자 속이나 뚜껑을 덮은 유리 그릇 속은 증발이 쉽게 되지 않기 때문에 식량이 마르지 않고 처음 그대로 부드러우며, 따라서 애벌레는 알 속에서 나올 때와 마찬가지로 튼튼하게 자랄 수 있다.

쇠똥구리는 배 모양의 공이 마르지 않게 하기 위해 두 가지 방법을 쓰고 있다. 우선 그 겉껍질을 단단하게 다지는 것이다. 잘 마른 이 공을 깨보면 대개 겉껍질은 속 알맹이와 잘 구분되어 있다.

사람들은 한여름 무더위에 빵이 굳지 않게 하려고 빵을 항아리 속에 넣고 뚜껑을 덮어 두곤 한다. 곤충은 곤충대로 껍질을 단단히 다져 새끼의 식량을 항아리 속에 두는 것처럼 싸 두는 것이다.

쇠똥구리는 또 한 가지 묘한 방법을 갖고 있다. 이 곤충은 기하학자이다. 모든 조건이 같을 경우, 증발 속도는 공기와 접촉하는 면적에 비례한다. 그렇다면 조금이라도 식량을 마르지 않게 하기 위해서는 겉면적이 작으면서도 가능한 한 많은 물건을 쌓을 수 있는 모양을 선택해야만 한다. 기하학에서는 공과 같은 꼴이 그것이다.

그러므로 쇠똥구리는 배 모양의 공에서 조롱목처럼 생긴 부분을 제외하고는 새끼에게 그 집을 공처럼 만들어 준 것이다. 더욱이 땅 위를 굴려서 둥근 공처럼 만든 것이 아니다. 쇠똥구리는 조각가이다. 손 끝으로 찰흙을 빚어서 모형을 만드는 것처럼, 자기 손으로 그것을 만드는 것이다. 쇠똥구리는 마치 증발의 법칙과 기하학의 법칙을 잘 알고 있는 듯이 어렵지만 항상 공 모양의 알집만을 만든다.

그런데 조롱목은 어떤 구실을 하고 영향을 주는 것일까? 나로서는 아무리 생각해도 그 속에는 알이 들어 있으며, 알이 깨어나는 방이라는 정도밖에는 말할 수 없다. 모든 생물에게는 공기가 필요하다. 그러나 둥근 공의 한가운데는 공기의 흐름이 꽤 어려워질 것이다. 간신히 스며드는 공기만으로는 질식해서 죽어 버릴 것이다. 그렇기 때문에 알이 깨지는 방을 조롱목처럼 일부러 만들어 놓은 것이다. 다음에 그 증거를 들어 보자.

주둥이가 넓은 유리병 속에 양이나 나귀의 똥을 가득 채워 넣고 가는 꼬챙이로 알집 크기의 구멍을 만들어 놓은 다음 조심 조심 제 집에서 꺼낸 쇠똥구리의 알을 그 구멍에 옮겨 놓았다. 그리고는 뚜껑을 덮고서 다시 양의 똥으로 전체를 덮어 씌웠다.

모양은 다르지만 쇠똥구리의 알집을 만들어 놓은 셈이다. 그런데 이때 쇠똥구리의 알을 알집의 한가운데 놓았기 때문에 알은 끝내 깨어나지 못하고 말았다. 이것은 확실히 공기가 모자랐기 때문이다.

더욱이 열을 제대로 전도하지 못하는 차거운 유리병에 들어가 있었기 때문에 알을 까는 데 필요한 열이 부족했던 것이다. 무슨 알이든 그것이 깨어나기 위해서는 공기와 함께 그밖의 열이 필요한 것은 두 말할 나위도 없다. 공기와 열은 반드시 필요한 것이어서 똥을 먹고 사는 벌레 가운데 이 점를 소홀히 여기는 곤충은 하나도 없다. 그리고 그 가운데 이러한 필요를 최대한 만족시켜 주는 것이 쇠똥구리가 만든 배 모양으로 생긴 알집이다.

쇠똥구리는 식량이 말라서 굳어지는 것을 방지하고 알에게 공기와 열을 공급하는 데 가장 적합한 배 모양의 알집을 만든다. '세상 만물이 다 쓸 데가 있다'지만, 이쯤 되면 이 알집은 아름다운 예술품이라 할 만하다.

쇠똥구리는 미적 감각도 갖고 있는 것일까? 배 모양이 갖는 아름다움을 알고 있는 것일까? 쇠똥구리는 어두컴컴한 곳에서 작업을 했기 때문에 물론 그 형태를 보지는 못할 것이다. 다만 손으로 매만졌을 것이다.

그러나 아주 미미한 감각이기는 하지만 부드러운 곡선을 이루고 있는 배 모양의 윤곽을 전혀 느끼지 못하지는 않았을 것이다. 나는 쇠똥구리의 손재주에 대한 의문을 풀어보기로 결심했다.

나는 쇠똥구리의 손재주에 대한 의문과 연결하여 어린이들의 지능을 시험해 보고 싶었다. 그래서 교육을 받지 못한 시골 어린이를 시험대상으로 택했다. 어린 아이의 머리에 잠재해 있는 지능과 곤충의 막연한 지능 사이에 어떤 차이가 있는지 알고 싶었던 것이다. 내가 택한 어린이 가운데 가장 나이 많은 아이는 여섯 살이었다.

나는 이 심사회에 쇠똥구리가 만든 예술품과 내가 만든 기하학적인 세공품을 나란히 출품했다. 내가 만든 세공품은 쇠똥구리가 만든 것과 비슷한 크기로, 얇고 둥근 통을 공처럼 생긴 것에 맞추어 끼운 것이다.

어린이들에게 잘못한 것을 참회시킬 때처럼 어린이를 한 사람 한 사람 불러낸 다음 갑자기 이 두가지 장난감같은 물건을 꺼내 놓고 어느 쪽이 더 아름답다고 생각하느냐고 물어 보았다. 어린이들은 다섯 명이었다.

그런데 모두 한결같이, 쇠똥구리가 만든 배 모양의 알 집을 가리키는 것이었다. 이런 일치를 보고 나는 감동할 수 밖에 없었다.

아직도 혼자서 코를 풀 줄 모르는 무지한 농촌의 어린이들이 벌써 모양의 아름다움에 관해 하나의 같은 느낌을 갖고 있었던 것이다. 이 아이들도 아름다운 것과 추한 것을 명확하게 구별해내는 능력을 갖고 있었던 것이다.

쇠똥구리도 이 아이들과 같을까? 여러 가지 사실을 알고 있는 사람이라면, 누구나 자신있게 그렇다고도, 그렇지 않다고도 말하지 못할 것이다. 이런 경우엔 어떤 심판관에게 물어 볼 수도 없는 것이기 때문에, 이것은 정말로 풀기 어려운 문제이다.

그러나 결국 대답은 지극히 단순한 것인지도 모른다. 꽃은 자신의 아름다운 꽃잎에 대해 무엇을 알고 있겠는가? 눈송이는 신의 조화같은 6각형의 아름다운 모형에 관해서 무엇을 알고 있을까?

쇠똥구리도 이 꽃이나 눈처럼 아름다운 예술품을 만들기는 하지만, 아름다움이란 것을 알지 못하는지도 모른다.

11. 왕독전갈

성좌의 이름에까지 오른 벌레

왕독전갈은 언제 보아도 무뚝뚝한 벌레이다. 사람의 눈을 피해 살기는 하지만 만나면 기분 좋은 벌레가 아니다. 그래서 지금까지 글로 표현된 것을 보면 몸의 구조를 설명한 것 뿐이고, 그 밖의 것에 대해서는 씌어진 것이 아무것도 없다.

학자의 메스(해부하는 칼)에 의해 몸의 생김 생김은 자세히 알게 되었으나, 이 벌레의 습성에 대해 끈기있게 자세히 관찰한 사람은 내가 아는 한 한 사람도 없다. 알코홀에 담근 다음 배를 가른 이 벌레의 몸에 대해서는 자세히 알려져 있다.

그러나 본능의 세계에서 전갈이라는 벌레가 어떤 행동을 하는가는 아무것도 알려진 것이 없다. 그러나 몸마디가 있는 동물 가운데서 이 벌레만큼 그 자라는 생활기록을 쓸 만한 값어치가 있는 것은 다시 없을 것이다.

어느 시대에나 이 벌레는 많은 사람의 상상력을 자극하여 성좌(星座)의 이름에까지 올라 있다. "두려움은 신(神)을 만들게 했다"고 루크레티우스(로오마의 시인)는 말했다. 전갈에 대한 두려움 때문에 이 벌레

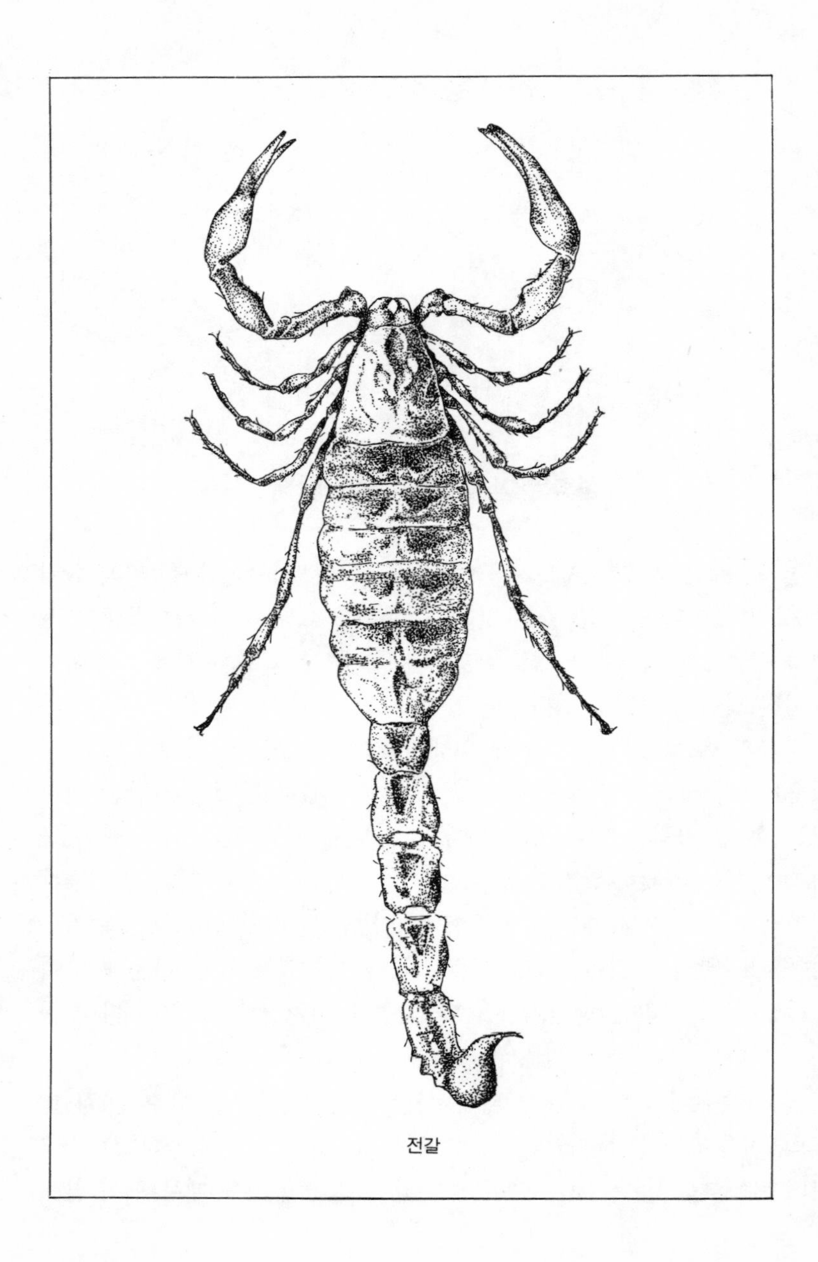
전갈

는 신의 지위에까지 오르고 하늘에서는 별의 이름이 되는가 하면, 달력에서는 10월의 상징이 되어(전갈은 프랑스에서 10월을 상징하는 벌레로 되어 있음) 영광을 누리고 있다. 그러면 이제부터 전갈에 대한 이야기를 해 보기로 하자.

내가 처음 왕독전갈을 알게 된 것은 50년 전, 아비뇽 맞은 편에 있는 론강 가의 비르느브 언덕 위에서였다.

행복으로 가득찼던 그 시절, 목요일이 돌아오기만 하면 나는 아침부터 저녁때까지 학위논문의 주제인 왕지네를 잡으려고 이 언덕의 돌바위를 뒤지고 있었다. 때로는 들치는 돌바위 밑에서 더할 나위 없이 무서운 왕지네 못지 않게 기분 나쁜 벌레와 마주치곤 했다.

바로 이 놈이 왕독전갈이었다. 꼬리를 둥굴게 구부려서 등에 말아 붙이고, 침 끝에는 진주처럼 빛나는 독 물방울을 반짝이며 제 집의 구멍 입구에서 집게를 가위처럼 벌리고 있는 것이었다. 이크! 무섭다! 이렇게 무서운 놈은 건드리지 말자! 나는 들쳤던 돌을 다시 덮어 두었다.

피로에 지친 다리를 질질 끌며 나는 왕지네를 잔뜩 잡아가지고 먼 길에서 돌아왔다. 그리고 지식이라는 빵에 왕성한 식욕을 느끼며 이 벌레를 연구할 수 있다는 생각에 장미빛 희망으로 가슴을 부풀렸던 것이다. 지식! 마녀와도 같은 지식이여! 나는 가슴을 두근거리며 지네를 가지고 집으로 돌아왔었다.

나의 단순하고 티없는 마음에 그 이상 무엇이 필요할 것인가? 그때 나는 왕지네는 가지고 오고, 전갈은 그대로 버려둔 채 돌아왔었다. 언젠가 연구할 날이 올지도 모른다는 희미한 예감을 느끼면서－.

50년이라는 세월이 흘렀다. 그리고 마침내 그날이 왔다. 이번에는 낯익은 옛날 친구에게 여러가지를 물어 볼 차례이다.

전갈은 우리가 사는 근처에 얼마든지 있었다. 딸기와 히드나무가 잘 자라는 셀리냥의 양지바르고 자갈 섞인 비탈밭 만큼 전갈이 많이 살고 있는 곳을 나는 보지 못했다. 추위를 몹시 타는 이 벌레는 이 곳이야말로 살 만한 곳이라고 생각한 것 같다. 열대지방에 못지 않은 더위가 있고 모래가 섞여서 파기 쉬운 땅임을 발견한 모양이다. 여기가 아마도 이 벌레들이 살 수 있는 가장 북쪽일 것이다.

전갈이 즐겨 사는 곳은, 땅 위로 드러난 편바위가 햇볕에 달구어지고 오랫동안 바람과 비에 시달려서 나중에는 조각조각 부서져 내린, 풀도 나무도 자라지 못하는 땅이다.

대개 전갈은 이런 곳에 서로 떨어져서 따로따로 살고 있으며 무리를 짓는다 해도 같은 가족들이 떼를 이루고 있는 듯하다. 그렇다고 해서 그것이 군거(群居) 생활을 한다는 것은 아니다.

전갈은 지나치게 신경질적이고 고독을 좋아하며 언제나 혼자 외롭게 살고 있다. 되풀이해 말하지만 나는 같은 돌 밑에서 두 마리가 함께 살고 있는 것을 본 적이 없다.

좀 더 정확하게 말하면, 두 마리가 한 곳에 있을 때는 한 마리가 다른 놈을 잡아 먹고 있을 때이다.

전갈의 살림집

전갈이 사는 집은 아주 간단하다. 약간 널찍하고 평평한 돌을 뒤집어 보자. 큰 병의 주둥이만한 넓이에, 길이가 몇 센티미터 가량 움푹 들어간 곳이 있으면 전갈이 살고 있다는 증거이다. 몸을 구부려 들여다보면 대개 이 집주인은 문 입구에 가위같은 집게를 벌리고 꼬리를 거꾸로 세운 다음 다가오면 물겠다는 자세를 취하고 있다.

좀 더 깊은 곳에 숨어 있는 놈은 밖에서 보이지 않는다. 이놈을 이끌어 내는 데는 주걱을 사용하면 좋다. 그렇게 하면 즉시 꼬리의 침을 곧

추세워 가지고 쏠 듯이 덤벼드는 전갈이 나타난다. 이때는 손을 조심해야 한다.

나는 핀세트로 그 꼬리를 집어 가지고, 머리가 먼저 들어가도록 해서 두께가 두터운 종이봉지에 넣었다. 잡을 때마다 다른 놈과는 따로 따로 있게 하였다. 그리고는 이 무서운 포로들을 모두 양철상자에 가두었다. 이렇게 하면 채집에도 편하고, 들고 다니기에도 안전하다.

이 벌레의 살림살이를 이야기하기 전에, 이 벌레의 인상부터 간단히 이야기해 보자. 남부 유럽 대부분에 퍼져 있는 보통의 검은 전갈은 누구나 다 알고 있다. 이놈은 우리집 근처의 어두컴컴한 곳에도 흔히 살고 있다. 가을비가 구질구질 내리는 계절이면 사람들이 사는 집안에도 곧 잘 들어와 때로는 침대의 담요 아래로 기어들기도 한다.

이 기분나쁜 벌레는 해를 끼치는 것 이상으로 우리에게 두려움을 주고 있다. 현재 우리집 근처에도 많이 살고 있지만 침입해 들어온다 해도 아직 크게 해를 끼친 일은 없다. 지나치게 평판이 나쁘게 나 있는 이 벌레는 위험하다기보다는 기분나쁜 벌레이다.

지중해 연안에 살고 있는 왕독전갈은 이보다 훨씬 무서운 놈이지만, 그리 널리 알려져 있지는 않다. 이 놈은 사람의 집에 일부러 들어오기는 커녕, 사람이 살고 있는 동네와는 멀리 떨어진 허허벌판에서 세상과 등지고 살고 있다. 이 놈은 '거인'이라고 할 만큼 몸집이 크며, 발육이 끝나면 몸의 길이가 8~9센티미터나 되고, 몸은 밀짚같은 연한 금빛이다.

이 벌레의 몸통은 다섯 개의 세모꼴로 된 마디의 연속으로 되어 있으며 조그만 세모꼴 통이 진주알을 달아 놓은 것처럼, 잘록잘록 양끝이 서로 붙은 모양을 하고 있다. 이러한 껍데기의 또다른 연속이 등 위를 덮어서 갑옷을 씌운 것 같이 되었고, 한 조각마다 불규칙하게 잘록잘록한 선을 그으며 겹쳐져 있다. 전갈의 한 마디 한 마디는 손도끼로 찍어서 자국을 낸 것처럼 되었기 때문에 이 동물의 특징인 갑옷이 더욱 무시무시하게 보인다.

꼬리는 구슬같이 반질반질한 여섯 개의 마디로 되어 있는데, 하나씩 떼어 볼 때는 표주박같이 생긴 모양이다. 여기서 무서운 독액(毒液)이 만들어지고 저장된다. 이 표주박 끝에는 밤색의 뾰족한 침이 달려 있고, 그 끝에서 조금 떨어진 곳에 작은 구멍이 뚫려 있다. 이 구멍을 보려면 확대경이 필요하다. 이 구멍을 통해 독액이 흘러나온다.

침은 아주 단단하고 날카로와서 손 끝으로 집어서 두꺼운 종이에 찌르면 바늘처럼 구멍이 빠끔 빠끔 뚫린다. 침은 구부러져 있으므로 몸을 곧바로 납작하게 뻗으면 끝이 아래로 향하게 된다.

그러므로 전갈이 이 무기를 사용하려면 뒤집어서 치켜 올리고, 아래서부터 위로 받쳐 올려야만 한다. 또 실제로 그렇게 하는 것이 이 벌레가 항상 잘 쓰는 전법이다.

집게로 꽉 눌러버린 적을 쏘는 데는 꼬리를 등 위로 뒤집어 치켜 올려서 앞에까지 가져와야 한다. 그리고 이 벌레는 언제나 이와 같은 공격자세를 취한다.

걸어다닐 때도 쉴 때도 전갈은 꼬리를 등 위로 구부려서 말아 올린다. 곧바로 뻗쳐서 질질 끌고 다니는 일은 극히 드물다. 머리의 양 옆에 달린 집게는 가재의 앞발과 비슷하다. 이것은 전투와 정찰에 필요한 도구이다. 걸어다닐 때는 집게를 벌리고 그것을 앞으로 내밀어서 마주친 놈의 거동을 살핀다.

적을 찌를 때에는 집게로 상대자를 붙잡고 꽉 누른 다음, 그 사이에 침 끝을 등 위로 뻗쳐서 재빨리 행동한다. 마지막으로 잡아 놓은 먹이를 뜯어 먹을 때에는 집게가 손 구실을 해서 먹이가 입에 닿도록 끌어당긴다. 걷거나 몸을 지탱할 때, 또는 흙을 파헤칠 때 집게를 사용하는 일은 없다.

그런 구실을 하는 것은 다리이다. 다리는 중간이 부러진 듯한 모습이며, 맨 끝은 여러 갈래의 구부러진 발톱으로 되어 있다. 발톱의 끝마다 굵직한 털이 관(冠) 모양으로 돋아 있다. 전체적으로 보면 갈퀴처럼 생겨서 물건을 붙잡기에 좋다. 몸이 무겁고 둔한데도 광주리의 그물눈을 잘 기어다닌다. 오랫동안 거꾸로 매달려 있거나 가두어 둔 우리 속의 벽을 잘 기어다니는 것도 발톱의 덕택이다.

전갈은 심한 근시안인데다가 지독한 사팔뜨기여서 손으로 더듬어가며 걷는다. 다시 말하면 집게를 펴 앞으로 내밀어서 길잡이로 삼는다.

전갈 두 마리가 가두어 기르는 우리 속에서 걸어다니는 것을 보기로 하자. 서로 맞닥뜨리면 어느 쪽이나 불쾌해 하고 또 위험하다. 뒤에서 걷는 놈은 자기 앞에 동료가 있는 줄을 모르고 앞으로 나간다.

그러나 집게가 앞놈에게 조금이라도 닿으면 즉시 몸을 부르르 떨고 놀람과 두려운 빛을 나타내며, 얼른 뒤로 물러나 딴 길을 택한다. 성격이 모진 동료와 마주쳤다는 것은 그것과 부딪쳐 보아야만 안다.

이제부터 전갈을 포로로 잡아다가 길러보기로 하자. 근처의 언덕에서 돌을 들치다가 오다 가다 만나는 것을 관찰하는 정도로는 내가 원하는 것을 알아낼 수 없기 때문이다.

이 벌레의 습성을 속속들이 알기 위해서는 손수 기르는 방법이 제일이라고 나는 생각했다. 그러면 어떤 방법으로 기를까?

아주 그럴 듯한 생각이 나의 머리에 떠올랐다. 그것은 이 벌레를 뜰에 제멋대로 놓아두고 먹이도 주지 않으면서 기름으로써 일년 내내 어느 때나 관찰 할 수 있게 하는 방법이다. 이렇게 하면 틀림없이 성공할 수 있다고 생각했다.

전갈들이 제멋대로 살고 있던 벌판의 집과 같은 집을 우리집 뜰 안에 손수 만들어 전갈들의 마을을 이루어 주는 것이다.

나는 새해 초에 뜰 한 구석에 전갈들의 식민지를 마련해 주었다. 그

곳은 만년향나무의 무성한 울타리가 찬 바람을 막아 주는 곳이었다. 땅은 붉은 찰흙에 돌이 섞여 있어서 적당하다고는 할 수 없었다.

그러나 이 벌레의 성질이 게으르고 깔끔하지 못한 탓으로 대책을 강구하기에는 힘들 것이 없었다. 나는 이주해 오는 한 놈 한 놈의 전갈을 위해서 몇 리터 들이 쯤 되는 구멍을 파고 원래 살고 있던 곳의 흙과 똑같은 모래 섞인 흙을 가득히 채워 주었다. 가볍게 다져서 구멍을 파더라도 무너지지 않도록 단단하게 한 다음, 그 위에 약간 움푹 들어간 곳을 만들었다.

전갈은 자기 성미에 맞도록 집을 만들기 위해 구멍을 팔 것이 틀림없었다. 이 움푹 패인 곳은 그들을 유인하기 위한 입구라고 할 수 있다. 그리고는 그 위에 전체를 덮고도 남을 만큼 널찍한 돌을 올려 놓았다. 나는 또한 인공적으로 만든 집터 밖에 오목하게 파인 길을 만들어 놓았다. 출입하는 길이었다.

나는 곧 산에서 잡아올 때에 넣었던 종이봉지에서 전갈을 끄집어 내어 그 출입구 앞에 놓아 주었다. 낯익은 제 집과 비슷한 구멍을 보자 전갈은 서슴지 않고 그 길을 통해서 구멍 속으로 들어가더니 다시는 모습을 드러내려 하지 않았다.

이렇게 해서 20 마리 가량의 어미 전갈 중에서 선택된 놈들이 주민으로 되어 이주민부락이 이루어졌다. 나는 갈퀴로 청소한 대지 위에 이웃과의 싸움을 피하기 위해 서로 경계를 필요로 할 만큼의 적당한 거리를 둔 다음 전갈들의 살림집을 일렬로 세워 놓았다.

호롱불만 있으면 어두운 밤에도 무슨 일이 벌어졌는지 한 눈에 알아보기 쉽도록 해놓았다. 전갈들의 먹이로 말하면 내가 간섭할 바가 아니다. 이 근처는 본래 그들이 살고 있던 고장과 마찬가지로 먹이를 얼마든지 구할 수 있는 곳이다. 새로 이주해 온 그들은 제 스스로가 식량을 구할 것이다.

뜰에 있는 식민지만으로는 충분치 못한 점도 있었다. 우선 세심한 주의가 필요하고, 밖으로 나갔다 들어왔다 하는 것만으로는 관찰할 수 없는 것도 있기 때문이다. 그래서 이번에는 제 2의 식민지가 내 실험실의 커다란 테이블 위에 마련되었다.

지금까지 나는 생각에 생각을 거듭하느라고 책상머리를 얼마나 왔다 갔다 했는지 모른다. 이제 모든 구상은 끝났다.

내가 항상 사용하던 큰 흙화분들이 총동원 되었다. 이 화분에 모래흙을 가득 채운 다음, 화분마다 깨진 꽃화분 조각을 두 개씩 얹었다. 이 화분 조각은 전갈이 숨어 들어갈 살림집의 대용품이다. 이 살림집 위에는 그물 바구니를 돔(원탑)같이 세워 놓았다.

여기에 전갈을 두 놈씩 암컷과 수컷을 골라 넣어 살게 했다. 내가 아는 한 전갈의 암컷과 수컷을 겉모습으로 구별할 수 있는 차이란 없었다.

나는 배가 통통한 놈을 암컷으로, 그렇지 않은 놈을 숫컷으로 정했다. 그러나 나이에 따라 몸이 굵기도 하고 가늘기도 해서 아무래도 그릇된 판단을 피할 수 없었다. 실험에 사용하는 놈의 배라도 미리 갈라보기 전에는 알 수 없는 일이었다.

그렇다고 해서 배를 가르는 것은 사육의 의미가 없는 것이다. 달리 방법이 없었으므로 몸의 크고 작은 것을 기준으로 해서 두 놈씩 즉, 빛깔이 짙고 통통한 놈과 그렇지 않은 빛깔이 엷은 놈을 쌍으로 해서 살림을 꾸며 주는 수밖에 없었다. 여러 쌍 중에는 진짜 부부도 있었을 것이다.

언젠가 이와 같은 연구를 해 보려는 사람들을 위해서 두 세 가지 점을 더 이야기해 두기로 한다.

생물을 기르는 데는 수업을 쌓아야 한다. 훌륭하게 성공하는 데는 다른 사람들의 경험이 필요하다. 특히 그 생물을 가까이 하는 것이 위험할 때에는 더욱 그렇다.

지금 잡혀 온 전갈 중의 한 마리가 우리에서 도망쳐 나와 테이블 위에 흩어져 있는 실험 도구의 틈바구니에서 몸을 움츠리고 있다면 급한 마음에 맨 손으로 덥석 잡으려 할 것이다. 하지만 이것은 절대로 피해야 한다. 오랫동안 계속해서 이런 놈과 상대하려면 언제나 세심한 주의를 게을리해서는 안 된다.

화분은 그물 바구니의 돔을 뒤집어 쓴 모양이 되는데, 그물 바구니는 질그릇 화분의 밑바닥까지 내려 덮어야 한다. 그물 바구니와 화분 변두리에 생기는 둥근 틈 사이는 찰흙을 이겨서 틀어막는다. 이렇게 하면 화분과 그물바구니가 서로 붙어서 전갈이 도망칠 수 없게 된다.

전갈이 살림집으로 마련해 준 바닥을 깊이 파들어가도, 쇠그물이나 이빨로 물어뜯을 수도 없는 장애물 질그릇 화분에 부딪치게 될 뿐이다.

그물 바구니를 벗기지 않고 먹이를 넣어 주기 위해서 바구니의 꼭대기에 조그마한 구멍을 뚫고, 그날그날 채집해 온 먹이를 필요에 따라 넣어 준다. 그리고는 솜으로 마개를 만들어서 먹이를 넣어 주던 천장의 구멍을 막아 버린다.

뜰에 마련해 준 이주민 마을의 전갈보다 그물 바구니 속의 전갈들은 훨씬 더 훌륭하게 구멍 파는 솜씨를 나에게 보여 주었다.

왕독전갈의 솜씨는 놀라웠다. 그들은 땅속에 구멍을 파고 사는 방법을 알고 있었다.

그들은 땅을 파는 데 우물쭈물하지 않았다. 햇빛을 싫어하기 때문에 볕이 잘 드는 곳에서는 더욱 부지런했다.

전갈은 네번 째 발에 몸을 의지하고 세 쌍의 앞발로 흙을 파헤친다. 뼈가 묻힌 흙을 파헤치는 개처럼 날쌔게 구멍을 판 다음, 그것을 부드러운 흙가루로 만든다.

그다음에는 청소할 차례다. 전갈은 꼬리를 땅 위에 널찍하게 펴고,

곧바로 힘을 주어 쌓인 흙을 뒤로 밀어낸다. 마치 사람이 거추장스러운 것을 팔 꿈치로 뿌리치는 것과 비슷하다. 밀어제친 흙이 멀리 버려지지 않으면 다시 와서 밀어내는 작업을 되풀이하여 일을 끝낸다.

이렇게 발은 흙을 파헤치고 꼬리는 파낸 흙을 밀어내는데, 몇 차례고 같은 일을 되풀이한다.

그리고 마침내 이 노동자는 깨진 화분 조각 아래로 자태를 감춘다. 밀어제친 흙더미가 지하도의 출입구를 막게 되면, 가끔 그곳이 움직이거나 허물어지는 것을 볼 수 있다. 이러한 움직임은 살림집이 적당한 크기로 넓어질 때까지 새로 파낸 흙을 밀어내는 작업을 계속하고 있다는 증거이다.

뜰에 놓아 주었던 이주민들은, 내가 대강 만들어 놓은 살림집의 터전을 찾아들었다. 전갈들은 각자 모래흙 속의 널따란 돌 아래 마련한 가건축의 지하실로 자태를 감추고, 공사를 끝마치는 일을 하기 시작했다. 출입구 통로에 새로 생기는 흙더미로 미루어 나는 그렇게 판단했다.

이로부터 2, 3일이 지나서 덮었던 돌을 들추어 보았다. 전갈은 밤이나 날씨가 나쁠 때면 한낮에도 구멍의 깊이가 10센티미터 가량 되는 곳에 틀어박혀 있다. 때로는 살림집 구조가 이상할 이만큼 갈고리같이 구부러져 넓은 방을 이루는 수도 있다. 주택 앞에 있는 돌의 바로 아래가 출입구이다.

이곳에 햇볕이 내려쬐는 한나절이 되면, 세상과 등져 사는 이 은둔자가 따뜻해진 평평한 돌 아래서, 아늑하고 훈훈한 기분으로 일광욕을 즐기고 있는 것을 볼 수 있다. 전갈이 가장 즐기는 일광욕을 방해하면 이 놈은 꼬리를 거꾸로 세우고 재빨리 햇빛과 사람의 눈을 피해 제 구멍으로 달아나 버린다.

들췄던 돌을 다시 덮어 놓고, 한 15분 쯤가량 지난 다음 다시 와 보았다. 전갈은 또 구멍 입구에 나와 있었다. 만물들에게 고루 은혜를 베푸는 햇빛이 지붕에 내려쬐면 그만큼 이 벌레도 기분이 좋은 모양이었다.

추운 계절이면, 지극히 단조로운 생활로 세월로 보낸다. 뜰 아래의 이주민 마을에서도, 그물 바구니를 덮은 화분 속에서도 생활은 마찬가지여서, 낮에도 밤에도 밖에 나오지 않는다.

4월이 되면 갑자기 혁명이 일어난다. 가두어 기르는 그물 바구니 안에서는 화분 조각 밑의 살림집을 버리고 떠난다. 전갈들은 점잖은 발걸음으로 무대를 서성거리며 대낮에는 집 밖으로 나와서 그물 바구니를 기어오르기도 한다. 어떤 놈은 음습한 땅속의 비좁은 방안보다 바깥 공기가 더 좋아졌는지 밖에 나온 채로 집으로 돌아가려고 하지 않는다.

뜰 아래 이주민 마을에서는 더욱 야단이었다. 주민 중에 몸집이 작은 놈은 밤중에 집을 뛰쳐 나와서는 어디를 헤매고 있는지 행방을 알 수 없었다. 실컷 돌아다닌 다음에는 돌아오리라고 나는 생각하고 있었다. 그도 그럴 것이 뜰 가운데서는 어디를 가나 그들의 마음에 들 만한 돌무더기는 찾을 수 없을 테니까.

그러나 어느 한 놈도 돌아오질 않았다. 집을 나간 놈은 영원히 안녕—하고 말았다.

이윽고, 이번에는 몸집이 큰 놈들도 집을 뛰쳐나갈 기분에 들떠 있었다. 이렇게 집을 나가다가는 마지막에는 뜰 아래 식민지의 주민은 한 놈도 남지 않을 것이 뻔했다. 소중하게 간수하고 길러 낸 나의 계획도 깨끗이 안녕이다. 내가 크게 희망을 걸고 있던 이주민 부락에서는 인구가 점점 줄어 갔다.

주민들은 살림집을 버리고 내가 알지 못하는 사이에 어디론가 사라져 버렸다. 아무리 찾아 보아야 한 마리의 탈주자도 찾아낼 수 없었다.

이토록 큰 재난에는 철저한 대책이 필요하게 되었다. 가두어 기르는 바구니는 나의 실험재료인 벌레가 제멋대로 돌아다니기에는 지나치게 비좁았다. 훨씬 넓으면서도 달아날 수 없는 우리가 필요했다. 나는 잎 두께가 두터운 꽃나무를 겨울에 옮겨 심는 나무 우리를 갖고 있다. 그것은 땅속으로 1미터 깊이까지 들어가 있으며, 이 우리의 벽은 미장이가 흙손과 젖은 헝겊으로 꽤 공들여서 바르고 다듬은 것이다.

나는 바닥에 모래를 깐 다음, 여기 저기 크고 널찍한 돌을 벌려 놓았다. 준비가 끝난 다음 아직 남아 있는 전갈을 집어 넣고, 또한 이민 집단을 보충하기 위해 오늘 아침 잡아 온 놈까지 합쳐서 한 놈 한 놈 우리 속의 돌 아래에 살게 했다.

이렇듯 수직으로 된 벽이 서 있으면 전갈은 달아나지 못하게 되고, 내가 바라는 것을 알아 낼 수 있을 것이 아닌가?

하지만 나는 아무것도 얻지 못했다. 다음 날 아침, 전에 있던 놈도 새로 잡아 온 놈도 한 마리 남지 않고 달아나 버렸기 때문이다. 20마리 가량이나 되던 것이 한 놈도 없었다. 생각해 보면 그렇게 된 것은 당연한 것인지도 모른다.

전갈들은 뜰 한 구석, 어두컴컴한 곳에 있는 주택의 습기가 싫어서 벽을 따라 높은 데까지 기어 올라온 것이다. 시멘트 벽에 오목한 곳만 있어도, 발톱 달린 발 끝으로 이쯤 기어오르는 것은 문제가 아니었다.

왕독전갈은 뚱뚱하기는 하지만, 검은 전갈과 마찬가지로 높은 곳에 오르는 데는 훌륭한 솜씨는 갖고 있는 등산가이다. 나는 그 증거를 실제로 보게 된 것이다.

시멘트를 매끄럽게 바른 높이 1미터나 되는 담벽도 나의 포로를 한 놈도 머물러 있게 하지는 못했다. 하루밤 사이에 전체 포로들이 우리로부터 달아나 버린 것이다.

집 밖에서 기르는 것은 벽이 있는 우리를 만들어도 소용이 없다는 것을 알았다. 양들이 원하는 것을 들어주지 않으면, 양 치는 목동이 아무리 수고해도 소용없는 것과 마찬가지이다.

이제 남은 것은 한 가지 수단 밖에 없었다. 그것은 모조리 집안에 가두어 두는 것이다. 이리하여 그 해에는 실험실의 큰 테이블 위에 10개도 넘는 화분을 놓아 두게 되었다. 집 밖에서 기른다는 것은 나에게는 불가능한 일이었기 때문이다.

그러나 집안에서 기르는 데도 문제는 있었다. 밤중에 살금살금 돌아다니기를 좋아하는 고양이란 놈이 내가 마련해 둔 우리 속에서 무엇인가 움직이는 것이 있다 싶으면 모조리 뒤져서 난장판을 만들어 놓기가 일쑤였던 것이다.

나는 어느 우리를 막론하고, 두 세 마리만 넣기로 하였다. 우리가 넓지 못했기 때문이다. 그러나 이웃의 동료들도 적고, 또 고향의 들판에서 자연의 혜택을 입던 태양 광선도 없기 때문인지, 테이블 위에 이민온 전갈들은 모두 향수병에 걸린 듯하여 내 기대를 거의 채워주지 못했다.

깨진 기왓장 아래 오래오래 있거나, 그물 바구니의 벽을 기어오르면서도 모두 자유가 그리운지 기운이 하나도 없었다. 삶에 싫증을 느낀 벌레들은 그들의 습성을 그렇게 많이 보여 주지는 못했다.

이런 정도로는 도저히 만족할 수가 없었다. 나는 더 많은 것을 바랐던 것이다. 그 해에는 조그마한 사실들만 이삭 줍듯 하고 좀 더 훌륭한 사육방법을 연구하는 동안에 시간만 흘려 보내고 말았다.

새로 연구한 사육 방법은 유리로 우리를 만드는 것이었다. 사방이 모두 유리 벽으로 되어 있으면 전갈은 그 붙잡기 잘하는 발톱으로도 달아날 수 없을 것이다.

목공이 뼈대를 만들고 유리를 끼어 맞추었다. 나도 다 만들어진 유리 우리의 나무 뼈대를 매끄럽게 하기 위해 손수 콜타르 칠을 했다. 바닥에는 나무판에 모래흙을 깔아 놓고, 날씨가 춥거나 또는 비가 내려서

전갈의 우리

바닥이 막힌 우리 안에 물이 고일 염려가 있을 때는 위의 뚜껑을 닫도록 하였다. 뚜껑은 그날의 날씨가 좋고 나쁨에 따라 많이 또는 조금씩 여닫을 수 있게 했다.

나는 이 우리 속에 깨어진 기왓장으로 열 두 개의 방을 만들고 이민해온 주민들이 따로따로 자유롭게 살 수 있게 해 주었다. 그리고 널따란 산책길과 제법 넓은 십자로도 마련해 주어 거리낌없이 나돌아 다닐 수 있게 했다.

그러나 주택문제가 해결되었다고 생각한 순간, 유리로 만든 이 공원에도 한 가지 더 특수한 시설을 하지 않고는 이 안에 들어 있는 주민들을 오래 머물러 있게 할 수 없다는 것을 알았다.

전갈은 끈적끈적한 샌들을 신고 있지 못하므로 유리의 미끄러운 표면에는 발을 붙일 수 없다. 그러므로 유리를 대하면 이를 부드득 갈 것이다.

그런데 나무로 만든 테두리가 모든 일을 잡쳐버렸다. 그렇지 않아도 테두리는 폭을 좁힐 수 있는 데까지 좁혀 만들고, 또 만일을 염려해서 그 위에 콜타르까지 칠해 두었으나, 기어오르는 데 명수인 이 벌레는 미끄러운 길을 한 걸음 한 걸음 기어 오르는 것이었다.

전갈은 가끔 이 희망의 마스트에 몸을 찰싹 붙이고, 한 숨 돌린 다음 또다시 위태로운 발걸음을 계속해서 기어 오르는 것이었다.

나는 맨 위에까지 기어오른 놈을 보았다. 하마터면 탈주에 성공할 뻔했다. 나는 핀세트로 집어서 우리 안으로 다시 집어 넣었다.

살림집의 방안 공기를 환기하기 위해 뚜껑을 하루종일 열어 놓고 있었으므로 미처 발견하지 못했더라면 모두 탈주해 버리고 말았을 것이다.

나는 올리브기름과 비누를 섞어 테두리를 미끄럽게 했다. 그러나 이것도 탈주자를 어느 정도 줄일 수 있었지만 완전히 막아낼 수는 없었다. 양초를 먹인 종이를 테두리에 대어 보기도 했다. 그러다가 마침내 나는 양초를 먹인 종이에 기름을 발라서 미끄럽게 한 다음, 테두리가 드러나지 않도록 발라서 겨우 놈들이 기어오르지 못하게 할 수 있었다.

전갈의 먹이

무섭도록 몸을 무장한 전갈은 약탈과 폭식의 대장같이 보이지만 내가 제일 먼저 깨달은 것은 왕독전갈이 극히 조금밖에 먹지 않는다는 사실이다.

돌 많은 언덕으로 놈의 살림집을 방문했을 때, 나는 아귀같은 연회를 즐긴 끝에 먹다 남은 뼈다귀가 많이 발견되리라고 미리 짐작하고 그 구멍을 세밀히 조사해 보았다.

그러나 나는 세상을 등지고 숨어 사는 이 은둔자가 가벼운 식사를 하다가 떨어뜨린 것 외에는 아무것도 찾아낼 수 없었다. 전혀 아무것도 찾아내지 못하는 때도 많았다. 기껏해야 나무진디의 푸른 날개 몇 개, 개미지옥의 날개, 작은 벼메뚜기의 몸마디 등 내가 발견한 것은 대략 이런 것들 뿐이었다.

그리고 뜰에 마련한 식민지 마을을 고루 조사한 결과, 더 자세한 것을 알게 되었다.

건강에 조심하기 때문에 식사 시간이 아니면 음식을 먹지 않는 병자처럼, 전갈에게도 먹이를 잘 먹는 계절이 따로 있다.

전갈은 10월에서 4월에 걸친 6, 7 개월 동안, 일만 벌어지면 언제나 꼬리를 거꾸로 세우고 검술을 하지만, 좀체로 집 밖으로 나오는 일은 드물다.

이 계절에는 내가 무슨 먹이를 갖다 주어도 마땅치 않다는 듯이 옆으로 돌아서서 별로 달갑지 않은 듯 꼬리 끝으로 밀어내 놓는다.

3월 그믐이 되면 비로소 처음으로 식욕이 생기는 모양이다. 이 시기에 돌 아래 있는 그들의 집을 찾아가 보면 여기 저기서 나의 실험 재료인 전갈이 조용히 앉아 꼬마 지네와 그리마 따위를 뜯어먹는 것을 보게 된다. 먹이가 작다고 해서 수량을 채우려고 여러 마리를 먹는 일은 없다. 먹이가 빈약해도 한 번 먹은 다음은 긴 시간이 지나지 않고는 다음의 먹이를 입에 대는 일이 없다.

나는 전갈이 대식가일 것이라고 기대했었다. 싸움을 위해서 그처럼 빈틈없이 무장을 갖춘 쌈패가 이렇게 보잘 것 없는 것이나 먹고 만족할 까닭이 없을 것이라고 생각했던 것이다. 대포 탄피에 다져 넣은 화약의 약창은 작은 새를 쏘기 위한 것이 아니다. 저 무서운 꼬리의 검으로 찌르는 것은 하잘 것 없는 벌레 따위가 아니고 큰 놈을 먹이로 할 것이 틀림 없으리라고 생각했다.

그러나 내 생각은 잘못이었다. 무서운 무기를 몸에 지니고 있으면서도 전갈은 사냥에서는 별로 보잘 것 없는 사냥꾼이었던 것이다.

그리고 또 소심한 녀석이다. 겨우 알에서 깨어 나온 지 얼마 안 되는 사마귀 새끼와 마주치기만 해도 몸을 부르르 떤다. 배추흰나비가 끊어진 날개로 땅바닥에서 퍼덕거리기만 해도 깜짝 놀라서 움츠러든다. 공격할 힘도 없는 이 병신 나비는 전갈에게 미리 겁을 주어 물리치는 셈이다. 전갈에게 공격의 충동을 느끼게 하려면 굶주림이라는 자극이 반드시 필요하다.

4월이 되어 식욕이 왕성해지면 전갈은 어떤 먹이를 좋아할까? 전갈은 거미와 마찬가지로, 아직 피가 마르지 않은 싱싱한 먹이를 필요로 한다. 목숨이 끊어지려는 순간의 꿈틀 꿈틀 경련을 일으키는 먹이를 즐겨 먹는다. 죽은지 오랜 시체에 입을 대는 일은 절대로 없다. 그리고 또 먹이는 작고 연한 놈이라야 한다.

전갈을 기르기 시작했을 무렵 나는 전갈에게 한 턱 낸다고 커다란 놈 가운데서도 가장 큼직한 메뚜기를 특별히 골라서 식탁에 내놓아 준 일이 있다. 그러나 전갈은 본 체도 안하고 손도 대지 않았다. 메뚜기는 껍질이 지나치게 딱딱했기 때문이다. 그리고 메뚜기 종류는 팔딱팔딱 뛰기 때문에 전갈은 겁에 질려서 옆에 가까이 가지도 못하는 것 같았다.

배가 통통하여 빼터 덩어리처럼 건드리기만 해도 터질 듯한 귀뚜라미를 먹이로 주고 시험해 보았다. 유리 우리 속에 그 놈을 여섯 마리나 넣어 주었다. 사자굴같은 두려움을 막아 주기 위해 배추 잎과 함께 넣어 주었다. 천성이 음악을 좋아하는 귀뚜라미는 무서운 이웃놈이 있거나 말거나 아랑곳하지 않고 즐거운 듯이 아름다운 곡조로 연주를 시작했다.

어슬렁 어슬렁 소풍나온 전갈이 가까이 오자, 음악가는 그 쪽을 바라보고 가느다란 더듬이를 쫑긋했지만 악마가 지나가도 별로 놀라는 기색이 없었다.

그러나 전갈은 귀뚜라미의 모습을 보자 즉시 퇴각했다. 듣도 보도 못하던 낯선 놈과 시비가 벌어지는 것을 두려워해서였을까? 어쩌다가 집게 끝에 귀뚜라미가 한 놈만 닿아도 그 자리에서 질겁을 하고 달아나 버렸다.

여섯 마리의 귀뚜라미들이 야수의 우리에 함께 머물러 있었건만 누구 하나 다친 놈이 없었다. 지나치게 체구가 크고 살이 쪘던 것이다. 희생의 운명을 걸머지고 야수의 우리에 들어갔던 여섯 마리의 귀뚜라미는 한달 뒤인 오늘도 피둥피둥한 채로 석방되어 자기 고향으로 돌아갔다.

나는 미투리벌레, 노래기 따위의 자갈밭에 살고 있는 백성들을 먹이로 주어 보았다. 먼지벌레처럼 전갈과 같은 고장에 살고 있는 낯익은 벌레를 먹이감으로 주어보기도 했고 또 들판에서 잡은 길앞잡이를 주어보기도 했다. 그러나 전갈은 이런 벌레를 한 마리도 받아들이지 않았다. 까닭인즉 그런 벌레들의 딱딱한 껍데기 때문임이 분명했다.

살이 부드럽고 맛이 좋으며, 또 그 위에 부피가 많지 않은 먹이감을 어디서 고른단 말인가? 그러나 우연하게도 나는 그것을 구할 수 있었다.

5월이 되자 별안간 우리집 뜰에 오모프류스가 날아 들었다. 겉날개가 부드러운 초시류(鞘翅類)에 속하는 벌레다. 떼를 지어 몰려든 이 벌레 무리들은 날고 있는 놈, 내려앉는 놈, 꽃 속의 꿀을 빨아 먹는 놈, 기쁨에 들떠서 춤을 추며 돌아가는 놈, 가지각색이었다.

이 벌레들은 이토록 즐거움에 가득찬 생활을 대략 2 주일 동안 계속한 다음, 어디론지 떼를 지어 모두 날아가 버린다. 꽃을 따라 옮겨 다니는 이 유랑민이 나의 포로의 먹이감으로 입에 맞을 듯했다. 이 놈들을 한 번 잡기로 했다.

예상은 들어맞았다. 오랫동안 기다리던 끝에 나는 전갈이 식사하는 것을 구경하게 되었다. 전갈은 구미가 당기는 듯 땅위에 가만히 있는 벌레 옆으로 가까이 갔다.

이것은 사냥이 아니라 약탈이었다. 덤비는 빛도 없고 격투도 없었다. 꼬리도 움직이지 않고 독있는 무기를 쓰는 일도 없었다. 전갈은 벌린 집게로 냉정하게 먹이를 잡았다.

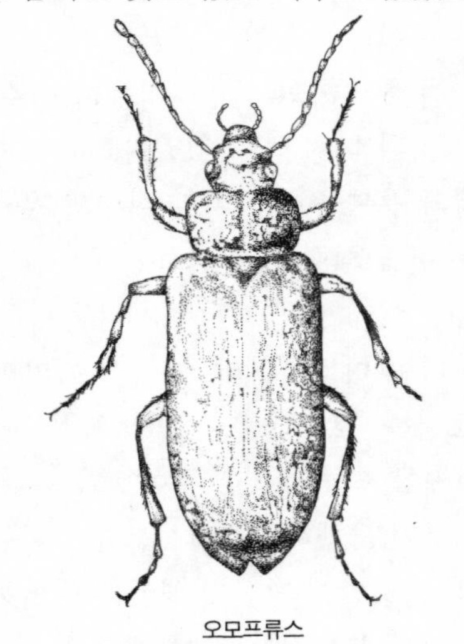
오모프류스

그리고는 집게를 오무려서 먹이를 입에 가져다가 먹는데, 그 동안 양 쪽 집게는 벌레를 꽉 누르고 있었다. 먹히는 벌레는 살아 있는 놈이기에 전갈의 주둥이에서 죽을 힘을 다하여 버둥거렸다. 이것이 조용히 먹는 것을 좋아하는 전갈의 기분을 상하게 했다.

참다 못 한 전갈은 마침내 독침을 뽑아서, 등 뒤로부터 입가로 가져왔다. 그리고는 벌레를 몇 차례 쏘아서 꼼짝도 못하게 만든 다음 마치 포오크를 움직여서 음식물을 입에 쓸어넣듯이 다시금 뜯어먹기 시작했다.

먹이는 몇 시간 동안이나 계속 씹힌 다음 뱃속에 받아들여지지 않는 찌꺼기만 남게 된다. 이 찌꺼기는 목구멍에 걸려서 전갈이 뱉어낼 수 없게 되는데, 그것을 목구멍에서 끄집어 내는 데는 집게의 힘을 빌려야 한다.

한 쪽 집게발의 끝이 찌꺼기 뭉치를 집어서 목구멍으로부터 용케 끄집어 낸 다음, 땅 위에 던진다. 식사는 이것으로 끝난 것이다. 그리고 오랜 시간이 지나지 않고서는 또 다시 식사가 시작되는 일은 없다.

해가 지고 날이 어두워 와야 활기를 띠는 유리 우리 안에서는 그물 바구니를 씌운 화분 속에서보다 더 기묘한 식사의 모습을 볼 수 있다.

4, 5월은 벌레들이 짝짓기를 하고 식욕이 왕성해지는 계절이다. 나는 이때 전갈을 가두어 두고 우리 속을 먹이로 가득 채웠다. 마침 뜰 아래 화단의 사잇길은 장다리꽃에 덤벼드는 배추흰나비와 산호랑나비로 가득했다. 곤충망으로 잡아서 날개의 절반을 자른 놈을 열 두 마리 쯤 우리 안에 넣어 주었다. 날개가 잘린 나비는 그곳에서 도망칠 수 없다.

저녁 여덟 시 쯤 되자 야수들이 제 구멍에서 나오기 시작했다. 전갈들은 기왓장 문 어귀에서 잠깐 머물러서 밖을 살핀다. 조금 지나자 여기 저기서 모두 기어나왔다. 어떤 놈은 꼬리를 나팔 모양으로 말아 붙이고, 어떤 놈은 꼬리 끝을 치켜들고 질질 끌면서 돌아다니기 시작했다. 그 때의 기분과 마주치는 놈의 형편에 따라 전투 태세가 결정된다.

우리 앞에 달아 놓은 희미한 등불로 이 광경을 지켜볼 수 있었다. 날개를 잘린 나비들은 파닥거리며 땅위를 이리저리 뛰어 돌아다닌다.

전갈은 저마다 살 길을 찾느라고 아우성 치는 나비떼 속을 왔다 갔다하며, 나비를 발길로 차기도 하고 밟기도 하나, 별로 관심을 갖지는 않는다. 때로는 난장판이 된 혼잡 속에서 불구자가 된 나비 한 마리가 전갈의 등에 올라 앉는 수도 있다. 그러나 전갈은 이렇게 무례한 놈의 행동에도 모른 척하고 서투른 기수(騎手)를 등에 태운 채 돌아다닌다.

어느 때는 거닐고 있는 전갈의 앞다리 밑에 몸을 던지는 경솔한 짓을 하는 놈도 있고, 또 어느 때는 저 무서운 주둥이 앞에 다가가는 놈도 있으나 아무 일도 일어나지 않는다. 전갈은 먹이에 손을 대는 일이 없다.

나는 이런 실험을 배추흰나비가 많이 있는 저녁때마다 매일 되풀이 했다. 먹이를 아무리 장만해 주어도 소용이 없었다. 그래도 가끔 나비를 잡는 장면을 구경할 수는 있었다. 땅 위에서 몸을 떨고 있던 한 마리의 나비가 소풍 나온 놈에게 갑자기 붙잡혔다.

전갈은 단번에 나비를 움켜잡고, 집게로는 어디까지나 경계 태세를 취하고 앞을 더듬으며 나아갔다. 이런 경우 손집게는 앞으로 가는 길을 더듬을 뿐이며, 먹이를 붙잡지는 않는다. 먹이를 물고 있는 것은 아래 윗 턱 뿐이다. 산 채로 붙잡힌 나비는 남아 있는 날개로 죽을 힘을 다해서 파닥거린다. 그것은 잔인한 승리자의 이마에 나부끼는 흰 날개로 만든 장식품 같았다.

입에 물린 나비가 지나치게 파닥거려 성가시면 약탈자는 계속 걸으면서 독침을 몇 차례인가 쏘아서 먹이를 가만히 있게 한다. 맨 나중에 남은 먹이는 던져 버린다. 대체 어디를 먹은 것일까? 전갈이 먹은 것은 다만 머리뿐이다.

좀 더 드문 일이기는 하지만, 전갈이 붙잡은 먹이를 기왓장 아래 자기 구멍으로 급히 끌고가는 일이 있다. 시끄러운 곳을 피해 자기 구멍 안에서 식사를 하기 위한 것이다. 또 붙잡은 먹이를 우리 한 구석으로 가지고 가서 배를 모래땅에 깔고 보라는 듯이 먹고 있는 놈도 있다.

8일 쯤 지나서 이런 일이 몇 차례나 있은 뒤에, 나는 현장을 조사하여 잡아먹힌 먹이가 몇 마리나 되는가를 알아내려고 하나 하나 구멍을 들여다 보았다. 먹을 수 없어 남긴 날개로 그 숫자를 알 수 있을 것이다.

그런데 특별한 경우를 제외하고는 시체에서 날개가 떨어진 것이 없었다. 거의 모두가 그대로 달린 채로 있었다. 시체는 아무데도 쓰이지 못하고 말라 버렸다. 그중의 서너 마리는 목이 달아났다. 세밀한 조사로 알아낸 것은 이것뿐이었다.

활동력이 가장 왕성한 시기인 1 주일 동안에 전갈들은 약간의 요기만 하면 더 먹지 않아도 되는 모양이었다. 우리 속에 있는 전갈은 모두 25 마리였다. 그 25 마리가 약간의 먹이로도 모두 배가 부른 것이다.

4월이나 5월, 짝짓기의 계절이 되면 갑자기 변화를 보인다. 조금씩만 먹던 전갈도 엄청나게 많은 것을 요구하는 창자를 채우기 위해 대수롭지 않은 먹이도 마구 먹어치운다. 그때가 되면 우리 속의 전갈은 기왓장 아래서 보통의 먹이를 먹어치우듯이 아무렇지도 않게 제 동료를 잡아먹는다.

약한 놈은 깨끗이 먹혀 버리지만, 대개 꼬리만은 남겨져서 며칠 동안이고 먹은 놈의 주둥이에 매달린 채 있다가 나중에는 떨어져 버린다. 꼬리만을 먹지 않고 남기는 것은 먹힌 전갈의 꼬리 끝에 있는 독주머니 때문임에 틀림없다. 아마 독액(毒液)은 전갈의 입맛에도 맞지 않는 모양이다.

먹은 것은 모두 창자 속에서 소화되는데, 부피로 치면 먹는 양이 뱃속에 들어갈 수 있는 분량보다 훨씬 큰 것 같다. 이렇게 많은 먹이를 거뜬히 먹어 버리다니 놀랄 만한 밥주머니를 갖고 있는 셈이다.

나는 격투를 시켜 보고 싶어서 전갈 한 마리를 강한 적 앞에 놓고 두 투사에게 싸움을 시켜 보았다. 두 놈은 결사적으로 방어하고 칼로 찔렀다. 그리고 여기서 이긴 자가 승리의 기쁨 속에서 진 자를 먹어치우는 것을 나는 보았다. 이것이 승리의 기쁨을 즐기는 전갈 나름의 축하방법인 것 같았다.

그러나 이런 음식을 평소의 식사에 포함시키는 것은 너무나 예외적이므로 옳지 않다. 내가 지금까지 조사해서 알아 낸 것은 사치스럽지 않고 검소한 음식 뿐이었다. 나의 조사하는 방법이 부족했는지도 모른다. 그러므로 나는 전갈이 먹이를 아주 조금씩밖에 먹지 않는다는 증명서를 써주기 전에 다음과 같은 실험으로 반격할 수 없는 대답을 얻어 내기로 하였다.

단식 실험

초가을날, 나는 몸통이 중간 쯤 자란 전갈 네 마리를 잡아서 고운 모래와 기왓장을 넣은 화분 속에 각각 혼자 살게 했다. 유리 한 장을 뚜껑 대신으로 화분을 덮어서 기어오르기 잘 하는 이 포로의 탈주를 막는 한편 햇볕이 따사롭게 살림집으로 스며들도록 했다. 또 공기의 흐름을 방해하지 않고, 모기나 휜어깨모기같이 작은 먹이감이 들어가지 못하게 했다.

나는 이 네 개의 전갈 화분을 거의 하루 종일 열대지방의 기온과 같은 온실 속에 넣어 두었다. 내 손으로 먹이라고 준 것은 아무 것도 없었다. 길을 잘못 든 개미 한 마리도 들어갈 수가 없었다. 이렇듯 먹을 것이라고는 아무것도 주지 않고 가두어 둔 전갈은 어떻게 될 것인가?

전갈은 먹이가 한 조각 없어도 언제나 뱃속 편하게 기왓장 아래 틀어박혀 있었다. 그들은 흙을 헤치고 구멍을 파서, 모래와 흙더미로 출입구를 막아 둔다. 이따금, 특히 해질 무렵 황혼이 짙어갈 때면 구멍에서 기어나와 잠깐 산책하고는 또 제 집으로 돌아간다. 먹이를 주어도 이러한 생활 방법을 바꾸지는 않는다.

추위가 닥쳐왔다. 온실 속이라 얼지는 않지만, 갇힌 전갈은 겨울을 준비하느라고 구멍을 약간 더 깊이 파고 들어갔다. 그리고 기왓장 밑에서 나오지 않았다. 나는 호기심에 못이겨 가끔 조사해 보았지만, 전갈은 언제나 내가 파헤친 구멍을 다시 만드느라고 부지런히 일하고 있는 것을 볼 수 있었다.

전갈은 아무일도 하지 않고 겨울을 지낸다. 그 까닭은 이상스러울 것이 없다. 추운 계절에는 움직이는 것을 삼가고 있다. 음식물의 필요량도 그리 많지 않고 때로는 아주 없어도 그만이다. 그러나 따뜻한 계절이 다시 돌아오면, 그와 동시에 먹이를 섭취해서 영양을 보충해야 할 필요도 커진다.

그러면 유리로 만든 우리 속의 친구들이 맛있는 음식으로 배를 불리고 있을 때에, 이 단식 중에 있는 전갈은 무엇을 하고 있을까? 마르고 쇠약해져서 죽어갈 것인가? 천만에!

먹이를 먹은 놈 못지 않게 튼튼해서 내가 약을 올리면 그 독살스러운 꼬리를 뒤흔들며 위협하는 듯한 태도로 달려든다. 지나치게 골려주면 전갈은 화분 둘레를 따라서 바쁘게 달아난다. 조금도 굶주림에 시달린 놈같이 보이지 않는다.

그러나, 언제까지나 이렇게 계속되는 것은 아니다. 6월 중순경에 이르자 화분 속의 전갈이 세 마리나 죽었다. 네 번째 전갈은 7월까지 살아 있었다. 전갈의 활동력을 없애려면 9 개월 동안의 절대적인 단식이 필요하다.

태어난 지 두 달 쯤 된 젊은 전갈을 잡아서, 또 한 가지 실험을 해 보았다. 그 놈들은 이마에서 꼬리 끝까지가 약 3센티미터 가량이고, 빛깔은 다 자란 놈보다 밝은 편이며, 특히 앞 집게는 호박과 산호를 새겨서 만든 것처럼 예쁘다.

어릴 때에는 머지 않아 무시무시한 목적에 사용될 앞 집게도 퍽 아름답다. 이렇게 어린 놈은 10월 이후부터 돌구멍 아래서 흔히 볼 수 있다. 어미 벌레들과 마찬가지로 혼자서 살고 있으며 숨어 있을 곳을 택해서 구멍을 판다. 구멍을 팔 때 남은 흙으로 흙더미의 바리케이드를 쌓는다. 구멍에서 끄집어 내면 어린 전갈은 힘차게 달린다. 꼬리를 등위로 젖히고 서투르게나마 꼬리의 칼을 휘두른다.

10월이 되자 나는 곧 그런 놈을 네 마리나 잡아서 네 개의 유리 컵에 넣은 다음, 그 주둥이를 모슬린 헝겊으로 씌우고 아무리 작은 먹이감이라도 안으로 들어가지 못하게 밖에서부터 봉해버렸다. 컵 속에는 구멍을 팔 수 있도록 두께 2~3센티미터 정도의 고운 모래흙과 몸을 감추기에 편하도록 둥글고 두터운 종이 조각을 넣어 주었다.

유리 컵 속에 갇힌 어린 전갈은 어미벌레와 거의 다름없을 정도로 용감하게 단식을 견디어냈다. 언제나 팔팔하고 원기있어 보였다. 그러는 동안에 5월이 지나고 6월이 되었다.

이 두 차례의 실험으로 전갈은 활동을 계속하면서도 1년의 4분의 3이라는 기간을 아무것도 먹지 않고 살 수 있다는 것을 우리에게 알려주었다. 그렇다면 이러한 체력을 얻기 위해서는 오랫동안의 성장 기간이 필요할 것이다.

전갈이 대략 얼마나 살 수 있는가를 알기란 그다지 어려운 일이 아니다. 여러가지 시기를 택해서, 돌틈을 뒤져보면, 신분증명서가 가르쳐 주는 것과 같이 명확한 대답을 얻을 수 있다.

나는 크기가 다른 다섯 가지의 전갈을 보아왔다. 가장 작은 놈은 길이가 2센티미터, 제일 큰 놈이라야 10센티미터 가량이었다. 이 두 종류의 양 극단 사이에, 다시 세 종류의 크기를 가진 놈이 뚜렷한 그룹을 이루고 있다.

더 말할 나위도 없이, 이들은 서로 나이가 한 살씩 차이가 나는 것이다. 어쩌면 그 이상일는지도 모른다.

적어도 나의 사육기(飼育器) 속에 있는 전갈은 일 년 동안에 그다지 눈에 뜨일 만큼 성장하지는 않았다. 그렇다면 왕독전갈은 늙을 때까지 원기왕성하여 오래오래 사는 특권을 갖고 있는 것일까? 이 놈은 5년 또는 그 이상 사는지도 모른다. 전갈은 수명이 길기 때문에, 조금의 식량을 먹고 천천히 자라는 것이다.

크게 자라는 것만이 전부는 아니다. 활동도 해야 하니까. 식사는 가끔 하지만 언제나 아주 적은 양이고, 더욱이 오랜 간격을 두고 하기 때문에 대체 음식물이 어떤 구실을 하는 것인가 물어보고 싶을 정도이다. 내가 철저하게 단식을 강요한 전갈들을 보면 더욱 그렇게 생각된다. 언제나 그들은 기운 좋게 일하고, 꼬리를 흔들며 땅을 파고, 그것을 밀어치우고, 그러고도 8~9달 동안이나 살고 있으니까 말이다.

이러한 노동에 필요한 힘을 보충하기 위해 전갈은 어떤 음식을 먹은 것일까? 아무것도 없었다. 감금당한 날부터 음식물이라고는 한 조각도 없었다. 그 당시 몸에 저장한 영양분 즉, 지방질이 있었던 것이 아닌가 생각될 뿐이다. 써버린 힘을 보충하기 위해서, 전갈은 자신의 몸 속에 있는 지방질을 소비하고 있는 것이 아닐까?

살찌고 어른이 다 된 전갈이라면 이러한 설명도 어느 정도 맞을 수 있다. 그러나 나는 나이가 어리고 몸이 야윈 놈으로도 실험했고, 또 중년이 다 된 전갈로도 실험해 보았다. 나이 어린 꼬마놈들의 배속에 무슨 지방질이 그렇게 많다는 말인가?

산화작용을 통해 운동 에너지로 변하게 만드는 무엇을 몸속에 갖고 있는 것일까? 해부용 메스로 그것을 알아낼 수는 없다.

굳은 껍데기 속에 깊숙히 몸을 움츠리고 꼼짝도 하지 않으며, 드나드는 출입구를 석회질(石灰質) 뚜껑으로 굳게 닫고 있는 달팽이는 먹이를 먹지 않는다. 그렇지만 그는 될 수 있는 한 몸을 움직이지 않고 체내에 저장해 둔 영양분으로 살아간다.

그러나 오랫동안 강제로 단식을 시켜도 여전히 피둥피둥하며 윤기가 흐르는 강한 모습으로 빛나고 있는 전갈의 경우는 어찌된 까닭인지 알 수가 없다.

생물계가 석탄기(石炭紀)에 전갈을 태어나게 했다는 것은 얼마나 굉장한 일인가. '먹지 않고도 움직인다!' 만약 이런 것이 인간에게 일반화

되었더라면 얼마나 신비롭고 위대한 자연의 선물이라고 할 것인가?

밥주머니의 욕망에서 해방될 수 있다면, 얼마나 많은 빈곤과 괴로움, 얼마나 많은 비극이 없어질 것인가? 측량할 수 조차 없다.

이 놀랄 만한 계획이 고등동물에게까지 미치지 못했다는 것은 얼마나 유감스러운 일인가! 아마도 오늘날 활동력이 가장 미묘하고도 가장 높은 형태로 나타나는 인간의 사상(思想)이란 태양의 광선으로 피로를 회복하고 있는 것이 아닐까?

벌써 옛날에 주어진 이러한 선물은 아직까지 충분히 실현되지는 못했으나, 부분적으로 어떤 면에서는 동물계에 퍼져 있으며, 우리들도 태양의 방사열(放射熱)로 살아가고 있다.

우리들도 부분적으로는 태양으로부터 에너지를 빌어 쓰고 있는 것이다. 한 줌밖에 안 되는 야자 열매로 몸의 영양을 보충하고 있는 아라비아인은 짐승의 고기와 맥주를 배가 터지도록 먹고 마시는 북방 사람들 못지 않게 활동적이다.

아라비아인은 북방 사람만큼 밥주머니를 가득하게 불리지 못한다 할지라도 태양 광선의 향연을 즐기는 데는 가장 적합한 장소를 차지하고 있는 셈이다.

12. 공작나방

사랑의 상대를 찾아서

그것은 잊을래야 잊을 수 없는 어느날 저녁의 일이었다. 나는 그 날 저녁을 공작나방의 밤이라고 부르고 싶다.

공작나방, 놀랄만큼 아름다운 이 멋쟁이 나방을 모르는 사람도 있을까? 이 나방은 유럽에서 가장 큰 나방으로, 밤색 비로드 의복을 입고, 하얀 털목도리를 두른 듯한 모습을 하고 있다. 날개를 펴면 지름이 14 센티미터나 된다.

날개의 가장자리 근처에는 회색과 다갈색이 교차하는 번개무늬가 있다. 엷은 흰색 테두리가 있는 날개의 가운데에는 희고 큰 둥근 반점 무늬가 있다. 마치 검은 눈동자를 가진 큰 눈과 같은 모습이다. 이 눈동자 주위에는 검은색 · 흰색 · 다갈색 · 빨강색 등 여러 색깔의 초승달형 모양이 들어 있다. 애벌레도 나방처럼 사람의 눈길을 끈다. 누런색의 몸에 검고 굵은 털 돌기들이 드문 드문 나 있다.

고치는 비교적 단단하며 다갈색을 띄고 있는데, 여기엔 깔때기 모양의 주둥이가 달려 있다. 고치는 대개 늙은 살구나무 밑그루의 나무 껍질에 붙어 있다. 애벌레는 이 살구나무 잎을 먹고 자란다.

5월 6일 아침의 일이다.

나의 작업실에 있는 큰 테이블 위에 놓아 둔 고치에서 암컷 공작나방이 세상으로 나왔다. 나는 고치에서 갓 나와 아직도 날개가 촉촉히 젖어 있는 놈을 철망 뚜껑이 씌워진 바구니 속에 넣어 놓았다.

하지만 내가 이렇게 한 것은 공작나방을 어떻게 하겠다는 특별한 생각이 있어서가 아니었다. 다만 언제나 하는 버릇대로 그렇게 해 두면 어쩌면 재미있는 것을 볼 수 있을는지도 모른다고 생각했기 때문이다.

그러나 그것은 나에게 큰 행운을 가져다 주었다. 밤 아홉 시 쯤 가족들이 저녁식사를 마치고 한 자리에 모여 있을 때인데, 나의 옆 방에서 이리저리 뛰며 야단 법석을 떠는 소리가 들리는 것이었다. 아들 폴이 옷을 절반은 벗은 채로 마치 얼빠진 사람처럼 펄쩍펄쩍 뛰며 의자를 쓰러뜨리기도 하면서 왔다 갔다 하는 것이었다. 이윽고 나를 부르는 소리가 요란하게 들려 왔다.

"빨리 와 보세요. 참새 만큼이나 큰 나방이에요! 방 안에 가득 찼어요!"

하고 폴은 소리쳤다.

나는 즉시 달려가 보았다. 어린 폴이 흥분하여 수선을 떤 것도 무리가 아니었다. 일찌기 우리집에 한 번도 들어와 본 일이 없던 나방이 있었던 것이다.

놀랄 만큼 큰 나방 4마리가 이미 폴의 손에 붙잡혀 새장에 갇혀 있었다. 그리고 아직도 큰 나방들이 많이 날아 다니고 있었다. 웬 나방들일까?

이것을 보자 나는 아침에 잡아 두었던 암나방을 떠올렸다.

나는 폴에게 말했다.

"자아, 옷을 입고 새장은 거기 놓아 두고 나를 따라 오렴! 재미 있는 것을 보여 줄 테니까."

공작나방

우리는 집 오른쪽에 달려 있는 나의 작업실로 내려 갔다. 부엌을 지날 때 가정부와 마주쳤는데, 그녀도 지금 막 벌어졌던 일에 저윽이 놀란 모양이었다.

그녀는 앞치마로 커다란 나방들을 쫓아내고 있었다. 처음에 그녀는 나방을 박쥐라고 생각했던 모양이다.

커다란 공작나방들은 여기저기 날아다니면서 우리 집안을 온통 점령해버린 듯했다. 이처럼 나방들이 몰려온 것은 아침에 잡아둔 암나방 때문임이 분명했다.

그러면 저 나방들은 어떻게 들어온 것일까? 그리고 저 암나방의 옆에선 어떤 일이 벌어졌을까? 암놈을 넣어둔 방에는 창문이 두개나 있는데, 그 중의 하나가 운좋게도 열려 있었다. 그래서 방안으로 들어올 수 있었던 것이다.

촛불을 한 손에 들고 우리들은 방 안으로 들어갔다. 이 때에 본 것을 나는 평생 잊지 못할 것이다.

커다란 나방들이 느리긴 하지만 날개를 파닥거리면서 바구니 주위를 맴돌다가 내려 앉기도 하고, 다시 날아 올랐다가 되돌아 오기도 하는 것이었다. 촛불 가까이 날아들어 불을 꺼버리기도 했다. 어깨에 앉았다가는 옷에 달라붙기도 하고, 얼굴이나 머리를 스치며 날기도 했다. 박쥐가 큰 떼를 이루고 있는 마술사의 동굴과도 같았다. 폴은 이 무서운 광경을 견디기 어려운 듯 내 손을 꼭 잡고 있었다. 몇 마리나 될까? 날아든 것까지 합치면 모두 40~50마리 가까이 되는 것 같았다.

어떻게 알았을까? 오늘 아침 구석진 나의 작업실에서 조용히 태어난 처녀 나방에게 사랑을 고백하기 위해 이렇게 많은 신랑감들이 빨리 모여든 것을 어떻게 설명해야 할까?

나는 그것을 알고 싶었다. 그러나 그날 저녁만은 이 손님들을 그대로 놓아 두고 내일부터 실험할 방법을 찾아보기로 했다.

나는 공작나방을 8일 동안 계속 관찰했다. 그 이야기를 이제부터 쓰기로 한다.

나방이 날아드는 것은 언제나 주위가 어두어진 저녁 8시 부터 10시 무렵이었다. 하늘은 검은 구름에 뒤덮혀 금방 소나기라도 한 줄기 퍼부을 듯한 밤이었다. 너무 캄캄하기 때문에 바로 눈 앞에 내미는 손마저 거의 보이지 않을 지경이었다.

이토록 어두운데 또 하나 방문자들을 괴롭히는 방해물이 있었다. 그것은 나의 집이 큰 플라타너스가 우거진 숲에 둘러싸여 있다는 것이다.

대문 밖의 입구에는 좁은 길이 나 있고 길 양 옆으로는 라일락과 들장미가 우거져 있다. 이런 장애물 때문에 공작나방은 캄캄한 밤중에 이 무성한 나무숲 사이를 요리조리 피해 가며 길을 더듬어 순례의 목적지에 도달했을 것이다.

이렇게 어두운 밤에는 부엉이도 나무 구멍에서 나오려고 하지 않을 것이다.

그런데 큰 부엉이의 눈보다 더 발달된 겹눈(複眼)을 갖고 있는 이 공작나방은 부엉이보다 솜씨있게 장애물을 피하면서 암컷이 있는 방에까지 날아든 것이다.

사람의 눈에는 캄캄한 어둠으로 주위가 안 보이지만 공작나방에게는 아마 이것이 적당한 밝기로 보이는 모양이다. 그러나 먼 곳에 있는 수컷이 눈으로 볼 수 없는 먼 곳에 있는 나의 집 속의 암컷을 알아차리고 날아온다는 것은 있기 어려운 일이다. 더구나 나의 집은 숲에 둘러싸여 먼 곳에서는 볼 수 없다.

그런데 공작나방은 웬만한 방향은 어기지 않지만 목표물을 잘못 찾는 일이 가끔 있다. 먼저 번만 해도 이 손님들이 찾고자 하는 목적지는 나의 연구실이었는데, 반대 편에 있는 어린이들 방에 전등을 켜 두었더니 사람들이 들어가기 전에 벌써 이 방에 들어와 있었던 것이다.

작업실에 들어온 공작나방들은 모두 열린 창문을 통해 들어온 것은 아니었다. 먼저 일층에 들어온 다음 갈팡질팡하다가 2층의 계단에까지 도달했던 것이다.

이런것들로 미루어 보면 무언가 다른 것이 먼 곳에 있는 숫놈들에게 알려줌으로 목표로 한 장소의 근처까지 이끌려 온다고 보지 않을 수 없다.

한 밤 동안 먼 곳까지 날아다니는 교미기(交尾期)의 이 큰 나방들은 대체 어떤 기관을 통해서 정보를 알아내는 것일까? 어쩌면 더듬이인지도 모른다. 수컷의 더듬이는 사실 깃털처럼 넓직한 가지를 가지고 하늘을 탐색하고 있는 것처럼 보인다.

이 아름다운 더듬이는 공연히 달고 다니는 겉치레에 지나지 않는 것일까? 그렇지 않으면 숫놈을 이끌어 들이기 위해서 암놈이 발산하는 그 무엇을 예민하게 느끼는 구실을 하고 있는 것일까?

그것을 확인하는 실험은 어려울 것 같지 않았다. 이제부터 그 실험에 착수해 보자.

실험 결과 (1)

40~50마리의 나방들이 날아든 다음 날, 나는 연구실 가운데서 어젯밤의 손님 중 아직 남아 있는 여덟 마리의 나방을 발견했다. 다른 놈들은 무도회가 끝나자 밤 10시쯤 날아가 버린 것이다. 그들은 닫혀 있는 창문의 가로목에 달라붙은 채로 움직이지 않고 가만히 있었다.

나방의 다른 부분에 상처를 주지 않으려고 조심해서 더듬이를 잘 드는 가위로 싹둑 잘라 버렸다.

그러나 나방들은 이런 수술에 대해 별로 아픔을 느끼거나 마음을 쓰는 것 같지 않았다. 기껏해야 더듬이를 자를 때 잠깐 날개쳤을 뿐이다.

잘린곳을 아파하지 않으니 더듬이가 없어졌다 해도 나의 실험에 잘 협조해 줄 것이 틀림없다.

어둠이 내리기 시작했다. 이제부터는 약간의 준비를 갖추기만 하면 되었다. 먼저 암컷을 보이지 않는 곳에 옮겨놓음으로써 더듬이 없는 나방들로 하여금 암놈을 다시 찾아다니게 할 필요가 있었다.

그러므로 나는 암나방이 들어 있는 바구니를 작업실 반대방향으로 50미터쯤 떨어진 현관 앞의 땅바닥 위에 놓아 두었다.

어느듯 밤이 되었으므로 다시 한 번 수술한 8마리의 숫나방을 조사해 보았더니, 그 중 6마리는 열려 있는 창문으로 나가 버리고 없었다. 두 마리만은 아직 남아 있었으나, 마루 바닥에 떨어져 있었다. 내가 일으켜 놓아 주었으나 이미 일어날 기력도 없는 모양이었다. 지칠대로 지쳐서 금방이라도 죽을 듯했다.

아직도 원기가 남아 문 밖으로 나가버린 6마리는 어떻게든 결혼식을 올려보려고 어제 찾아갔던 신부에게 또다시 찾아가지 않을까? 더듬이를 갖지 않았는데도 어제의 장소에서 꽤 떨어진 곳에 놓아둔 바구니를 찾아낼 것인가?

바구니는 방 밖의 캄캄한 곳에 놓여 있었다. 가끔 나는 호롱불과 그물채를 들고 그 곳에 가 보았다. 그리고 암컷을 찾아온 나방을 잡아서는 조사해 본 다음, 옆에 있는 방 안에 가두어 버렸다. 이렇게 하면 같은 나방을 몇 차례나 거듭해서 조사하지 않고도 정확한 숫자를 알 수 있기 때문이다.

나는 다음의 실험 때에도 이와 같이 세심한 주의를 기울이기로 했다. 10시 반이 되니 이제는 하나도 찾아 오는 손님이 없었다.

모두 세어보니 25마리의 숫나방이 모여 들었다. 그런데 그 가운데서 더듬이가 없는 것은 단 한마리 뿐이었다. 어제 수술을 당한 여섯 마리 중 단 한 놈만이 이렇게 바구니를 다시 찾아온 셈이다. 그러나 이 한가지 결과만을 가지고 실험에 대한 대답을 내릴 수는 없다. 더 실험해 보지 않으면 안 된다.

다음 날 아침, 나는 저녁에 잡아 두었던 포로들을 조사해 보았다. 겉보기에는 원기가 없어 보여 실망했다. 대개는 마루 바닥에 날개를 펴고 엎드린 채 거의 꿈쩍도 하지 않았다.

손으로 집어 보아도 몇 마리는 살아 있는 기색이 없었다. 이렇듯 움직이지도 못하는 녀석들에게서 어떻게 좋은 결과를 기대할 수 있을까? 하여간 시험해 보기로 하자. 어쩌다가 밤이 되면 다시 원기를 회복할지도 모른다.

다시 24마리의 더듬이를 잘라 버렸다. 전날 더듬이를 잘린 놈은 이미 죽어 가기 때문에 따로 두었다.

더듬이가 없어진 24마리 중 16마리만이 밖으로 날아갈 수 있었다. 나머지 여덟 마리는 날개가 축 늘어져 있었다. 그리고 곧 밖으로 나간 16마리 가운데 몇 마리가 죽어버릴 것이 틀림없었다. 그들은 캄캄한 밤에 암컷이 들어있는 바구니를 찾아서 모여들 것인가? 그러나 결과는 한 마리도 오지 않았다. 내가 그날 밤 붙잡은 것은 일곱 마리 뿐이었는데 모두가 더듬이가 있고 날개를 찬란하게 단장한 새로운 손님들 뿐이었다.

이 실험결과로 본다면 더듬이를 잘라 버린다는 것은 이들의 행동에 꽤 영향을 미친다는 것을 증명하는 듯했다.

그러나 아직 그렇게 단정하는 것은 빠르지 않을까? 이때 나의 머리 속에는 큰 의문이 하나 떠올랐다.

"나는 이게 무슨 꼴인가. 어찌 되었단 말인가. 다른 놈들 앞에 나갈 수가 없지 않은가!"

무자비하게 귀를 잘린 우화 속의 개는 이렇게 말하고 있었다. 라 퐁

텐의 우화 생각이 났던 것이다.

내가 더듬이를 잘라준 나방들도 이 개와 같은 심정으로 자기 모습을 부끄러워하고 근심했던 것은 아닐까?

아름다운 더듬이를 잘려 버린 나방들은 사랑의 라이벌들 속에서 부끄러움을 느낀 나머지 애타는 사랑의 심정을 한 마디도 털어 놓을 용기를 갖지 못하는 것이나 아닐까? 그것은 숫나방 자신을 수줍어하게 만들어 놓는 것은 아닐까? 그렇지 않으면 길잡이를 잃어버렸기 때문일까?

그것도 아니면 순간적인 사랑의 속삭임을 기다리다 못해 지쳐서 힘이 다 빠져 버린 것일까? 아뭏든 실험을 해 보면 알게 되겠지. 4일 째 되는 날 밤 나는 14마리의 나방을 새로 잡았다. 모두가 새로 들어온 손님들인데, 나는 이들을 한 방 안에 가두어 놓았다. 이 방 속에서 그들은 하루를 함께 지내게 될 것이다.

다음 날 낮이 되자 나는 모두가 조용히 있는 기회를 이용하여 앞가슴에 나 있는 흰 털을 조금씩 잡아뜯었다.

솜털은 손쉽게 뽑혔다. 아주 조금만 뜯어 놓았기 때문에 나방들은 모두 건강하고 기운찼다. 이들이 암나방이 있는 바구니를 찾아갈 때에 필요한 기관(器官)은 하나도 잃어버린 것이 없었다.

이번에는 날지 못하는 약한 놈이라고는 한 마리도 없었다. 밤이 되자 가슴털을 뜯긴 14마리의 나방들은 날기 시작했다. 그리고 나는 암컷이 든 바구니를 이 신랑들이 알지 못하는 딴 곳으로 옮겨 놓았다.

이날 밤에 나는 24마리의 숫나방을 또 붙잡았다. 그 중에서 가슴 털이 뜯긴 나방은 단 2마리 밖에 없었다. 그리고 그 전전 날 더듬이를 잘린 놈들은 한 마리도 나타나지 않았다.

어쩌면 결혼 시기는 벌써 지나가 버렸는지도 모른다. 가슴털을 뜯어 표시를 해둔 14마리 중에서 2마리만 돌아온 것이다. 다른 12마리는 아마도 길잡이라고 생각되는 더듬이를 달고 있는데도 어째서 돌아오지 못했을까?

그리고 또 하룻밤 방 안에 가두어 두면 그처럼 쓰러져 죽는 놈들이 많이 생기는 것은 어찌 된 영문일까?

이 물음에 대한 대답을 나는 한 가지 밖에 생각할 수 없었다.

공작나방은 너무나 간절히 결혼을 하고 싶어하기 때문에, 모든 힘을 거기에 자기 스스로 소모해 버리는 것이라고. 살아 있는 동안에 수컷이 할 일이란 종족을 번식시키기 위해 암컷을 찾아다니는 것 뿐이라고.

즐거운 이 한 밤을 위하여

평생 한 차례밖에 없는 결혼의 목적을 이루기 위해 공작나방들은 특별한 능력을 갖추고 있다. 아무리 길이 멀고 어둡고 장애물이 있어도 숫나방은 암컷을 찾아내는 방법을 알고 있다.

이틀 밤이나 사흘 밤이라는 시간만이 결혼의 기쁨을 누리기 위해 그들이 암나방을 찾아서 춤추며 날아다닐수 있는 시간이다.

그러니까 그 시간을 잘 이용할 수 없으면 모든 것은 허사로 돌아가 버리고 만다. 이 시간만 지나면 그토록 정확하게 방향을 가리켜 주던 나침판도 기능을 잃어버리고 또 등불처럼 밝게 앞 길을 밝혀 주던 방향 감각도 사라져버리고 만다.

이렇게 된 다음에야 앞으로 더 살아서 무엇하랴. 그들은 스토아 학파의 철학자처럼 체념이 빨라서 구석진 곳으로 물러나 이 세상과 작별한다.

그것은 달콤한 환상의 종말이며, 또한 살아가는 괴로움의 최후이기도 하다.

공작나방의 수컷은 다만 자녀를 낳기 위한 결혼만을 목적으로 하여 살고 있다. 그러므로 자기 몸을 위한다는 생각을 아예 하지 않는 것 같다.

다른 많은 나비나 나방들은 탐욕스러워서 이 꽃에서 저 꽃으로 날아다니며 달콤한 꿀을 빨아먹는다.

그러나 공작나방은 너무나도 먹이를 탐내지 않아 창자를 충족시킬 필요를 느끼지 않는 것 같다. 그들의 주둥이는 있으나 없으나 무방할 정도로 그냥 이제 겨우 만들어지기 시작한 형태를 하고 있어 음식물을 받아들일 만한 구조로 되어 있지 않다. 그냥 달려 있는 기관이며 쓸모가 없는 도구로 보아도 좋을 정도이다.

그러므로 한 모금의 꿀물도 빨아먹을 수 없다. 이상한 특징이다. 그러기에 이 나방의 생명은 짧다.

불을 꺼지지 않게 하려면 램프에 기름을 조금이라도 넣어 두지 않으면 안 되는데, 공작나방은 이러한 것에는 별로 깊은 관심을 두지 않는다. 그러기에 오래 산다는 것도 깨끗이 단념해 버린다. 결혼의 상대자를 찾아내기 위해 최소한으로 필요한 이틀 밤이나 사흘 밤, 이것이 그들의 일생인 것이다.

그렇다면 더듬이를 잘리운 나방들이 돌아오지 않는 것은 또 무엇을 뜻하는 것일까? 더듬이가 없으면 암나방이 갇혀 있는 바구니를 발견할 수 없는 것일까. 반드시 그런 것만은 아닌 것 같다. 더듬이를 잘린 숫나방 가운데 암컷 있는 곳을 다시 찾아 온 녀석이 한 마리도 없었다고 말할수는 없지 않은가?

앞가슴의 털을 뜯긴 나방과 마찬가지로, 마침 그때가 일생의 마지막을 맞았던 때인지도 모르지 않는가? 더듬이를 잘렸거나 안 잘렸거나, 그들은 벌써 나이가 늙어서 쓸모없이 되어버렸는지도 모르지 않는가?

바구니에 갇혀 있던 암나방은 8일 동안이나 살아 있었다. 이 8일 동안에 모여든 숫나방은 모두 150마리나 되었다. 놀랄 만한 숫자이다.

나는 그후 이 연구를 계속하기 위해 2년 동안 공작나방의 암컷을 구하러 다녔다.

그러나 이 나방의 고치는 나의 집 근처에서는 좀처럼 찾기 어려웠다. 이 나방의 애벌레가 흔히 살고 있는 살구나무 고목이 그다지 많지 않았기 때문이다.

나는 이태 겨울이나 늙은 살구나무들을 남김없이 조사해 보았다. 그러나 나는 번번이 빈 손로 돌아왔다. 그러니까 이 150마리의 나방들은 멀리서, 아마도 반경 2킬로미터 이상이나 되는 먼 곳에서부터 날아 온 것이라도 보지 않으면 안 된다. 그렇다면 그들은 대체 어떻게 나의 작업실에 암컷이 있다는 것을 알아차린 것일까?

먼 곳에 있는 것을 알려면 빛이나 소리나 냄새에 의존해야 할 터인데, 숫나방들은 눈으로 보고 안 것일까?

그러나 아무리 뛰어난 시력을 갖고 있다 할 지라도 2킬로미터나 떨어진 곳을 볼 수 있다는 것은 도저히 생각할 수 없는 일이다. 모여든 나방들이 열려 있는 창문으로 들어온 다음, 암컷이 있는 바구니를 찾아냈다면 이야기가 된다.

그렇다면 소리를 듣고 찾아온 것일까? 그러나 그것도 해당되지 않는다. 암컷은 먼 곳의 수컷을 끌어들일 만큼 큰 소리를 지른 적이 없었다. 설령 암컷이 우리 사람이 들을수 없는 특별한 소리를 냈다고 해도 그것이 먼곳에 있는 수컷에게까지 들릴까?

암나방은 가만히 날개를 떨거나 몸을 정열적으로 흔드는 일이 있기는 하다. 그러나 수천 미터나 되는 먼 곳에 있는 손님들이 이 날개 소리를 듣는다는 이야기인가?

그러므로 이런 경우에 청각(聽覺)따위는 생각할 여지가 없다. 아무 소리도 내지 않는데 부근 일대를 소란스럽게 할 까닭이 없다.

남는 것은 냄새 뿐이다. 사람은 좀처럼 느낄수 없는 미세한 냄새를 숫나방들이 뛰어난 후각으로 맡고 유인되어 온 것일까? 아주 미묘하여 그들만이 느껴서 분별할 수 있는 어떤 발산물이 있는 것일까?

그래서 아주 간단한 실험을 한 번 더 해볼 필요가 있었다. 나방에게서 나오는 발산물보다 훨씬 더 강하고 오래 가는 것을 가져다가 암컷의 냄새를 지워버리는 것이다.

나는 저녁에 숫나방들이 들어올 것이라고 생각되는 방에 미리 나프탈린을 뿌려 두었다. 수컷들이 찾아올 시간이 다가왔다. 방의 입구에 들어서기만 해도 코를 찌르는 듯했다.

그러나 예상은 들어 맞지 않아 아무런 효과도 없었다. 숫컷들은 전과 다름없이 날아 들었다. 나프탈린 냄새가 가득한 가운데를 지나 전과 마찬가지로 방향을 잘못 가리지도 않고 암나방이 있는 바구니로 가는 것이었다.

냄새 때문이라고 생각하고 있던 나의 확신도 흔들리기 시작했다. 좀 더 실험을 계속해 보고 싶었지만 나는 실험을 계속할 수 없게 되었다.

9일 째 되는 날, 나의 포로인 암나방이 바구니의 그물코에 달라붙은 채 죽어버렸기 때문이다. 부화될 수 없는 무정란을 낳아 놓은 채.

실험의 재료가 없어졌으므로, 나는 내년까지 또 기다리지 않으면 안 되었다.

실험결과 (2)

1년이 지났다. 올해만은 그동안 생각해왔던 실험을 마음껏 다시 해보기 위해 더 많은 준비를 갖추기로 했다.

여름 동안에 나는 공작나방 애벌레 상점을 열고 나방의 애벌레를 한 마리에 1수우(sou 프랑스 화폐, 20수우가 1프랑) 주고 사들였다.

언제나 나에게 재료를 공급해 주는 사람은 이 동네의 어린이들이었는데, 그들은 학교에서 돌아오면 들판으로 뛰어나갔다. 그리고 애벌레를 발견하면 나뭇가지 끝에 얹어 가져다 주는 것이었다.

어린이들은 이 벌레가 징그러운지 벌벌 떨면서 만지려고 하지 않았는데, 내가 양잠실에서 기르는 누에라도 집듯이 애벌레를 손가락으로 집어 올리면 나의 대담함에 깜짝 놀라는 것이었다.

애벌레를 살구나무 가지 위에 얹어 얼마 동안 길러 보았더니 며칠 안되어 훌륭한 고치를 지었다. 겨울 동안에 살구나무 밑둥을 뒤져서 찾아낸 고치도 함께 키웠다.

이렇듯 한겨울 동안 공들인 보람이 있어서, 나는 몇 개의 고치를 손에 넣을 수 있었다. 그 중의 한 두개는 다른 것보다 크고 무거우니까 암컷임이 분명했다.

기다리던 5월이 왔다. 그러나 변덕스러운 날씨가 내가 그토록 수고하여 마련해 놓은 준비를 엉망으로 만들어 버렸다. 다시 겨울로 되돌아가기나 한 듯이 매일 북풍이 휘몰아쳐서 잎이 돋아나는 플라타너스 가지를 꺾어버리는 것이었다.

마치 12월의 추위와 같았다. 저녁이 되면 난로에 불을 지펴 넣고 겨울 옷을 다시 꺼내 입어야 할 만큼 추웠다.

내가 소중하게 간수했던 고치 속의 나방들도 뜻하지 않은 호된 추위에 고생을 했는지 조그맣게 오므라들어 있었다. 그래서 나방이 되어 나오는 시기가 늦어지게 되었다.

바구니 속에서 한 마리씩 나방이 되어 나왔지만, 암컷의 주위에는 수컷들이 모여들지 않았다. 고치에서 깨어나온 숫나방에게는 날개에 표시를 해서 놓아 주었지만 바로 근처에 있는 암컷에게 달려가지 않았다. 먼 곳에서건 가까운 곳에서건 날아온 놈도 몇 마리 되지 않고, 그들마저도 그다지 열심히 신부를 찾지 않는 것이었다. 잠깐 방안에 들어왔다가는 나가 버리는 것이었다.

크게 내려간 기온이 암컷이 내는 발산물을 억제했던 것일까? 냄새란 대체로 기온이 올라가면 잘 발산되고 기온이 내려가면 적어지기 때문이다. 1년 동안의 나의 수고는 모두 수포로 돌아가고 말았다. 변덕스러운 날씨 때문에 실험을 못하게 되다니, 안타까운 일이었다.

그로부터 또 한 해 동안 나는 공작나방의 애벌레를 다시 키우지 않으면 안 되었다. 산과 들판을 다니며 열심히 고치를 찾았다. 그런 노력 끝에 다시 5월이 찾아왔을 때 나는 많은 준비를 갖출 수 있었다.

날씨도 좋았고 모든 것이 내가 바라는 대로 되었다. 내가 이 연구를 처음 시작했을 때처럼 많은 공작나방의 무리들이 암컷이 있는 바구니를 찾아왔다. 밤이 되면 10마리, 20마리, 때로는 이보다 더 많이 떼를 지어 달려왔다.

뚱뚱하게 살찐 암나방은 바구니의 그물 눈에 붙어 있었다. 몸 하나 꼼짝 하지 않고 날개를 떨지도 않았다. 어떤 일이 일어나도 나는 모르겠다는 표정이었다.

나의 가족 중에서 가장 냄새를 잘 맡는 사람이 암컷 가까이 코를 대고 냄새를 맡아 보았지만 아무것도 느낄수 없었다. 그리고 귀가 가장 밝은 사람이 소리를 듣고자 했어도 아무 소리도 듣지 못했다.

암컷은 조용히 가만히 있기만 했다.

수컷들은 모두들 바구니 위에 내려 앉았다. 그들은 바구니 주위를 뛰어다니며 날개 끝으로 철망을 치기도 했다. 그러나 수컷끼리 싸우지는 않았다. 신부에게 달콤한 이야기를 속삭이는 녀석들을 향해 질투하는 눈치도 없었다.

각자가 모두 어떻게 해서든 바구니 속으로 들어가려고 애쓸 뿐이었다. 소용 없는 일을 되풀이하다가 지쳐버리면, 다시 날아올라 춤추는 동료들의 무리 속으로 들어갔다. 그리고 깨끗이 단념하고 열어 놓은 창문으로 날아가 버리는 놈도 있었다.

그러고 나면 새로 손님들이 찾아왔다. 그리하여 바구니의 지붕 위에서는 10시가 될 때까지 같은 행동이 끊임없이 되풀이되었다.

매일 저녁 나는 바구니를 놓아 둔 장소를 바꾸어갔다.

북쪽에 놓기도 하고 어느 때는 남쪽에, 때로는 지하실에 옮겨 놓았지만 그들은 조금도 당황하지 않고 찾아오는 것이었다.

수컷들은 장소를 기억하고 있는 것일까? 암컷을 어떤 방안에 놓아두자 수컷들은 거기서 2시간 동안이나 계속 날아다녔다. 그 가운데 몇 마리는 그곳에서 밤을 새우기도 했다.

그런데 다음 날 저녁 암컷이 든 바구니를 옮겨놓자 방안에 있던 수컷들은 한마리도 남지 않고 없어져 버렸다. 모두 날아가 버린 것이다.

짧고 덧없는 생명을 가진 공작나방이지만 수컷들은 두 세 번 쯤은 신부감을 찾아갈 힘을 갖고 있다.

수컷들이 전날 밤에 찾아갔던 장소를 제대로 기억하고 있다면 우선 원래의 장소를 찾아가 보고, 거기에 신부가 없다는 것을 확인한 다음에 다음 장소를 찾아가려 할 것이다. 그러나 그런 일은 일어나지 않았다.

어제 저녁에는 그토록 많이 몰려 왔던 장소에 오늘 밤은 한 마리도 모습을 나타내지 않았다. 그러므로 장소를 기억했다가 찾아오는 것이 아니다. 그렇다면 기억력보다 한층 더 확실한 길잡이가 다른 곳으로 그들을 이끌어가는 것이 틀림없다.

그렇다면 그것은 무엇일까? 지금까지 나는 밖에서 볼 수 있는 쇠그물 바구니 속에 암컷을 넣어 두었다.

수컷들은 캄캄한 밤중에라도 물체를 잘 볼수 있기 때문에 우리들의 눈에는 보이지 않는 것을 희미하게나마 보는 것은 아닐까?

만약 암컷을 밖에서 볼 수 없는 용기 속에 넣어 둔다면 어떻게 될까? 용기를 여러가지로 바꿈으로써 암컷이 있는 곳을 알려주는 그 무엇을 자유로이 통과시키지 못하게 하거나 또는 방해할 수는 없는 것일까?

물리학은 최근 헤르쯔파(波)를 사용하여 무선통신을 발명해냈다. 눈에 보이지 않는 전파에 의해 먼 곳과 통신하는 것이다.

공작나방도 이런 방법을 알고 있는 것일까? 또는 우리들 인간의 지혜보다 더 앞선 어떤 것을 갖고 있는 것일까? 한 마디로 말해 암컷은 일종의 무선통신을 사용하여 수컷을 불러들이는 것은 아닐까?

이런 일은 반드시 없다고 단정할 수도 없을 것이다. 곤충들은 이런 정도의 이상한 발명품을 곧잘 가지고 있으니까.

그래서 나는 여러 종류의 상자 속에 암컷을 넣어 보았다. 양철로 만든 상자, 나무상자, 종이로 만든 상자같은 데로 옮겨 보았다. 어느 것이나 뚜껑을 단단히 닫고 밀랍으로 틈새를 막아 놓았다. 그리고 암컷을 넣은 유리병을 전기를 통과 시키지 않는 유리판 위에 올려 놓아 보기도 했다.

그랬더니 결과는 어떠했을까? 이렇게 꼭 막아 두었더니 숫놈은 한 마리도 찾아 오지 않았다. 아무리 좋은 밤, 고요한 밤일지라도 한 마리의 숫놈도 찾아오지 않았다.

금속, 유리, 나무, 종이 등 어떤 물질로 만들어졌든 간에, 상자에 뚜껑을 하고 틈새를 막아버리면 암컷이 있는 곳을 알리는 그 무엇이 통과되어 밖으로 새어나오지 못한다는 것이 확실했다.

솜을 써서 실험해본 결과도 마찬가지였다. 나는 암컷을 넣은 유리병에 손가락 너비 2개 정도의 두께로 솜을 뭉쳐 마개를 닫아 보았다.

나의 작업실에 감추어 둔 암컷을 밖에서 알 수 없게 하기 위해서는 이것만으로도 충분했다. 숫놈은 한 마리도 찾아오지 않았으니까 말이다.

그러면 꼭 닫지 않은 상자는 어떨까? 나는 암컷을 넣은 상자를 서랍 속이나 장농 속에 감추어 두어 보았다. 그러나 2중 3중으로 감추어 두었건만, 밀폐되지 않았기 때문인지 수컷들은 영락없이 찾아오는 것이었다. 방안의 테이블 위에 놓아 두었을 때처럼 많이 찾아왔다. 나는 그 날 밤 일을 잘 기억하고 있다. 나는 암컷을 모자 상자에 넣은 다음 그것을 다시 반침 속에 놓았다. 그랬더니 수컷들은 이곳으로 찾아와 반침 안으로 들어가려고 날개로 문을 두드리는 것이었다.

어디서부터 왔는지 산넘고 물건너 들판을 지나 이곳까지 찾아온 사랑의 순례자들은 미닫이 문짝 속의 반침 안에 무엇이 있는가를 확실히 알고 있었던 것이다.

암컷이 신호를 전달하려면 그것을 넣어 둔 용기에 틈새가 있어서 공기가 드나들어야 한다. 그렇다면 냄새로 수컷을 부른다는 생각이 옳지 않을까? 앞서 나프탈린을 사용해서 실험했을 때는 냄새가 수컷들을 부른다는 생각을 받아들이기 어려웠지만 이번에는 수컷이 냄새를 따라 찾아온다는 주장이 옳은 것처럼 생각되었다.

냄새로 짝을 찾는다?

내가 저장해 두었던 나방의 고치는 이제 모두 없어져 버리고 말았다. 그러나 문제는 아직도 분명히 풀리지 않았다. 4년째 다시 한 번 실험하려고 했던 것인데 나는 그만 단념하고 말았다. 그것은 다음과 같은 이유에서였다.

밤에만 결혼식을 올리는 나방에 대해 자세히 알아낸다는 것이 너무나 어려운 일같았기 때문이다.

수컷 공작나방으로서는 암컷과 결혼식을 올리는 데 반드시 빛이 있어야 할 이유는 없다.

그러나 나는 지극히 불완전한 인간의 눈만을 가지고 있기 때문에, 광선 없이는 한밤중에 보이지 않아서 아무것도 관찰할 수가 없다. 양초쯤은 있어야 한다. 그러나 그 촛불도 벌레들의 날개짓으로 자주 꺼지곤 한다. 램프라면 괜찮겠지만 그림자가 드리워진 희미한 불빛으로는 정확하게 볼 수가 없다. 더구나 램프를 오래 켜 놓으면 수컷은 방안에 날아들자 마자 불빛을 향해 달려간다.

밤새도록 등불을 켜 두었더니 그들은 다음 날도 역시 불빛을 떠나려 하지 않았다. 그들은 밝은 불빛에 시간 가는 줄도 모르고 사랑의 즐거움조차 잊어버린 것일까? 이렇게 되면 이미 실험을 더 계속할 수 없다.

어느날 밤의 일이다. 나는 창문을 열어 놓은 식당의 테이블 위에 암컷을 넣은 바구니를 놓아 두었다. 넓은 반사경이 달린 석유램프가 벽쪽에 걸려 있어서 밝은 빛을 내고 있었다. 이때 찾아온 수컷들 가운데 두 마리는 암컷이 들어 있는 바구니 둘레에 앉았지만 5마리는 잠깐 바구니에 앉았다가 곧 램프 곁으로 가는 것이었다. 두 세 번 램프 주위를 도는가 했더니 불빛에 마음을 빼앗겨 반사경에 앉아 꼼짝도 하지 않는 것이었다.

이 수컷들은 밤새 조금도 움직이지 않았다. 다음날도 그대로 있었다. 빛에 취해 신부를 찾아가는 것을 잊었던 것이다. 불빛이 없으면 관찰할 수 없는 나에게 이처럼 불빛만을 따르고 신부에게 다가가지 않는 나방들은 더 이상 실험대상이 될 수 없었다. 나는 공작나방의 결혼식을 관찰하는 것을 단념하는 수 밖에 없었다.

공작나방 대신에 낮에 결혼식을 올리는 다른 나방을 가지고 실험하는 수 밖에 없었다.

공작나방의 실험을 포기했을 무렵, 나는 훌륭한 고치를 이웃 사람으로부터 한 개 얻었다. 그것은 하얀 명주같이 보드라운 셔츠에 포근히 몸을 감싸고 있었다. 약간 주름잡힌 주머니에서 꺼낸 고치는 큰 공작나방의 고치와 그 형태는 같으면서도 훨씬 작았다.

5월 말의 어느 날 아침, 물고기 주둥이같은 고치로부터 꼬마 공작나방의 암놈 한 마리가 태어났다.

나는 그것을 즉시 작업실에 있는 철망을 씌운 바구니 속에 가두어 두었다. 나는 방안의 창문을 열어 두어 여기에 암컷이 있다는 사실을 들판에 있는 숫나방에게 알려 주었다. 그리고 손님이 자유로이 들어올 수 있도록 해 두었다.

애기공작나방의 암컷은 철망에 바짝 달라붙어서 1주일 동안이나 가만히 있었다.

이 암컷의 모습은 정말 멋있었다. 물결 모양의 무늬가 있는 다갈색 비로드를 입고 있었고 목덜미 둘레에는 털목도리를 두르고 있었다. 그리고 날개 끝에는 분홍색 얼룩점이 있었다. 그리고 네 개의 커다란 눈동자같은 반점이 있었는데 그 반점을 중심으로 위성같은 흑·백·적·황색의 반점이 박혀 있었다.

이러한 색깔을 좀 밝은 빛깔로 바꾼다면 이 나방은 큰 공작나방의 모습과 별로 다르지 않을 것이다.

지금까지 나는 애기공작나방을 서너 번 본 적이 있지만 고치를 본 것은 이번이 처음이었다. 그리고 이 나방의 숫컷은 아직 본 일이 없다.

다만 책에서 본 바에 따라 수놈의 크기(날개를 폈을 때의 지름이 4센티미터)는 암놈 크기(날개를 폈을 때의 지름이 7센티미터)의 절반쯤 되며, 색깔이 암컷보다 선명하고 뒷 날개는 빨강색을 띤 오렌지색인데 전체적으로 보아 암컷보다 아름답다는 것을 알고 있을 뿐이다.

내가 아직 만나보지 못한, 날개를 장식하고 근사하게 몸 단장을 한 숫나방들이 몰려올 것인가? 수컷들은 과연 먼 곳에 떨어져 있으면서도 나의 작업실의 테이블 위에서 성숙한 처녀나방이 그들을 기다리고 있다는 것을 알 수 있을까?

나는 큰 기대를 가지고 기다리고 있었다. 그리고 나의 이러한 예상은 틀리지 않았다. 더우기 생각했던 것보다는 훨씬 일찍 수컷들이 달려왔다.

시계가 정오를 알렸고 우리들은 점심 식사를 하려고 식탁에 앉아 있었다. 그때 무슨 장난에 골똘하여 식사에 미처 참석하지 못했던 폴이 얼굴이 빨갛게 상기되어 방으로 뛰어 들어왔다.

폴의 손가락 사이에는 화려한 공작나방이 날개를 팔락이고 있었다. 방금 나의 작업실로 날아들어온 것을 붙잡아 온 것이었다.

폴은 나에게 그것을 보여주면서 눈으로 "어때요, 아버지"하고 묻는 것이었다.

"바로 그거야."

하고 나는 대답했다.

"우리들이 기다리고 있던 그 순례자야! 내프킨을 접어 놓고 어떤 일이 벌어지고 있나 보러 가자. 식사는 나중에 하기로 하고."

나는 작업실로 달려갔다. 그곳에 펼쳐진 광경은 식사따위는 잊어도 좋을 굉장한 것이었다.

상상한 것보다 훨씬 많은 숫나방들이 날아온 것이었다. 놀랄 만큼 몸을 단정히 하고 날개를 아름답게 장식한 수컷들이 암나방의 마술적인 초청에 이끌려 달려온 것이다.

그들은 이리저리 곡선을 그리면서 날아들고 있었다.

모두가 한결같이 북쪽에서 날아오고 있었다. 지난 1주일은 이상할 이만큼 추운 날씨가 계속되었다. 북풍이 세차게 불어 뜻밖에도 한창 피려던 살구꽃을 모두 떨어뜨리고 말았다.

이렇듯 새침하고 차거운 날씨를 이른바 꽃샘추위라 하는데, 이 지방

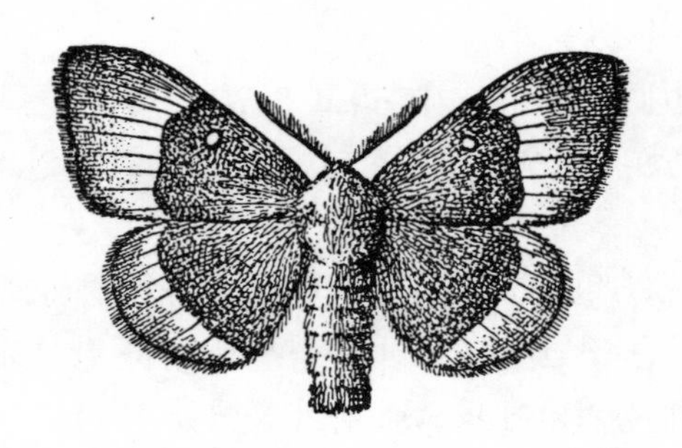

애기공작나방

의 이른 봄에 흔히 있는 날씨였다. 오늘은 뜻밖에도 갑자기 날씨가 따스해지긴 했지만, 북풍은 아직도 불고 있었다.

그런데 바구니 속의 신부를 찾아 달려온 나방들은 모두 북쪽으로부터 들어온 것이었다. 그들은 북풍을 타고 날아온 셈이었다. 북풍을 거슬러서 남쪽에서 온 녀석은 한 마리도 없었다.

만약 공작나방의 수컷이 인간과 마찬가지로 예민한 후각 신경을 갖고 있어서 공기 속에 흘러 퍼져 있는 암컷의 냄새에 이끌려 왔다고 한다면, 북풍이 부는 날 북쪽에서 왔다는 것은 이해하기 어렵다. 이와 반대로 오히려 남쪽에서 왔어야만 한다.

북풍이 부는데 남쪽에서 왔다면 암컷의 냄새가 바람을 타고 흘러 그들에게 전달되었다고 생각할 수 있을 것이다.

암컷의 냄새는 북풍에 실려 남쪽으로 흩어져 갔다고 볼 수 있는데, 한 마리의 예외도 없이 모두 북쪽에서 왔다면, 이것은 어떻게 설명해야 할까? 북쪽의 수컷들은 암컷이 있는 곳을 어떻게 알아냈을까?

햇빛이 밝게 내려쬐는 가운데 숫나방 손님들은 작업실 앞을 2시간 동안이나 왔다 갔다 했다.

대부분의 숫나방들은 그들을 유혹하는 신부가 어디 있는지 확실히 알지 못하여 안타까운듯, 암컷이 있는 곳을 찾으려고 벽을 조사하고 땅 위를 낮게 날아다니곤 했다. 어지간히 먼 곳에서 여기까지 찾아온 것은 틀림없는데, 막상 가까운 곳에 와서는 아무래도 단 번에 정확한 장소를 찾아내지는 못하는 모양이었다.

그러나 끝내 수컷들은 작업실 안으로 들어와 신부에게 잠깐 인사를 하는 것이었다. 그리고 2시간 정도 서성거리더니 14마리의 수컷들은 돌아갔다.

그날 이후 한 주일 동안 수컷들은 언제나 햇빛이 가장 밝게 빛나는 정오 가까운 때에 암컷을 찾아왔다. 그리고 그 수는 차차 줄어들었다. 찾아온 수컷의 수는 모두 합해서 40마리 정도였다.

이제 지금까지 보아온 것 이상을 기대할 수 없는 실험을 더 되풀이 할 필요는 없었다.

그러므로 나는 다음 두 가지 사실만을 기록해 두기로 한다.

애기공작나방은 낮에 활동하는 나방이다. 밝은 대낮에 결혼식을 올리며 눈부시게 내려쬐는 태양을 좋아하는 나방이다. 그러나 애벌레의 모습도, 움직이는 행동도 애기 공작나방과 비슷한 큰 공작나방은 이와 반대로 어둠을 좋아한다.

그리고 또 한 가지, 암컷의 냄새는 바람이 반대방향으로 불어도 방해받지 않고 전파된다는 것이다. 냄새가 흘러가는 방향과 반대되는 방향에서도 수컷은 달려 온다는 것이다.

13. 매미 이야기

우화에 나오는 매미와 개미

평판은 전설에서 생겨나는 경우가 많다. 동물의 세계나 인간의 세계나 옛날 이야기가 실화보다 더 유명하다. 곤충의 세계에서 매미만큼 입에 자주 오르내리는 곤충이 있을까?

예컨대 매미라는 말만 들어도 그 이야기를 모르는 사람은 없을 것이다. 겨울에 먹을 식량을 준비하지도 않고 노래만 불러댔다는 매미의 이야기를 우리는 어린 시절부터 들어왔다.

여름 내내 놀고만 지내던 매미는 겨울이 되어 북풍이 불기 시작하자 크게 당황하여 이웃에 사는 개미한테 달려 갔다. 그러나 부지런한 개미는 매미의 눈 앞에서 문을 쾅 닫아 버리고는

"여름 내내 노래만 불렀다면서? 그러면 겨울엔 춤이나 추시지 그래."

하고 말했다는 것이다.

매미에게 아주 불리한 이 이야기는 매미에 대한 평판을 결정짓고 말았다.

세상에는 매미의 노래를 한 번도 듣지 못한 사람이 많다. 그러나 어른이나 어린이나 개미집에 구걸하러 간 매미 이야기는 다 알고 있다. 도대체 이런 평판은 어디서 나온 것일까?

먼 옛날, 그리스의 아테네 어린이들은 무화과와 올리브가 들어간 도시락을 싸가지고 학교에 갔다. 그들은 이 매미 이야기를 소리내어 외웠다. 그리스의 어린이들은 이렇게 외웠다.

추운 겨울 날 개미가 물에 젖은 식량을 햇볕에 말리고 있었습니다. 때마침 어디선가 굶주린 매미가 불쑥 동냥하러 나타났습니다. 매미는 밀알이라도 몇 알 주기를 원했습니다.

그러나 인색하며 저축하기만 좋아하는 개미는, "여름에는 노래만 부르고 있었으니까, 겨울엔 춤이나 추고 계시지 그래" 하고 쏘아붙였습니다.

말의 아름다움은 라 퐁텐(17세기의 프랑스 시인. 우화집으로 유명함)에게 미치지 못하지만 이 이야기의 줄거리는 프랑스의 어린이들도 배워 잘 알고 있다.

겨울에는 있지도 않은 매미가 추운 계절이 오면 개미에게 구걸하러 가서 빨아 먹을 수도 없는 밀알을 몇 알만이라도 달라고 한다니, 이런 우습고 잘못된 이야기의 책임을 대체 누가 져야 할 것인가?

확실히 매미의 이 옛이야기는 전설대로 그리스로부터 전해져 왔을 것이다. 전설로는 이솝이 지은 것으로 되어 있으나 확실하지가 않다. 하여튼 이 이야기는 그리스 사람들이 처음 만들어 퍼뜨린 것이다. 그리고 그들 역시 살아 있는 매미에 관해서 충분히 알고 있었을 것이다. 그리스에도 매미는 있었을 테니까.

우리가 살고 있는 마을의 시골 사람들 가운데 매미가 추운 겨울에도 살아 있다고 말하는 바보는 한 사람도 없다. 아테네의 농민들도 바보는

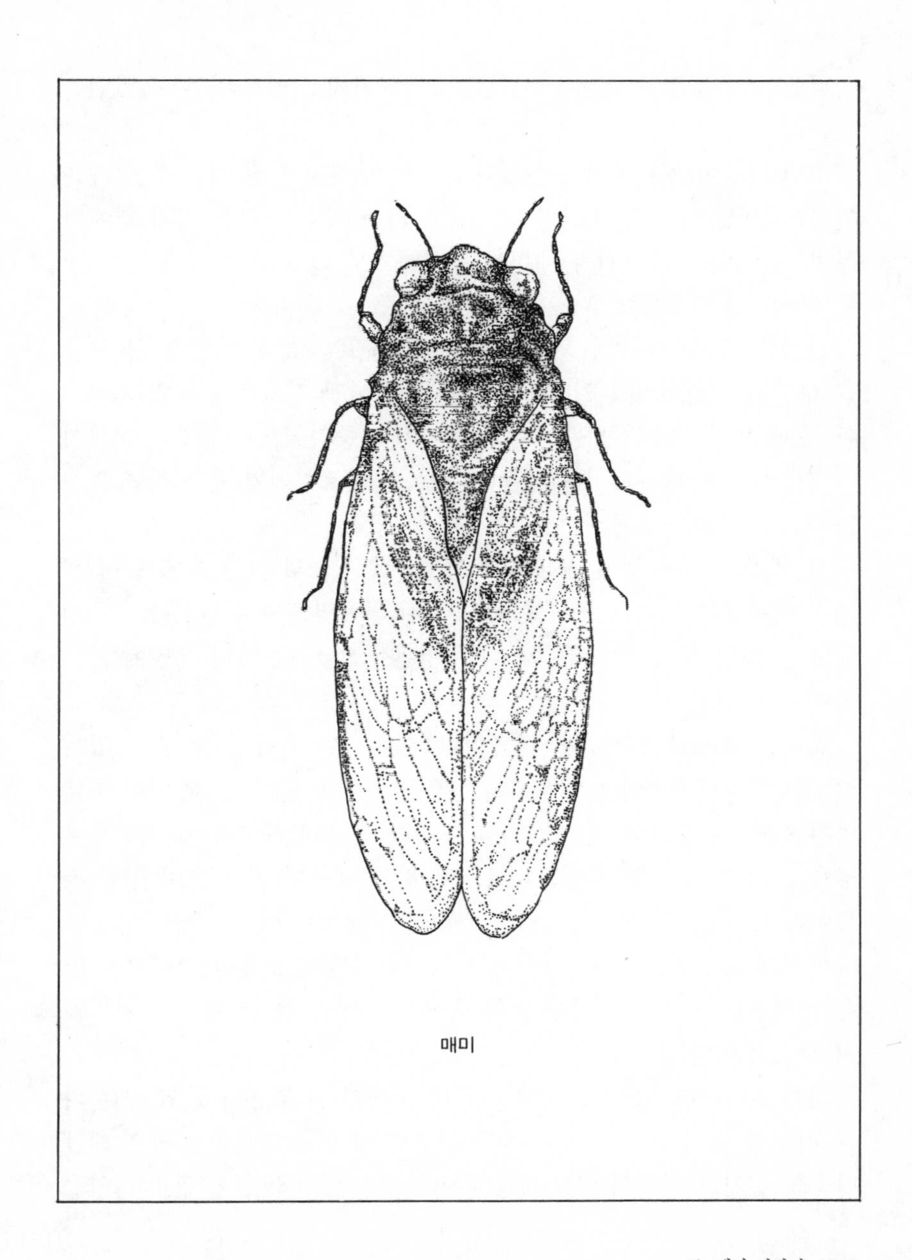

매미

아니었다. 그들은 우리 마을 사람들과 마찬가지로 역시 잘 알고 있었을 것이다.

그런데도 이 옛이야기가 사실과 너무나 달라지게 된 것은 무엇 때문일까? 어이없게도 이 옛이야기를 한 그리스 사람은 바로 자기 옆에서 심벌즈를 치고 있는 진짜 매미는 조사하지도 않고 책에 나와 있는 매미 이야기만 사람들에게 옮긴 것이다.

그들은 사실은 외면한 채 옛날의 전설만을 따랐다. 그들은 당시 모든 문화의 근원이라고 일컬어지던 인도의 어떤 전설을 흉내냈을 것이다. 오랜 세월 전승되는 동안 이런 이야기의 주인공으로 알맞은 대상이 어느새 매미로 정해져서 지금은 그 잘못을 바로잡기가 매우 어렵게 되었다.

몇 세기 동안에 걸쳐 감동하기 쉬운 어린이들의 머리 속에 깊이 새겨진 매미 이야기는 잘못된 이야기가 더욱 유명해지고 진실은 묻히게 되었다. 나는 옛이야기를 통해 나쁜 평판을 얻게 된 매미의 명예를 되찾아주고 싶다.

매미는 참으로 시끄러운 곤충이다. 여름이면 우리집 앞 뜰에 있는 커다란 플라타너스에는 너울거리는 푸른 잎에 이끌려 몇 백 마리의 매미가 몰려온다. 그리고는 해가 뜰 때부터 질 무렵까지 귀가 따갑도록 높은 소리로 쉬지 않고 심포니를 연주하기 때문에 머리 속이 띵할 정도이다.

이렇게 소란한 연주가 시작되면 생각한다거나 조용히 연구하는 일은 전혀 할 수 없다. 생각은 머리 속에서만 빙빙 돌 뿐 마음이 가라앉지 않는 것이다.

아아, 아름답지 못한 소문에 시달리는 매미여! 조용히 있고 싶은 나를 가만히 있게 하지 못하는 방해꾼이여! 아테네 사람들은 네 노래를 마음껏 즐기고 싶어서 너를 조롱에 가두어 길렀다지만 한 두 마리였을 테니까 괜찮았을 것이다. 그러나 조용히 생각에 잠기려 할 때 몇 백 마리가 꽹가리나 치듯이 한꺼번에 울어대서 사람의 귀를 멍멍하게 만드니 도저히 참을 수 없는 일이다.

하지만 너희들은 자기들이야말로 노래할 권리가 있다고 주장하겠지. 내가 이 집으로 이사오기 전에도 뜰에 있는 두 그루의 플라타너스는 꼭대기에서 밑그루까지 온통 너희들의 연주무대였었다. 내가 나중에 왔으니까 너희들에게 끼어든 격이겠지. 하지만 너의 아름답지 못한 내력을 바로 잡으려는 나를 위해서 심벌즈를 좀 멈춰 줄 수는 없겠니?

그럴 듯하게 전해오는 전설의 작가는 사실과는 다른 엉터리 이야기를 지어낸 것이다. 때때로 매미와 개미가 만난다는 것은 누구나 다 아는 사실이지만 이 만남은 전설에 나오는 이야기와는 정반대이다.

친구가 되려고 찾아 가는 쪽은 매미가 아니라 개미이다. 매미는 누구의 도움 없이도 살아갈 수 있다. 그러나 식량이라면 무엇이든지 창고 속에 쌓아 두기로 유명한 개미도 마실 것이 없어지면 매미한테 빌리러 간다. 아니 빌리러 가는 것이라고 할 수 없다. 개미는 남의 물건을 빌려다 쓰고 돌려 주는 법이 없으니까.

개미는 매미에게서 얻어 먹는 것이 아니라 뻔뻔스럽게도 훔쳐 먹는 것이다. 그 도둑질하는 모습을 보라. 이러한 사실은 매미와 관계된 이야기 가운데 아직 널리 알려져 있지 않은 진귀한 이야기이다.

7월의 찌는 듯이 무더운 오후에 접어들면, 목이 말라 지쳐버린 곤충들은 한 방울의 이슬이라도 맛보려고 시든 꽃송이를 열심히 찾아 다닌다.

매미는 나무 그늘에서 야단법석을 떠는 이런 곤충들의 모습을 비웃기나 하듯이 뾰족한 드릴 같은 주둥이로, 그칠 줄 모르고 흘러내리는 물창고에 구멍 하나를 뚫는다. 쉴 새 없이 노래를 부르면서도 딱딱한 나무 껍질에 구멍을 뚫는다.

그러면 달고 시원한 시럽이 샘솟듯 흘러나온다. 매미는 주둥이 끝을 나무 껍데기 속에 밀어 넣고 시럽의 달콤한 맛과 자기 노랫소리에 스스로 흥겨워 하며 조용히 마른 목을 축인다.

잠시 주의해서 지켜보자. 그러면 마음씨 좋은 가수가 뜻밖에 재난을 당하는 모습을 구경할 수도 있다. 왜냐하면 목마른 곤충들이 그 근처를 온통 날아 다니고 있기 때문이다. 벌레들은 마침내 매미가 뚫어 놓은 우물을 발견한다. 우물에서 흘러내리는 물이 그곳을 알려 준 것이다. 곤충들이 모여든다.

처음에는 주저하고 사양하면서 매미가 흘리는 것을 먹는 정도이다. 그러나 매미가 먹다가 흘리는 것만 핥아가지고는 갈증을 다 해소할 수 없는 모양이다.

달콤한 물이 흐르는 우물 근처에 장수말벌・파리・집게벌레・땅말벌・대모벌・꽃무지・개미떼 등이 분주하게 다가온다.

몸집이 작은 놈들은 우물 가까이까지 가려고 매미의 배 밑으로 기어든다. 매미는 젊잖게 다리를 뻗고 몸을 들어 끼어드는 귀찮은 놈들한테 길을 내준다.

몸집이 큰 놈들은 참다 못해 발을 동동 구르다가 재빨리 한 모금 빨아먹고는 물러났다가 근처의 나무가지 위를 한 바퀴 돌고는 다시 우물가로 찾아온다.

그리고 이번에는 좀 더 뻔뻔스럽게 욕심을 부리기 시작한다. 조금전까지는 주저하던 놈들이 이제는 앞다투어 먼저 먹으려고 덤벼들더니 나중에는 우물에서 물이 흘러나오도록 만든 인심좋은 매미를 쫓아 버리려고 한다.

개미는 이런 염치없는 못된 짓을 제일 잘한다. 나는 개미가 매미의 뒷다리를 물고 있는 것을 본 적도 있다. 또 날개 끝을 물어 뜯거나 등에 올라타서 더듬이를 귀찮게 간지르는 것을 본 일도 있다. 또 어떤 놈

목마른 곤충들이 매미가 파 놓은 우물에 모여들고 있다.

은 대담하게도 매미의 주둥이 끝을 물고 늘어지면서 주둥이를 우물에서 떼어 버리려고 애를 쓰기도 하는 것이었다.

이렇게 개미들에게 시달리다가 정 견디기 어려우면 이 몸집 큰 사나이는 자기가 파 놓은 우물을 버리고 떠난다. 매미는 이 꼬마 깡패들에게 오줌을 한 번 갈기고는 떠나버린다.

그러나 이렇게 심한 모욕을 당해도 오줌총 같은 것은 개미에게 문제가 아니다. 어쨌거나 목적을 달성했기 때문이다.

이제부터 우물은 개미의 차지이다. 물을 뽑아 올렸던 펌프(매미의 입)가 없어졌기 때문에 우물은 곧 말라 버리지만 그래도 맛좋은 시럽이 몇 방울은 남아 있다. 또 좋은 기회만 있으면 이렇게 해서 다시 새로운 우물을 빼앗으면 그만이다.

지금까지 이야기한 것처럼 옛날 이야기 속에 나오는 매미와 개미는 주인공의 역할이 완전히 뒤바뀌어 있는 것이다.

구걸하여 얻어 먹는 것이 아니라 악착같이 빼앗어 먹기까지 하는 놈은 매미가 아니고 개미이다. 이밖에도 또 다른 사실이 역활의 뒤바뀜을 분명하게 보여 준다. 5~6주 동안 기분좋게 노래하던 가수는 목숨이 다하여 나무에서 떨어진다. 태양은 시체를 마르게 하고, 사람들은 사정없이 그를 밟고 지나간다.

항상 먹이를 찾아 헤매는 개미는 이 시체와 만난다. 개미는 살이 붙어 있는 이 먹이를 얼싸좋다고 반기며 그것을 조각 조각 끊어서 창고로 운반해 간다. 또 흙을 뒤집어 쓴 채 날개를 떨며 죽어가는 매미가 먹이를 찾아 헤매는 개미떼들에게 붙들린 채 끌려가 갈기갈기 찢기는 것도 우리가 흔히 볼 수 있는 광경이다. 개미들은 매미에게 새까맣게 몰려든다. 개미의 이런 잔인성으로 보아 매미와 개미 사이의 관계는 명확해졌다고 할 수 있을 것이다.

먼 옛날 사람들은 매미를 무척 아끼고 존중했다. 그리스의 시인 아나클레온은 매미에게 한 편의 짧은 시를 지어 바쳤다. 그의 찬양은 도를 넘어 "그대는 신이라 해도 지나치지 않는다"라고 말했다.

"땅에서 태어나 괴로움을 모르고, 살기 위해서 피를 요구하지 않는다"라고 그는 말했다.

매미를 신처럼 받들기 위해 아나클레온이 든 이유를 우리들이 그대로 받아들일 수는 없다.

하지만 나는 아나클레온의 이러한 말을 나무라지 않겠다. 이것은 그가 그렇게 믿었던 것이고, 그 이후에도 정확한 관찰이 이루어질 때까지 고쳐지지 않았던 이야기니까.

땅 속의 구멍에서

매미는 하지(夏至) 무렵에야 비로소 우리들 앞에 모습을 드러낸다. 타는 듯한 햇볕에 마를 대로 마르고 사람의 발길에 굳을 대로 굳은 길에 엄지 손가락 만한 구멍이 뚫려 있는 것을 가끔 볼 수 있다.

이 구멍은 매미새끼가 어른이 되기 위해서 땅 속에서 바깥세상으로 나온 구멍이다. 파헤쳐진 밭이나 흙을 갈아 엎은 땅이 아니면 어디서나 흔히 볼 수 있다.

대개 햇빛이 잘 들어서 가장 덥고 메마른 땅에, 나무도 풀도 나지 않는 땅 가운데 많이 있으며 특히 길 가까운 곳에 많다.

남쪽을 향한 담장 근처나, 타는 듯한 태양열 때문에 메말라 버린 뜰 한가운데 있는 길에 이러한 구멍이 많다.

나는 6월 그믐께 새끼매미가 막 기어나온 구멍을 조사한 적이 있다. 곡괭이가 있어야 땅을 파헤칠 수 있을 만큼 땅은 굳어 있었다. 구멍의 입구는 둥글었고 그 지름은 대략 2.5센티미터 쯤이었다.

이 구멍 둘레에는 밖으로 밀어낸 흙무더기가 전혀 없었다. 매미의 구멍에서는 억센 곤충들이 구멍을 팔 때와는 달리 흙무더기가 밖으로 나오는 법이 결코 없다.

이런 차이는 구멍을 파는 순서가 다른 데서 오는 것이다. 풍뎅이는 밖에서 안으로 들어간다. 풍뎅이는 처음에 구멍의 입구에서부터 파기 때문에 파낸 흙더미는 땅 위에 쌓이게 된다.

새끼매미는 이와는 반대로 안에서 땅 밖으로 올라온다. 밖으로 통하는 마지막 출입구를 뚫는 것은 맨 마지막 일이다. 일 막바지에야 비로소 문이 열리기 때문에, 그곳이 쓰레기를 버리는 장소가 될 까닭이 없다.

매미의 구멍은 대체로 깊이가 40센티미터 가량 된다. 둥근 통 모양이며, 흙속에 장애물이 있느냐 없느냐에 따라 구불구불한 곳도 있지만 대개는 수직에 가깝다.

굴은 아무것도 없이 텅 비어 있다. 구멍을 파면 으레 있어야 할 파낸 흙이 어디에도 보이지 않는다. 구멍 밑바닥은 막다른 곳으로 다른 곳보다 약간 넓으며 마치 작은 방처럼 되어 있고 벽은 미끈미끈 하다. 이 굴이 다른 굴과 연결되어서 더 길게 뻗어 있는 흔적은 아무데도 없다.

굴의 길이와 구멍의 지름으로 볼 때 이 굴을 파려면 대체로 200세제곱센티미터의 흙덩이가 나온다. 그러면 매미는 도대체 파낸 흙을 어디에 치운 것일까? 더우기 바짝 말라서 허물어지기 쉬운 흙을 팠기 때문에, 구멍을 파는 일 이외에 어떤 방법·수단을 동원하지 않았다면 수직으로 뚫은 구멍이나 바닥의 작은 방은 먼지투성이가 되었을 것이고 벽이 쉽게 무너져 버렸을 것이다. 그러나 실제는 이와 반대여서 벽에는 윤기 있는 진흙이 반들반들하게 발라져 있었다.

이런 저런 광경을 대하면서 나는 적지않게 놀랐다. 벽은 모두 반들반들하다고 할 수는 없으나 흙이 떨어질 만한 부분은 죄다 발라서 막아져

새끼매미가 땅 위로 올라오려고 애쓰고 있다.

있는 것이었다. 허물어지기 쉬운 재료에 물기가 축여져 달라 붙어 있었던 것이다.

매미새끼가 왔다 갔다 하거나 땅 위로 오르거나 밑으로 내려가도 발톱 때문에 흙벽이 무너져 구멍이 메일 걱정은 전혀 없었다.

석탄을 캐는 광부들은 굴의 벽을 기둥이나 버팀목으로 받쳐 놓는다. 지하철도를 공사하는 기사는 터널의 벽을 쌓아 바른다.

새끼매미는 이들 못지 않게 주의 깊은 토목기사이다. 굴 벽에 자기가 만든 시멘트를 발라서 오랫동안 사용해도 허물어지지 않도록 만들어 놓는다.

새끼매미는 껍질을 벗으려고 땅 위로 올라왔다가 사람이 골려주기라도 하면 질겁을 하고는 땅속의 굴 밑으로 재빨리 내려가 버린다. 이런 일도 있기 때문에 새끼매미가 굴과 영원히 작별해야 할 때라도 구멍이 흙으로 막혀서는 안 된다.

이 구멍은 새끼매미가 햇빛이 비치는 곳으로 나오기 위해 갑작스럽게 만들어 놓은 것은 아니다. 그 구멍은 어디까지나 정식으로 건축한 주택이며, 새끼매미가 오랫동안 살아야 할 살림집이다. 허물어지지 않도록 매끈하게 바른 벽이 그것을 증명해 준다.

구멍을 다 뚫자마다 밖으로 나온다면 이토록 세심하게 손질을 할 필요가 없을 것이다. 의심할 것도 없이, 이곳은 땅 밖의 세상 날씨를 알아보기 위한 기상대이기도 한 것이다.

땅 속으로 3~4센티미터 이상이나 되는 곳에 있으니 새끼매미는 밖으로 나갈 만큼 자라서도 땅 밖의 날씨가 좋은지 나쁜지 알 수가 없다. 땅 속의 기후는 변화가 거의 없다. 매미의 일생 가운데 가장 중요한 시기는 허물을 벗는 때라고 할 수 있는데, 땅속 깊은 곳에서는 밖의 날씨가 어떤지 정확히 알 수 없다.

새끼매미는 끈기있게 몇 주나 몇 달 동안 굴을 청소하고 벽을 바른 다음 맨 윗부분만은 밖으로부터 몸을 숨기기 위해 손가락 두께만큼 그대로 남겨 둔다.

바닥에는 다른 곳보다 공을 들여 손질한 살림방을 마련해 둔다. 이곳은 새끼매미가 거처하는 방이며 밖의 날씨가 나빠서 이사를 연기해야 할 때는 대기실이 되기도 한다.

새끼매미는 날씨가 좋은 듯하면 구멍 위로 올라와서 천장 뚜껑인 얇은 흙을 통해 바깥 세상의 날씨와 온도를 조사한다.

새끼매미

만약 날씨가 고르지 않고 비가 오거나 찬 바람이 불 듯하면 허물을 벗을 때 목숨을 잃을 수도 있기 때문에 다시 구멍 밑으로 내려가서 차분히 기다린다.

반대로 날씨가 좋아지면 새끼매미는 발톱으로 천장을 몇차례 긁어서 구멍을 뚫고 밖으로 나온다. 이처럼 매미의 굴은 새끼매미의 주택이며 대기실이고 기상대인 것이다.

그런데 앞에서도 말했지만 구멍을 팔 때 나온 흙은 대체 어디로 간 것일까? 구멍을 파면 줄잡아서 한 구멍에서 200세제곱센티미터의 흙이 나오는데 어디로 가져갔는지, 땅 위에는 흔적도 없고 구멍 안도 텅 텅 비어 있다.

또 한 가지 새끼매미는 습기라고는 별로 없는 메마른 땅에서 어떻게 담벽에 바르는 진흙을 만들어 내는 것일까?

검은비단벌레나 참나무하늘소의 애벌레 등 나무를 좀먹는 곤충들이 첫 번째의 의문에 대한 해답을 준다. 애벌레들은 나무줄기 속을 파서 구멍을 뚫고 나갈 때 생기는 나무밥을 먹으면서 굴을 판다. 위 아래 턱으로 깎아내는 나무밥은 곤충의 창자를 거쳐 뒤로 빠져나간다.

애벌레들은 먹은 것을 체내에 영양분으로 약간 남겨두고 나머지는 두 번 다시 돌아오지 않을 뒷 구멍 길을 막아 버린다.

벌레의 입이나 창자 속에서 소화되어 가루가 된 나무밥은, 나무 상태로 있을 때 보다는 부피가 훨씬 적어져서 뒤로 밀려 나가게 된다.

이 때문에 굴을 파는 애벌레에게는 공간이 생기며 애벌레가 살아갈 수 있는 살림방이 마련된다. 그 방은 너무 비좁아서 애벌레가 간신히 몸을 움직일 수 있을 정도로 작다.

새끼매미도 이와 비슷한 방법으로 구멍을 파는 것은 아닐까? 물론 파내면서 나온 흙은 매미유충의 창자를 거쳐가지는 않는다. 흙은 아무리 부드러운 것이라 하더라도 지렁이가 아닌 이상 식량 구실을 할 수는 없다. 그렇다면 파낸 흙은 구멍이 위로 뚫리면서 매미유충의 뒤쪽으로 버려지는 것이 아닐까?

매미의 애벌레는 4년 동안이나 땅 속에 있다. 물론 그 긴 세월을 꼭 같은 굴 구멍에서 살고 있는 것은 아니다. 아마 꽤 먼 곳에서 이곳까지 왔을 것이다.

새끼매미는 이 나무 뿌리에서 저 나무 뿌리로 옮겨다니며 뾰족한 주둥이를 나무 뿌리에 꽂고 물을 빨아먹으며 정처없이 떠돌아 다니는 부랑아이다.

겨울이 오면 좀 더 춥지 않은 곳이나 좀 더 식량을 구하기 쉬운 곳으로 이사하기 위해 그 주둥이로 파헤친 흙이나 모래를 자기 뒤로 버리면서 땅 속의 길을 개척할 것이다.

참나무하늘소나 검은비단벌레의 애벌레와 마찬가지로 여행을 좋아하는 이 곤충에게는 몸을 움직일 만한 공간만 있으면 된다.

매미의 애벌레에게는 습기있고 부드러운 흙을 짓눌러서 부피를 줄이는 일이 하늘소가 톱밥을 소화시켜서 부피를 줄이는 작업에 해당한다. 부드러운 흙은 쉽게 다져지고 부피가 줄어들기에 어렵지 않게 공간이 마련된다.

매미의 애벌레가 굴을 파면서 나온 흙의 일부분을 뒤로 버린다는 증거는 아무것도 없지만 그렇게밖에 생각할 수 없다. 그러나 굴의 넓이와 그 곳에서 나와야 할 흙더미를 비교해 볼 때에, 또다시 의문이 떠올라서 이렇게 생각하지 않을 수 없다.

"구멍을 팔 때 생긴 흙을 처리하는 데는 넓은 빈 터가 필요하다. 그리고 그 빈 터를 마련하기 위해서는 이 흙을 어디엔가 버려야 한다. 빈 터를 마련하기 위해서는 파낸 흙을 두기 위한 또 다른 빈 터가 필요하게 된다."

이렇게 말한다면 이야기는 끝이 없을 것이다. 나머지 흙을 뒤로 던져서 부피를 줄였다고 하면, 이렇게 넓은 공간이 생긴 까닭을 설명하기가 어렵기 때문이다.

매미는 불필요한 흙을 처리하는 특별한 방법을 갖고 있을 것이 틀림없다. 비밀을 파헤쳐 보기로 하자.

땅 속에서 새끼매미가 밖으로 나오는 것을 조사해 보자. 새끼매미는 언제나 몸 전체가 말라 붙은 흙이나 습기찬 진흙투성이로 되어 있다.

굴을 파는 도구인 앞발톱은 흙덩이에 묻혀서 알아보기가 힘들 정도이다. 다른 발도 온통 흙투성이다. 그리고 등도 진흙으로 덮여 있어서 마치 흙물을 뒤집어 쓰고 나온 하수도 공사의 일꾼 같다.

메마른 땅 속에서 밖으로 나오는데 이처럼 흙투성이가 되다니 놀라지 않을 수 없다. 먼지 투성이로 나올 줄 알았는데 진흙을 뒤집어 쓴 모습이니 말이다.

이런 방향으로 연구를 좀 더 계속해 보자. 그러면 굴의 문제도 풀릴 것이다. 나는 땅을 파헤치다가 우연히 새끼매미가 밖으로 나오는 구멍 입구에서 일하고 있는 것을 발견했다. 지금 막 굴을 파기 시작했는지 흙무더기도 없는 3센티미터 가량의 굴이 만들어져 있고 밑바닥에는 살림방이 마련되어 있었다. 그런데 이 일꾼의 모습은 어떠했을까?

새끼매미는 밖에 나왔을 때보다 훨씬 빛깔이 엷었다. 그 커다란 눈동자는 훨씬 뿌옇고 사팔뜨기여서 물건을 분별하지도 못하는 듯했다. 땅 속에서는 눈이 있어도 아무 소용이 없다.

이와는 반대로 땅 위로 나온 새끼매미의 눈은 까맣고 윤기가 있으며 물체를 보는 힘이 있다. 구멍에서 막 나온 어린 매미는 허물을 벗기 위해 올라갈 나무를 찾아야만 한다. 그러기에 물체를 분명히 볼 수 있어야 한다.

새끼매미가 굴을 임시로 갑자기 만드는 것이 아니라, 오랜 시일을 두고 공을 들여서 만든다는 것은 밖으로 나오려고 준비하고 있는 동안에 일어나는 눈의 변화만을 보더라도 충분히 알 수 있다.

그리고 빛깔이 연하고 앞을 못보는 새끼매미는 세상 밖으로 나올 준비가 다 끝났을 때보다 훨씬 몸집이 크다. 물기에 불어서 마치 부종에라도 걸린 것 같다. 손끝으로 잡으면 밑으로 맑은 물이 떨어진다.

그리고 몸 전체가 물기에 젖어 있다. 창자 속에서 나오는 액체는 오줌일까? 그렇지 않으면 나무진만을 빨아먹고 사는 매미의 창자 속에 남아 있던 물찌꺼기일까? 여기서는 우선 그것을 오줌이라고 하겠다.

바로 이 오줌이 나오는 샘이 수수께끼를 푸는 열쇠이다. 새끼매미는 구멍 속을 파 들어가면서 가루같이 부드러운 흙에 이 물을 뿌려서 진흙으로 반죽하여 그 자리에서 배 밑에 문지른 다음 벽에 바른다.

이렇게 해서 굴 속에 공간이 생기는 것이다. 파낸 흙이 전혀 없는 것은 그 흙가루가 진득진득한 흙 시멘트로 되어 그 자리에서 벽에 발라지기 때문이다.

그러므로 새끼매미는 진흙을 만들어서 일을 하고 있는 셈이다. 그래서 새끼매미는 진흙투성이가 된 것이다. 매미는 다 자라면 이런 괴로운 광부일을 하지 않아도 된다. 하지만 물 주머니를 아주 비워버리지는 않는다.

여러분은 혹시 매미를 잡으러 갔다가 찔끔 싸 갈기는 매미 오줌을 맞아본 적은 없는가?

매미는 귀찮게 구는 놈한테는 오줌을 싸 주고는 날아가 버린다. 매미는 땅 속에 있을 때도, 어른이 되어서도 물을 뿌리는 데는 선수다.

그런데, 새끼매미가 제아무리 물을 많이 머금고 있다 해도 오랫동안 굴을 파게 되면 몸 속의 저수지는 말라 버릴 것이다. 그렇다면 물을 새로 길어 와야 하는데 어디서 어떻게 길어 올까? 나는 그것을 알아냈다.

나는 몇 개의 굴을 조심조심 파헤치고 들어냈는데, 밑바닥의 살림하는 방의 벽에 살아 있는 나무의 뿌리가 끼어 있는 것을 볼 수 있었다.

그것은 때로는 연필 굵기 만했고 또 어떤 때는 밀집 굵기 만했다. 나무 뿌리 가운데 눈에 띄는 부분은 기껏해야 4～5밀리미터 가량이었다. 나머지의 대부분은 흙속에 들어가 있다.

이 수액(樹液)의 샘은 새끼매미가 구멍을 파다가 우연히 들어나게 된 것일까? 그렇지 않으면 일부러 찾아낸 것일까?

나는 나중의 경우일 것이라고 생각한다. 내가 구멍을 파헤칠 때마다 작은 나무 뿌리가 발견되었기 대문이다.

그렇다. 매미는 앞으로 살아갈 살림방을 마련하고 굴을 만들 때 조그마한 살아 있는 나무 뿌리가 있는 장소의 근처를 선택하는 것이다. 매미는 뿌리의 일부분을 드러나게 하는데, 그것을 구멍 가운데 내놓지는 않고 벽에 비스듬이 박혀 있도록 한다.

벽 가운데 박혀 있는 생나무의 뿌리는, 생각컨대 매미의 샘이다. 매미는 몸에 수분이 부족할 때 여기서 물을 길어대는 것이다. 메마른 흙을 진흙으로 바꿀 때, 물주머니가 마르면 매미새끼는 방으로 내려간다.

그리고 벽에 박혀 있는 나무뿌리 물통에 주둥이를 꽂고 배가 불룩 나오도록 나무진을 빨아들인다.

물주머니가 가득차면 다시 올라와서 일을 계속한다. 발톱으로 긁어 내린 마른 흙을 축이고 흙가루를 진흙으로 바꾸어 벽 주위에 발라 지나갈 수 있는 길을 뚫는다.

만약 나무뿌리의 샘이 없고, 또 뱃속의 저수지인 물주머니가 마르면 어떻게 될까? 실험을 통해 알아보자.

땅 속에서 나온 새끼매미를 잡아서 시험관 속에 넣고 메마른 흙기둥을 그 위에 놓아서 약간 눌러 두었다.

흙기둥의 높이는 10.5센티미터 정도이다. 새끼매미가 빠져 나온 구멍은 이보다 3배나 길고, 같은 흙이라도 훨씬 굳은 것이었다. 부드럽고 짧은 흙기둥 아래 파묻혀 있는 이놈은 밖으로 기어 올라올 힘이 있을까?

만일 힘이 남아 있다면 확실히 밖으로 기어 올라올 것이다. 그렇게 굳은 흙 속에서도 구멍을 뚫고 올라오는데 이처럼 부드러운 흙을 못 뚫을 리 없다.

하지만 쉽게 기어 올라오지 못할 수도 있다는 의문이 생겼다. 굴을 꽉 메우고 있는 흙무더기를 뚫고 올라오기 위해 새끼매미는 몸 속에 저축했던 물을 다 써 버렸기 때문이다. 물주머니가 말라버린데다가 이곳에는 생나무의 뿌리도 없기 때문에 물통을 다시 채울 만한 방법이 없다.

내 예상은 들어맞았다. 실제로 3일 동안이나 시험관 밑바닥에 묻혀 있던 새끼매미는 죽을 힘을 다해 밖으로 나오려고 기를 썼지만 습기도 없어서 좀체로 올라오지 못했다.

물기가 없으므로 흙을 반죽할 수 없었다. 그리고 흙은 습기도 끈기도 없어서 조금만 건드려도 허무러져 매미 등에 떨어졌다. 새끼매미는 아무리 노력해도 별로 나아가지 못하는 일을 처음부터 다시 시작해야만 했다. 그리하여 4일째 되던 날 가엽게도 새끼매미는 죽고 말았다.

매미의 물주머니에 물이 가득 차 있었다면 그 결과는 전혀 달랐을 것이다.

제 집을 떠나 세상 밖으로 나오려는 새끼매미를 상대로 나는 같은 실험을 되풀이했다. 나는 이번에는 새끼매미가 물의 부족을 느끼지 않도록 충분히 공급해 주었다.

새끼매미는 물을 많이 머금었는지 온몸이 물기에 젖어 있었다. 이들이 하는 일은 아주 간단했다. 물주머니의 물로 흙을 진흙으로 바꿔놓고 그 진흙을 다시 반죽해서 담에 바르는 것이었다. 그러다보면 구멍이 뚫어지는 것이다.

꽤나 서툰 솜씨로 뚫은 구멍이어서 새끼매미가 위로 올라오는데 따라 뒤쪽의 흙이 허물어져서 구멍을 거의 막을 정도이다. 매미는 물을 새로 길어올 수 없다고 생각했는지 갖고 있던 물을 아끼면서 평소와는 다른 환경에서 될수록 빨리 기어나오기 위해 꼭 필요한 물만을 사용했다.

매미의 이런 절약은 아주 정확해서 10일 쯤 지나 매미는 시험관 위의 흙 밖으로 기어나와 있었다.

허물을 벗기까지

새끼매미가 흙을 헤치고 구멍에서 밖으로 나오면 굵은 드릴로 뚫어놓은 듯한 구멍은 그대로 버려진다.

새끼매미는 잠시 근처를 살펴보고는 잡초가 우거진 풀숲을 찾아가거나 식물의 줄기 또는 관목의 작은 가지 등 을 타고 올라가 나뭇가지를 찾는다. 이윽고 적당한 곳을 찾으면 매미는 기어올라가서 머리를 위로하고 앞 발톱으로 나뭇가지를 꼭 붙잡는다.

그리고는 잠시 쉰다. 쉬는 동안 몸 전체를 받쳐 주고 있던 앞발은 굳어지며 나뭇가지를 잡아 흔들어도 꿈쩍도 하지 않을 정도가 된다.

허물벗기는 우선 가슴 한복판부터 중앙의 선을 따라 갈라진다. 그와 동시에 가슴의 앞부분도 갈라진다. 이처럼 세로로 갈라지는 선은 머리 아래부터 가슴의 뒷등까지 계속된다. 그러나 그 이상 갈라지지는 않는다.

그리고는 눈의 앞 부분이 가로로 갈라지면서 빨간 눈알이 드러난다. 또한 크게 갈라진 틈으로 초록색 가슴의 가운데가 드러나기 시작한다.

허물벗기는 맥박이 느릿느릿 뛰놀듯 부풀었다 줄어들었다 하는 운동 속에서 이루어진다. 이 운동은 처음에는 껍데기 속에서 시작되는데, 가장 갈라지기 쉬운 곳에서부터 허물벗기를 시작한다.

허물벗기가 계속된다. 머리가 나온다. 몸은 배가 윗쪽을 향하고, 허물과 직각이 된다. 크게 입을 벌린 껍데기 아래, 맨 마지막으로 뒷다리가 보인다. 날개는 몸 속의 물기로 부풀어 있다.

날개는 아직도 쭈글쭈글하며 아취형으로 구부러져 있다. 이리하여 허물을 벗는 첫 단계는 대체로 2분 동안에 끝난다.

이제 좀 더 긴 시간이 필요한 둘째 단계가 남았다. 매미는 껍데기 속에 아직도 남아 있는 배의 아랫 부분 말고는 모두 빠져나왔다.

허물은 나뭇가지에 단단히 감긴 채 매달려 있다. 점점 말라서 물기가 전혀 없어도 처음 자세 그대로이다.

왜냐하면 앞으로 시작되려는 것을 위해 필요하기 때문이다. 아랫배의 한 끝은 아직도 벗어지지 않은 채 묵은 껍데기에 달려 있다. 매미는 아래로 머리를 내리고는 한 번 거꾸로 재주를 넘는다.

그러자 이제 매미는 노란 빛이 섞인 연록색으로 변했다. 그리고 이때까지 허리에 두툼하게 접혀 있던 날개는 차츰 체액이 흘러내리기 때문인지 팽팽하게 펼쳐진다.

허물벗는 매미와 그 허물

매미가 허물을 벗고 있다.

이렇듯 느릿느릿하게 세밀한 변화가 끝나면 매미는 허리에 힘을 주어서 거의 눈에 띄지 않는 운동을 가볍게 하면서 몸을 바로 잡으며, 머리를 위로 하고 원래의 자세로 나무에 붙어 앉는다.

앞 발은 아직도 빈 허물을 붙들고 있다. 마지막으로 껍데기에 들어 있던 몸이 완전히 빠져나온다. 이것으로 매미의 일생에서 가장 중요한 허물벗는 일은 끝난다.

허물을 깨끗이 벗어 버리기까지는 약 30분이 걸린다. 새끼매미는 번데기 껍질에서 완전히 밖으로 나왔다. 그러나 그 모습은 앞으로 이 곤충이 갖게 될 모습과는 많이 다르다.

날개는 젖은 채 축 늘어져 있으며 연푸른 힘줄이 뻗어 있다. 가슴 위와 중간께는 약간 검붉고 칙칙한 빛을 띠고 있다.

몸 전체는 연한 초록색이며 군데군데 흰 빛이 섞여 있다. 이 새끼매미가 단단해지고 제 빛깔을 찾으려면 꽤 오랜 시간 햇볕과 공기를 받아야 한다.

매미는 빠져나온 껍데기를 앞 발톱으로 잡고 매달려 있으며, 아직도 약하디 약해 바람만 살랑 불어도 몸을 부르르 떤다. 이윽고 몸 전체에 검붉은 빛이 나타나고 그 색깔이 짙어지면서 갑자기 모든 것은 끝난다. 30분이면 충분하다. 아침 9시에 나뭇가지에 기어오른 매미는 12시 30분 내 눈앞에서 날아가 버렸다.

옛날에 걸치고 있던 껍데기는 찢어진 자국 이외에는 변함없이 그대로 남아 있다. 얼마나 착 달라붙어 있는지 늦 가을의 모진 비바람도 견디어내고 매달려 있는 경우도 있다.

그로부터 몇 달이 지난 한겨울에도 이 낡은 껍데기는 허물벗을 때 그대로 풀 끝이나 작은 나뭇가지에 매달려 있는 것을 흔히 볼 수 있다.

매미의 변태, 즉 허물을 벗을 때의 모습을 다시 한 번 되짚어 보자. 우선 매미는 맨 마지막까지 허물 속에 들어 있는 배 끝으로 몸을 지탱하며, 머리를 아래로 하고 재주를 넘는다.

머리와 가슴은 이미 껍데기를 찢고 밖으로 나와 있으므로 재주넘기로 자유로워진 것은 날개와 발 뿐이다.

그리고 재주를 넘을 수 있도록 몸을 지탱해 준 배 끝을 자유롭게 하기 위해, 매미는 등에 힘을 주며 일어나서 머리를 치켜들고 앞 발톱으로 껍데기를 붙들고 매달린다. 붙잡을 곳이 마련되었으므로 껍데기에서 벗어나지 못하던 배 끝이 완전히 밖으로 나오게 되는 것이다.

나는 다른 실험도 해 보았다. 새끼 매미를 유리병에 넣고 걸어다닐 수 있도록 모래를 살짝 깔아 주었다. 그러나 새끼매미는 걸을 수는 있었으나 어디에도 기어오를 수는 없었다. 유리벽이 너무 매끄러웠기 때문이다. 그 속에서 매미는 허물도 벗지 못 하고 죽어버렸다.

그러나 예외가 없는 것은 아니다. 새끼매미가 모래바닥 위에서 정상적으로 허물벗는 것을 보았기 때문이다. 하지만 이것이 어떤 조건 속에서 일어났는지는 알아 볼 수 없었다. 결론적으로 말하면 매미는 거의 모든 매미가 허물벗을 때 취하는 일반적인 자세가 아니면 허물을 벗을 수 없다.

매미는 허물을 벗으려 할 때, 몸 속에서 일어나는 변화에 의해 아무리 재촉을 받더라도 바깥 세계의 조건이 나쁘다는 것을 알면 필사적으로 허물벗기를 억제하여 껍질을 벗고 나오기 보다는 죽음을 택한다. 매미가 나온 구멍 곁에는 항상 어떤 풀섶이나 나무가 있다. 땅 속에서 나온 매미는 그곳의 나뭇가지에 기어올라가며, 그곳에서 몇 분 지나면 등의 선을 따라 허물이 갈라지는 것이다.

'매미의 어미'

아리스토텔레스는 매미를 가리켜 그리스인이 매우 진귀하게 여긴 음식물이었다고 말하고 있다.

나는 이 위대한 박물학자의 원문을 읽은 적은 없다. 시골에 살고 있는 나의 서재에 그렇게 훌륭한 책이 있을 리가 없다. 그런데 우연히 나는 이 사실을 확인시켜 주는 고서를 보게 되었다.

마티오르(1550−1577. 이탈리아의 의학자 · 식물학자)가 쓰고 디오스코리데스(의사 · 과학자)가 주석을 붙인 책이었다. 뛰어난 박물학자였던 마티오르는 아리스토텔레스를 잘 알고 있었을 것이다.

그런데 그는 다음과 같이 말하고 있다.

"아리스토텔레스의 말은 전혀 이상할 것이 없다. 껍데기를 벗기 전의 '매미어미'는 참으로 맛이 있기 때문이다."

'매미어미'라는 말은 그 옛날 매미새끼를 가리켜며 썼던 말일 것이다. (매미가 새끼매미에서 나왔기 때문에 '매미어미'란 표현을 쓴 것 같다.－옮긴이) 마티오르는 아리스토텔레스가 껍데기를 벗기 전 '매미어미'의 맛이 아주 좋다고 말했다는 것이다.

아직 허물을 벗지 않았다는 말로 미루어 보아 맛이 훌륭하다는 이 음식물을 그리스인이 어느 계절에 보았는지 알 수 있다. 그것은 물론 밭을 깊이 갈아엎는 초겨울은 아닐 것이다. 그 시기에는 새끼매미가 껍데기 속에서 나올 때가 아니기 때문이다. 그러므로 초여름 매미가 땅속에서 밖으로 나올 무렵이다. 그 즈음 매미새끼를 찾아보면 땅 위에서 한 두 마리 쯤은 발견할 수 있을 것이다.

이 때야말로 허물을 채 벗지 못한 새끼매미를 발견할 수 있는 가장 좋은 시기이다. 그리고 한편 이 때는 매미를 잡아서 모아 두거나 부엌에서 요리를 할 때 서둘러야만 하는 시기이기도 하다. 몇 분만 지나도 매미가 허물을 벗어버리기 때문이다.

맛있는 요리라고 해서 옛날부터 "그 맛이 지극히 감미롭다"고 했는데, 구미를 돋운다는 형용사는 과연 맞는 말일까?

마침 좋은 기회가 왔다. 놓치지 말고 이것을 시험해 봐야겠다.

그것이 사실이라면, 옛날부터 아리스토텔레스가 높이 찬양한 음식의 평판을 되찾아 주도록 하자. 그것은 힘을 들일 만한 가치가 있는 일이다.

7월의 어느 날 아침, 벌써 타는 듯한 햇볕이 새끼매미들한테 어서 땅속에서 나오라고 손짓하고 있을 때에, 집안식구들은 어른 아이 할 것 없이 새끼매미를 찾으러 나섰다. 우리들 다섯 사람은 울타리 안팎, 특히 매미가 가장 많이 있을 듯한 오솔길 가장자리를 둘러 보았다.

우리는 새끼매미를 발견하면 곧 물컵 속에 껍질이 상하지 않도록 담아 가라앉혀 버렸다. 이렇게 해두면 질식해서 변태(허물 벗기)도 멈출 것이다. 매미의 변태가 빠르다는 것은 옛날부터 유명한 이야기이다.

두 시간동안 모두 이마에 땀을 흘리며 눈에 불을 켜고 찾은 결과 우리들은 네 마리의 새끼매미를 얻었다.

더할나위없이 좋다는 그 맛을 될수록 변치 않게 하기 위해 가장 간단한 요리를 택하기로 했다. 올리브유 너 댓 방울, 소금 한 숟가락, 양파 약간이다. '가정 요리법'에도 이 이상 간단한 요리법은 없을 것이다. 식사 때 집안식구들은 이 튀김요리를 나누어 먹었다.

모두들 '맛이 괜찮다'고 했다. 하기야 우리들은 왕성한 식욕과 아무런 편견도 없는 위장을 갖고 있는 사람들이기는 했다.

맛은 새우튀김과 비슷했는데, 볶은 메뚜기보다는 좀 못한 것 같았다.

그러나 이 요리는 무척 딱딱하고 물기가 없어서, 마치 진짜 양피지(羊皮紙)를 씹는 것 같았다. 비록 아리스토텔레스가 찬양한 요리이기는 하지만 나는 아무에게나 권하지는 않겠다.

물론 이름높은 박물학자인 아리스토텔레스는 다방면에 풍부한 지식을 갖고 있었다. 그의 제자였던 알렉산더대왕은 당시 신비로운 나라로 알려진 인도에서 마케도니아 사람들을 놀라게 할 만한 진귀한 선물들을 이 스승에게 보냈다.

대상들은 아리스토텔레스에게 코끼리 · 표범 · 물소 · 공작 · 호랑이 같은 것을 끌어다 주었다. 그리하여 그는 동물들을 하나하나 관찰한 기록들을 남겨 놓았다.

그러나 그가 마케도니아 본국 안에서 매미를 알게 된 것은 농민의 말을 듣고서였을 것이고 또한 그는 그것을 그대로 믿었음이 분명하다.

농민들은 부지런히 땅을 파다가 연장 끝에서 '매미의 어미'를 맨먼저 발견하고는 여러가지 이야기를 만들어냈을 것이다. 아리스토텔레스는 농민들의 말을 진실이라고 믿고 자료로 기록해서 남겨 놓았을 것이다.

어느 나라에서나 농민들은 짓궂은 심술을 갖고 있다. 우리가 과학이라고 부르고 있는 것을 그들은 비웃어 버린다.

대수롭지 않은 벌레를 유심히 들여다 보면 비웃음을 당하고 이름모를 돌조각을 주워서 관찰하고 조사하다가 호주머니 속에 간직하는 것을 들키기라도 하면 그야말로 큰 웃음거리가 된다.

그리스의 농민들도 이런 버릇을 가졌을 것이고 심술궂었을 것이다. 그들은 도시 사람들에게 이렇게 말하지 않았을까? "'매미의 어미'는 신(神)에게 바칠 만한 음식이며, 그 맛이 비할 데 없이 기막히다"고.

그러나 이 농민들은 그럴 듯한 찬사를 늘어놓아 신기한 것을 좋아하는 도시 사람들의 귀를 솔깃하게 해놓고는, 그 진귀한 음식물의 재료는 웬만해서는 구하기 어렵다는 말을 덧붙여 놓는 것을 잊지 않았다. 그것은 허물을 벗기 전에 매미를 잡아야 한다는 것이다.

맛있는 요리를 한 상 가득히 만들 생각으로 매미를 잡으러 가 보시라. 다섯 사람으로 이루어진 우리 가족의 수색대는 매미가 많은 곳에서 두 시간 넘게 찾아 다녔어도 겨우 네 마리밖에 잡지 못했었다.

그리고 또 하나는 매미가 허물을 벗지 못하도록 해야 한다는 것이다. 몇 날 며칠을 찾아다녀도 상관없지만 허물은 2~3분만에 찢어져 버린다는 것을 잊어서는 안 된다. 우리는 새끼매미를 찾는 동안에도 허물이 벗겨지지 않도록 주의하지 않으면 안 되었다. 아리스토텔레스는 틀림없이 '매미어미'의 튀김을 한 번도 먹어본 적이 없었을 것이다. 내가 만든 요리가 그 증거이다.

그는 농민들의 말을 다 곧이 곧대로 듣고, 그들의 말을 그대로 옮겼을 것이다. 그들이 말하는 신에게 바치는 음식이란 그리 대단한 것도 아니다.

만약 내가 이웃 농민들의 이야기를 모두 받아들여 그대로 기록에 남겨 둔다면 얼마나 커다란 박물지(博物誌)가 될 것인가? 시골에서 전해

내려오는 매미 이야기 가운데 하나만 더 들어보자.

지금 여러분의 신장이 나쁘거나 오줌 누는 데 지장이 생겨서 앓는다고 하자. 또는 수종에 걸려서 퉁퉁 부었다고 하자. 그런 경우 시골 사람들은 한결같이 매미가 무엇보다도 특효약이라고 권할 것이다.

시골 사람들은 여름철에 매미를 잡는다. 그것을 염주처럼 꿰어 매달아서 햇볕에 말리고는 소중하게 선반 위에 간직한다. 이 말린 매미를 실에 꿰어서 매달지도 않고 7월 장마에 곰팡이가 슬도록 버려두는 아낙네가 있다면 얼마나 지각없는 사람이라고 할까?

지금 누군가가 신장병때문에 고통을 당하고 있다고 하자. 그러면 시골사람들은 곧 매미를 달여 먹으라고 할 것이다. 그 이상 효험있는 약은 없다면서.

나중에 들어서 알았지만, 얼마전에 나도 감쪽같이 속아 매미를 달인 약을 마셨던 일이 있다. 나는 그 친절한 마음씨에 감사한다. 그러나 그 효과는 지금도 의심하지 않을 수 없다.

매미가 신장병에 효험이 있다는 이유는 놀랄 만큼 소박하다. 매미는 여러분도 잘 아는 바와 같이 잡으려는 사람의 얼굴에 갑자기 오줌을 갈기고 날아가 버리는 곤충이다. 그러므로 프로방스의 농민들은 매미를 달여서 마시면 틀림없이 그 힘을 입을 수 있다고 생각한 것이다.

아아, 선량한 사람들이여! 만약 당신들이 '매미의 어미'가 굴을 팔 때 오줌으로 흙가루를 반죽해서 벽을 바르는 힘이 있다는 것을 알고 있다면 대체 무엇이라고 했을까?

매미의 노래

레오뮈르(1683~1757. 프랑스의 물리학자, 박물학자)는 스스로 분명히 말했듯이 매미가 노래하는 것을 한 번도 들 들어본 적도 없고 살아 있는 매미를 본 적도 없었다.

이 곤충이 아비뇽 근처에서 알코홀에 담겨서 그에게 보내졌다.

해부학자에게는 그것으로 충분했다. 그것으로 그는 매미의 발음기관을 정확하게 밝혀내고 설명할 수 있었다. 훌륭한 학자의 날카로운 눈은 매미의 노래가 흘러나오는 이상한 소리통의 구조를 참으로 놀랄 만큼 세밀하게 조사해서 알아낸 것이다.

그렇기 때문에 그의 연구가 발표된 이후, 매미의 노래에 관해서 말하려는 사람은 누구를 막론하고 그의 연구에 의지하게 되었다.

그가 연구를 발표한 뒤에도 수확은 있었다. 그러나 남아 있는 것은 약간의 떨어진 이삭뿐이며, 제자들에게는 그 이삭을 주워 조그만 묶음을 만드는 정도의 희망이 남아 있을 뿐이었다.

하지만 나는 레오뮈르가 갖지 못 했던 것을 풍부하게 갖고 있다.

나는 매미의 요란한 심포니를 듣기 싫을 정도로 듣고 있다. 그러므로 이미 할 이야기는 다 나왔다고 생각되는 이 대목에 대해서도 새로운 사실을 들려주고 싶다.

우리집 부근에서는 다섯 종류의 매미를 채집할 수 있다. 참매미, 산매미, 붉은매미, 검정매미, 애매미가 그것이다.

처음의 두 종류는 흔하지만 나머지 세 종류는 보기 드물며, 시골 사람들에게도 그다지 알려져 있지 않은 것이다. 다섯 종류 가운데 참매미가 제일 크고 사람들에게 가장 잘 알려져 있다. 흔히 매미의 발음기관을 설명할 때는 참매미를 예로 들어 말한다.

숫놈의 가슴 아래, 뒷다리가 달려 있는 바로 뒤에 반원(半円) 모양의 큰 비늘이 두 장 있는데, 오른쪽 비늘이 왼쪽 것 위에 겹쳐 있다.

말하자면 이것이 소리를 내는 기관의 문이며 뚜껑이다. 그것을 들쳐 보면 오른 쪽에 하나, 왼 쪽에 하나 해서 모두 두 개의 큰 구멍이 있다.

노래를 부르는 매미

프로방스에서는 이 구멍을 '당집'이라고 부른다. 이 두 구멍이 소위 합창실이다. 구멍의 앞쪽은 얇고 부드러운 노랑색의 막으로 칸막이가 되어 있고, 뒷 쪽은 얇은 껍질로 막혀 있다. 이것은 비눗방울처럼 영롱하게 빛나는데, 푸로방스에서는 이것을 '거울'이라고 부른다.

좌우에 있는 두 개의 구멍, 거울, 뚜껑이 노래를 만들어 내는 기관으로 여겨지고 있다.

그러나 '거울'을 뚫고 뚜껑을 가위로 잘라내거나 또 앞쪽의 노란색 얇은 막을 찢어도 매미의 노래소리는 멎지 않는다.

다만 노래의 높낮이가 변하고 소리가 약하게 날 따름이다.

'당집'은 소리를 한층 높이 나게 하는 공명장치(共鳴裝置)이다. 이곳에서는 소리를 만들어 내지는 않는다. 앞 뒤에 있는 얇은 막을 진동시켜 소리를 강하게 내기도 하고, 문을 크게 열거나 작게 여닫아서 소리의 높낮이를 조절한다.

정작 소리를 내는 기관은 다른 곳에 있으며, 익숙지 못한 사람은 찾아내기가 무척 힘들다.

양쪽의 '당집' 바깥쪽의 배와 등이 연결되는 한 구석에 구멍같은 곳이 있다. 이곳은 각질(角質)의 벽으로 칸막이가 되어 있고 뚜껑으로 덮여 있다. 이것을 '창'이라 부르기로 하자.

이 '창'은 이웃한 '당집'보다 깊기는 하지만 좁은 '진동실'과 통해 있다. 뒷날개 바로 뒤에 달걀 모양에 가까운 약간 튀어나온 것이 있다. 검은 빛깔에 윤기가 없어서 둘레의 다른 부분과 구별되는데, 이 튀어나온 것이 '진동실'의 바깥벽이다.

이곳을 넓게 쪼개보면 소리를 내는 심벌즈가 드러난다. 심벌즈는 조그마한 막인데, 언제나 말라 있고 흰 빛의 달걀 모양을 하고 있다. 이 기관이 진동할 때 독특한 소리가 울려 나오는 것이다.

지금으로부터 약 20년 전에, 확실치는 않으나 크릭케인가 크리크리인지 하는 장난감이 파리에서 유행했던 적이 있다.

이것은 짧고 얇은 강철판의 한 끝을 쇳덩어리 틀에 붙인 것으로서, 엄지손가락으로 구부렸다가 그대로 놓아주면 얇은 강철판이 굉장히 시끄러운 소리를 냈다.

막으로 된 매미의 심벌즈와 지금은 완전히 잊혀진 강철판의 크릭케는 꽤나 비슷한 점이 많다. 둘 다 원래의 모습으로 돌아가려 할 때 소리가 나는 것이다.

크릭케를 울리려면 엄지손가락으로 구부리면 되는데, 매미는 자신의 심벌즈를 어떻게 해서 부풀게도 하고 홀쭉하게도 하는 것일까?

합창실로 돌아와서 '당집'의 윗 부분을 막고 있는 노란 막을 뜯어 보기로 하자.

뜯어 보면 그곳에 두 줄기의 힘줄 기둥이 나타난다. 엷은 오렌지 빛으로서 V자 모양으로 연결되어 있고 맨 끝은 매미의 배 한가운데에 있다. 이 굵은 두 갈래의 힘줄 기둥에서 짧고 가는 힘줄이 나와서 각각 심벌즈와 연결되어 있다.

매미가 노래하는 데 필요한 장치는 그곳에 있다. 쇠로 된 크릭케와 마찬가지로 아주 간단하다.

이 두 줄기의 커다란 힘줄 기둥이 늘어나거나 줄어들거나 할 때 두 심벌즈는 팽팽해지고, 심벌즈 그 자체의 탄력성이 합쳐져서 소리를 내는 두개의 기구가 진동한다.

이 장치의 능력을 시험해 보기로 하자. 죽은지 얼마 안 되는 매미에게 노래를 시켜보면 어떨까? 이 일은 참으로 손쉽다. 핀세트로 그 힘줄 기둥 가운데 하나를 잡은 다음 조심조심 잡아당긴다. 죽었던 크릭케가 되살아나 움직일 때마다 심벌즈가 소리를 낸다.

하지만 그 소리는 매우 미약하다. 죽어 있기 때문에 살아 있는 연주가인 매미가 그의 공명실에서 소리를 크게 내는 것처럼은 소리를 내지

산매미(1, 3) 참매미(2) 검정매미(6) 참매미(7, 숫 놈을 배쪽에서 본 것)

참매미(8, 참매미의 뚜껑을 떼었을 때)

못하기 때문이다.

또 나뭇가지에 앉아서 흥에 겨워 노래하고 있는 살아 있는 매미를 벙어리로 만들어 보고 싶다고 하자.

그렇다면 '당집'을 부수거나 그 속의 '거울'을 깨뜨려도 소용없는 일이다. 그런 난폭한 짓을 해도 매미를 벙어리로 만들 수는 없다.

그러나 우리가 '창'이라고 이름 붙인 단추구멍으로 바늘처럼 뾰족한 것을 밀어넣고 '진동실' 밑에 있는 심벌즈를 한 번 찔러 보자.

아주 하찮은 조그만 상처만 입어도 이 심벌즈는 멎어 버린다. 대수롭지 않은 충격만 받아도 심벌즈는 멎어 버린다. 다른 옆구리에 같은 방법으로 상처를 내면 매미는 완전히 벙어리가 되어 버린다. 그러나 상처가 아주 작을 때는 찔리기 전이나 뒤나 별 다름이 없다.

이런 줄을 모르는 사람들은 거울이나 다른 기관을 모조리 깨뜨려도 매미의 노랫소리를 멈추지 못했는데, 내가 바늘로 한 번 찔러서 매미를 완전히 벙어리로 만드는 것을 보고는 깜짝 놀랐다.

매미의 배를 가르다시피 해서도 멈추지 못했던 것을 별것도 아닌 조그만 상처를 냄으로써 멈추게 한 것이다.

매미의 오케스트라는 대체로 매일 아침 7~8시쯤에 시작해서 저녁 8시 쯤 황혼이 짙어갈 무렵에야 겨우 조용해 진다.

시계바늘이 시계판 위를 한 바퀴 도는 동안 매미의 음악은 계속되는 셈이다. 그러나 검은 구름이 몰려와 하늘이 낮아지고 차거운 바람이 불어 오면 매미는 침묵한다.

참매미의 반이나 될까 말까한 산매미를 이지방에서는 깡깡이 매미라고 부른다. 그 노래소리와 꽤나 비슷한 이름이다.

이 산매미는 참매미보다도 한층 더 날쌔고 주의가 깊다. 그 소프라노에 가까운 노랫소리는 잠시도 쉬지 않고 깡! 깡! 깡!하고 계속된다. 소리가 단조로우면서도 날카롭고 높기 때문에 가장 귀를 따갑게 하는 것이 이 매미의 노랫 소리이다.

더우기 한여름에 우리집 뜰에 있는 두 그루의 플라타너스 위에서 수많은 매미가 오케스트라를 연주하기 시작하면 도저히 견디어낼 재간이 없다. 바싹 마른 호도알을 자루에 넣고 껍데기가 깨질 정도로 흔들어대는 것과 다름이 없다. 형벌을 당하고 있는 것처럼 마음을 안절부절 못하게 하는 음악에도 한 가지 조그마한 위안거리는 있다. 이 산매미가 참매미보다는 잠꾸러기이고 또 저녁에도 일찌감치 연주를 걷어치운다는 것이다.

애매미의 노랫 소리는 단조롭고 날카롭다. 하지만 소리가 약하기 때문에 7월의 무더운 오후엔 조금만 떨어진 곳에서도 그 소리가 안 들릴 정도이다. 이 매미가 변덕을 부려 햇볕이 쨍쨍 내려쬐는 우리집 플라타너스로 많이 몰려와도 이 귀여운 매미는 미친 것 같은 깡깡이 매미처럼 나를 방해하지는 않을 것이다.

일찌감치 꽤나 복잡한 이야기를 계속해 왔는데, 마지막으로 매미들은 왜 이처럼 아침부터 저녁까지 줄곧 연주회를 열어 노래로 시간을 보내는 것일까?

이처럼 소란스러운 소리를 내어서 무엇을 이루려는 것일까? 언뜻 생각하기 쉬운 것은 다음과 같은 대답일 것이다. 그것은 사랑의 상대를 불러들이려는 수컷의 호소이며, 애타도록 상대방을 그리는 마음의 노랫소리라고. 이 대답은 대단히 자연스럽기는 하지만 내 생각은 다르다.

참매미와 금속성 소리를 내는 깡깡이매미가 나를 그들의 세계로 끌어들인 지가 벌써 15년째 되었다. 여름마다 두 달 동안을 나는 매미들을 대하고 그 노랫소리를 들어왔다.

나는 즐겁게 그 노랫소리에 귀를 기울이고 싶은 마음은 조금도 없었지만 열심히 그들을 관찰해 왔다.

나는 그들이 플라타너스 나뭇가지 끝에 나란히 앉아 모두 머리를 위로 하고, 암컷과 수컷이 서로 몇 센티미터씩 떨어져 앉아 있는 것을 흔히 보아왔다.

매미는 나무껍질에 주둥이 끝을 꽂은 채 앉아서 나무진을 빨아먹고 있다. 어느덧 해가 기울어지고 그림자가 짙어지자 그들도 나뭇가지를 천천히 기어서 아직 햇볕이 남아 있는 곳으로 자리를 옮긴다. 주둥이 끝으로 나무진을 빨 때나 자리를 옮기는 도중에도 노랫소리를 멈추는 일이 없다.

가슴 속에 맺힌 사연을 하소연하기 위해 끊임없이 아리아를 부르고 있다는 것은 정말 맞는 이야기일까? 풀기 어려운 의문이다.

나는 꼭 그렇다고는 생각하지 않는다. 그들이 모여 있는 곳에는 암컷과 수컷이 서로 가까이 있다. 더구나 바로 눈 앞에 있는데도 몇 달을 두고 불러들이려고 한다는 것은 있을 수 없는 일이다.

그리고 가장 시끄러운 오케스트라가 연주되는 동안 암컷이 수컷한테로 찾아가는 것을 본 적이 없다. 상대방을 찾는 데는 매미들의 아주 밝은 눈만으로도 충분하다. 암컷이 바로 옆에 있는데 끊임없이 호소하는 노래를 불러 '프로포즈' 한다는 것은 의미없는 일이다.

그러면 마음이 전혀 움직이지 않는 암컷의 마음을 끌어 보려는 수단이라고 말할 수 있을까? 하지만 나는 수컷의 노래를 듣고 암컷들이 마음이 움직여 조금이라도 만족을 표시하는 것을 볼 수 없었다.

속이 타도록 상대를 부르고 있는 수컷들이 심벌즈의 음향을 아낌없이 진동시키고 있을 때, 암컷들이 기뻐서 조금이라도 몸둘 바를 몰라하는 것을 나는 보지 못했다.

우리 근처에 살고 있는 농민들은 가을에 곡식을 거두어 들일 때가 오면, 농사일에 시기를 놓지지 말고 부지런히 일하라고 매미들이 Sego(세고), Sego(세고), Sego(세고)! (거둬들여라. 거둬들여라!) 하고 노래부르는 것이라고 말한다.

생각과 사상을 받아들이는 것이나 밀이나 보리를 거두어 들이는 것이나 모두 사람이 하는 일이다. 나는 농민들의 말을 이해할 수 있다. 그리고 농민들의 이 말은 그들의 인정두텁고 마음씨 소박함을 보여주는 것이라 받아들이면서 여기 기록해 두기로 한다.

나는 이 이상 매미들이 왜 우는지 그 이유를 모른다. 내가 아는 것은 암매미들이 숫매미의 노랫소리를 옆에서 들으면서도 겉으로는 아무것도 들리지 않는 듯한 태도를 취한다는 것 뿐이다.

또 한 가지 이상하게 생각되는 것이 있다. 노래를 잘 하는 작은 새들은 어느 새든 청각이 굉장히 예민하게 발달되어 있다. 가지 사이의 나뭇잎 하나만 흔들려도, 새들은 부르던 노래를 바로 멈추고 불안한 눈초리로 주위를 경계한다. 그러나 매미는 새와는 사뭇 다르다.

그러나 매미는 퍽이나 밝은 시각을 갖고 있다. 커다란 겹눈은 오른쪽에서 일어나는 일도 왼 쪽에서 일어나는 일도 다 잘 볼 수 있다.

루비로 만든 듯한 작은 망원경이라고도 할 수 있는 세 개의 홑눈은 이마 앞의 공간을 끊임없이 지켜보고 있다. 우리들이 가까이 다가가면 매미는 즉시 노래를 멈추고 날아가 버린다. 그러나 매미가 노래하고 있는 나무가지의 반대쪽에 몸을 숨기고 큰 소리로 떠들거나 휘파람을 불거나 손벽을 치든지 해 보라!

새들이라면 우리들이 보이지 않아도 즉시 노래를 멈추고 정신없이 달아날 것이다. 그러나 매미는 태연하게 앉아서 아무 일도 없다는 듯이 노래만 계속한다.

내가 했던 실험 가운데 정말 잊을 수 없었던 일이 있다. 마을 사람들이 축제때 축포로 쏘는 대포를 빌려왔다. 포수들은 기꺼이 내 제안을 받아들였으며, 대포에 화약을 넣고 우리집으로 와서 발사해 주기로 했다.

대포는 두 대였으며, 가장 의식을 잘 차리는 축제때처럼 화약을 가득 넣었다. 어떠한 정치가가 선거운동을 하러 왔을 때도 이처럼 많은 화약을 넣고 존경의 뜻을 표시한 적이 없었을 것이다.

나는 유리창이 깨지지 않도록 창문을 모두 열어 놓았다. 그리고 이 두 대의 폭음 장치를 뜰 앞의 플라타너스 밑에 준비해 놓았다. 우리는 매미가 보지 못하도록 대포를 가릴 생각은 하지 않았다. 나뭇가지에서 노래만 부르고 있는 매미는 그 나무 아래에서 무엇을 하고 있는지 알 수 없을 터이니까.

그곳에 있었던 사람은 여섯 명이었다. 약간 조용해질 때를 기다리고 있던 우리들은 노래하고 있는 매미의 수와 그리고 매미 소리의 높낮이들을 조사해 두었다.

완전히 준비가 끝났다. 우리는 공중에서 소리를 내는 오케스트라 연주자 쪽을 보면서 이제부터 일어나려는 사건에 귀를 기울이기로 하였다. 대포 소리는 맑은 하늘에 뇌성벽력처럼 울렸다.

그러나 나무 위에서는 아무런 소동도 일어나지 않았다. 연주자의 수효도 마찬가지이고 리듬도 멜로디도 여전했다.

여섯 명의 증인이 모두 일치했다. 하늘을 찌를 듯한 폭음에도 매미의 소리에는 변화가 없었다는 데 일치했다. 두 번째의 포성에도 결과는 마찬가지였다.

대포 소리에도 전혀 놀라거나 움직이지 않는 이 매미들의 행동을 어떻게 설명해야 할까? 이러한 사실로 미루어 매미를 귀머거리라고 추측해도 좋을까? 하지만 이런 결론까지는 아직 내리지 말자. 그러나 어떤 사람이 대담하게 그런 결론을 내린다면 나는 대답이 궁색해진다. 적어도 매미는 '귀머거리의 고함소리'라는 속담과 어울린다는 사실만은 찬성해야 될 것 같다.

한길가의 자갈 위에서 눈부신 햇살을 온 몸에 받고 있는 푸른 날개의 베짱이가 기분좋은 듯이 그 다리로 날개를 부비며 찌르륵 찌르륵

하고 있을 때, 깡깡이매미 만큼이나 시끄럽게 울어대는 초록빛 청개구리가 나뭇잎 속에서 소낙비가 내릴 것을 미리 알리고 있을 때, 그들은 모두가 자기 곁에 있지 않은 짝을 부르고 있는 것일까? 아니다, 결코 그렇지 않다.

베짱이의 날개는 겨우 들릴까 말까 할 정도의 찌르륵 소리를 내고 있을 따름이다. 개구리의 드높은 노랫소리도 헛되이 저 하늘 멀리 사라져갈 뿐이다. 기다린다는 짝은 달려와 주지 않는다.

곤충들은 그들의 가슴 속에 있는 애타는 그리움을 호소하기 위해 그토록 시끄럽게 높은 소리로 지칠없이 울어대는 것일까?

곤충들을 조사해 보면 대개 암컷 수컷은 아무 소리도 없이 서로 상대방에게 가까이 다가간다.

나는 베짱이의 바이올린도, 청개구리의 피리 소리도, 깡깡이매미의 심벌즈도 이 지구상의 모든 동물이 각각 자기 나름대로 삶의 기쁨을 구가하고 있는 음악이라고 생각한다.

만약 어떤 사람이 매미는 자기들이 살아 있다는 것을 기뻐하고 즐거워하여 그토록 소리 높여 노래하고 있는 것이며, 마치 우리들이 만족을 느낄 때에 두 팔을 휘두르는 것과 마찬가지라고 말한다면 나는 크게 반대하지 않을 것이다.

14. 딱부리먼지벌레

재능이라고는 없는 싸움패

싸움을 직업으로 하는 놈은 사람과 마찬가지로 재능과는 거리가 먼 것 같다. 벌레들 가운데서도 특히 목숨을 아낄 줄 모르는 싸움패인 왕딱정벌레를 보라.

그 놈이 무엇을 할 수 있는가? 재주라고는 거의 아무것도 없다. 살생이나 하라면 거침없이 해치우는 이 무능력자는 그래도 몸차림만은 굉장하게 차려입고 있다.

황동(黃銅)이나 금빛, 청동(靑銅)색으로 번쩍이는 옷을 한 몸에 걸치고 있다. 걸친 옷이 검은데다가, 그 칙칙한 무늬에 번쩍이는 자수정의 보라빛 색깔로 변두리를 수놓아서 유난히 돋보인다.

마치 옛날의 무사가 갑옷을 몸에 두른 듯이, 찰싹 달라붙어 있는 날개에는 올록볼록한 쇠비늘이 장식으로 붙어 있다. 늘씬한 허리에 미끈한 몸차림으로 그럴 듯하게 나서는 왕딱정벌레의 모습은 우리들의 곤충채집 상자 안에서 제일가는 멋쟁이이다.

그러나 이것은 겉보기일 뿐이고 사실은 피에 굶주려 남의 목을 자르는 데만 미친 벌레이다. 이 놈에게서 그 이상 바랄 것은 아무 것도 없

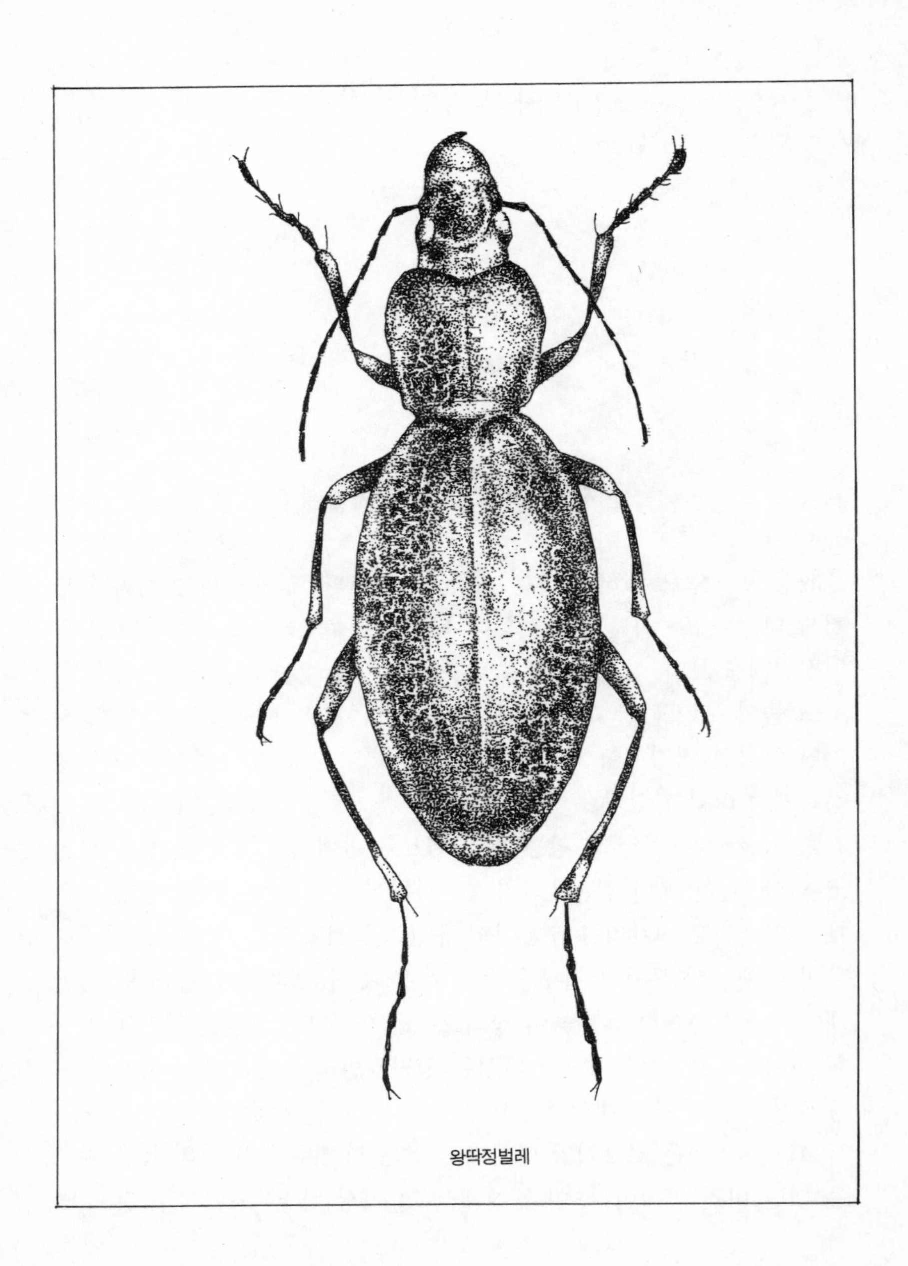

왕딱정벌레

다.

옛날에 지혜로운 사람은 힘의 신(神)인 헤르큘레스를 표현하는 데 목에서부터 위를 바보의 모습으로 그렸다. 실제로 힘만 셀 뿐, 그 사람 자체의 인격은 대단할 것이 없다고 보았기 때문이다. 그러므로 왕딱정벌레의 경우도 이와 마찬가지이다.

겉보기에 허술하고 보잘 것 없는 벌레들도 얼마든지 연구 재료를 제공해 주기 때문에, 이처럼 번쩍이는 몸치장을 한 딱정벌레를 보면 누구든지 기록해 둘 만한 가치가 있다고 생각할 것이다. 하지만 이 목자르기 선수에게는 하나도 기대할 것이 없다.

이 놈의 재능이란 오직 죽이는 것 한 가지 뿐이다. 이 놈이 도둑질하는 것은 아주 쉽게 볼 수 있다.

나는 한 상자 속에 모래를 깔고 그 놈을 길렀다. 모래 위에 놓아 둔 몇 장의 깨진 기왓장은 바위 밑의 집 구실을 하고, 한가운데 심어 놓은 한 무더기의 잔디는 수풀을 대신하여 이 집을 근사하게 꾸며주고 있다.

여기에는 여러 딱정벌레들 가운데 세 종류의 딱정벌레가 살고 있다. 뜰 아래를 잘 기어다니는 노랑테딱정벌레, 담장아래 풀섶을 설치고 돌아다니는 왕딱정벌레, 또 흑단(黑檀)같은 검은 빛의 굳은 날개에 쇠붙이같은 자주빛이 감도는 검은딱정벌레가 그것이다. 나는 이들의 먹이로 껍데기를 부순 달팽이를 주었다.

딱정벌레들은 맨 처음 기왓장 조각 아래 옹기종기 모여 있다가 가엾게도 더듬이를 내밀었다 움추렸다 하며 죽을 힘을 다하여 적을 막으려는 달팽이에게로 달려간다. 서 너 마리가 한꺼번에 달라붙어서 회색 껍질 속에 옴추리고 있는 달팽이의 외투 속을 파고 들어간다. 그 속에는 구미가 당기는 알맹이가 있기 때문이다. 단단하기가 못뽑이같이 생긴 아랫턱으로 진득진득한 달팽이의 알몸에 이빨을 박는다. 물고 당겨서 한 조각의 살덩이를 뜯어낸다. 그리고는 옆으로 물러나서 고스란히 먹어치운다.

이러는 동안에 진득진득한 달팽이의 액체로 범벅이 된 다리에는 모래와 흙덩이가 붙어서 거추장스러울 정도로 무거운 헝겊을 감은 것 같이 된다.

그러나 딱정벌레는 이런 것에는 조금도 마음을 쓰지 않는다. 무거운 다리를 이끌면서도 먹이 쪽으로 돌아와서는 또다시 생고기 한 덩이를 끊어낸다. 흙투성이가 된 신발을 닦아내는 것은 배가 부르도록 먹은 다음에나 할 일이다.

어떤 놈은 몸을 움직이려고도 하지 않고 그 자리에서 상반신을 달팽이의 껍질 속에 들이밀고 먹는 놈도 있다. 먹는 시간이 두 시간 이상이나 걸리는 때도 있다. 식탁을 찾아왔던 무리들은 딱딱한 날개를 치켜들고 엉덩이를 송두리채 들어내 놓을 만큼 배가 불러야 먹이로부터 떨어진다.

어두컴컴하고 구석진 곳을 즐겨 찾아다니는 검은딱정벌레는 그들만의 무리를 짓는다. 그들은 달팽이를 기왓장 아래 자기네 잠자리 속으로 끌고 와서 자기들끼리만 모여서 조용히 뜯어먹는다.

그들은 굳은 껍질로 몸을 감싸고 있는 달팽이보다 손쉽게 뜯어먹을 수 있는 민달팽이를 더 좋아한다. 나이 먹은 민달팽이면 더욱 잘 먹는다.

이 먹이감은 잔등의 뒷끝에 석회질의 껍데기를 쓰고 있을 뿐인데, 그 고기는 살이 여물고 끈끈한 액체가 묻어 있어서 맛이 떨어지는 일이 드물다. 그러나 껍질을 깨뜨려서 방어벽이 없는 달팽이를 야금야금 먹어 버리는 것은 싸움을 직업으로 하는 이 벌레의 자랑거리가 못된다.

다음과 같은 경우, 우리는 딱정벌레의 비할 데 없이 대담한 모습을 볼 수 있다. 2~3일 동안 먹이를 주지 않고 굶주리게 한 노랑테딱정벌레에게 건장한 왕풍뎅이를 주어 보았다.

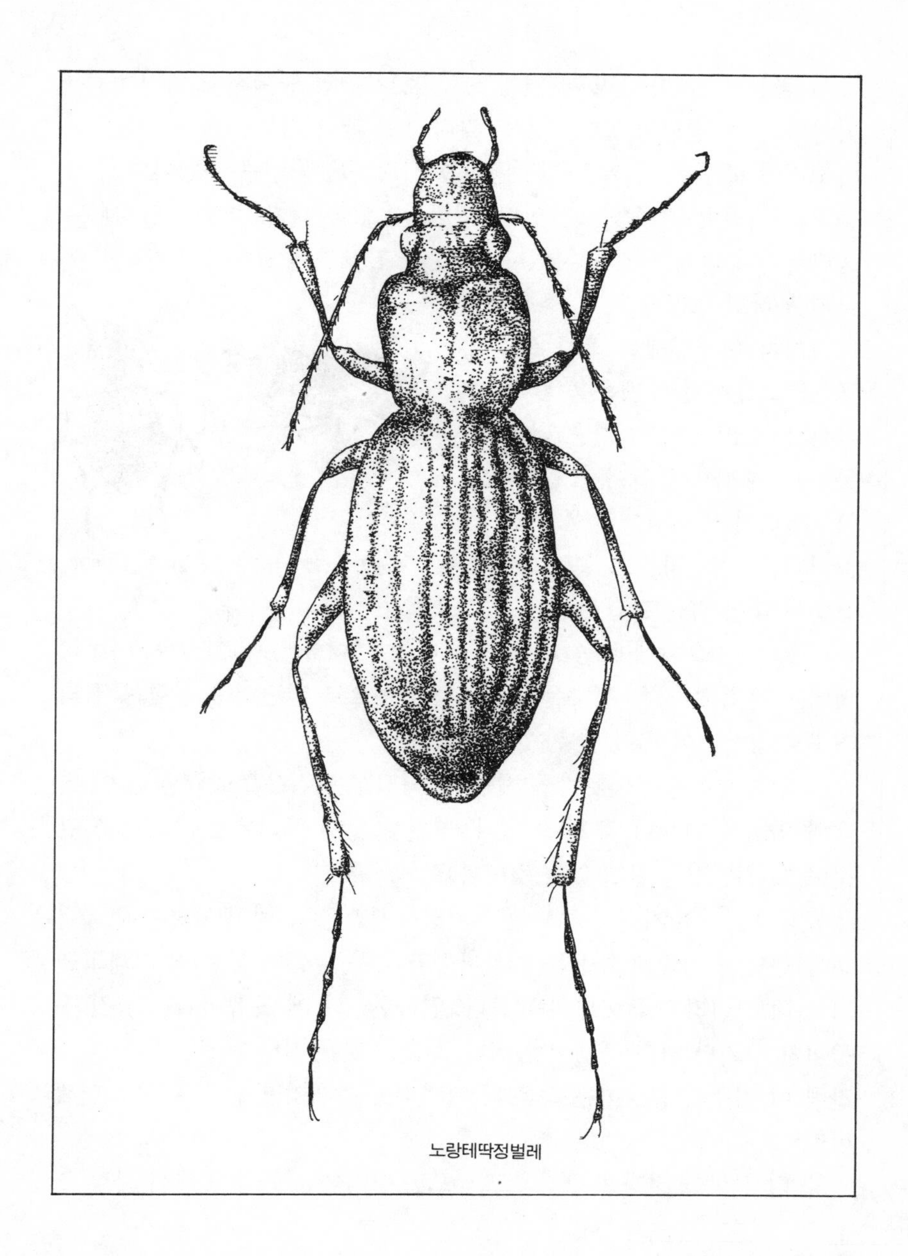

노랑테딱정벌레

이 놈을 노랑테딱정벌레 옆에 놓아 보니 거인 중에서도 가장 큰 거인같다. 마치 승냥이 앞에 암소를 갖다 놓은 것 같다.

고기에 굶주린 이 싸움꾼은 평화를 사랑하는 몸집큰 풍뎅이의 주위를 서성거리며 기회를 엿보았다. 덤벼들려고 하다가 결심이 안 선 듯 물러서더니 다시 공격에 나섰다. 그 순간 건장한 풍뎅이는 힘 한 번 써 보지 못하고 쓰러졌다.

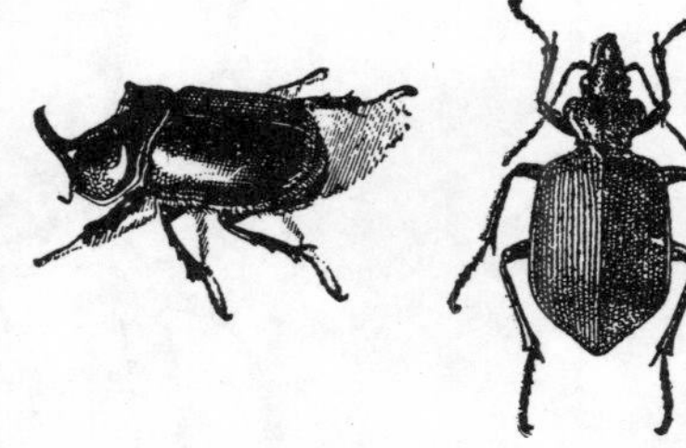
유럽장수풍뎅이 가는목먼지벌레

그러자 딱정벌레는 즉시 풍뎅이를 물고 늘어져서 뱃속을 뚫기 시작한다. 만약 이것이 한층 더 고등동물의 세계에서 일어난 일이라면 딱정벌레가 왕풍뎅이의 몸에 반 이상이나 몸을 파묻고 그 창자를 끄집어 내어 먹는 모습은 차마 눈뜨고 볼 수 없을 것이다.

이 살생 전문가에게 좀 더 먹기 어려운 먹이를 주어 보았다. 이번의 먹이는 유럽에 많은 장수풍뎅이이다. 갑옷으로 단단히 무장한 무적의 거구로 장사같이 힘이 센 큰 풍뎅이이다.

그러나 살생을 무엇보다 즐기는 이 사냥꾼은 갑옷으로 무장한 이 벌레의 약점을 너무나 잘 알고 있다. 딱딱한 날개 아래에는 부드러운 살갗이 있다는 것을 알고 있는 것이다.

공격자는 수비자에게 처음엔 격퇴당하지만 몇 차례고 되풀이해 공격하는 동안에 어떻게 해서든지 상대방의 갑옷을 들치게 된다. 그리고는 그 아래로 머리를 들이밀어 넣는다. 연약한 피부에 못뽑이같이 생긴 주둥이가 닿기만 하면 풍뎅이는 이미 목숨을 잃은 거나 마찬가지다. 순식간에 이 거구의 풍뎅이는 속을 다 빼먹히고 껍데기만 남은 시체로 변해 버린다.

좀 더 잔학한 전쟁을 구경하고 싶으면 육식하는 곤충 중에서 가장 포악하고 몸집이나 풍채가 아주 당당한 방석딱정벌레에게 싸움을 시키면 될 것이다. 이 딱정벌레는 나방 애벌레를 사냥하는 전문가이다.

엉덩이 힘이 아무리 세다는 나방 애벌레도 이 놈과 맞서면 당해낼 재주가 없다. 이 방석딱정벌레가 공작나방의 억센 애벌레를 덮쳐 잡는 장면만은 한 번 보아둘 만한 것이다.

그러나 이렇게 무서운 광경은 한 번만 보아도 진절머리가 날 정도이다. 창자를 물어뜯긴 애벌레는 허리에 힘을 주어서 이 악한을 치켜들고 엎치락 뒤치락 하지만 끝내는 떼어버리지 못하고 발버둥만 친다. 초록색 창자가 땅 위에 쏟아져 나온다. 마치 살인귀같은 이놈은 굶주렸던 뱃속을 채우려고 미친 듯이 부들부들 떨면서 무서운 상처에서 흘러내리는 피를 빨고 있다.

만일 곤충학이 우리들에게 이런 장면만 보여 주는 것이라면 나는 곤충연구에 조그마한 미련도 없이 일찌감치 집어치웠을 것이다.

배가 터질 듯이 잔뜩 먹은 이 벌레에게 다음 날 청베짱이나 못난이풍뎅이를 주어 보라. 이 곤충들은 억센 주둥이로 무장되어 있어 딱정벌레로서도 상대하기가 여간 힘들지 않을 것이다.

뱃장이 두둑한 이런 벌레를 상대로 하여 목숨을 빼앗는 격투는 장수풍뎅이 하고 싸울 때와 마찬가지로 격렬하게 벌어진다. 못난이풍뎅이를 상대로 딱정벌레의 상투 수단인 잔인 무도한 전술이 또다시 되풀이 될 것이다.

아무리 배가 불러도, 그리고 죽임을 당하는 희생물을 아무리 많이 가져다 주어도 피에 굶주린 이 벌레는 결코 싸움에 싫증을 낼 줄 모른다.

포악스러운 체질에서 생기는 것인지, 이 딱정벌레에서는 살생을 일삼는 무리들에게 언제나 따라다니는 지독한 냄새가 난다.

노랑테딱정벌레는 썩은 성질을 가진 분비물을 만들어 낸다. 이 딱정벌레는 자기를 잡으려고 하면 식초처럼 시큼한 냄새가 풍기는 오줌을 찔끔 갈겨댄다. 방석딱정벌레는 구린 냄새가 나는 악취를 뿜어 차마 손도 대지 못하게 한다. 또 어떤 놈은—예를 들면, 가는목딱정벌레 따위—극약을 발사하여 상대방의 피부에 닿으면 펄쩍 뛸 정도로 놀라게 한다.

싸움패로서 천부적인 조건을 잘 갖춘 깡패같은 딱정벌레 무리들은 살생 이외에 아무 것도 아는 것이 없고, 싸우는 것 이외에 재간이라고는 아무것도 없다. 그 애벌레까지도 어미벌레와 다름없는 쌈패로서, 돌조각 아래를 기어다니며 행패부릴 기회나 엿보고 다니는 것이다.

그럼에도 불구하고 지금 내가 특히 조사 연구하려고 하는 것은 이 무능한 깡패들의 한 종류이다. 그 까닭은 해결해야 할 다음과 같은 문제가 있기 때문이다.

포근한 햇볕 아래 조는 듯이 나뭇가지에 앉아 있는 벌레를 가끔 볼 때가 있다. 그럴 때 우리들은 살그머니 손을 내밀어 금방이라도 붙잡을 듯이 손가락을 펴보곤 한다. 그 순간 벌레는 툭 떨어져 버린다. 재빨리 달아나지는 못하고 어쩔 줄 몰라서 떨어지고 만 것이다.

떨어진 풀섶을 찾아 보아도 좀처럼 찾기가 어렵다. 용케 찾아 냈을 때도 벌레는 죽은 듯이 발랑 자빠져서 몸을 움추리고 있다.

사람들은 이것을 보고 닥쳐올 재난과 위험을 피하려고 계략을 쓰고 있다고 말할 것이다. 이놈이 죽은 체하고 있다고…….

물론 벌레는 사람인 줄을 모른다. 조그마한 벌레들의 세계에서는 우리가 사람이라는 것을 헤아릴 수 없을 것이다. 어린애가 잡으러 오든 곤충을 연구하는 학자가 잡으러 오든, 벌레들에게는 아무 상관도 없다. 곤충들은 채집가들이 자기들의 몸에 가느다란 핀을 꽂으려는 것 같은 것을 알지 못한다.

그러나 벌레들은 위험이 언제 닥쳐올지 모른다는 것을 알고 있다. 곤충들은 자연의 강적을 무서워한다. 약한 자로서는 주둥이로 콕 쪼아

먹으려는 새들을 두려워 하고 있다. 그러한 강적을 속여 넘기기 위해서 벌레는 죽은 체하고 있는 것일까? 그럴 때면 강자는 이 모습을 보고 쪼아먹고 싶은 생각도 사라져서 마침내는 목숨을 보존하게 되는 것이라고 생각하는 것일까?

이런 사람들의 말을 들으면 옛날부터 전해 내려오는 유명한 이야기가 생각난다.

옛날 두 친구가 있었는데, 돈에 궁색한 나머지 아직 잡지도 못한 곰의 가죽을 팔기로 했다. 그때 마침 재수없게 곰과 마주쳤다.

황급히 달아나야만 할 처지여서 뛰어가다가 그 중 한 사람이 겁에 질린 나머지 발 끝이 나무 그루에 걸려 넘어졌다. 숨도 쉬지 못하고 죽은 듯이 있었다.

곰이 가까이 와서 이리 저리 사람의 몸을 굴리며 건드려 보고 코끝으로 궁둥이의 냄새를 맡아 보더니, 때마침 풍기는 방귀의 구린 냄새를 맡고는 "음, 이 놈은 벌써 죽어서 썩은 냄새가 나는구나!"하고 중얼거리며 그대로 가버렸다. 이 곰은 아마 어지간히 미련한 놈이었던 모양이다.

그러나 영리한 새들은 벌레가 서툴게 꾸미는 그런 계략에 속아 넘어갈 리가 없다. 어쩌다가 새 둥지를 하나 발견하면 그야말로 큰 사건이나 생긴 것처럼 즐거워하던 소년시절, 나는 참새나 산새들이 메뚜기가 움직이지 않는다고 해서, 또는 파리가 죽었다고 해서 먹지 않는 것을 본 적이 없다. 움직이지 않는 먹이라도 그것이 싱싱하고 맛만 있으면 새들은 즐겨 쪼아먹었던 것을 기억하고 있다.

그러므로 위험을 벗어나기 위해 죽은 척하고 있는 것이라는 이야기는 얼마나 믿을 수 있는 것일까? 동화에 나오는 곰보다 훨씬 영리한 새들은 그 날카로운 눈으로 즉시 벌레의 속임수를 알아차리고 그런 거짓은 문제삼지도 않을 것이다. 그리고 실제로 죽었다 할지라도 아직 싱싱하기만 하면 역시 주둥이로 쪼아 먹을 것이다.

이 경우 논리적으로 따져서 사실을 밝힌다는 것은 충분치 못할 것이다. 가치있는 대답을 얻어내기 위한 한 가지 방법은 실험에 의해 진실을 밝히는 것이다. 그러나 곤충 가운데 제일 먼저 어느 놈을 붙잡고 부탁해야 좋을까?

지금으로부터 40여 년 전의 일이 한 가지 생각난다. 대학입학 자격시험을 좋은 성적으로 합격하고 아주 기분이 좋았던 내가 다시 이학사(理學士) 시험에 합격한 뒤 툴르즈에서 돌아오는 길이었다. 그때 나는 세트 해변에 머문 적이 있다. 다시 한 번 이 바닷가의 식물을 구경하는데 더없이 좋은 기회였다. 몇 년 전 이 식물들을 보고 깊은 감명을 받았기 때문이다.

이 기회를 이용하지 않는다면 바보같은 짓이다. 학위를 하나 얻는다고 해서 벌써 공부를 하지 않아도 좋다는 법은 없다. 나의 핏줄 속에 있는 학문에 대한 거룩한 불씨가 보잘 것 없이 작은 것이라 할지라도 굳은 결심만 있다면 일생을 책에서 얻는 빈약한 진리의 샘물에만 의지하지는 않을 것이다. 그보다도 더 크고 다함없는 사실의 연구가로서 평생 동안 진실을 찾는 학문 생활을 계속 할 수 있을 것이다.

이리하여 7월의 어느 날 아침, 찬 이슬을 밟으며 나는 세트의 해변가에서 식물을 채집하고 있었다. 여기서 나는 처음으로 개메꽃을 채집했다. 개메꽃은 반짝반짝 윤기가 흐르는 푸른 잎과 커다란 장미빛 꽃송이가 달린 줄기를 파도가 물방울을 튀기며 밀려오는 곳까지 뻗치고 있었다.

해변의 메마른 모래밭 위에는 짐승의 발자국 같은 것이 길게 줄지어 있었다. 마치 흰 눈 위에 참새가 걸어간 발자국을 축소한 것 같아서 탐구심에 불타는 젊은 날의 내 마음을 설레게 했다.

나는 그 발자국을 따라가 보았다. 발자국이 끝나는 곳에 이르러 땅

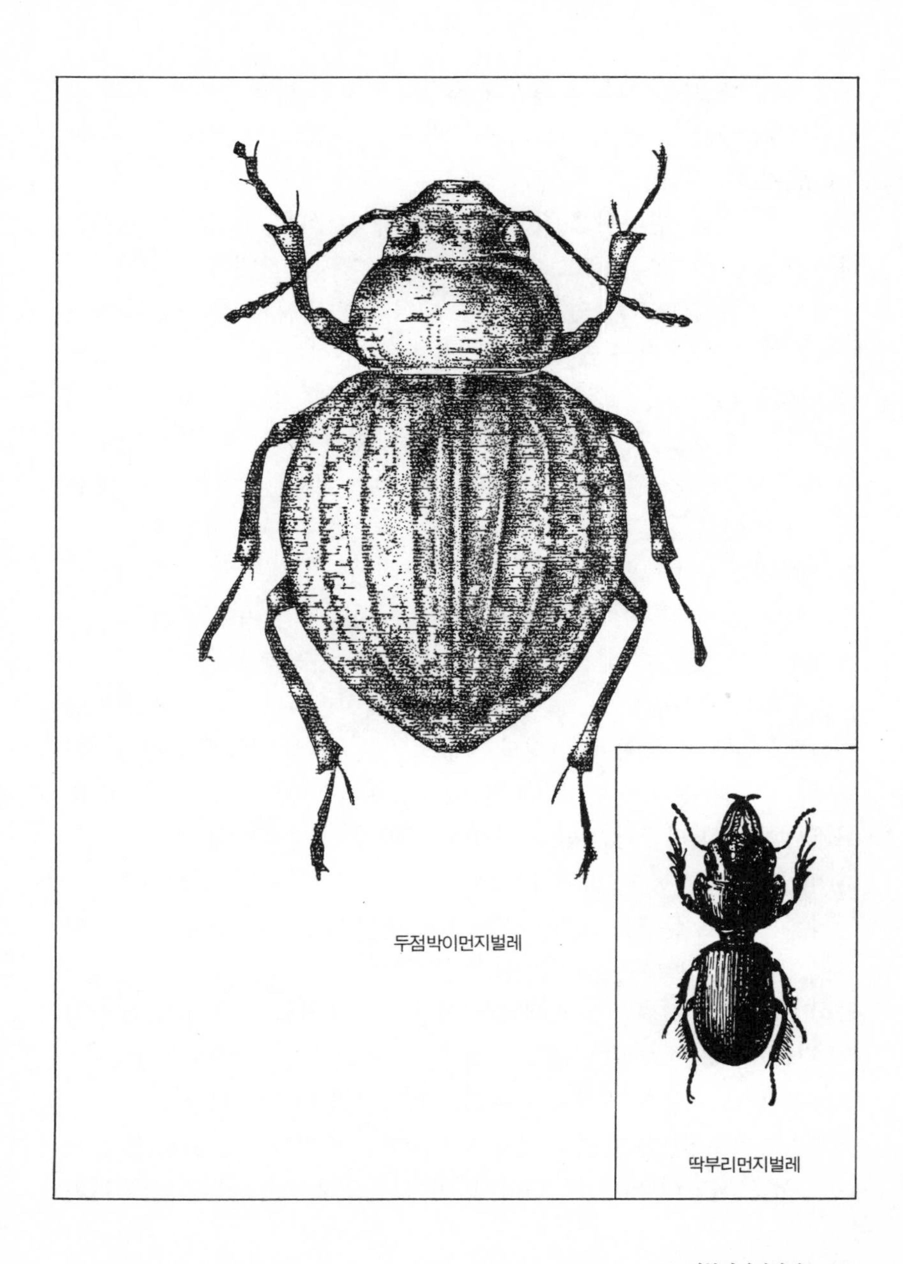

두점박이먼지벌레

딱부리먼지벌레

속을 약간 파 보았더니 그 때마다 굉장하게 생긴 벌레가 한 마리씩 발견되었다. 나는 그 때 이 벌레의 이름만을 겨우 알고 있었다. 그것은 딱부리먼지벌레였다.

나는 그 놈을 잡아서 모래 위를 걷게 해 보았다. 그러자 이 벌레는 나를 인도해 준 발자국을 그대로 모래 위에 다시 나타내 보여 주었다.

이 벌레를 건드려서 약간 골려준 다음 땅바닥에 뒤집어 놓았는데, 오랫동안 꼼짝도 하지 않았다. 그것이 나의 흥미를 끌었다. 별로 특별한 시험을 해 본 적은 없으나, 이 벌레처럼 오랫동안 누운 채로 움직이지도 않고 그대로 있는 것은 처음 보았다. 이것은 그 뒤 나의 기억 속에 박혀서 사라질 줄 몰랐다. 그로부터 40 년이 지난 다음 거짓 죽은 척하기로 이름난 벌레를 시험해 보려고 했을 때 곧장 생각나는 것이 이 딱부리먼지벌레였다.

그런데 그 옛날 이 벌레와 함께 즐거운 아침을 맞이했던 세트의 바닷가에 살고 있는 어떤 친구가 이 곤충을 열두 마리나 보내 주었다.

딱부리먼지벌레는 그 해변에 사는 두점박이먼지벌레와 함께 건강한 모습으로 나에게 도착했다. 다만 가엾게도 딱부리먼지벌레의 길동무가 되었다가 희생된 두점박이먼지벌레들 중 여러 마리가 배에 구멍이 뚫어져서 깨끗이 껍데기만 남아 있었다. 나머지 몇 마리도 대개는 팔다리가 비틀어지거나 잘려 있었다. 겨우 두 세 마리만 무사했을 뿐이다.

닥치는 대로 살생을 즐기는 이 딱부리먼지벌레와 한 상자 속에 들어 있었으니 이렇게 되는 것은 당연했다.

이 비극적인 사건은 세트에서 셀리냥까지 운반되는 여행 도중 상자 속에서 일어났던 것이다. 딱부리먼지벌레는 온순하기 이를 데 없는 두점박이먼지벌레들을 잡아먹고 마음껏 배를 불렸던 것이다.

해변의 이 네무롯왕(옛날 사냥을 즐겨했던 바빌로니아의 왕)은 참으로 무서운 사냥의 명인(名人)이다. 마치 흑요석처럼 까맣게 번쩍이는

딱부리먼지벌레

이 벌레는 허리가 장구목처럼 잘룩하게 들어가 몸 전체가 두 토막으로 나뉘어 있다. 상대를 공격하는 무기로는 엄청나게 억센 못뽑이가 있다. 그리고 아래 위의 큰 턱은 굳세기로는 어떤 곤충도 당해낼 재주가 없을 정도이다.

같은 종족의 창자 속을 파먹는 흉악한 이 먼지벌레는 자기 힘을 스스로 잘 알고 있다. 테이블 위에 올려놓고 좀 골려주면 이 벌레는 즉시 덤빌 테면 덤벼 보라는 듯한 자세를 취한다. 그리고는 흙을 파는 쇠스랑같이 날이 달린 짤막한 앞발을 도사려서 몸을 잔뜩 잡아제끼고 전체를 거의 두 토막으로 꺾듯이 치켜든다. 이것은 등 뒤에 몸을 구분하고 있는 잘록한 여닫이가 있기 때문이다.

그는 신체의 앞 절반 즉, 하아트 모양의 넓직한 가슴과 커다란 머리를 위엄있게 치켜들고 억센 못뽑이 턱을 딱 벌린다. 이것은 사람을 위협하려는 태도이다.

만일 건드리기만 하면 이 벌레는 위협 이상의 직접적인 행동으로 나서 서슴지 않고 건드린 손을 물려고 덤빈다. 참으로 웬만해서는 수그러드는 놈이 아니다.

나는 이 놈을 실험하기 전에 깊이 생각해 보았다.

왜 죽은 시늉을 할까?

딱부리먼지벌레에게 '죽은 시늉'을 하게 하는 것은 아주 쉬운 일이다. 그 놈을 잡아가지고 손 끝으로 몇 차례 뒹굴리기만 하면 된다.

좀 더 잘 하려면 두 세 번 치켜들었다가 테이블 위에 내던지면 된다. 그렇지 않으면 몇 차례고 거듭해서 눈을 어지럽혀 놓고 그 놈을 뒤집어 놓으면 된다.

이것으로 그만이다. 나가자빠진 벌레는 죽은 듯이 꼼짝도 안 한다. 다리는 구부려서 배에다 붙이고, 더듬이는 열 십자로 두고, 못뽑이 턱은 짝 벌리고 있다. 옆에 놓아 둔 시계는 이 시험의 처음부터 끝까지 정확한 시간을 재어 준다.

이쯤 되면 깨어날 때까지 기다리는 것 뿐이다. 아주 참을성있게 기다려야 한다. 왜냐하면 벌레가 꼼짝도 하지 않고 있는 것은 관찰하는 사람에게 참으로 지루하기 짝이 없는 일이니까. 부동(不動)의 자세가 계속되는 시간은 같은 날 같은 날씨의 조건 아래서도, 그리고 같은 실험 재료라 하더라도 심한 차이가 있다.

나로서는 아무리 해도 그 시간이 줄었다 늘었다 하는 원인을 발견해 낼 수 없다. 여기에는 나타난 결과만을 기록해 두기로 하자.

꼼짝도 안 하고 가만히 있는 시간이 50분 가까이 계속되는 경우도 있다. 어떤 때는 한 시간 이상이나 계속된 때도 있었다. 가장 많은 경우는 평균 20분 가량이다.

만약 이 곤충을 귀찮게 구는 것이 별로 없을 때는 그 놈을 밥사발을 거꾸로 뒤집어 놓은 듯한 유리 그릇으로 덮어서, 무더운 여름에 이 벌레에게 반갑지 않은 손님인 파리가 붙지 못하도록 해 두기만 하면 된다. 그러면 움직이지 않는 상태를 완전하게 유지할 수 있다.

발 끝도 더듬이도 까딱 안 하는 상태야말로 꼭 죽은 모습과 같다. 겉보기에는 꼭 죽은 것 같던 이 벌레는 나중에는 살아난다. 우선 발 끝부터 떨리기 시작하다가 다음엔 수염과 더듬이가 조금씩 움직이기 시작한다. 이것이 깨어나는 첫 징조이다.

이윽고 다리가 움직이고, 졸라맨 듯한 허리에서 몸을 약간 구부려 머리와 등을 제끼며 발딱 일어난다. 그리고는 뒤이어 엉금엉금 기어 달아나기 시작한다. 만일 내가 골려주는 전술을 거듭 쓰면 벌레는 또다시 죽은 체하고 자빠져 있다.

실험을 다시 해보자. 깨어났던 벌레는 또 등을 땅에 대고 나자빠진 채로 꼼짝도 안 한다. 처음 실험할 때보다 훨씬 더 긴 시간을 움직이지 않는 자세로 잠자고 있다.

벌레가 깨어나면 나는 세 차례고 네 차례고 실험을 거듭한다. 그러면 움직이지 않는 시간이 점점 길어진다. 기록해 보니 다섯 차례의 실험에서 각각 17분, 20분, 25분, 33분, 50분 계속되었다. 죽은 모습을 하고 있는 것은 짧을 때는 15, 6분이지만 거의 1시간 가까이 계속되는 수도 있었다.

나는 몇 차례의 실험에서 같은 사실을 발견했다. 그렇다면 먼지벌레는 실험을 거듭할수록 움직이지 않는 자세를 더 오랫동안 계속한다고 말할 수 있을까?

또 자기를 지켜보고 있는 끈덕진 상대자를 어떻게 해서든지 피로하게 만들기 위해서 죽은 시늉을 더 오랜 시간 계속하는 것일까? 그러나 아직 결론을 내리기에는 이르다.

좀 더 기다려 보기로 하자. 먼지벌레도 우리가 이제 더 이상 참을 수 없을 때까지 이런 식으로 계속할 수도 없을 것이다. 언젠가 이 벌레는 내가 골려주는 데 싫증을 느끼고 단념이나 한 듯이 죽은 시늉을 하지 않게 되었다. 충격을 주어 발딱 눕히자, 벌레는 이 계략이 아무 성공도 가져오지 못한다는 것을 알기라도 한 듯이 몸을 바로 뒤집어서 바쁘게 달아나 버렸다.

이것만 가지고 생각한다면, 어쩐지 이 흉측한 벌레는 제 몸을 보호하기 위해 적을 속이려는 것 같이 보이기도 한다.

그러나 이 정도의 실험으로는 아직 확실하게 말할 수 없다. 지금까지 실험당한 벌레는 테이블 위에 눕혀져 있다. 벌레는 자기 몸이 닿아 있는 아래가 구멍 같은 것을 뚫을 수도 없는 딱딱한 물체라는 것을 느끼고 있다.

저 세트의 해변에서처럼 모래 속으로 숨어 들어갈 희망도 없기 때문에 이 벌레는 한 시간 이상이나 죽은 시늉을 하며 가만히 있는 것은 아닐까?

만일 모래 위에 놓는다면 어떻게 해서든지 땅 속으로 달아나려 하지 않을까? 나는 그렇게 할 것이라고 생각했다. 그러나 그것은 잘못된 생각이었다. 나무, 유리, 모래, 흙 위 등 어디에 갔다 놓아도 이 곤충은 그 자세를 조금도 바꾸지 않았다. 파기 쉬운 곳에서도 이빨이 들어가지 않는 딱딱한 곳에 놓았을 때와 마찬가지로 오랫동안 죽은 척하고 있었던 것이다.

놓여 있는 장소와 환경의 성질에 아무 관심이 없다는 사실에 의해 의문점이 약간 밝혀지는 것 같기도 했다. 하지만 어쩌면 이 벌레는 눈치빠르게 실험자인 나를 알아 보았는지도 모른다. 그렇지 않으면 약간의 냄새라도 맡는 감각이 있어서 내가 옆에 있는 것을 깨달았는지도 모를 일이다. 그렇다면 실험하는 방법을 달리 해 보기로 하자.

나는 귀찮은 파리가 성가시게 굴지 못하도록 먼지벌레 위에 유리 그릇을 덮었다. 그리고는 실험실을 나와 뜰로 내려갔다. 이쯤 되면 주위에 이 벌레에게 불안을 느끼게 할 만한 것은 아무것도 없다. 창문도 닫혀 있으며 밖으로부터는 아무런 소리도 들려오지 않고 안에서는 벌레를 놀라게 할 만한 것이 아무것도 없다. 이 고요한 가운데서 어떤 일이 일어날 것인가?

하지만 평소와 다른 점은 아무 것도 일어나지 않았다. 밖에서 20분, 40분 기다린 다음 방에 들어가 먼지벌레가 있는 곳으로 가 보았다. 먼지 벌레는 내가 놓아 두었던 그대로 공중을 쳐다보며 조금도 움직이지 않고 있었다.

여러가지 방법으로 몇 차례나 거듭해 실험한 결과 의문을 푸는 데 유력한 희망의 빛이 보이기 시작했다.

벌레의 주위는 아무런 위험도 없이 고요하지 않은가. 그렇다면 죽은 듯이 꼼짝도 안하고 있는 것은 이미 적을 속여 넘기기 위한 것이 아니다. 의심할 여지없이 여기에는 다른 까닭이 있을 것이다.

이것이 약한 벌레이기때문에, 즉 몸을 보호하는 갑옷이 얇기 때문에 자기 몸을 지키기 위해 술책을 쓰고 있는 것이라면 그럴듯한 이야기가 된다. 하지만 단단한 갑옷같은 것으로 온 몸을 감싸고, 싸움이라면 흉폭하기 짝이 없는 이 벌레이고 보니 도무지 알 수 없는 일이다. 그가 살고 있는 해변가의 모래밭에서 어떤 벌레가 장사같은 이 놈을 이길 수 있단 말인가.

그렇지 않으면 이 먼지벌레는 새들에게 쪼아먹힐 것을 두려워하는 것일까? 그것도 그럴 성싶지는 않다.

먼지벌레는 그들 족속 가운데서도 어지간히 딱딱하고 억센 벌레이다. 뭇 새들도 그다지 달가워하지 않을 먹이임에 틀림없다. 더구나 그가 땅속에서부터 나오는 것은 대개 새들이 먹이를 찾아다니지 못하는 밤이 되었을 때이다. 그러므로 새의 주둥이를 두려워할 까닭은 없다.

그러면 이 먼지벌레 – 때로는 왕쇠똥구리의 목까지 자를 수 있을 만큼 두려워 하는 것이라고는 아무것도 없는 난폭한 쌈패 – 는 조금만 골려주어도 그 자리에서 죽은 시늉을 할 만큼 겁쟁이란 말인가?

나는 점점 더 깊은 의문을 품지 않을 수 없었다. 같은 바닷가에 살고 있는 미끈이먼지벌레를 생각하자 나의 의문은 더욱 커졌다. 딱부리먼지벌레는 몸통이 큰 놈이다. 그러나 미끈이란 놈은 이에 비하면 어린애 같다. 같은 겉모양에 같은 흑요석 빛깔로 단장하고 있고 같은 무장을 갖춘 같은 강도놈이다.

그렇건만 미끈이란 놈은 힘도 약하고 몸집도 작은 주제인데도 죽은 시늉을 하는 속임수를 거의 쓸 줄 모른다. 잠깐 괴롭힌 다음 뒤집어 놓으면 큰 일이나 난 듯이 발딱 일어나서 부리나케 달아난다. 어쩌다가

4, 5초 동안 가만히 있는 경우가 있을 뿐이다.

뒤집어 놓으면 즉시 죽은 체하고 때로는 한 시간 동안이나 일어날 줄 모르는 큰 놈에 비해 이 놈은 어떻게 된 셈일까?

만약 죽은 듯한 시늉이 실제로 몸을 보호하는 술책이라고 한다면 큰 놈은 오히려 자기의 굳센 힘을 믿고 그러한 방법을 택하지 않아야 할 것이고, 겁에 질린 작은 놈이 도리어 이 방법에 의지하지 않으면 안 되었을 것이다.

그러나 사실은 이와 정반대이니 대체 어찌된 셈일까? 그러면 이 벌레에게 위험을 느끼게하는 방법으로 다시 시험해 보기로 하자. 천장을 향해 죽은 듯이 누워 있는 딱부리 먼지벌레에게 공격 비슷한 유도작전을 펴는 데는 파리란 놈이 가장 적합하다.

파리가 이 가짜 시체에 발이 닿을까 말까 한 순간, 딱부리먼지벌레의 다리는 꿈틀 하고 움직인다. 마치 약한 전기에 충격을 받고 깜짝깜작 하듯이. 만일 파리가 잠깐 앉기만 했다면 아무 반응도 없이 그만이다. 그러다가 파리가 그대로 앉아서 머리나 주둥이 부근을 건드려대면 먼지벌레는 귀찮아져서 즉시 팔 다리를 버드럭거리다가 발딱 일어나서 댓바람에 달아난다.

이러한 보잘 것 없는 놈에게는 오랫동안 속임수를 쓸 필요가 없다고 생각한 것일까? 파리 따위에는 위험성이 조금도 없다는 것을 깨닫고 본래대로 활동을 시작한 것이라고 말하는 사람도 있을 것이다.

그렇다면 힘도 무척 세고 몸집도 큰 놈을 대항시켜 보기로 하자. 나는 때마침 발톱도 입턱도 굳센 큰떡갈나무하늘소를 갖고 있었다. 이 벌레는 성질이 온순한 놈이었으나 딱부리먼지벌레는 아직 이 벌레의 정체를 모르고 있다.

아무리 뱃장이 두둑한 놈이라도 깜짝 놀랄 만한 이런 벌레에게는 아직 한 차례도 맞서본 일이 없을 것이다. 알지 못하는 놈에 대한 두려움은 불안한 마음을 더 크게 할 것이다.

볏짚 오라기로 이끌어다 주었더니, 떡갈나무하늘소는 누워 있는 먼지벌레 위에 발을 올려 놓는다. 딱부리먼지벌레의 발 끝은 즉시 바들바들 떨린다. 떡갈나무하늘소가 좀 더 오랫동안 건드리자 죽은 듯이 누워 있던 놈은 얼른 일어나서 달아난다.

상대를 알지 못하는 만큼 떡갈나무하늘소는 딱부리먼지벌레에게 무서운 존재가 아닐 수 없다. 그러나 이러한 위험을 앞에 두고 죽은 시늉을 계속하는 대신 달아나 버린다.

다음에는 벌레가 천정을 향하고 누워 있는 테이블 다리를 나무 막대기로 툭툭 두드려 보았다. 아주 가볍게 두드렸으므로 테이블의 움직임이 눈에 뜨일 정도는 아니었다.

하지만 이런 정도로도 이 벌레의 정지상태를 깨기에는 넉넉하다. 툭툭 두들길 때마다 발끝을 구부리며 잠깐동안 떤다.

맨 마지막으로 빛의 작용은 어떨까? 지금까지 나는 방안에 들어오는 빛 가운데서 먼지벌레를 실험했다. 지금 창문으로는 햇빛이 따사롭게 비쳐 들어오고 있다.

만약 자리를 옮겨서 이 벌레를 테이블 위에서 다시 햇살이 눈부시도록 퍼지는 창가로 갖다 놓는다면 죽은 시늉을 하던 벌레는 어떻게 할 것인가? 반응은 즉시 나타났다. 직사광선 아래서 딱부리먼지벌레는 벌떡 일어나 부지런히 달아났다. 이만하면 더할나위가 없다.

실험을 위해 괴로움을 당한 벌레여! 지금 너는 자신의 비밀을 반 쯤은 공개한 셈이다. 네가 죽은 시늉을 하는 것이 위험을 피하기 위한 것이었다면 너는 지금 실험한 것과 같은 여러 경우에는 움직이지 않았어야 했을 것이다.

위험이 박두한 이런 때에 너는 거꾸로 부들부들 떠는가 하면 당황해서 갈팡질팡하며 벌떡 일어나 달아나지 않았는가? 계략은 폭로된 것이 아니다. 정확히 말하면 너에겐 그런 계략같은 것이 전연 없었던 것이다.

네가 죽은 시늉을 하는 것은 시늉이 아니라 진실이었다. 이것은 너의 섬세한 신경 때문에 일어나는 일시적인 실신 상태이다.

아무것도 아닌 어떤 사건으로 너는 이러한 상태에 빠지고, 또 아무것도 아닌 사건으로 특히 활동하는 데 최고의 자극물인 햇빛을 받으면 즉시 제 모습으로 되돌아가는 것이다.

최 면 술

알지 못하는 것은 흉내낼 수도 없는 것이다. 그러므로 죽은 시늉을 하려면 죽음이라는 것에 대해 어떤 지식을 갖고 있지 않으면 안 된다.

그러면 곤충은, 좀 더 정확하게 말해서 모든 동물은 어떤 종류이든간에 목숨에 한정이 있다는 것을 미리부터 알고 있는 것일까? 언젠가 나는 한 번 죽어야 한다는 근심 때문에 그 작은 머리 속에 번민을 느끼는 일은 없을까?

나는 동물들과 꽤 자주 접촉을 해왔고 또 생활도 친하게 함께 해왔다. 그러나 그런 사실이 있다고 대답할 만한 사건은 한 번도 관찰한 일이 없다.

우리들 인간의 번민과 고뇌의 근원이며 그와 동시에 우리 인간의 위대한 점이라고도 할 수 있는 죽음의 불안을 동물들은 숫제 모르고 있는 것이다. 순진한 어린아이같이 동물은 미래를 근심할 줄 모르고 현재의 생활만을 즐기고 있다.

지난 주일 깊은 감동을 받은 한 가지 사건이 있었다. 집안 식구들을 즐겁게 해 주던 귀여운 새끼 고양이 미네가 이틀 동안 괴로운 듯이 시름시름 앓다가 밤 사이에 죽어버렸다.

아침이 되자 아이들이 광주리 밑에 등을 꼬부리고 쓰러져 있는 고양이를 발견했다. 모두가 애처로워했다.

더욱이 네 살 먹은 막내 딸 안나는 지금까지 함께 놀던 재롱동이 친구를 우두커니 생각에 잠긴 눈으로 들여다 보고 있었다. 안나는 미네를 쓰다듬으며 이름을 불렀다. 접시에 약간의 우유를 담아 내밀면서 혼자 종알거렸다.

"미네야! 너 왜 기분이 나쁘니? 내가 주는 밥도 안먹고 왜 누워만 있니? 이렇게 오래 누워 있는 것은 처음 보겠구나. 언제 일어나니?"

죽음이라는 엄숙한 문제를 앞에 놓고 종알거린 이 천진난만한 이야기가 나의 마음을 울렸다. 나는 안나의 기분을 돌려주기 위해 얼른 새장 있는 곳으로 데리고 갔다. 그리고 죽은 고양이를 몰래 묻어 버리게 했다. 고양이는 식사 때마다 나타나던 식탁 옆에 다시는 오지 않았다.

벗을 잃은 막내딸은 이제야 제 친구가 영원히 깨어나지 못하는 잠자리 속으로 들어갔다는 것을 깨달은 모양이었다. 세상에 난 후 처음으로 안나의 머리 속에는 막연하나마 죽음에 대한 생각이 새겨진 것이다.

우리 어린이들보다도 훨씬 지능이 떨어지는 벌레들이 죽음이라는 것을 알까? 결론을 내리기 전에 믿을 수 없는 안내자인 고등과학에게 묻지 말고 진실만을 말해 주는 칠면조에게 물어보기로 하자.

소년 시절, 내가 로데즈의 왕립고등학교에 잠시 다니고 있을 때의 일이다. 즐거운 목요일(프랑스 학교에서는 목요일이 휴일이었다.)이었다. 라틴어 숙제도 끝내고 그리스어의 문법 공부도 끝냈다. 그래서 우리 장난꾸러기 친구들은 떼를 지어 개울로 내려갔다.

바지를 무릎 위까지 걷어붙인 우리는 고요히 흐르는 아빌론강 기슭에서 고기를 잡았다. 잡으려는 고기는 기껏해야 미꾸라지였다. 크다는 놈의 굵기가 겨우 새끼 손가락 만큼밖에 안 되었다.

그래도 물가의 풀섶이나 모래흙 웅덩이에 죽은 듯이 가만히 있기 때문에, 잡고 싶어서 저절로 손을 내밀지 않을 수 없었다.

우리는 삼지창 대신 포오크로 쿡 찌를 작정있었다. 요행히 찔러 잡았을 때는 와아! 하고 환성을 올렸다. 그러나 이렇게 희한하고 서투른 솜씨의 고기잡이는 그리 자주 성공할 수는 없었다. 미꾸라지란 놈은 포오크가 가까이 가면 곁눈질로 흘겨보다가 꼬리를 서너 번 재빨리 휘두르고는 자태를 감추어 버렸다.

또 한 가지 재미있는 장난이 우리들을 기다리고 있었다. 칠면조의 어미와 새끼들이 떼를 지어 마음내키는 대로 거닐며 시골집 뜰 밖에서 메뚜기를 쪼아먹고 있었다. 마침 주인이 보지 않을 때는 재미나는 일이 벌어졌다.

우리들은 각기 한 마리씩 칠면조를 붙잡았다. 그리고는 목을 구부려서 날개죽지 밑으로 틀어박은 다음 두 세 번 뒤흔들어 놓고 땅 위에 쓰러뜨렸다.

칠면조는 몸을 꼼짝하지 못했다. 칠면조 무리들은 한 마리도 남김없이 우리들 장난꾸러기 마술사의 최면술에 걸린 것이다. 이리하여 풀밭 위에는 죽은 놈과 죽어가는 놈이 여기 저기 즐비하게 쓰러져 있어 마치 주검의 전쟁판 같았다.

그러자 아, 농부의 아낙네다! 조심해라! 골탕먹은 칠면조들의 꾸륵꾸륵하는 소리가 주인마님에게 우리들의 몹쓸 장난을 알렸던 것이다. 주인마님은 채찍을 손에 들고 달려나왔다.

그러나 그때 우리들은 어쩌면 그렇게도 빨리 달아났던지! 칠면조를 기절시키던 그 시절은 참으로 즐거웠다. 지금도 나는 그 시절의 솜씨를 갖고 있을까? 그러나 오늘날의 솜씨는 학생시절의 장난과는 다르다.

지금은 진실을 탐구하는 연구의 수단이다. 다행히도 필요한 연구재료가 바로 옆에 있었다. 맛있는 요리로 크리스마스를 축하해 줄 한 마리의 칠면조가 바로 그것이다.

나는 이놈을 상대로 옛날 아빌론강 기슭에서 그처럼 훌륭한 솜씨를 보여 주었던 마술을 다시 한 번 해보았다. 칠면조의 머리를 날개죽지 속으로 깊숙히 틀어박았다. 그리고는 위로 흔들다가 놓아 주었다.

이상한 결과가 나타났다. 어린 시절에 장난치던 솜씨도 이보다 더 낫지는 못할 것이다. 땅 위에 쓰러진 채로 꼼짝도 못하는 나의 연구재료는 목숨 없는 하나의 시체 덩어리와 같았다.

만약 날개죽지 털이 부풀었다 줄어들었다 해서, 숨이 아직 붙어 있다는 것을 보여주지 않았다면 누구나 이놈을 죽은 것이라고 생각했을 것이다. 참말이지 숨이 끊어져 갈 때의 경련으로 손발은 오그라들고 다리를 배에 끌어다 붙인, 막 죽어가는 새라고밖에 생각되지 않았다.

그것은 비극적인 모습이 아닐 수 없었다. 그리고 이것이 비록 실험을 위한 장난이라 할지라도, 나는 이 결과를 보고 자칫 잘못하면 목숨이 끊어지는 것이 아닌가 근심스러웠다. 가엾게도 칠면조가 이대로 눈을 뜨지 못한다면 어쩌나!

하지만 걱정할 필요는 없었다. 아직 약간 휘청대기는 했지만 칠면조는 다시 눈을 뜨고 일어났다. 꼬리를 축 늘어뜨리고 멍하니 걷기 시작했다. 얼마 안 가서 정신은 말짱해지고, 약간 시간이 지나자 칠면조는 실험 전과 다름없이 평상시와 똑같은 상태로 돌아갔다.

사실 잠자는 것과 죽음의 중간 쯤 되는 이 혼수상태가 계속되는 시간은 가지각색이다. 때로는 반 시간, 또는 몇 분 동안 움직이지 못하는 상태가 계속된다. 여기서도 곤충의 경우와 마찬가지로 이렇게 차이가 나는 원인을 하나 하나 알아내기는 무척 어렵다.

멧닭으로 실험해 보면 더욱 좋다. 혼수상태가 너무나 길어서 나는 정말 이 새가 죽은 것이 아닌가 걱정하기까지 했다. 혼수상태는 30 분도 넘었다.

이번에는 거위로 실험해 보았다. 우리집에는 없었기 때문에 옆집 꽃가게에서 빌려왔다. 우리집으로 끌려 온 거위는 짧은 꼬리를 흔들며 나팔소리보다 더 요란하고 거센 목소리로 온 집안을 소란케 했다.

잠시 후 거위는 조용해졌다. 이 몸집 큰 새는 머리를 날개죽지 속으로 틀어박힌 다음 땅 위에 눕혀졌다.

그 다음부터 꼼짝도 못 하는 상태는 칠면조나 멧닭과 마찬가지로 오랫동안 계속되었다. 다음 차례는 닭, 그 다음은 집오리였다. 그들도 역시 잠든 듯이 혼수 상태에 빠져 버렸다.

이와 같이 새들은 아주 간단한 기술로 겉보기에는 죽은 듯한 혼수 상태에 빠지게 할 수 있다. 거위나 칠면조들은 그의 적을 속이기 위한 목적에서 이토록 죽은 시늉을 하는 것일까?

더 말할 것도 없이 그들은 누구도 일부러 죽은 시늉을 하는 것이 아니다. 이 새들은 실제로 깊은 혼수 상태에 빠져 있는 것이다. 한 마디로 말해서 이 새들은 최면술에 걸린 것이다. 내가 먼저 곤충으로 실험해 본 상태는 이상하게도 이 새들의 상태와 비슷했다. 양쪽 모두 죽은 듯한 모습이 된다.

그러면 어떤 충격을 받고 뒤로 넘어진 채로 죽은 것처럼 보이던 벌레들은 어떤 순서로 깨어나는 것일까? 맨 처음에는 발이 떨린다. 다음은 수염과 더듬이가 천천히 흔들리기 시작하면서 깨어난다.

만약 곤충이 정말로 속이기 위한 것이었다면 무엇 때문에 이렇게 미리 깨어나는 징조를 나타낼 필요가 있겠는가?

그들의 속임수가 아주 치밀하여 사람이 하품을 하거나 기지개를 켜는 것처럼 천천히 깨어나는 방법을 쓰고 있는 것일까? 정말 어리석은 생각이라 하지 않을 수 없다. 발끝이 떨리고 수염과 더듬이가 움직이는 것은 정말로 혼수상태가 끝났다는 증거이다. 이것은 내가 정지 상태를 만든 곤충이 죽은 시늉을 하지 않았다는 것을 증명한다.

갑자기 깜짝 놀라면 우리들 자신도 몸을 움직일 수 없게 된다. 어떤 때는 깨어나지 못하고 죽는 수도 있다. 조그만 곤충이지만, 공포를 만나면 일시적이나마 실신하는 것을 이상다고 말할 수는 없다.

충격이 지극히 미약한 경우, 곤충은 한 때 경련을 일으켰다가 곧 일어나 달아나 버린다. 그러나 충격이 큰 경우엔 오랫동안 혼수상태에 빠지게 된다.

자살에 대하여

곤충들은 죽음이라는 것을 조금도 알지 못할 뿐만 아니라 그것을 흉내낼 수도 없다. 그들은 또 지나치게 큰 슬픔을 깨끗이 청산해 버리는 자살이란 수단도 알지 못 한다.

동물이 자기 스스로 자기의 목숨을 끊어 버렸다는 실예를 나는 한 번도 듣지 못 했다. 아주 감정이 예민한 동물이 때로는 커다란 슬픔 때문에 말라서 죽는 일은 있다. 그러나 그것과 자살과는 다르지 않은가.

그런데, 나는 지금 전갈의 자살을 생각하고 있다. 어떤 사람은 그것이 사실이라 하고 또 어떤 사람은 그렇지 않다고들 한다. 전갈은 자기 몸이 불에 둘러싸이게 되면 독침으로 자신을 찔러서 불에 타죽는 괴로움을 스스로 피한다는 것이다.

이러한 말이 어느 정도 사실에 가까운 것인지 한 번 시험해 보기로 하자. 마침 좋은 기회였다. 내가 이 괴물을 기르고 있으니까 말이다. 그놈은 커다란 왕독전갈이다.

전갈에게 쏘이면 어떻게 되는가? 나는 물려 보지 않았으니까 무어라고 말할 수 없다. 그래서 나는 가끔 주의하지 못해서 호되게 경을 친 일이 있는 나무꾼에게 물어보기로 했다. 나무꾼은 이렇게 말했다.

"저녁을 먹고 장작더미 옆에서 잠깐 잠이 들었지요. 그러다가 다리가 아파서 눈이 번쩍 띄었지요. 마치 부젓가락으로 쿡 찔린 것 같았습니다. 아픈 곳을 들쳐보았더니 전갈이란 놈이 바지 속으로 기어들어가서 종아리를 쏘았지 뭡니까. 손가락만큼이나 굵은 놈이예요. 정말 이만큼이나 큰 놈이었어요."

나무꾼은 이렇게 몸짓까지 섞어가며 길다란 장지손가락을 내보이는 것이었다. 그만큼이나 크다는 데에 나는 놀라지 않았다. 내가 전갈을 채집할 때도 그만한 놈은 보았으니까. 그는 말을 계속했다.

"나는 하던 일을 계속하려고 했지요. 그러나 진땀이 나고 다리는 이만큼이나 퉁퉁 부었죠."

그는 또다시 몸짓을 하며 작은 물통만큼이나 크다는 것을 나타내려고 두 손을 다리 둘레에 벌려 보이는 것이었다.

"정말 이만큼이나 말입니다. 집에까지는 1 킬로미터도 안 되는데, 간신히 기다시피 해서 돌아왔지요. 다리는 점점 부어 올라와서 이튿날 아침에는 이만해졌답니다."

그는 또 손짓으로 옆구리 아래를 가리켰다.

"그래요. 한 사흘 동안은 바로 설 수도 없었지요. 나는 다리를 의자위에 올려놓고 겨우 참았어요. 알카리 물수건으로 찜질을 해서 조금씩 나았답니다."

그는 또 다른 나무꾼도 자기와 마찬가지로 전갈에게 옆구리를 쏘인 일이 있다고 했다. 그 나무꾼은 집에서 멀리 떨어진 곳에서 일을 하고 있었기 때문에 집에 돌아오지 못했다. 길가에 쓰러져 있는 것을 지나던 사람이 업어서 집에 데려다 주었다는 것이다.

"정말 죽은 사람같았어요. 꼭 송장같았다니까요."

말솜씨보다는 몸짓 손짓을 더 잘하는 시골사람의 이야기로 미루어 보아 허풍을 떠는 것 같지는 않았다. 전갈에게 쏘이면 사람도 이렇게 무서울 정도로 위험하다. 전갈 자신도 동료들에게 쏘이면 죽는다. 여기에 대해서는 다른 사람의 증언보다 더 확실한 증거를 갖고 있다. 나 자신이 직접 관찰했기 때문이다.

전갈을 가두어 기르는 우리 속에서 아주 큰 놈으로 두 마리를 꺼내 내놓고, 주둥이가 넓은 유리병 밑바닥에 모래를 깐 다음 마주 세워 놓았다. 서로 뒷걸음질치면 지푸라기로 다시 맞붙여 놓았다.

이렇게 하면 아마도 내가 건드리는 것을 상대방이 집적거리는 줄로 아는 모양이었다. 적의 공격을 막기 위한 두 개의 커다란 집게를 적이 가까이 오지 못하도록 쩍 벌리고, 꼬리는 등넘어로 치켜 올린 다음 앞쪽으로 구부린다. 물방울처럼 맑게 비치는 독(毒)물이 침 끝에서 반짝인다.

격투는 빨리 끝났다. 한 쪽 전갈이 다른쪽 전갈을 쏘면, 쏘인 전갈은 그것으로 마지막이다. 몇 분도 안 돼 찔린 놈은 죽어 버린다.

싸움에 이긴 전갈은 유유히, 죽어 넘어진 놈을 머리부터 뜯어먹기 시작한다. 한 번 먹는 분량은 얼마 안 되지만, 오랫동안 뜯어 먹는다. 4~5일 동안 거의 쉬지 않고 동료의 시체를 먹는다. 싸움에 진 놈을 먹는다는 것, 이것이 싸움에 이겼다는 것을 증명해 보이고 그 승리를 즐기는 것인가 보다.

이제야 확실히 알았다. 전갈이 찌르는 상처는 전갈을 죽이는 힘이 있다.

그러면 자살이라는 문제를 다루어 보자. 사람들의 말을 믿는다면 전갈은 불에 둘러싸였을 때 불에 타죽기 전에 침으로 자신을 찔러 스스로 죽는다. 그렇다면 벌레치고는 대단한 놈이다. 그러면 어디 한 번 실험해 보자.

이글이글 타는 숯불을 둥그렇게 해 놓고 한가운데 가장 큰 전갈을 놓아 보았다. 그리고는 풀무를 돌려 숯불을 더욱 빨갛게 달아오르게 했다. 맨 처음 전갈은 뜨거운 불길을 느끼자 뒷걸음질쳐 방향을 바꾸었다. 그러나 뒤에도 불길이 있어 몸에 닿으므로 몸둘 바를 모르고 서둘러서 몸을 움츠린다. 불을 피해서 달아나려고 할 때마다 화상은 심해진다. 전갈은 어쩔 줄 몰랐다. 앞으로 나가도 뒤로 물러서도 불에 데이는 것 뿐이다.

전갈은 마침내 그의 무기인 꼬리를 미친 듯이 흔들어댔다. 꼬리를 둘둘 말아서 앞으로 구부렸다가는 펴고 또 치켜든다. 이러한 행동은 모두 아주 빠르게, 그리고 무작정 휘둘러대는 것이기 때문에 정확히 순서를 분간할 수는 없다.

꼬리 끝에 달린 침으로 자신을 찔러서 불길의 고통을 벗어날 때는 바로 지금일 것이다. 그리고 지금 실제로 불의 세례를 받고 있던 전갈은 갑자기 몸을 뒤치는 듯하더니, 어느새 꼼짝도 못하고 넙적하게 뻗어 버렸다. 그리고는 아무런 움직임도 없었다. 까딱도 하지 않았다. 전갈은 죽은 것일까? 마지막으로 몸부림칠 때 나는 미처 볼 수 없었지만, 제 몸을 스스로 찔렀는지도 모른다. 그렇다면 전갈은 죽었을 것이다.

어떻게 된일인가 하고 죽은 듯이 보이는 전갈을 핀세트로 집어서 차가운 모래 위에 놓아 보았다. 그러자 한 시간 가량 지난 다음 이 전갈은 다시 살아나 실험하기 전과 같이 원기를 되찾았다.

나는 두 번 세 번 다른 전갈로 다시 실험해 보았다. 역시 마찬가지였다. 절망적으로 몸부림치다가 모두 몸을 움직이지 못하게 되고 몸을 뻗어 버렸다. 그리고는 또 앞서와 마찬가지로, 차가운 모래 바닥 위에 놓아 두면 살아나는 것이다.

전갈이 자살한다고 말하는 사람은 그 놈이 둘레에 있는 뜨거운 불 때문에 필사적으로 몸부림치다가 갑자기 뻗어서 움직이지 못하게 된 것을 자살했다고 생각하고 태워 버렸음에 틀림없다.

불 밖으로 끄집어 냈더라면, 죽은 듯이 뻗었던 전갈은 되살아나 자살하지 않았다는 것을 알았을 것이다.

사람을 제외하고는 어떤 동물도 죽음이란 것을 알지 못한다. 그러니까 자기 스스로 죽는다는 것도 알지 못한다. 우리들 인간이 삶의 괴로움으로부터 벗어나기 위해 자살할 수 있다는 것은 다른 동물보다 뛰어나다는 증거이다. 그러나 그렇다고 해서 자살을 실행하는 것은 결국 비겁한 행동에 지나지 않는다.

자살하려는 사람은 옛날 동양의 위대한 현자(賢者)인 공자가 25세기 전에 한 말을 떠올려 보는 것이 좋을 것이다.

이 성현은 어느날, 숲속을 지나다가 나무에 목을 매달아 죽으려는 사람과 마주쳤는데, 그에게 대략 다음과 같은 말을 했다.

"그대의 갖가지 불행이 아무리 크다 할지라도 가장 큰 불행은 절망을 이겨내지 못하고 죽는 것이오. 어떤 일이라도 바로 잡을 수 있소. 그러나 죽음만은 돌이킬 수 없는 것이오. 모든 것이 다 끝났다고 생각해서는 안 되오. 오랜 경험에 의해 움직일 수 없이 된 진리를 믿도록 힘쓰시오. 그것은 이런 것이오.

사람이 살아 있는 한 절망은 없소. 사람은 가장 큰 슬픔에서 가장 큰 기쁨으로, 가장 비참한 불행에서 가장 즐거운 행복으로 옮겨갈 수 있는 것이오. 용기를 내시오. 그리고 오늘 여기에서 생명의 가치를 안 것처럼 언제나 목숨을 소중히 여기도록 하시오."

15. 들판의 장의사

송장벌레

4월이 되면 농부들의 가래에 창자를 끊긴 두더지가 무참하게 죽어 있는 것을 보게 된다. 담장 밑에서는 빛나는 녹색 옷을 입고 소풍나왔던 도마뱀이 무심한 어린이들의 돌팔매에 맞아 목숨을 잃은 것도 볼 수 있다. 바람이 한 번 건듯 불면, 깃도 채 나지 못한 어린 새 새끼들이 둥지에서 떨어지곤 한다. 이렇게 죽어간 조그만 시체, 그리고 그밖에 슬픔을 남기고 목숨을 잃은 여러 생물들의 시체는 그후 어떻게 되는 것일까?

그러나 우리들이 눈으로 보기도 싫어하는 시체의 모습도, 코를 찌르는 냄새도 그리 오래 가지는 못한다. 들판에는 장의사가 얼마든지 있으니까.

날치기하기를 좋아하고 무엇이든 싫다 할 줄 모르는 개미가 맨 먼저 달려온다. 그리고는 한 조각 한 조각 뜯어내는 일을 시작한다. 시체의 썩는 냄새가 징그러운 구더기의 어미인 파리를 불러들인다.

어디로부터 오는지 넓적송장벌레, 조그만 걸음걸이에 윤기나는 몸을 가진 풍뎅이붙이, 뱃가죽만 유난히 흰 수시렁이, 늘씬하게 생긴 반

날개 같은 것들이 무리를 지어서 달려온다. 이놈 저놈 할 것 없이 앞을 다투어 부지런히 썩은 시체를 파헤치고 속으로 파고 들어가 죽은 몸에서 흘러나오는 물기를 없애 버린다.

죽은 두더지의 시체 아래서는 어떤 광경을 볼 수 있을까? 이 기분나쁜 일터도 보는 눈과 생각하는 방법만 달리하면 그저 지나쳐 버릴 수 없는 놀라운 장소가 된다.

기분나쁜 것을 참고 발 끝으로 더러운 시체를 뒤집어 보자. 그 아래서는 얼마나 많은 벌레가 득시글거리고 있는가? 한참 바쁘게 움직이는 청소원들이 야단법석을 떨고 있다. 널찍하고 검은 상복을 입은 듯한 날개를 가진 송장벌레는 깜짝 놀라서 도망치다가 오목한 땅 속에 납작 엎드린다.

햇빛을 반사할 만큼 껍데기가 반들반들한 흑단색의 룰리풍뎅이들은 종종걸음을 하며 일자리에서 물러선다. 검은 테두리의 여우 목도리를 두른 듯한 수시렁이는 달아나려고 하다가 주검에서 나오는 썩은 물에 미끄러져, 등의 색깔과는 어울리지도 않는 하얀 배를 들어내며 벌떡 나자빠진다.

이렇듯 일에 열중하는 무리들은 대체 그 곳에서 무엇을 하는 것일까? 그들은 삶을 위해서 주검을 산산조각으로 떼어내는 것이다. 천성이 연금술사처럼 생긴 이 벌레들은 더럽고 무서운 이 주검을 생명을 유지하는 데 해롭지 않은 먹이로 만들고 있는 것이다.

그들은 위험한 시체를 겨울의 찬 서리와 여름의 찌는 듯한 더위로 무두질한 길가의 헌 구두처럼 만들어 버리는 것이다.

이보다 더 작고 한층 더 끈기 있는 벌레들이 또 몰려온다. 이런 벌레들은 시체 처리의 나머지 일을 넘겨 받아서 힘줄이나 뼈대, 또는 털 따위를 하나 하나 자기 살림의 보고(寶庫)에 옮겨갈 때까지 정성을 다해서 일한다. 이러한 청소원들에게 경의를 표하고, 두더지의 시체를 본래

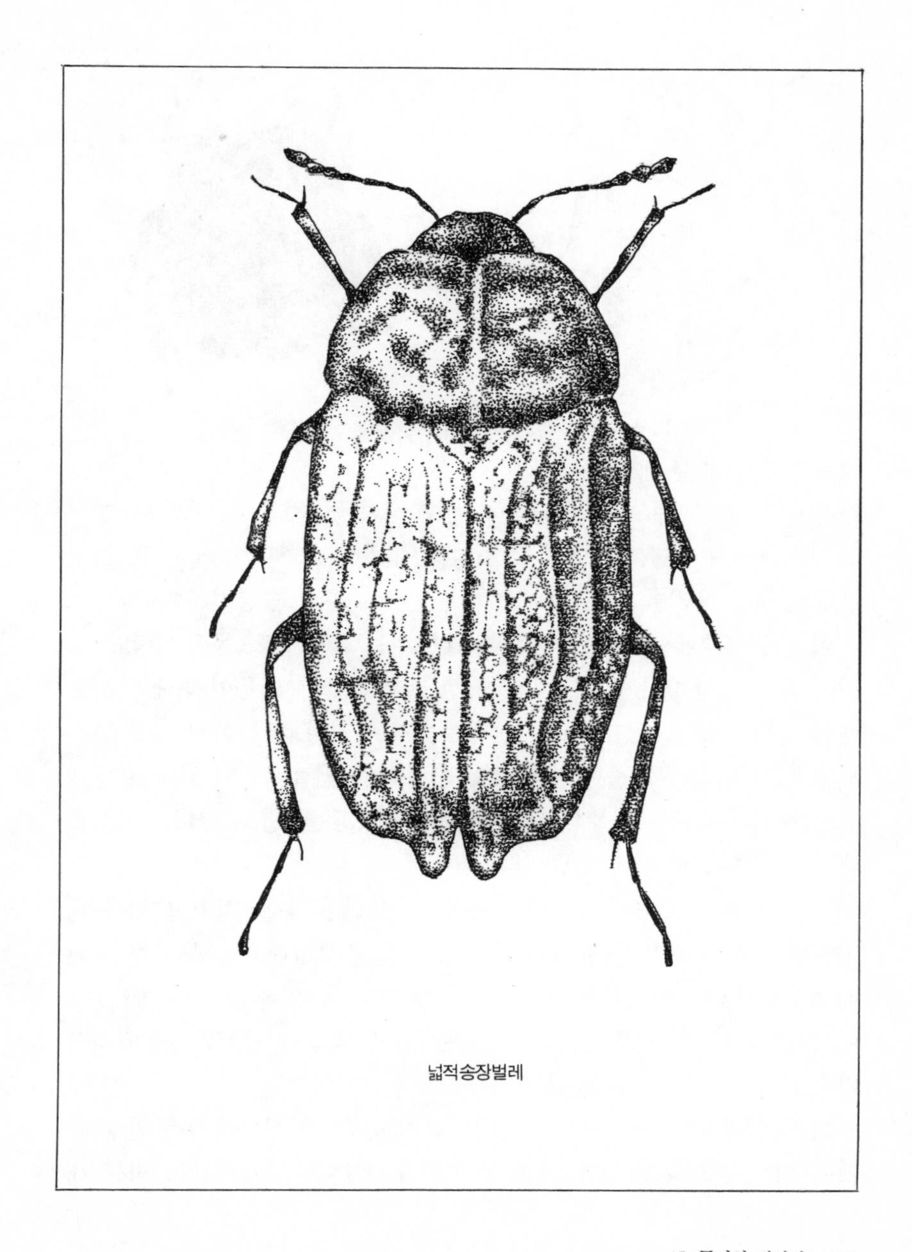
넓적송장벌레

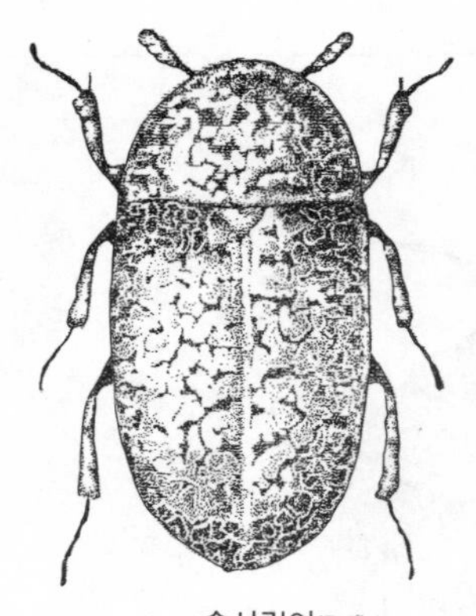

수시렁이

풍뎅이붙이

대로 놓아두어 보기로 하자.

봄날 밭 갈 때에 목숨을 잃은 다른 희생자들 즉, 들쥐, 두더지, 개구리, 도마뱀, 누룩뱀들은 곤충 청소원들 중에서도 가장 굳세고 또 가장 유명한 놈을 우리들게 소개해 준다. 이놈의 이름이 송장벌레이다.

이놈은 시체에 몰려드는 다른 벌레들과는 몸크기도, 몸차림새도, 그리고 습성도 엄청나게 다르다. 중요한 직책을 맡은 때문인지, 몸에서는 제법 사향초 냄새같은 향그러운 냄새까지 풍긴다. 더듬이의 끝을 빨간 단추로 장식하고, 가슴에는 황갈색의 플란넬을 걸쳤으며 딱딱한 날개 위에는 술이 있는 두 개의 빨간 리본을 비스듬히 달고 있다. 이런 몸맵씨는 아주 그럴 듯한 모습이다.

다른 놈들의 모습이 초상집 일꾼처럼 음산한 옷을 걸치고 있는 데 비하면 근사할 이만큼 훌륭한 옷차림이다. 송장벌레는 주둥이에 달린 해부도로써 재료를 썰기나 하고 그 살을 도려내는 해부학자는 아니다. 이 놈은 글자 그대로 무덤을 파는 일꾼, 즉 매장(埋葬)의 청부업자이다.

다른 벌레들, 즉 수시렁이, 풍뎅이붙이 등은 가족들 생각을 안 하는 것은 아니지만, 자기가 뜯어낸 고기를 우선 자기부터 배불리 먹는 데

비해, 송장벌레는 이와 정반대로 약간 입을 대는둥 마는둥 하고, 자기가 발견한 먹이라고 혼자만 먹는 일이 전혀 없다. 이놈은 그것을 흙창고 속에 묻어 버린다. 이것은 먹기에 알맞는 시기가 오면 애벌레의 식량이 되는 것이다.

시체를 저장하는 이 일꾼은 몸놀림이 기계 인형처럼 자유롭지 못하고 느림보같지만, 그러나 한 번 시체를 창고에 넣는 작업이 시작되면 놀랄 만큼 재빠르게 해치우는 솜씨가 있다. 몇 시간이나 걸리는 한 차례의 작업으로, 예를 들면 두더지같이 상당히 큰 시체라도 깨끗이 땅속에 자태를 감추게 한다.

다른 놈들은 말라버린 시체를 땅 위에 남겨둔 채 몇 달이고 바람을 맞거나 비에 젖도록 내버려 둔다. 그러나 이놈만은 송두리채 그 자리에서 깡그리 청소해 버린다. 일이 끝나면 다만 두더지의 무덤만이 흙만두처럼 남아 있는 것을 볼 따름이다.

재빠르게 일하는 품으로 보면, 송장벌레는 들판에 있는 다른 조무래기 청소원들의 왕이라 할 만하다. 그리고 또 머리를 쓰는 데서도 가장 평판이 좋은 벌레의 하나이다. 이 장의사는 꿀이나 먹이를 채집하는 벌따위 중에서 가장 소질을 갖춘 놈이라 할지라도 갖고 있지 못한, 사람에 가까운 지혜를 갖고 있는 것으로 전해 온다. 내가 갖고 있는 책 가운데 라꼬르델의 『곤충학 서설』은 다음과 같이 이 벌레를 찬양하고 있다.

> 크레르뷔유의 보고에 의하면, 송장벌레는 죽은 생쥐를 묻으려 했으나 시체가 누워 있는 땅거죽이 지나치게 굳은 것을 알고, 약간 옆으로 비켜서 좀 물기있는 땅에 구멍을 팠다. 이 작업이 끝나자 그 구멍에 생쥐를 묻으려 했다.
> 그러나 일이 잘 되지 않자 송장벌레는 떠나 버렸다. 이윽고 그는 네 마리의

동료들을 데리고 돌아왔다. 동료들은 그를 도와 생쥐를 옮겨다 묻었다.

라꼬르델은 계속해서, 이것으로 미루어 보면 송장벌레에게는 추리능력이 있다는 것을 인정하지 않을 수 없다고 다음과 같이 말하고 있다.

그레디체는 송장벌레에게 생각해 내는 지혜가 있다고 다음과 같이 말했다.

친구가 두꺼비를 볕에 말려서 저장하려고 생각한 끝에, 송장벌레가 와서 훔쳐가지 못하도록 땅위에 나무 막대기를 세운 다음, 그 위에 두꺼비를 걸어 두었다. 그러나 이러한 조심은 아무 소용도 없었다. 송장벌레는 두꺼비에 이를 수 없다는 것을 알게 되자, 세운 막대기 둘레에 구멍을 파서 그것을 넘어뜨린 다음 두꺼비와 함께 묻어버렸다.

곤충이 원인과 결과, 목적과 수단을 확실히 아는 지혜의 힘을 갖고 있다고 인정하는 것은 참으로 중요한 일이다. 그러나 나는 이보다 더 어이없는 탁상공론을 들은 적이 없다.

앞서 두 가지 이야기는 정말일까? 그 이야기는 사실과 연결돼 있는 것일까?

어린 아이들처럼 다른 사람의 말을 무턱대고 믿지는 말자. 벌레의 이성(理性)을 믿기 전에 우리들의 이성을 좀 활동시켜 보자. 특히 실험으로써 사실을 말하게 해보자. 우연히 손에 들어온 것을 비판도 하지 않고 그대로 믿어서는 안 된다.

아니, 갸륵한 청소원들이여! 사실 나는 그대들의 평판을 흠잡으려는 것이 아니다. 나는 사람들이 말하고 있는 것이 사실인가 아닌가를 실험을 통해 그대들에게 묻고 싶을 따름이다. 그대들은 사람의 가장 낮은 지혜의 싹인, 합리적인 생각을 갖고 있는 것인지 아닌지, 그것을 나는 알고 싶은 것이다.

이러한 사실을 알기 위해서는 운수좋게 우연이 베풀어 준 사실에 의지해서는 안 된다. 그렇게 하려면 아무래도 벌레들의 집을 마련해야 한다. 그것이 있으면 무엇이든 물어볼 수 있고, 몇 차례라도 계속해서 심문하거나 여러 가지 계략을 써 볼 수도 있다.

그러나 어떻게 하면 제 집에서 살림하는 송장벌레를 얻을 수 있을까? 나로서는 아무래도 열 두서너 마리가 필요하다. 올리브가 잘 자라는 고장에서는 송장벌레를 구하기가 여간 어렵지 않다.

들판으로 이 장의사를 찾아 나선다면 기껏 헛수고만 할 뿐이다. 그러면 앞뜰에 죽은 두더지를 많이 갖다 놓고 이곳으로 송장벌레를 불러들이도록 해보자.

두더지의 시체가 햇빛을 받아 먹기 알맞게 익으면 냄새를 맡고 맛있는 음식을 찾아내는 데 천부적인 재능을 갖고 있는 벌레들이 사방팔방에서 모여들 것이 분명하다.

나는 한 주일에 두 세 차례씩은 우리집에 야채를 팔러 오는 이웃의 원예가와 약속했다. 나는 빠른 시일 안에 두더지를 많이 필요로 한다고 그에게 부탁했다. 이 원예가는 마침 작물의 뿌리를 송두리채 파헤치는 이 장난꾸러기 두더지와 매일 같이 삽과 가래로 싸우고 있는 참이었다.

소박한 이 원예가는 자기가 가장 미워하는 두더지를 내가 그토록 원한다는 것을 듣고 어이없어 처음은 말 상대도 하지 않으려 하더니, 끝내는 승락해 주었다. 아마 모르긴 하지만 속으로는 비로오드와 같이 부드러운 두더지 가죽으로 진귀한 덧저고리라도 만들려는가 보다고 생각했을 것이다. 이 옷은 류머티즘에도 좋을 테니까. 그야 어쨋든 두 사람 사이에는 약속이 이루어졌다. 그리고 두더지가 내 손에 들어오게 되었다.

두더지가 두 마리, 세 마리, 때로는 네 마리씩 양배추 떡잎에 쌓여서 원예가의 광주리에 담겨 우리집에 옮겨져 왔다. 나의 희한한 부탁을 기분좋게 승낙해 준 이 소박한 원예가는 내가 벌레와 사람과의 비교 심리학을 연구하기 위해 얼마나 고심하고 있는지는 꿈에도 몰랐을 것이

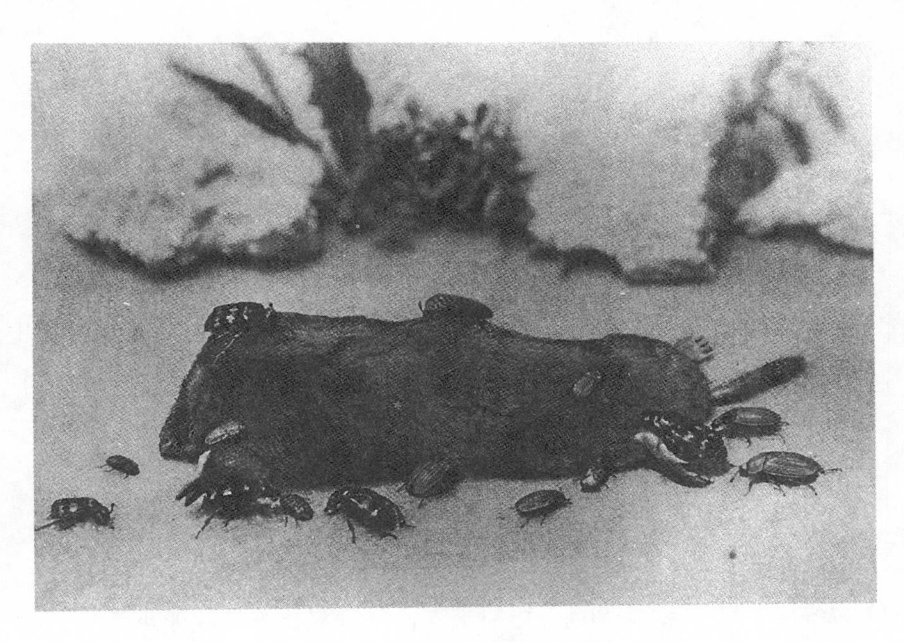

두더지의 시체에 모여든 송장벌레들

다.

며칠이 되지 않아서 나는 30마리 가량의 두더지를 손에 넣을 수 있게 되었다. 이 놈들을 가져오는대로 앞뜰의 여기 저기 만년향나무와 소귀나무, 라벤다 사이에 들어난 땅 위에 널어 놓았다.

다음은 기다리는 것뿐이다. 그리고는 하루에 몇 차례씩 이 조그만 썩은 고기를 놓아 둔 장소를 찾아가 보기만 하면 된다. 이런 일은 혈관 속에 성스러운 불꽃을 갖고 있지 못한 사람이면 코를 쥐고 달아나고 싶은 일일 것이다.

집안식구 중에서는 단 한 사람 꼬마 폴이 거들어 주어서 그 재치있는 손 끝으로 달아나는 벌레를 잡아 주었다. 이 소중한 송장벌레를 관찰하는 일에는 한 명의 어린이와 또 한 사람의 배우지 못한 원예가 말고는 나를 도와주는 사람이 없었다.

폴과 나는 번갈아가며 살펴보러 갔다. 시간이 그렇게 오래 걸리는 것도 아니었다. 이리 저리 제멋대로 불어오는 바람이 썩은 고기 냄새를 사방으로 풍겨주면 곤충 장의사들이 달려오는 것이다. 나의 계략은 정확히 맞아 들어갔다.

송장벌레의 집에서 내가 어떤 결과를 얻었는가를 이야기하기 전에 우선 송장벌레에게 맡겨진 노동은 대개 어떤 것인가를 이야기해 보기로 한다. 벌레는 살아 있는 먹이를 사냥하는 벌처럼, 자기 힘에 알맞는 먹이를 선택하는 것이 아니고 운명의 손이 자기에게 보내준 것을 그대로 받아들인다.

송장벌레가 발견한 먹이 가운데는 생쥐같이 작은 놈에서부터 들쥐처럼 좀 더 큰 놈과, 두더지나 시궁쥐나 누룩뱀처럼 한마리의 장의사 감당하기에는 벅찰 만큼 큰 놈도 있다.

대개의 경우 운반해 간다는 것은 어림도 없는 이야기이며, 먹이의 크기로 말하면 먹는 놈의 체구와 조금도 어울리지 않을 만큼 큰 경우가 많다. 등으로 떠민다 해도, 약간 들썩거리기나 할까 말까 하는 정도가 고작이다.

나나니벌과 진노래기벌, 대모벌은 마음에 드는 장소를 골라서 집 구멍을 파고 먹이를 그 곳으로 옮겨다 놓거나, 먹이가 지나치게 무거울 때는 발 끝을 세워 디디면서 끌어간다.

그러나 송장벌레에게는 이렇듯 재치있는 기술이 없다. 언제 어디서 만나게 될지도 모르는 무거운 짐을 일일이 옮겨갈 수는 없는 노릇이어서 이 벌레는 아무래도 시체가 있는 장소에서 구멍을 팔 수밖에 없는 것이다.

이렇게 무턱대고 묻어야 할 장소는 정해진다. 그곳은 메마른 땅일 때도 있고 돌 섞인 땅일 때도 있다. 풀 한 포기 없는 땅일 때도 있고, 잔디나 잡초의 뿌리가 그물처럼 얽혀 있는 경우도 있다. 어느때는 먹이가 풀섶의 작은 가시나무에, 또는 땅 위의 몇 센티미터 높이에 걸려 있을 수도 있다.

농부의 호미가 두더지의 허리를 분질러서 아무렇게나 집어던지면 어디든지 제멋대로 나가 떨어지게 마련이다. 그러므로 송장벌레는 제 힘에 맞기만 하면 어디에서나 두더지를 처치하지 않으면 안 된다.

이 장의사는 이처럼 여러가지 어려운 일을 만나는 까닭에 송장벌레가 일정한 순서와 방법에 따라 일을 진행시킬 수 없다는 것은 상상하기 어렵지 않다.

그때 그때의 운에 따라갈 수밖에 없는 이 벌레는 자신의 조그만 두뇌로 해결할 수 있는 범위 안에서 전술을 바꿀 수밖에 없다.

톱으로 자르듯 하고, 구부러뜨리고, 잡아당기고, 끌어올리고, 물어 흔들고, 이끌어가는 것 따위는 어려운 경우에 부딪쳤을 때에 이 구멍 파는 장의사가 발휘하는 지혜로운 방법이다. 이러한 방법들을 생각지 못하고 일정한 방법만 취한다면, 이 벌레는 맡겨진 천직을 감당해 낼 수 없을 것이다.

하지만 이 벌레는 그 한 가지 한 가지 방법이 모두 가장 훌륭하다고 판단하면서 그렇게 하는 것일까? 송장벌레는 모든 음식을 다 좋아하는 것일까? 그리고 그들은 어떻게 일하는 것일까?

우선 먼저, 그들의 식량에 대해서 한 가지 말해 두기로 한다. 장의사인 송장벌레는 썩은 시체라면 어떤 것이라도 싫다는 것이 없다. 자기 힘에 넘치지만 않으면 짐승이든 새든 무엇이든 고맙게 받아들인다. 개구리 종류이든 뱀이든 한결같이 신나게 처리해 버린다.

전혀 보지 못했던 것이라도 사양하지 않고 일을 맡는다. 그 증거로 나의 실험재료 가운데는 중국의 붉은 잉어도 있는데, 송장벌레는 이것도 좋은 먹이로 인정하고는 규칙에 따라 땅 속에 묻어버린 것이다. 푸

주간에서 파는 고기도 싫다고 하지 않았다. 먹다 남은 양고기나 비프스테이크의 부스러기 등도 맛있는 냄새만 풍기면, 두더지나 시궁쥐를 처치하듯 정성스럽게 땅 속에 묻어버린다.

결국 송장벌레는 먹이의 좋고 나쁨을 가리지 않는다. 이 벌레는 썩은 것이라면 무엇이든지 창고 속에 간직해 넣는다.

자아, 그러면 이번에는 일하는 모습을 구경하기로 할까. 두더지는 상자의 가운데에 가로 놓여 있다. 흙은 모래알처럼 말라 있고, 섞인 것이라고는 아무것도 없기 때문에 일하기에는 아주 알맞다.

네 마리의 송장벌레 중에서 수컷 세 마리와 암컷 한 마리가 시체를 상대하고 있다. 벌레는 시체의 밑에 들어가 있기 때문에 눈에는 보이지 않는다. 시체는 때때로 이 장의사들이 밑에서 등을 대고 들었다 놓았다 하기 때문에 살아나는 것처럼 보인다.

이런 사정을 모르는 사람은 죽은 두더지가 움직이는 것을 보고 깜짝 놀랄 것이다. 극히 드문 일이지만, 구멍을 파던 송장벌레 한 마리가 — 이 놈은 정해 놓고 수컷이지만 — 흙 위로 나와서는 두더지의 둘레를 한 바퀴 돌아본 다음 그 털의 모습을 조사해 본다. 그리고는 얼른 들어갔다가 다시 나와서 또 한 번 조사해 본 다음 시체 밑으로 기어 들어간다.

두더지는 점점 더 심하게 움직인다. 시체는 흔들리고 그러는 사이에 안으로부터 밀려나온 흙더미가 둘레에 쌓인다. 두더지는 밑에서 부지런히 파고 있는 장의사들의 노력에 의해, 그리고 제 몸무게 때문에 땅의 표면이 허물어지며 조금씩 조금씩 땅속으로 들어간다.

그러는 사이에 밖으로 밀려나온 흙더미는 눈에 보이지 않는 장의사 일꾼들의 작업으로 인해 흔들리며 구멍 속으로 허물어져 들어가서 그 속에 있는 시체를 덮어 버린다. 이것은 비밀 매장과 다름없다. 시체는 물 속에 빨려 들어가듯이 저절로 사라져 버린다. 두더지의 시체는 그후에도 오랜 시간에 걸쳐서 이제는 깊이가 충분하다고 생각될 때까지 아래로 끌려 들어가 묻힌다.

요컨대 하는 일은 아주 간단하다. 파묻는 일꾼들이 밑에서 구멍을 깊게 파면 시체는 그 밑에서 움직이는 데 따라 흔들리고 끌리면서 점점 깊이 들어가는 것이다.

따라서 장의사 일꾼들이 직접 손을 대지 않아도 파낸 흙더미가 움직여지고 허물어짐으로써 무덤 구멍이 저절로 메워지는 것이다.

이런 일에는 발 끝에 달린 억센 발톱, 조그만 지진을 일으킬 수 있는 튼튼한 등 이상의 다른 것은 필요치 않다.

중요한 사실을 한 가지만 더 말해 두자. 그것은 가끔 시체를 흔들어 부피를 작게 함으로써 통과하기 어려운 길을 지나가게 하는 솜씨이다. 이 솜씨야말로 송장벌레가 일하는 데 얼마나 중요한 구실을 하는가 곧 알게 될 것이다.

보이지는 않지만 두더지는 아직도 그가 묻혀야 할 목적지에 까지는 이르지 못했다. 그 일은 장례식을 치르는 송장벌레들에게 맡겨두어 버리자. 지금 땅 속에서 그들이 하고 있는 일이란 처음 하던 일과 다름없는 것을 계속하는 것이며 새로운 것은 하나도 없다. 그러니까 2, 3일 기다려 보기로 하자.

이제 그 때가 왔다. 땅 속에서 무슨 일이 일어났나 조사해 보자. 이 썩은 시체를 조사하는 데는 어느 누구도 초대하지 않기로 했다. 다만 집안 식구 중에서도 어린 폴만이 용감하게 나를 도와줄 뿐이었다.

두더지는 이미 두더지가 아니었다. 흉한 모습이었다. 털은 빠져 달아났고, 고약한 냄새가 나고 퍼렇게 멍든 몸뚱이뿐이었다. 돼지의 털을 깡그리 벗겨 놓은 것 같았다. 요리인의 손에 의해 튀겨진 통닭 모양으로 털이 하나도 없어질 때까지 아무래도 손이 많이 가고 세심하게 정성을 들였을 것이 틀림없다.

이것은 털을 싫어하는 애벌레를 위해 잘 먹을 수 있도록 솜씨를 보인 것일까? 그렇지 않으면 별다른 목적 없이 썩었기 때문에 저절로 털이 빠져나간 것일까?

나는 어느 편이라고 판단할 수 없었다. 어느 편이든 간에 파낸 시체는 하나에서 열까지 털 있는 짐승은 털이 빠지고 새도 날개가 빠져, 다만 꽁지와 날개죽지만이 남아 있을 뿐이었다. 그리고 물고기나 뱀 따위는 비늘이 남아 있을 뿐이었다.

그러면 깨끗이 탈바꿈한 두더지의 모습을 살펴보기로 하자. 그것이 있는 땅 속 창고는 뿔풍뎅이의 방에 못지 않을 만큼, 벽을 잘 바른 공사장이었다. 벗겨진 털을 한 군데로 치우니 두더지는 멀쩡한 알몸뚱이었다. 구멍을 판 송장벌레들은 두더지에게 손도 대지 않았던 것이다.

이것은 어린 것들에게 물려줄 재산이지 어미들이 먹을 식량은 아니라고 본 것이다. 시장기를 메꾸기 위해 흘러내리는 고깃 국물을 맛보는 정도가 고작이다.

바로 옆에는 두 마리의 송장벌레가 짝을 지어 먹이를 지키고 있었다. 묻을 때는 네 마리가 힘을 합쳐 일하고 있었는데, 나머지 두 놈, 즉 수컷 두 마리는 어디로 갔을까? 나는 그 두 마리가 거의 땅표면 가까운 곳으로 물러나 몸을 움츠리고 있는 것을 발견했다.

이것은 이번 경우에만 있는 일이 아니었다. 수컷이 많은 부대에서는 각자가 열심히 시체를 묻는 일에 참가할지라도, 그 뒤·땅 속에 묻는 일이 끝나기만 하면 이 시체를 간직하는 창고에는 언제나 한 쌍의 송장벌레만 남아 있는 것이었다. 나머지 일꾼들은 묻기까지의 일을 거들어 준 다음 깨끗이 물러가는 것이다.

구멍을 판 송장벌레의 수컷들은 참으로 훌륭한 어버이들이다. 대개 곤충들의 규율에 따르면 수컷은 새끼를 위한 괴로움을 암컷에게만 맡겨두고 아랑곳하지 않는 것이 보통인데, 송장벌레의 아비는 전혀 그렇지 않다.

송장벌레의 수컷은 자기 새끼들을 위해서 또는 다른 이웃의 새끼를 위해서 아무 차별 없이 열심히 일한다. 어떤 부부에게 힘든 일이 있을 때면 냄새로 알아차리고 달려와서는 그들을 도와 준다. 먹이 아래로 기어 들어가 등과 발로 있는 힘을 다해 묻어 준 다음 집 주인만 남겨 놓고 어디론지 사라져 버린다.

그러면 남아 있는 두 마리의 부부는 오랜 시간에 걸쳐 힘을 합해 시체를 요리하여 새끼들이 먹기에 알맞도록 무르익힌다. 모든 준비를 남김없이 끝내고 나면, 한 쌍의 부부는 밖으로 나와 헤어진다. 각자는 각기 가고 싶은 곳으로 가서, 적어도 남을 돕는 일을 다시 시작한다.

나는 지금까지 꼭 두 차례에 걸쳐 자식의 장래를 염려하여 재산을 남겨 주려고 열심히 일하는 수컷을 보았다. 말똥을 처리하는 보라금풍뎅이와 시체를 처리하는 송장벌레가 그들이다. 청소원과 장의사 중에서도 특별하게 남의 모범이 될 만한 생활을 하고 있었다. 도대체 이 아름다운 덕행은 어디에서 온 것일까?

5월 그믐이 되어서, 두 주일 쯤 전에 장의사들이 파묻은 시궁쥐를 파내 보았다. 까만 콜타르처럼 끈적끈적한 기분나쁜 시체 옆에서 나는 열다섯 마리의 애벌레를 볼 수 있었다. 또 몇 마리의 어미 벌레도 — 아마 틀림없이 이 애벌레의 어버이일 것이다 — 역시 썩은 시체 가운데서 서성대고 있었다.

이미 알을 낳을 시기도 지났겠다, 식량도 먹고 남도록 쌓여 있겠다, 달리 할 일도 없으니까, 어미들은 어린 자식들 곁에서 노닥거리고 있는 모양이다.

장의사들이 새끼를 기르는 속도는 참으로 빨랐다. 시궁쥐를 땅 속에 묻은 지 불과 15일이 지났을까 말까 한데, 벌써 이 원기 왕성한 가족들은 탈바꿈 직전에까지 자라 있었다.

이토록 빠른 성장에 놀랄 뿐이었다. 다른 어떤 동물의 밥주머니에 들어가도 목숨을 앗아갈 만한 시체의 썩은 국물이 여기서는 아마도 기운을 강하게 하는 양식이 되는가 보다.

애벌레는 어두운 곳에 사는 벌레들이 모두 그렇듯이 장님인 데다가 흰 빛깔이며 몸은 홀랑 벗겨져 있다. 몸의 생김새가 창 끝처럼 생긴 것이 딱정벌레의 애벌레와 비슷하다. 검고 억세게 생긴 큰 턱, 이것은 해부하기에 좋은 가위와 같다. 발은 짧막하지만 가볍게 몸을 움직여서 뒤뚱뒤뚱 걷는다.

애벌레와 함께 썩은 시궁쥐 속에서 발견된 송장벌레의 어미들은 모두 진드기 투성이었다. 지난 4월 저 두더지 시체 아래서는 그토록 반질반질하게 윤기가 흐르고 몸맵시도 훌륭하던 것이, 6월이 가까워지니까 보기 싫도록 더러워졌다.

기생충의 무리가 이 벌레의 몸 전체를 둘러싸고 몸 마디마다 파고 들어서 거의 성한 곳이 없는 가죽처럼 되었다. 송장벌레는 진드기에 싸여서 거의 제 모습을 찾아 볼 수 없었다. 달라붙은 진드기를 솔로 털어내는 것도 쉬운 일이 아니었다. 배에 붙은 놈을 쫓아버리면, 진드기란 놈은 송장벌레를 한 바퀴 돌아 등에 붙어서 떨어지려 하지 않았다.

이것들은 장수풍뎅이에게 붙어 사는 더부살이 진드기이다. 보라금풍뎅이의 자수정같은 배를 잘 더럽히는 진드기들이다.

좋은 사람, 쓸모있는 사람에게는 신이 많은 축복을 내려주시지 않는 것과 비슷하다. 송장벌레도 보라금풍뎅이도 일반의 위생을 위한 가치있는 일에 생명을 바쳐 일하고 있다. 이 두 무리의 일꾼들은 보건위생을 위해 크게 보람있는 일을 하고 있고 그들 가족의 습성도 기특하기 그지없는데, 왜 그처럼 기생충의 시달림을 받고 괴로워해야 하는지 안타깝다.

슬픈 일이지만, 세상을 위해서 애쓴 사람이 삶 속에서 박해당하는 것과 비슷하다고 할 것이다. 이런 안타까움은 장의사이며 청소원인 송장벌레말고도 여러 예에서 볼 수 있다.

나는 이들이 가정 생활의 모범이라고 했다. 그렇다. 그러나 송장벌레는 마지막까지 그것을 다 해내지는 못한다. 6월 초순 새끼들에게 충분한 먹이를 마련해 주고 나면 송장벌레의 청소하는 일, 매장하는 일은 일단 휴업에 들어간다.

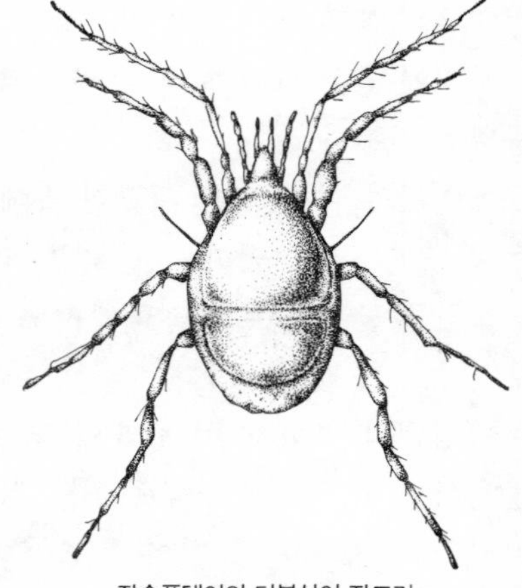
장수풍뎅이의 더부살이 진드기

그리고 나의 벌레 우리에 쥐와 참새의 시체를 내놓아 보아도 송장벌레는 그림자조차 보이지 않는다. 때때로 구멍을 파던 벌레가 땅 속에서 기어 올라와서 바깥 공기를 쐬며 피로에 지친 듯이 다리를 질질 끌고 있는 것을 볼 수 있을 뿐이다.

바로 그 때 이상한 일이 나의 눈길을 끌었다. 땅 속에서 기어 올라오는 놈이 모두 다리 잘린 병신들이었기 때문이다.

나는 완전한 다리라고는 하나밖에 남지 않은 절름발이도 보았다. 그 녀석은 극도로 쇠약해져서 남아 있는 한 다리와 짤리다 남은 다리로 진드기 투성이가 된 몸을 이끌고 땅 위를 기어가고 있었다.

그런데 때마침 어디선가 좀더 다리가 성한 놈이 나타나더니 이 병든 놈을 죽인 다음, 그 창자를 깨끗이 먹어 치우는 것이었다.

이런 것은 늙고 쇠약해져서 망녕이 든 까닭이다. 앞으로 얼마 남지않은 목숨의 병적인 발작이다. 사람 사는 사회에서도 그렇듯이, 노동은 구멍파는 송장벌레에게 평화를 사랑하는 습성을 가져다 주고, 아무 일도 하는 일 없이 살아가는 것은 그들에게 포악한 성격을 가져다 주는 것이다.

그들은 이제 아무 할 일이 없기 때문에 동료들의 팔다리를 부러뜨리고, 언젠가 자기 자신도 손 발이 꺾겨서 먹힐 것을 생각지 않고 상대방을 잡아먹어 버리는 것이다. 이런 것은 진드기에게 빨려서 늙어빠진 송장벌레의 마지막 양식이기도 하다.

송장벌레의 애벌레는 적당한 크기로 발육하면 먹이 곁을 떠나 땅 속으로 깊이 기어 들어간다. 그리고 10 여일이 지나면 번데기로 변한다. 내가 직접 관찰한 것은 이것으로 끝나지만 송장벌레는 여름 동안 어미벌레가 되어 나올 것이다.

송장벌레의 지혜 실험

그러면 다음으로는 송장벌레의 지혜에 관해 크레르뷔유가 말한 사실—흙이 굳어서 파기 어렵게 되자 구원군을 청하러 갔다는 이야기—을 실험해 보기로 하자.

이 실험을 하기 위해서 나는 철망을 씌운 상자의 한 가운데에 땅표면과 높이를 가즈런히 해서 벽돌 한 장을 깔고, 그 위에 모래흙을 깔았다. 이렇게 한 것은 구멍을 파기 어렵게 하기 위한 것이다. 그 둘레에는 같은 높이로 파기 쉬운 흙을 넉넉히 펴놓았다.

크레르뷔유의 이야기와 같은 조건에 가깝도록 하기 위해서는 새앙쥐 한 마리가 꼭 필요했다. 두더지는 너무 무거워서 이 벌레가 움직일 수 없을지도 모른다. 나는 새앙쥐를 구하기 위해 친구들과 이웃 사람들을 모조리 동원했다. 모두가 나의 괴상한 취미를 비웃었지만, 어쨌든 새앙쥐를 구해 주는 것만은 승락해 주었다.

그러나 새앙쥐가 필요한 것은 지금 당장인데, 평소엔 흔해빠진 새앙쥐도 막상 구하려고 하니까 좀체로 손에 들어오지 않았다. 마침내는 꿈에서까지 본 새앙쥐를 구하고야 말았다. 나는 그 놈을 벽돌 한 복판에 가져다 놓았다.

이 새앙쥐를 파묻을 일꾼은 지금 일곱 마리이며, 그 가운데 세 놈은 암컷이다. 모두가 땅 속에 기어들어가 있었다. 어떤 녀석은 거의 땅표면 가까이 있긴 하지만, 아무 일도 하지 않고 있고 다른 녀석들은 지금 구멍 속에서 일을 하고 있는 중이었다.

새로운 시체가 있다는 것이 이윽고 여러 놈에게 알려졌다. 오전 일곱 시, 세 마리의 송장벌레가 달려왔다. 암컷이 한 마리이고, 수컷이 두 마리였다. 이들이 생쥐 밑으로 기어들어갔다. 쥐의 시체가 움찔 움찔하는 것처럼 보였는데, 그것은 시체를 파묻는 일꾼들이 열심히 일하고 있다는 증거였다. 벽돌을 덮고 있는 모래흙에 구멍을 파려 하고 있었던 것이다.

그들은 시체를 두 시간 동안이나 움직였으나 아무런 성과도 없었다. 시체를 움직일 때 벌레는 드러눕는다. 그때는 여섯 개의 발로써 시체의 털을 움켜잡은 다음 등을 쳐들고 머리와 허리 끝을 지렛대처럼 써가지고 떠민다. 구멍을 팔 때는 다시 본래의 자세로 돌아간다.

장의사 일꾼들은 이렇게 시체를 움직여 보았다. 아래로 잡아끌 때는 드러눕고, 구멍을 넓게 파야 할 때는 땅 속을 향해서 손과 발을 부지런히 움직였다.

그러나 그들은 그곳이 새앙쥐를 묻기에는 적당치 못하다는 것을 마침내 알게 되었다. 수컷 한 마리가 밖으로 나와서 시체를 자세히 살펴보고는 둘레를 한 바퀴 돈 다음 그 근처를 조금씩 긁어 보았다. 그리고는 돌아갔다. 정찰하러 나왔던 놈은 자신이 실제로 조사한 것을 동료들에게 보고하려는 것일까? 그렇지 않으면 좀 더 파묻기 좋은 곳을 알아보려는 것일까?

그러나 조금도 그런 눈치가 보이지 않았다. 그가 시체를 움직일 때 다른 놈들도 그를 따라서 떼밀기는 하지만, 그래도 일정한 방향으로 힘을 합쳐서 하는 것이 아니었다.

시체는 벽돌 한쪽으로 약간 밀려 갔다가는 다시 제 자리로 돌아왔다. 서로의 의사가 통하지 않기 때문에 힘들인 지렛대 작업도 아무런 보람이 없었다. 세 시간 동안이나 애쓰며 힘들여 일했지만, 밀었다 당겼다 하는 것으로 끝나고 말았다.

수컷 한 마리가 한 번 나오더니 둘레를 조사하고 벽돌 바로 옆의 굳지 않은 땅을 시험적으로 파 보았다. 이것은 흙의 성질을 알아 보기 위한 것이었는데, 그리 깊지도 않고 송장벌레가 절반 쯤 들어갈 만한 우물이었다.

이렇게 시찰을 마친 놈은 다시 공사장으로 돌아가더니 등으로 떠밀어 보았다. 그 곳이라면 좋다고 생각되는 지점으로 시체를 2~3센티미터 움직여 갔다. 이번에는 잘 될 것인가? 그러나 그렇지 않았다. 잠시 뒤 새앙쥐는 제자리로 돌아와 있었다. 곤란은 조금도 해결되지 않았다.

다른 두 마리의 수컷은 잔디풀 밑이 마음에 들었는지, 그곳을 몇 차례 파 보았다. 벽돌 이외에는 어디나 마찬가지로 파기 쉬운 곳이었다. 무슨 까닭인지 모르지만, 맨 처음 시험적으로 파 본 장소가 제 2의 장소로 바뀌더니 이것도 좋지 않았는지 제 3, 제 4의 장소가 차례로 계속되었다. 그리고 여섯 번째에 가서야 장소가 결정되었다.

그러나 이곳도 새앙쥐를 맞아 들이기 위한 좋은 장소는 못 되었다. 단지 시험적으로 파 보는데 지나지 않으며 깊이도 얕아서 파는 벌레 자신만 간신히 들어갈 정도였다.

시체 있는 곳으로 돌아오면 새앙쥐는 갑자기 흔들리기 시작하고, 이쪽 저쪽으로 갔다 왔다 하다가는 마침내 작은 모래 언덕을 넘고야 만다.

지금은 벽돌 밖으로 벗어나서 파기 알맞은 땅에 왔다. 시체는 조금씩 앞으로 나아갔다. 옮겨가는 것은 벌레가 밖에서 끌어가는 것이 아니라, 밖에서는 보이지 않는 지레의 작용에 의해 움직이는 것이다.

그토록 방황한 끝에 이번에는 힘을 합해서 일을 진행시킬 수 있게 되었다. 먹이는 내가 생각한 것보다 빨리 미리 살펴 두었던 장소에까지 온 셈이다. 이렇게 되면, 평소에 하던 솜씨대로 파묻기가 시작된다. 지금은 오후 1시, 장소의 상태를 조사하고 새앙쥐를 옮겨오기까지 송장벌레는 시계바늘이 숫자판을 반 바퀴나 돌 시간을 필요로 한 셈이다.

이 실험에서는 제일 먼저, 수컷이 집안 일을 처리하는 데 커다란 역할을 맡고 있다는 것을 확실히 알게 되었다. 아내보다는 타고난 소질이 풍부한 모양이다. 일이 어려워지면, 수컷은 밖으로 나와 땅바닥을 조사해 보고 무슨 까닭으로 일이 잘 진행되지 않는가를 알아낸 다음, 구멍을 파야 할 장소를 선택한다.

먼저 구멍을 파서 준비해 놓고 그곳으로 시체를 옮겨다 놓는 것은 여기서는 어림도 없는 이야기다. 송장벌레가 발톱으로 땅을 파는 데는 등에 먹이를 지고 있다는 무게의 느낌이 반드시 있어야 한다. 그들은 등에 먹이가 닿아 있지 않는 한 일을 하지 않는다. 그리고 묻으려는 먹이가 대지 위에 확실하게 놓여 있지 않으면 결코 구멍을 파려고 하지 않는다. 2 개월 남짓한 동안 매일 관찰한 결과 그것을 확실히 알 수 있었다.

크레르뷔유가 말한 나머지 이야기도 실험 결과 사실이 아님을 알 수 있었다. 그는 송장벌레가 혼자서 어찌할 수 없게 되면, 구원해 줄 벌레를 찾아가서 동료들과 힘을 합해 먹이를 묻는 데 도움을 받는다고 했다.

쥐의 시체를 발견한 송장벌레가 네 마리의 구원군을 데리고 돌아왔다고 했는데, 그것을 본 사람은 어느 놈이 최초로 쥐를 발견한 놈인지를 알기 위해 어떤 주의를 기울였던 것일까? 그 점에 대해서 그는 아무것도 말해주지 않았다.

이 점은 아주 중요한 것이어서 진실한 관찰자라면 지나쳐 버려서는 안 된다. 차라리 부근에 있던 다섯 마리의 송장벌레가 서로 아무 연락도 없이 냄새만 맡고 달려와서 제멋대로 쥐를 처분했다고 하는 것이 옳지 않을까? 나는 그렇게 생각하는 데 찬성한다. 정확한 자료가 없으므로 여러가지 중에서 이것이 가장 사실에 가까운 생각이라고 보는 것이다.

벽돌로 실험한 결과 그것을 알 수 있었다. 세 마리의 송장벌레는 5시간 동안이나 있는 힘을 다해서 애쓴 끝에 겨우 먹이를 움직여서 파기 쉬운 땅으로 옮겨간 것이다. 이렇게 오랫동안 힘을 들여야 하는 일에는 도와주는 동료가 아무리 많아도 나쁠 것이 없다.

쇠그물 우리 안에는 또 다른 네 마리의 송장벌레가 엷은 모래흙 속에 여기 저기 들어가 있었다. 그들은 서로 잘 알고 지내는 동료들로서, 그 전날에는 함께 일도 했던 친구들이다. 그럼에도 불구하고 지금 일하고 있는 어느 누구도 그들에게 구원을 청하려고는 생각하지 않았다.

쥐를 처리하는 데 열중하고 있는 벌레들은 어려운 고비를 당하고 있으면서도 손쉽게 도움을 받을 구원군도 없이 최후까지 자기들만으로 일을 해냈던 것이다.

나는 송장벌레가 이렇게 굳은 땅에서보다 훨씬 더 어려운 환경 속에서도 혼자서 죽을 힘을 다해 애쓰고 있는 것을 몇 차례나 보았다. 그러나 그들은 단 한 번도 일터를 떠나 구원을 청하러 간 일이 없었다.

하기는 협조하는 친구가 가끔 뛰어들기도 하지만 이것은 냄새로 알고 온 것이지 처음부터 송장벌레의 부탁으로 온 것은 아니다. 이것은 다른 동료의 수고에는 아랑곳도 하지 않고 시체의 냄새에 끌려서 달려온 것이다. 친절한 협조자라고 사람들로부터 칭찬받는 놈은 사실은 이런 녀석들이다. 구원군이 온다는 것은 어린이들을 위한 동화 속에서나 나올 이야기이며, 어린이들을 즐겁게 하기 위한 미담에 지나지 않는다고 보아야 마땅할 것이다.

시체를 딴 곳으로 옮겨 놓아야만 하는 굳은 땅, 송장벌레가 겪어야 하는 어려움은 이것만이 아니다. 대개의 경우 땅 속에는 풀뿌리가 노끈처럼 가로 세로 뻗어 있다. 그들은 그물같은 그 틈을 팔 수는 있다. 그러나 시체를 묻는다는 것은 구멍을 파는 것과는 다른 문제이다. 풀뿌리 틈으로 시체를 집어넣기에는 걸리는 곳이 너무 많다. 그러면 시체를 파묻는 이 일꾼들은 항상 부딪치는 장애물 앞에서 오도 가도 못할 것인가? 그런 일은 있을 수 없다.

송장벌레는 미쟁이 솜씨 이외에 또 한 가지 기술을 갖고 있다. 풀 뿌리, 나무 뿌리처럼 시체를 구멍으로 내려보내는 데 방해가 되는 것을 잘라 버리는 기술이다. 삽이나 괭이가 하는 일에다 나무를 자르는 가위 역할까지 겸한 셈이다. 이것는 쉽게 상상할 수 있는 일이지만, 실험이라는 증인으로 하여금 명백히 증언시켜 보기로 하겠다.

나는 부엌에서 풍로의 삼발이를 가져왔다. 그 쇠 테두리는 지금 내가 생각하고 있는 장치의 튼튼한 뼈대가 될 것이다. 장치물이란 풀 뿌리를 정확하게 본떠 라파이어 끈으로 만든 그물이다.

그물 구멍은 아주 불규칙하지만 두더지를 통과 시킬 만큼 넓지는 못하다. 이렇게 만든 삼발이 장치물을 송장벌레들이 있는 땅 표면과 가즈런히 박아 놓았다. 약간의 모래와 흙으로 노끈이 안 보일 정도로 가려 놓았다. 두더지를 그 한가운데 놓은 다음 나의 매장부대를 두더지의 시체 위에 놓아 주었다.

파묻는 작업은 아무런 방해도 없이 반 나절 동안에 끝나 버렸다. 얽히고 설킨 풀 뿌리에 해당하는, 노끈으로 만든 그물은 파묻는 작업에 그다지 방해가 되지 않았다. 다만 일의 진행이 약간 늦어졌을 따름이

두더지를 묶은 노끈을 끊어내는 송장벌레

다. 그것뿐이다. 한 번도 옮겨지지 않은 채 두더지는 놓아 두었던 자리에서 땅속으로 끌려 들어갔다. 일이 끝난 다음 삼발이를 뽑아 본 즉, 시체가 놓여 있던 곳의 그물 노끈이 끊겨져 있었다.

장하다, 송장벌레여! 역시 그대들의 솜씨는 내가 생각했던 것과 다름이 없다. 가위 대신 아래 위의 큰 턱으로 풀 뿌리를 물어뜯듯이 내가 만든 그물 노끈을 참을성있게 물어 끊은 것이다. 이것은 훌륭한 솜씨임에 틀림없다. 그러나 같은 환경에 놓인다면 다른 벌레라고 해서 못할 것도 없지 않은가?

좀더 단수를 높여서 어렵도록 해 보자. 이번에는 두더지의 앞 뒤를 수평이 되도록 가름대에 붙들어매고 꼼짝도 안 하는 양쪽의 받침 말뚝에 걸쳐 놓았다. 이것은 마치 생선을 통째로 굽다가 뒤집어 놓은 듯한 두더지 요리이다. 이 시체의 몸은 땅에 닿아 있다.

송장벌레는 시체 아래로 자태를 감추고 시체의 털과 가죽이 등에 닿아 있다는 것을 느끼며 파기 시작한다. 구멍은 점점 깊어져서 등에 아무것도 닿지 않게 된다. 그래도 내려와야 할 시체는 내려오지 않는다. 양쪽의 받침 말뚝이 지탱하고 있는 가름대에 시체가 매달려 있기 때문이다. 구멍파는 일이 오랜시간 계속돼도 시체는 내려오지 않는다.

그러는 동안에 한 마리가 위로 올라와서 두더지 위를 돌아다니며 조사하고, 끝내는 앞 뒤 끝에 붙들어 맨 노끈을 발견한다. 벌레는 열심히 그것을 물어뜯기 시작한다. 나는 노끈을 끊는 가윗 소리를 들었다. 싹둑 싹둑 마침내 끈이 끊어지고야 말았다. 자기 무게에 이끌려서 두더지는 구멍 속으로 떨어졌다. 그러나 비스듬히 내려앉을 수밖에 없다. 머리는 또 하나의 노끈으로 매어져 있기 때문에 아직도 땅 밖에 있다.

뒷 절반만을 파묻는 일이 진행되었다. 그로부터 꽤 긴 시간을 이리 끌었다 저리 끌었다 한다. 그러나 아무리 애써도 소용이 없었다. 그 중의 한 마리가 또 한 번 조사하러 나갔다. 그리고 윗 부분이 어떻게 되었는가를 살펴본 끝에, 두 번째로 붙들어 맨 노끈을 찾아냈다. 마침내 이것도 끊어 버리고 말았다. 이 쯤 되니 일은 마음대로 진행되었다.

축하한다. 예리한 눈을 가진 벌레여. 일부러 붙들어매 놓은 노끈도 너희들은 밝은 눈으로 찾아내어 끊어 버리고 말았구나.

하지만 이런 것 쯤을 가지고 너희들을 지나치게 칭찬할 수는 없다. 두더지를 붙들어맨 노끈은 너희들에게 잔디밭의 잔디 뿌리와 다름이 없으니까.

그러면 이번에는 그레디체가 예찬하고 있는 두꺼비 막대기를 세워 볼 참이다. 여기에 쓰이는 먹이는 구태여 개구리 족속이 아니면 안 된다는 까닭은 없다. 두더지도 좋다. 어떻게 보면 이것이 더 좋을지도 모른다.

나는 가죽 끈으로 두더지의 뒷다리를 나무 막대기에 붙들어맨 다음 막대기를 똑바로 땅 속에 꽂아 세웠다. 두더지는 똑바로 기둥에 거꾸로 매달리고 머리와 어깨만이 땅위에 닿았다.

구멍을 파는 송장벌레들은 땅에 닿아 있는 부분의 아래, 즉 막대기 밑에서 일을 시작했다. 그들이 나팔꽃 모양으로 구멍을 파니 두더지는 코, 머리, 목덜미의 차례로 점점 구멍 속으로 기어들어갔다. 그리하여 그만큼 밑의 흙이 무너져 버리고 마침내는 매달린 짐의 무게에 끌려 막대기가 쓰러지고 말았다.

나는 막대기도 쓰러뜨린다는 벌레의 솜씨를 높이 평가하는 사람들이 말한 송장벌레의 놀랄만한 기술을 직접 보는 데 입회한 셈이다.

본능의 문제를 생각하는 사람들에게 이런 현실은 매우 감동적인 광경이다. 그러나 결론을 내리는 것은 잠깐 멈추어 두기로 하자. 성급히 서둘러서는 안 된다. 우선 막대기가 쓰러진 것은 분명히 그것을 목표로 했기 때문인가, 아니면 우연의 일치였는가 물어보기로 하자.

송장벌레는 기둥을 쓰러뜨리려는 목적에서 막대기의 밑을 판 것일

송장벌레는 막대기에 매단 두더지도 묻을 수 있을까?

까? 그렇지 않으면, 이와 반대로 땅에 닿아 있는 부분의 두더지를 묻기 위해서만 막대기의 밑을 판 것일까? 이것이 문제의 핵심이다. 그리고 또 문제치고는 해결하기 쉬운 문제이다.

실험을 또 시작했다. 그러나 이번에는 막대를 비스듬히 세웠다. 똑바로 매달린 두더지는 세워진 막대기 밑으로부터 6센티미터쯤 떨어진 곳의 땅에 닿아 있다. 이런 조건이라면 세워진 막기대가 쓰러질 염려는 조금도 없다. 막대기 바로 밑의 흙을 한 번도 다치지 않을 것이기 때문이다. 이윽고 일이 시작되었다.

구멍을 파는 일 전체가 막대기에서 멀리 떨어진 곳, 두더지가 어깨를 땅에 대고 있는 시체 아래서 계속되고 있었다. 그리고 그곳에서만 시체의 부분이 들어갈 수 있는 구멍이 파지고 있었다. 결과는 어떠했을까? 송장벌레는 기둥을 쓰러뜨리지 못했다.

매단 두더지의 위치를 조금만, 즉 3센티미터만 옮겨 놓았는데도 저 유명한 전설은 깨끗이 허물어져 버리고 말았다. 이와 같이 극히 유치한 분별의 체(篩)를 사용하여 약간의 논리적인 머리를 움직이기만 하면 모든 것을 마음대로 뒤섞어 쌓은 사실의 산더미 속에서 진실의 씨앗을 골라낼 수 있는 것이다.

그레디체가 말한, 두꺼비를 말린 사람은 대체 무엇을 보았던 것일까? 좀 더 계속해서 실험해 보자.

이번에는 막대기는 세로로 서 있지만, 매단 물건은 땅바닥에 닿아 있지 않다. 이것만으로도 송장벌레는 막대기의 밑을 팔 수 없다.

내가 매단 것은 새앙쥐이다. 이 놈은 무게가 가볍기 때문에 벌레들이 다루기 쉬울 것이다. 죽은 짐승은 뒷다리를 노끈에 묶여서 나무 막대기 꼭대기에 매달려 있다. 그것은 수직으로 늘어져서 막대기에 닿아 있다.

두 마리의 송장벌레가 이윽고 먹이를 발견했다. 그들은 이 맛있는 먹이가 매달린 기둥에 기어오른다. 물건을 조사한다. 머리로 털가죽을 헤쳐 본다. 그리고 이것은 굉장이 맛있는 먹이라는 것을 알아차렸다.

자, 이제부터 해야 할 것은 일이다. 그런데 여기는 놓여진 장소가 나쁘다. 그래서 시체를 움직이지 않으면 안 될 때에 쓰는 방법이 또 나타난다.

그러나 조건은 한층 더 어렵게 되었다. 두 놈은 새앙쥐와 기둥 사이에 기어들어가서 나무 기둥을 디딤판으로 하고 지레 대신 등을 대서 시체를 떠밀고 흔들며 움직여 본다. 시체는 흔들이처럼 움직이면서 기둥으로부터 떨어졌다 부딪치곤 한다. 오전 한 나절을 이렇게 보냈다.

오후가 되어서야 일이 잘 진행되지 않는 까닭을 확실치는 않지만 깨닫게 되었다. 즉, 이 끈덕진 송장벌레들은 새앙쥐의 뒷다리를 묶은 바로 밑을 물어뜯기 시작한 것이다. 그들은 새앙쥐의 다리 뒷굼치 가까이에 있는 털을 뜯고 가죽을 벗긴 다음 살을 저몄다. 뼈에까지 닿았을 때, 그 중 한 마리의 턱에 노끈이 걸렸다.

송장벌레에게 이것은 너무나 잘 알고 있는 장애물이며, 잔디밭에 붙어 다니는 잔디 뿌리와 같은 것이다. 노끈은 드디어 끊어지고야 말았다. 그러자 새앙쥐는 아래로 떨어지고 뒤이어 즉시 파묻는 작업이 시작되었다.

매단 노끈을 끊어 버린다는 것은 이것만을 따로 생각한다면 훌륭한 기술이다. 그러나 이 벌레가 평소에 하고 있는 일 전체로 본다면 그것은 그리 어려운 것도 아니라는 것을 알 수 있다.

벌레는 아침 한 나절을, 언제나 하는 방법대로 흔들어보는 데 시간을 보냈다. 그리고 맨 나중에야 노끈을 발견하고 땅 속에 얽힌 잔디 뿌리를 끊듯이 그것을 끊은 것이다.

다음엔 벌레의 집게로 끊을 수 없는 철사와 어미쥐보다 반이나 작은 새끼 쥐로 다시 실험해 보았다. 이 번에는 새끼 쥐의 발목이 물어 뜯겨서 톱으로 잘린 듯이 끊어졌다. 한 발목이 빠져 나오면 다른 한 발목도 빠질 공간이 생겨서, 붙들어맨 철사로부터 떠나게 마련이다. 이리하여 작은 시체는 흔들리다가 땅 위에 떨어진다.

만약 철사로 매단 시체가 두더지, 시궁쥐, 참새 따위라면 뼈가 굳기 때문에 송장벌레는 1주일 동안이나 매달린 동물을 상대로 고심을 거듭하며 털을 물어뜯고 날개를 뽑아서 무참한 모습으로 만든다. 그리하여 말라 버려 딱딱해지면 다시는 돌보지 않고 내버려 두고 만다.

그들에게는 한 가지 수단, 즉 합리적이며 실패의 염려가 없는 수단이 남아 있었다. 그것은 막대기를 쓰러뜨리는 것이다.

그러나 어느 놈도 그것을 생각해내지는 못했다.

또 한 가지 다른 면에서 송장벌레의 어리석음을 살펴 보자. 내가 가두어 기르는 벌레들은 그토록 훌륭한 주택을 마련해 주었어도 만족하지 못하는 것 같았다. 그들은 달아나려고만 했다.

사람과 마찬가지로 벌레에게도 번민이 많은 자에게 가장 위안이 될 수 있는 것은 일거리인데, 그것이 없을 때는 더욱 그러했다. 쇠그물 속의 포로 생활은 항상 기분을 무겁게 하는 모양이다.

그래서인지 두더지를 묻어버리는 작업이 끝나고 창고 속을 깨끗이 정리하고 나면, 송장벌레는 불안을 느끼는지 그물 천장을 왔다 갔다 했다. 기어올랐다가 내려오고 또 기어오른다. 뛰어보기도 하나 그물에 걸려서 쓰러지고 다시 일어난다. 그리고 또 같은 일을 되풀이한다.

하늘은 맑게 개이고 날씨는 따뜻하여 한적한 오솔길로 먹이를 찾으러 나가기에는 더할 나위 없이 좋은 날이다. 장의사 일꾼들 이외에는 누구의 코로도 알 수 없지만, 아마도 그들은 썩은 고기 냄새가 먼 데서부터 흘러오는 것을 아는지도 모른다. 그래서 그들은 간절히 밖으로 나가고 싶어 한다.

그러면 그들은 밖으로 나갈 수 있을 것인가? 이성의 힘을 조금이라도 빌릴 수 있다면 이보다 더 손쉬운 일은 없을 것이다. 그러나 그들은 그물 밖으로 자유의 천지, 약속의 땅을 바라보고만 있는 것이다. 그들은 몇 차례나 성벽 밑을 파 보았다. 그들은 일이 없을 때면 새로 파 놓은 구멍 속에서 며칠이고 낮잠이나 자며 쉰다. 내가 새로운 두더지를 내주면 그들은 출입구의 복도를 따라 숨어 있던 곳에서 나와 두더지의 배 밑으로 기어들어간다. 파묻는 일이 끝나면 어떤 놈은 여기서, 어떤 놈을 저기서 제각기 땅 속으로 모습을 감추어 버린다.

그런데 송장벌레들은 2 개월 반이나 포로생활을 하면서도, 우리 밑 2센티미터 가량의 땅 속에 기어들어가 오랫동안 머물러 있으면서도 도망가지 못했다.

밑으로 구멍을 길게 뚫어서 우리 저 편으로 구멍을 통하게 하는 것은 벌레들에게 그리 어렵지 않을 일이건만, 이런 일에 성공하는 벌레는 극히 드물었다. 14 마리 중에서 단지 한 마리가 도망가는 데 성공했을 뿐이다. 그러나 이것도 우연한 것일 뿐 계획적인 것은 아니었다.

왜냐하면 만일 이것이 지혜의 결과라고 한다면 다른 포로들도 머리가 좋고 나쁘기는 비슷한 정도일 테니까 한 놈도 남지 않고 밖으로 나갈 수 있는 땅 속의 길을 발견하여, 나의 벌레 우리가 얼마 안가서 빈 집이 되어 버렸을 것임에 틀림없기 때문이다. 우리 속에 갇혀 있는 놈 대다수가 모두 그런 일을 해내지 못 한 것으로 미루어 보아, 단 한 마리가 탈주한 것은 밖으로 뚫린 구멍이 우연히 발견된 것이라고 단정할 수밖에 없다. 그 때의 형편과 사정이 그를 구해 준 셈이다. 이야기는 그것 뿐이다.

다른 놈들이 모두 실패했는데 그 놈만이 성공했다고 해서 그것을 그의 공적이라고 할 수는 없다.

이런 점에서도 역시 지혜의 흔적은 어디서도 찾아볼 수 없다. 전설적인 평판을 받고 있는 송장벌레지만, 다른 벌레들과 마찬가지로 삶의 안내자로서는 본능이라는 무의식적인 충동밖에 갖고 있는 것이 없는 것이다.

16. 파리 이야기

금파리

나는 한 평생 몇 가지 소망을 갖고 있었다. 그것들은 모두 세상을 떠들썩하게 할 만큼 대단한 것이 아니다. 오가는 사람의 눈에 띄지도 않고 집 가까이 있으며, 골풀 몇 포기가 싱싱하게 자라고 부평초가 우거진 연못이나 하나 있었으면 하는 것이다.

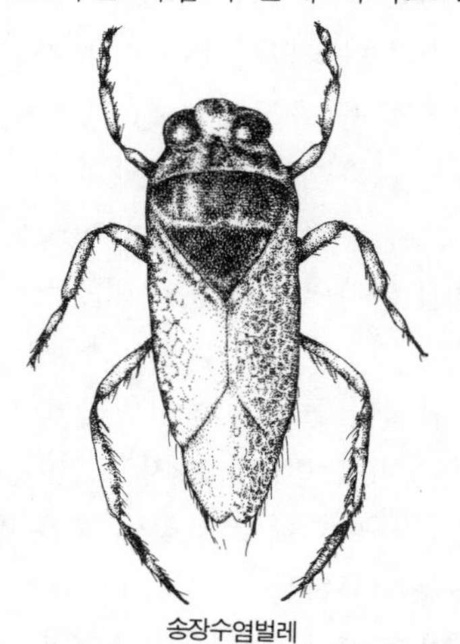
송장수염벌레

한가한 시간이면 못 가의 버드나무 아래서 물 속에 사는 생명들, 우리들의 살림보다 훨씬 편하고, 사랑에도 폭력에도 구애됨 없이, 아무런 꾸밈과 거짓 없이 살아가는 원시적인 생물들의 생활을 보았으면 하는 것이었다.

그러면 나는 연체동물들이 자연과 더불어 즐기는 한가로운 행복을 볼 수 있지 않을까? 동그라미를 멋지게 그리며 헤엄치고 돌아가는 물매미의 자랑스러운 모습, 물 위를 미끄러지듯 달리는 스케이트 선수 소금쟁이, 직업이 잠수부인 물방개, 그리고 또 발딱 누워서 긴 두 다리를 노젓듯 하며 짧은 앞다리를 가슴에다 찰싹 붙이고 이제부터 마주치는 먹이를 잡으려고 기다리고 있는 송장수염벌레의 헤엄치는 모습을 볼 수 있을 것이 아닌가.

나는 또 쇠우렁이가 알을 낳는 방법을, 그리고 마치 창공의 별이 성운(星雲) 가운데서 처음으로 모습을 드러내듯이 생명의 도가니 속에서 처음으로 모습을 나타내는 단백질(흰자질)의 성운을 연구할 수도 있을 것이다.

나는 알 속에서도 조용히 맴을 돌아—장래에는 껍질을 이루게 될 것이지만—하나의 소용돌이를 만드는, 나면서부터 하나의 생명이 되어 있는 생물체에 대해 얼마나 감탄했던가?

나는 여러 차례 연못을 찾아가 몇 가지 생각을 정리하고 돌아왔다. 하지만 운명의 신은 나에게 연못을 마련해 주지 않았다. 할 수 없이 나는 사면을 유리로 막은 인공 연못으로 실험하지 않을 수 없었다. 빈약하기 이를 데 없는 연못이다.

노새의 발굽이 진흙에 자국을 남기고 그곳에 물이 고여 생물이 모여 살게 된다면 우리들의 연구소인 수족관은 이것조차 따라가지 못 할 것이다.

봄철이 돌아와 아가위꽃이 아름답게 피고 모든 벌레가 합창을 연주할 때가 되면, 한 가지 소원이 여러 차례 나를 괴롭히곤 했다. 그것은 다음 이야기에서 보듯이 죽은 생명이 어떻게 다른 생명으로 이어지는가를 연구하는 것이다. 나는 길가에서 죽은 두더지나 돌에 맞아 생명을 빼앗긴 뱀들과 자주 마주치곤 했다. 모두가 어리석은 인간들에 의해 희생당한 것이다. 두더지는 땅 속에 배수관을 파는가 하면 벌레들을 잡아 물리쳐 주는 역할을 하고 있었다.

그러나 농부는 괭이 끝에서 이놈을 발견하고는 그 허리를 부러뜨려 멀리 던져 버린 것이다. 구렁이는 4월의 따사로운 햇볕을 받아 겨울 잠에서 눈을 뜨고, 허물을 벗고 새로운 옷으로 갈아 입으려고 땅 속에서 나왔다. 그런데 사람들이 이것을 발견해 버린 것이다.

"앗! 보기 싫은 놈이다"하고 사람들은 말한다. 그리고는 "모든 사람들을 위해서 이 놈을 처치해 버리자"고 한다.

그래서 사뭇 착한 일이나 하는 듯이 해충을 밭에서 물리쳐 우리들을 도와주고 있는 죄없는 동물이 도리어 인간들에 의해서 머리가 깨지고 목숨을 잃는다.

두 마리의 시체는 넝마처럼 되어 나쁜 냄새를 풍긴다. 지나가던 사람들은 이 속에서 어떤 광경을 볼 수 있을지도 모르는데도 그냥 코를 움켜쥔 채 지나쳐 버린다.

하지만 관찰하는 사람이면 그래도 발걸음을 멈추고 발 끝으로 이 시체를 들추고 들여다본다. 그 밑에서는 하나의 새로운 세계가 득실거리고 있다. 하나의 격렬한 삶이 죽은 생명을 먹고 있다. 그것을 그대로 덮어 두고 시체를 처리하는 세공(細工)쟁이들이 그대로 일을 계속하도록 내버려 둔다. 모두들 열심히 일하고 있다.

시체를 처리하는 이러한 세공쟁이들의 습성을 알고 그들이 조각 조각 바쁘게 뜯어내는 일 솜씨를 지켜본 다음, 이 생명을 다한 폐물이 다른 생명의 보고로 돌아가는 작업과정을 자세히 알고 싶다는 생각은 벌써부터 나의 머리에서 떠나지 않았다.

나는 한길가의 먼지 속에 쓰러져 있는 두더지에게 미련을 남기면서 그곳을 떠났다. 이렇게 더러운 것을 대상으로 하여 학문을 연구하다니! 시골 길에서는 하기 어려운 일이다. 지나가던 사람이 나를 보면 어떤 흉을 볼는지 모를 일이다.

만일 내가 이러한 광경에 여러분들이 입회할 것을 청한다면 독자 자신들은 무엇이라고 말할까? 이렇듯 구역질나는 벌레 이야기나 쓰는 것은 눈을 더럽히고 생각을 흐리게 하는 것이라고 못마땅해 하지는 않을까? 아니, 천만에, 그럴 리가 없다.

왜냐하면 우리들의 호기심에 가득찬 세계에서는 다음과 같은 두 가지 의문이 가장 중요한 문제로 되어 있기 때문이다. 그것은 물질이 생명을 낳기 위해서는 어떤 방법으로 결합되는 것이며, 또 물질이 생명없는 것으로 돌아갈 때는 어떤 방법으로 분해되는 것일까 하는 의문이다.

연못 가운데서 조용히 맴돌고 있는 쇠우렁이의 알은 우리들의 첫번째 문제(물질은 생명을 낳기 위해 어떻게 결합되는가 하는 의문－옮긴이)에 대해 몇 가지 지식을 가져다 준다. 그리고 두더지의 시체는 사람의 눈에 띄지 않는 장소에서 우리들에게 두 번째 의문(물질이 생명없는 것으로 바뀔 때 어떻게 분해되는가 하는 문제－옮긴이)에 대한 적지 않은 해답을 주고 있다. 이 두더지는 만물을 녹여서 새로운 물질로 만드는 풀무의 도가니같은 구실을 어떻게 하는가를 우리에게 가르쳐 줄 것이다. 점잖을 빼는 사람이라면 말참견할 것 없이 잠자코 있어 주기 바란다.

이제 나에게는 제 2 의 소원이 이루어질 것 같다. 나는 인적 없는 밭 한가운데에 이 실험에 알맞는 조용한 환경과 조건을 갖추어 놓았다. 나를 비웃고 기분나빠하거나 방해하는 것은 하나도 없다. 여기까지는 모든 일이 순조롭다.

그러나 세상의 모든 일엔 짖궂은 장난이 따르는 모양이다. 나는 오가는 사람의 방해에서 해방되었다. 그런데 이번에는 고양이 걱정을 하지 않으면 안 되었던 것이다. 여기 저기 싸돌아다니는 고양이들이 내가 준비하는 것을 보면 정녕코 그 날카로운 발톱으로 망쳐 놓을 것이 분명했다. 나는 그놈들이 장난을 할 것을 내다보고 시체를 처분하는 세공쟁이들만이 날아올 수 있도록 작업장을 공중에 건축하기로 했다.

나는 밭 가운데 몇 군데를 택해 나무로 다리 세개를 세우고 위를 붙들어매어 튼튼한 삼발이를 만들었다. 그리고 이 삼발이 위 하나 하나에 구멍 뚫린 화분을 사람의 키 높이 정도로 매달았다. 화분에는 가는 모래를 가득 채우고 구멍은 비가 내릴 때 물 빠지는 구멍으로 삼았다.

이렇게 장치한 그릇 위에 시체를 얹어 놓았다. 누룩뱀이나 도마뱀, 그리고 두꺼비를 많이 사용했다. 이런 것들은 날개나 털이 없기 때문에 날아온 벌레들의 덤벼드는 모습과 일하는 모양을 자세히 관찰할 수 있기 때문이다. 털이나 날개가 있는 짐승도 번갈아 사용했다.

이웃에 사는 어린이들, 동전 두 닢이면 말 잘 듣는 개구쟁이들이 전과 다름없이 실험재료를 모아다 주었다. 그들은 막대기 끝에 뱀을 매달아 가지고 오거나 양배추 잎에 도마뱀을 싸 가지고 의기양양하게 달려왔다. 덫으로 잡은 들쥐, 절식병(絶食病)으로 죽은 닭, 농부가 죽인 두더지, 왜 죽었는지 모를 새끼 고양이, 나쁜 풀을 먹고 죽은 새끼 토끼 등을 가지고 왔다. 이런 거래는 사는 사람에게나 파는 사람에게나 모두 만족을 주었다. 지금까지 이 마을에는 이런 장사가 없었고 또 앞으로도 없을 것이다.

4월이 다 지나가자 화분 위의 식구가 갑자기 늘어갔다. 한 마리의 아주 작은 개미가 맨 먼저 달려왔다. 나는 먹이를 이렇게 땅에서 멀리 떨어지게 해두면 이런 방해꾼을 피할 수 있을 것이라고 생각했다. 그러나 개미란 놈은 나의 조심성같은 것을 비웃어 버리고 말았다. 아직 썩지 않은 것이기 때문에 이렇다 할 냄새도 안 나건만, 놓아둔지 몇 시간이 지나자 빈틈없는 개미란 놈이 벌써 달려들기 시작한 것이다.

개미는 줄을 지어 삼발이를 기어오른 다음 시체를 해부하기 시작했다. 먹이가 제 마음에 들면 개미는 화분의 모래 흙속을 살림터로 정해 놓고, 이 풍부한 먹이를 좀 더 편하게 이용하기 위해 여기에 임시 숙소를 마련한다.

삼발이 위의 공중에 설치한 실험장치

한 계절이 시작될 때부터 끝날 때까지 언제나 개미가 제일 열심이었다. 동물의 시체를 먼저 발견하는 것도 개미이고, 또 햇볕에 쬐여 흰 뼈만 남았을 때에 맨 나중에 떠나는 것도 정해 놓고 이 개미들이다.

아무리 넝마를 잘 줍는 개미일지라도 멀리 떨어져서 기어다니고 있는데 눈에 보이지 않는 높은 곳에 무엇인가 맛있는 먹이감이 있다는 것을 어떻게 아는 것일까?

실제로 시체를 청소하는 다른 일꾼들은 물건이 썩기를 기다린다. 그들은 고약한 냄새가 풍김으로써 비로소 알게 되는데, 냄새를 잘 맡는 개미는 썩은 냄새가 나기 전에 벌써 부지런히 모여드는 것이다.

이윽고 이틀 가량 지나면 먹이는 햇볕을 받아 썩고 냄새를 풍기기 시작한다. 이렇게 되면 청소원들 중에서도 수시렁이, 룰리풍뎅이붙이, 넓적송장벌레, 반날개파리 따위가 한꺼번에 시체를 공격해 온다. 즉 먹고나서 아무것도 남기지 않는 무리들이 덤벼드는 것이다.

개미 뿐이라면 한 번에 조금씩밖에 가져가지 못하므로 청소 작업은 언제 끝날지 모를 일이다. 그러나 이런 전문가들이 모여들면 일은 빨리 끝난다. 그 중에 어떤 놈은 화학적 용해(溶解) 방법까지 알고 있어서 더욱 빠르다.

우선 최고의 영광을 차지할 놈은 전문가 중에서도 전문가로 유명한 여러 종류의 파리떼들이라고 해야 할 것이다. 만약 시간이 허락한다면 이렇게 날쌔게 일하는 곤충 하나 하나를 개별적으로 조사하는 것도 가치있을 것이다.

그러나 그런 것은 독자들에게나 관찰하는 사람에게나 지루함을 느끼게 할 것이다. 다만 대개 비슷한 습성을 갖고 있다는 것만을 가르쳐 줄 것이기 때문이다. 그래서 나는 이런 무리 가운데서 제일 멋진 역할을 하는 금파리와 쉬파리에 국한시켜 이야기하기로 하겠다.

금빛으로 빛나는 금파리는 누구나 잘 알고 있는 아름다운 파리이다.

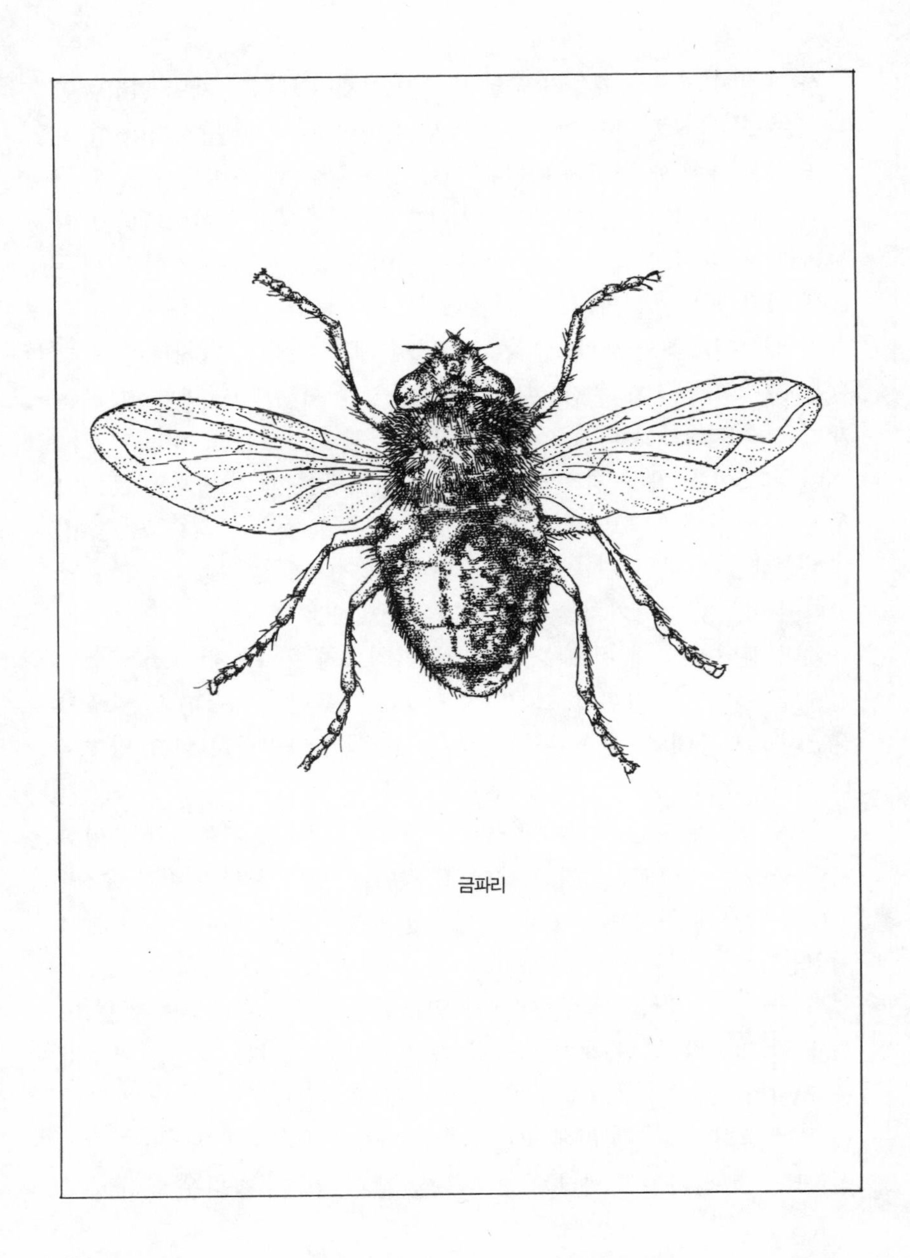

금파리

보통 황록색으로 빛나는 금속성 빛깔은 프랑스에서 제일 아름다운 초시류라고 해야 할 꽃무지나 비단벌레, 잎벌레들과 그 아름다움을 겨루고 있다.

썩은 동물이나 다루기 좋아하는 세공쟁이가 이렇듯 훌륭한 몸맵시를 하고 있는 것을 보면 약간 놀라지 않을 수 없다. 금파리, 송장금파리, 구리빛금파리 등 세 종류가 나의 실험대를 자주 찾아 왔다. 몸이 황록색인 처음 두 종류는 흔히 있으나, 붉은 구리빛으로 빛나는 구리빛금파리는 그리 흔치 않다. 세 종류가 모두 은빛으로 테를 두른 빨간 눈을 가지고 있다.

송장금파리보다 몸집이 큰 금파리는 일도 그만큼 부지런히 하는 모양이다. 4월 23일, 나는 이 파리의 암컷이 알을 낳고 있는 것을 보았다. 이 암컷은 염소의 등뼈(척추)에 앉아 이곳에 알을 낳았다. 이곳에 알을 낳느라고 어두운 곳에 한 시간 이상 가만히 있었다.

나는 그 은빛 얼굴의 빨간 눈을 가끔 들여다보았다. 알을 다 낳은 다음 암컷이 기어나왔다. 나는 알을 채집했다. 알은 염소의 등뼈 위에 실려 있었기 때문에 쉽게 끄집어낼 수 있었다.

알의 수를 조사할 필요가 있으나, 한 덩어리로 뭉쳐 있기 때문에 헤아리기가 매우 곤란했다. 가장 좋은 방법은 주둥이가 넓은 병 속에서 이들을 기른 다음, 모래 속에 묻힌 번데기를 세어 보는 것이다. 나는 번데기를 157개나 발견했다. 이것은 확실히 가장 적은 수효일 것에 틀림없다.

왜냐하면 금파리에 관한 다른 관찰이 나에게 알려준 바에 의하면 알을 낳는 것은 한꺼번에 다 낳는 것이 아니라 일부분씩 몇 차례에 걸쳐 나누어 낳기 때문이다. 이것은 다음 세대에는 거짓말같은 대부대를 약속하는 굉장한 가족이 될 것이다.

이와 같이 금파리는 여러 차례에 걸쳐 알을 낳는다. 다음에 기록하는 광경이 바로 그 증거이다. 며칠 동안 햇볕을 받아 홀쭉해진 두더지가 화분의 모래 위에 납작하게 뻗어 있다. 뱃가죽의 한 군데만이 딴 부분보다 유난히 부풀어 있다.

미리 말해 두지만, 금파리는 보통 파리와 마찬가지로 아무데나 알을 낳지는 않는다. 햇볕이 뜨거워 알의 배자(胚子)가 상처를 입을 수 있는 곳에는 알을 낳지 않는다. 겉으로는 보이지 않는 어둠컴컴한 장소라야 한다. 가장 즐겨 낳는 곳은 죽은 동물의 아랫 쪽이다. 지금과 같은 경우, 가까이 갈 수 있는 곳은 뱃가죽이 땅에 닿는 곳이다.

어미 벌레들이 지금 분주히 일하고 있는 곳도 그 곳이다. 모두 여덟 마리이다. 조사해 보고는 좋다고 판단했는지 암컷들은 한 마리 한 마리씩 두더지의 뱃가죽 아래로 기어 들어간다. 머물러 있는 시간이 약간 오래 걸린다. 다른 놈들은 기다리고 있다가 몇 차례나 구멍 앞에 와서 그 속의 형편을 알아보고는 먼저 들어간 놈이 아직 일을 끝마쳤나 못 마쳤나 살펴 본다.

안에 있던 놈이 드디어 나온다. 그리고는 두더지 위로 올라와서는 기다리고 있다. 뒤이어 다른 놈이 안으로 들어간다. 잠시 동안 안에 머물러서 알 낳는 일을 끝마치고 햇빛 아래로 나오면 또 새로운 어미 파리가 번갈아 들어간다. 이렇게 어미 파리가 교대로 들어가고 나오는 왕복(往復)은 한낮 동안 끊임없이 계속된다.

두더지를 가만히 들어올려 보아도 어미 파리는 하던 일을 멈추지 않는다. 그만큼 일에 열중하고 있다. 눈이 빨갛고 살찐 어미 파리는 알 위에 또 알을 낳는데, 그 주위에는 약탈을 전문으로 하는 개미가 우굴거리고 있다. 떼를 지어 방금 낳아 놓은 금파리의 알을 물고 나간다.

나는 이 대담한 개미들이 파리가 알을 낳고 있는 뒷 꽁무니에까지 먹이를 훔치러 들어가는 것을 보았다. 어미 파리는 그래도 아랑곳하지 않고 알을 낳기에만 바쁘다. 이런 약탈꾼에게는 마음쓸 필요도 없을 만큼 자기 뱃속에 알이 잔뜩 들어 있는 것을 누구보다도 잘 알고 있다.

사실 개미의 약탈을 면한 가족만 해도 얼마나 많은 대가족인가. 며칠이 지난 다음 두더지 아래를 다시 들쳐 보자. 그 아래 썩은 액체 속에 떠올랐다, 가라앉았다, 꿈틀거렸다 하는 구더기의 모습이 마치 가마솥에서 물이 끓는 것 같다.

이것은 오싹할 만큼 무섭다. 그러나 익숙해져야 한다. 그보다 더심한 것도 적지 않기 때문이다.

알의 길이는 1밀리미터, 매끄러운 타원형에 양끝은 볼록하다. 알은 낳은지 24시간이 지나면 부화한다. 그런데 제일 먼저 떠오르는 의문은 금파리의 구더기가 어떻게 영양을 취하는 것일까 하는 것이다.

나는 그들에게 무엇을 먹이로 주어야 하는가를 잘 알고 있다. 그러나 그들이 어떻게 그것을 먹는지는 알지 못한다. 그들은 먹는다는 말 그대로 음식을 먹는 것일까? 나로서는 여러가지로 그 사실을 의심해야 할 까닭이 있다.

충분히 잘 자란 구더기를 관찰해 보자. 이것은 보통 파리의 애벌레처럼 길다란 원뿔의 모양을 하고 있으며 머리는 뾰족하고 꼬리는 잘린 듯한, 사람들이 말하는 구더기이다.

숨을 쉬는 숨구멍인 두 개의 작은 갈색 점이 피부의 표면에 나타나 있다. 앞쪽(무리해서 이러한 말을 쓰기는 하지만 이것은 대체로 장(腸)에 들어가는 입구에 지나지 않는다)의 머리라고 불리우는 곳은 두 개의 집게 갈고리로 무장되어 있다. 이것은 투명한 껍질 속에 끼어 있으며 약간 밖으로 삐죽이 나와 들락날락하게 되어 있다.

이것은 다른 벌레의 입에 달린 입턱이라고 해도 좋을까? 결코 그렇지는 않다. 왜냐하면 다른 벌레의 입턱과는 달리 그 끝이 서로 맞서지 않고 두 개의 갈고리는 평행으로 서로 같은 방향을 향하여 운동하고 있기 때문에 어디까지나 맞부딪치는 일이 없다.

이것은 걸음걷는 도구이다. 평평한 디딤판 위에서 수축운동을 되풀이하여 이 벌레를 앞으로 나가게 하는 보행용 갈퀴라고 할까? 구더기는 겉으로 보기에는 주둥이의 한 기관처럼 보이는 것의 도움을 받아서 걸음을 걷는 것이다. 말하자면 구더기들은 목에 등산용 단장을 갖고 있는 셈이다.

이놈을 고기 덩이 위에 놓고 확대경의 촛점을 맞추어 보자. 구더기가 머리를 들었다 숙였다 하면 그 때마다 두 개의 갈고리로 고기덩이를 할퀴며 걷는 것을 볼 수 있다.

발걸음을 멈추었을 때는 궁둥이를 움직이지 않고 머리만을 끊임없이 흔들어서 허공을 허위적거리고 있다. 그 뾰족한 머리는 까만 기관을 내밀었다 움츠렸다 하면서 무엇인가 더듬고 있다. 앞으로 나갔다 뒤로 물러났다. 하면서 끊임없는 피스톤 운동을 하고 있다.

그런데 아무리 눈을 비비고 자세히 관찰해 보아도 입으로 고기덩이를 뜯어 삼키는 것은 한 차례도 볼 수 없다. 앞에 달린 갈고리는 항상 고기덩이에 박혀 있다. 그러나 한 차례도 눈에 뜨일 만큼 먹이를 뜯어내는 일은 없다.

하지만 그러는 동안에 구더기는 기름지고 살이 오른다. 먹지도 않고 영양을 섭취하는 이 별난 놈은 대체 어떻게 된 것일까? 먹지 않는다면 마시기라도 해야 할 것 아닌가.

구더기의 음식물은 죽이다. 고기는 저절로 액화되지는 않는다. 그렇다면 그것을 액체로 녹이는 데는 어떤 특별한 요리 방법이 있어야 할 것이다. 어떻게 해서든지 구더기의 비밀을 드러내기 위해서 연구해 보자.

나는 한쪽 끝을 막은 유리관 속에서 호도알만한 고기덩어리를 물기를 말끔히 빼 버린 다음 집어넣었다. 그리고 이 먹이 위에 몇 무더기의 금파리 알을 옮겨다 놓았다. 알의 수효는 대개 200개 정도이고 유리관은 솜마개로 막아 곧게 세웠다. 그리고는 볕이 잘 들지 않는 실험실 한 구석에 놓아 두었다.

한편 이것과 비교하기 위해 알을 넣지 않고 고기덩이만을 넣은 관을 유리관 옆에 세워 두었다.

2, 3일 지난 다음의 결과는 참으로 놀랄 만했다. 물기를 말끔히 빼 버리고 그 위에 파리의 알을 놓았던 고기덩이에는 습기가 생겼는데, 어린 구더기가 유리관을 기어 오르자 꽁무니에 뿌연 물줄기를 흘릴 정도였다. 꿈틀 거리는 구더기 떼는 뿌연 물줄기를 가로 지르거나 뭉개버리곤 했다. 그러나 파리의 알을 넣지 않은 또 하나의 유리관은 메마른 그대로였다.

구더기가 하는 일은 점점 더 확실해졌다. 고기덩이는 구더기의 작용으로 불 앞에서 얼음덩이가 녹듯이 점점 녹아갔다. 나중에는 고기덩이가 액체처럼 흐늘흐늘해졌다. 지금은 이미 고기덩어리가 아니고 고기국에 가깝다. 만약 내가 유리관을 넘어뜨린다면 한 방울도 남지 않고 흘러 버릴 정도이다.

썩으면 녹아 버린다는 생각은 머리 속으로부터 깨끗이 지워 버려야 하겠다. 같은 크기의 같은 고기덩어리였는데 다른 유리관 속에 있는 것은 빛깔이 변하고 냄새가 풍기는 것 이외에는 처음과 마찬가지로 덩어리 그대로 있었던 것이다.

그런데 구더기가 자라난 유리관 속은 마치 버터를 녹인 것처럼 흐늘흐늘했다. 이것은 구더기들의 화학을 보여 주는 것이다. 즉 위액(胃液)의 작용을 연구하는 생리학자를 무색케 하는 화학이다.

나는 삶아서 단단해진 달걀의 흰자위를 사용해서 좀 더 근사하게 실험해 보았다. 그것을 썰어서 금파리의 구더기가 있는 곳에 뿌려 보았더니 흰자위는 뿌연 액체로 녹아서 얼핏 보기에는 물처럼 되어 버렸다. 나중에는 지나치게 묽어져서 구더기가 발붙일 곳이 없어 물가운데 빠져 죽을 정도였다.

죽은 구더기는 공기를 호흡하는 구멍이 물 밖으로 나오지 못해서 질식해 죽은 것이다. 물이 좀 더 짙었다든지 건더기가 있는 국물이었다면 위로 떠오를 수도 있었겠지만 달걀이 녹아버린 물 속에서는 그렇게 할 수 없었던 것이다.

같은 장치를 했으나 파리의 알을 넣지 않은 유리관은 액화되고 있는 유리관 옆에 있었는데, 그 곳의 흰자위는 본래와 마찬가지로 굳은 대로 있었다. 나중에 곰팡이가 슬지 않으면 말라 굳어 버릴 것이다.

금파리의 애벌레가 먹이를 먹기 전에 그것을 액체로 만들어 버린다는 것은 명백해졌다. 덩어리로 된 먹이를 그대로는 먹을 수 없으니까 구더기들은 먹이감을 우선 액체로 변화시킨다. 고등 동물의 위액에 비할 만한 용해제(溶解劑)가 주둥이로부터 토해져 나오는 것이 틀림없다.

윗 턱처럼 보이는 갈고리의 피스톤은 언제나 용해제를 약간씩 토해내고 있다. 주둥이가 닿았던 곳엔 어디든지 약간의 펩신(pepsin)이 남는다. 그것만으로도 음식을 녹이는 데 충분하다. 소화한다는 것은 요컨대 액체로 변화시키는 것이다. 그러므로 구더기는 음식물을 먹기 전에 소화한다고 해도 크게 틀린 이야기는 아닐 것이다.

더럽고 냄새나는 기분나쁜 이 유리관 실험은 그래도 약간은 나에게 즐거운 시간을 주는 때가 있다.

훌륭한 학자 신부인 스팔란짜니(Spallanzani, 1729～99, 이탈리아의 박물학자)는 조그만 해면 덩이를 사용하여 어치새의 밥주머니에서 끄집어낸 위액의 작용으로 고기덩어리가 녹는 것을 발견했는데, 그때 그는 나와 똑같은 놀라움을 느꼈을 것이 틀림없다. 그는 유리관 속에서 그 당시 아무도 알지 못했던 위의 화학 작용을 생생하게 실현시켰던 것이다.

그보다 훨씬 후대의 제자인 나는 이 이탈리아의 학자를 그처럼 놀라게 한 사실을 뜻하지 않은 모습으로 다시 보고 있다. 어치새가 구더기로 바뀌었을 뿐이다.

구더기는 고기덩이와 삶은 달걀의 흰자위에 침을 바른다. 그렇게 하면 이 물질은 액체로 변한다. 우리들의 밥주머니가 뱃속에서 하는 일을 구더기는 밖에서 하고 있는 것이다. 다만 순서가 다를 뿐이다.

그는 먼저 소화시키고 그 다음에야 먹는다. 그리고 또 그들이 썩은 액체 한가운데 떠 있는 것을 보면 비할 데 없이 얇은 피부를 가진 금파리 구더기는 몸 전체의 피부로 영양을 섭취하고 있는 것이 아닌가 생각된다.

주둥이로 마시는 것 이외에 피부를 통해서도 일부를 섭취하는 것이 아닌가 생각되는 것이다. 먹이를 먼저 액체로 만들어 두지 않으면 안되는 까닭은 이와 같이 설명할 수밖에 없다.

먼저 먹이를 액체로 만들어 놓는다는 마지막 증거를 들어 보기로 한다. 즉 두더지나 누룩뱀 따위의 시체는 파리 종류의 침입을 막을 수 있는 쇠그물 뚜껑으로 덮혀 있을 때는 뜨거운 태양열에 시들고 말라서 그 아래의 모래나 흙을 눈에 띌만큼 젖게 하지는 못한다. 물론 그 시체에서 약간의 액체가 흘러나오기는 한다.

그러나 그 양이 매우 적으므로 곧 말라 버리고 시체는 가죽 오라기처럼 꺼칠꺼칠한 미이라가 되어 버린다.

이와는 반대로 쇠그물 뚜껑을 덮지 않고 파리 종류가 마음대로 출입할 수 있도록 내버려 두면 금방 모습이 달라진다.

3, 4일이 지나면 시체의 아래는 고기국물이 내배기 시작하여 모래나 흙이 젖어든다. 액체로 변하기 시작한 것이다.

나는 언제나 다음과 같은 광경을 잊을 수 없다. 그만큼 나는 크게 놀랐던 것이다.

그것은 굉장히 큰 누룩뱀이었는데, 길이는 1.5미터 가량이고 굵기는 큰 병의 목만했다. 그 몸 길이는 나의 화분을 가득 채우고도 남을 정도여서 뱀을 이중으로 감아서 넣지 않으면 안 되었다.

이렇게 풍부한 먹이가 모두 액체로 변화된 절정기에는 화분이 하나의 늪으로 된 것 같았다. 그리고 그곳에 금파리의 애벌레와 한층 더 유능한 액화 화학자인 쉬파리의 애벌레가 헤아릴 수 없이 들끓고 있었다.

그 화분의 모래와 흙은 소나기를 만난 후 모두 물을 빨아들인 것처럼 질척질척해졌다. 납작한 돌로 밑을 막았던 화분 구멍에서는 물기가 흐르는 것 같았다. 이것은 일하고 있는 화학기계라 할 만했다. 즉 누룩뱀의 시체를 걸르고 있는 죽음의 화학기계라 부를 만했다.

한 두 주일을 기다려 보자. 그러면 뱀의 시체는 모두 흙에 흡수되어 사라져 버린다. 굳어진 땅에는 비늘과 뼈만 남게 된다.

결론을 말할 때가 왔다. 파리의 구더기는 우리들의 세계가 갖고 있는 하나의 위력이다. 잠시의 여유도 주지 않고 생명이 다한 시체를 새로운 생명으로 만들기 위해 구더기는 시체에 화학처리를 하고 있는 것이다.

그는 그것을 엑기스로 분해하여 자신의 양식으로 삼을 뿐만 아니라 이 엑기스를 흙이 흡수케 하여 토양을 살찌게 하고 식물을 성장시키는 것이다.

쉬파리

쉬파리의 몸차림은 다른 파리들과는 아주 딴판으로 다르다. 그러나 살아가는 방식은 별로 다를 바 없어서 역시 시체나 썩은 것을 찾아 다닌다. 고기덩이를 액체로 만드는 데도 역시 훌륭한 솜씨를 갖고 있다.

이 놈은 회색빛 파리 종류로서, 금파리보다는 몸집이 건장하다. 등에는 다갈색의 줄 무늬가 있고 배 밑에는 은빛으로 빛나는 속 무늬가 있다. 눈알은 빨갛게 충혈되어 있고 냉혹한 백정의 눈처럼 핏발이 서 있다는 것도 덧붙여 두자.

쉬파리는 대담하게 우리들의 살림방을 드나들며 음식을 썩게 하고 더우기 초가을이면 부지런히 날아와서 잠깐 동안에 알을 낳아 버리는 그런 놈과는 좀 다르다.

오히려 이 악덕의 주인공은 몸집이 더 크고 암청색을 한 검정쉬파리라고 해야 할 것이다. 유리창에 붙어서 붕붕거리기를 잘하고 찬장 틈을 교묘하게 공격하는 놈이 이놈이다. 이 파리는 어떤 틈에라도 숨었다가 우리의 눈을 살짝 피해서 날아들 기회를 노리곤 한다.

대체로 쉬파리는 우리의 살림집에 침입해 들어오는 일이 드물고, 햇볕 아래서 노동하는 금파리와 같은 동아리이다. 그러나 금파리처럼 겁쟁이가 아니기 때문에 밖에서 할 일거리가 없으면 때때로 방안에도 날아 들어온다. 그리고 볼 일이 끝나면 머물러 있기가 싫은지 부리나케 달아나 버린다.

지금 나의 실험실은 바깥 설비의 부족한 점을 보충하기 위한 출장소 같아서 고기를 썩이는 장소처럼 되어 있다.

이곳으로 쉬파리가 찾아온다. 창가에 고기덩이라도 내 놓으면, 이 놈이 날아와서 마음대로 짓밟고 달아난다. 시렁 위에 자질구레 널려 있는 병이나 컵, 접시 따위의 틈도, 또 어떤 구석진 곳도 이 놈의 눈에서 벗어날 수는 없다.

어떤 연구를 위해 나는 지하실의 벌집 속에서 질식당한 말벌의 애벌레를 채집해 둔 일이 있다. 그런데 쉬파리가 살금살금 기어들어와 맛있음직한 먹이 무더기를 발견했다. 그리고는 아직 맛보지 못한 음식물 위에 웬떡이냐 하고 그 가족의 한 부대를 풀어 놓았다.

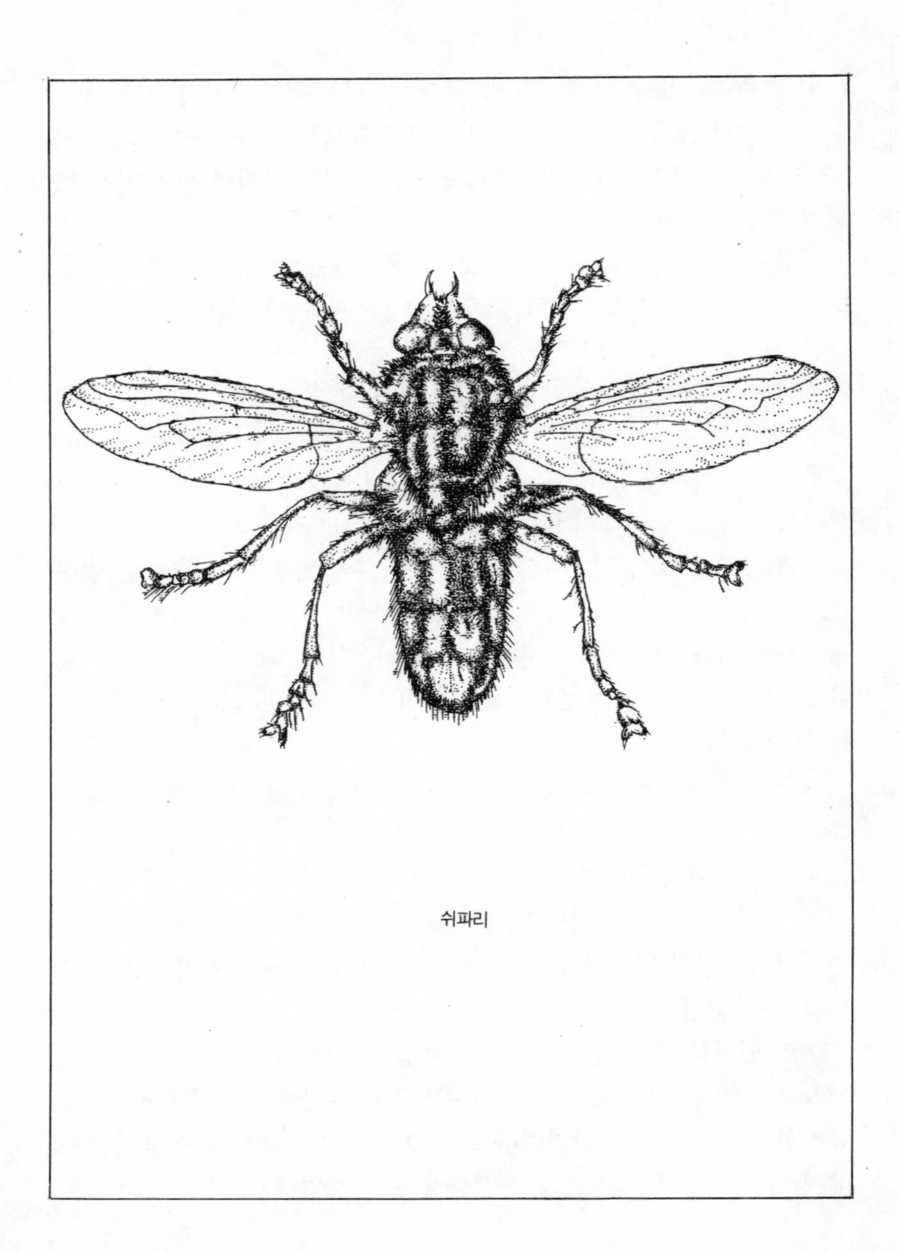
쉬파리

나는 컵 밑에 삶은 달걀—그 흰자위의 일부분을 금파리의 애벌레에게 주고—을 넣어 둔 일이 있다. 쉬파리는 여기에도 손을 뻗쳐서 드물게 보는 음식이라 여겼는지 거리낌없이 알을 낳아 붙였다.

쉬파리는 단백질 계통 음식이면 무엇이든 좋아한다. 이것 저것 할 것 없이 양잠실에서 나오는 죽은 누에는 물론 강남콩이나 완두콩을 쪼갠 것까지도 다 좋아한다. 그러나 이 파리가 가장 좋아하는 것은 털난 짐승, 날개가 있는 새, 뱀, 물고기 따위가 죽은 것이다.

쉬파리는 금파리와 마찬가지로 내가 실험장치를 해 놓은 곳으로 부지런히 찾아왔다. 이놈들은 날마다 나의 누룩뱀이나 두더지를 찾아와서 먹이가 썩어가는 정도를 조사하고는 주둥이로 독이 든 침을 흘려놓았다. 날아갔다 다시 왔다 하면서 때로는 무엇인가 생각하는 몸짓을 하기도 하다가 마침내는 자기가 할 일을 시작한다.

그러나 내가 조사하고 싶은 것은 이런 행패꾼의 시끄러운 행동이 아니다.

푸줏간에서 파는 고기 한 덩어리가 창가에나 실험실 테이블 위에 놓여 있다고 해서 사람의 눈에 그리 보기 흉할 것도 없어서 나는 그 곳에 두고 마음 편하게 그들을 관찰할 수 있었다.

쉬파리 중에서도 두 종류의 파리가 나의 실험대에 자주 찾아왔다. 보통 쉬파리와 허리가 빨간 붉은 쉬파리이다. 보통 쉬파리는 붉은 쉬파리보다 약간 크고 수적으로도 압도적으로 많으며, 공사장의 일도 대부분 맡아서 하고 있다. 때로는 미끼로 놓아 둔 창가의 먹이에 한 마리씩 날아드는 놈도 이놈이다.

이놈은 소식도 없이 갑자기 붕하고 달려든다. 그리고 먹이에 앉기만 하면 천연스럽게 기분을 가라앉히고 내가 옆에 가도 달아나려고 하지 않는다. 그것은 바로 먹이가 마음에 흡족하기 때문이다.

쉬파리는 참으로 놀랄 만큼 빠른 속도로 일을 해치운다. 허리가 두

어번 깝작 깝작 고기덩이에 가 닿기만 하면 그것으로 끝이다. 쉬파리는 구더기 한 부대를 쏟아놓고는 달아나 버린다. 구더기는 정확한 숫자를 세기 위해 확대경을 들이댈 겨를도 없이 빨리 흩어져 나간다. 대충 세어보니 약 12마리 쯤 되었다. 그러면 그 뒤 그들은 어떻게 되었을까?

구더기들은 그 자리에서 고기덩이 속으로 들어갔다고 해도 좋을 만큼 벌써 보이지 않았다. 고기덩어리는 어지간히 빈틈없는 물질이라 할 수 있는데, 속으로 그처럼 빨리 파고 들어간다는 것은 세상에 갓 나온 연약한 벌레로서는 좀처럼 있기 어려운 일이다.

그러면 어디로 들어갔단 말인가. 나는 확대경을 통해 그 놈들이 고기덩어리 속의 여기 저기 담벽에 하나씩 따로 붙어서 주둥이로 쑤시고 있는 것을 보았다.

그 놈들을 모아서 세어 본다는 것은 생각조차 못할 일이다. 나는 그 놈들을 건드려 상처를 입히고 싶지는 않았다.

대략 열 두 마리 쯤 되는 구더기들은 세어볼 사이도 없을 만큼 빠른 시간에 그리고 한꺼번에 이 세상에 쏟아져 나온 놈들이다.

쉬파리의 애벌레는 보통 파리의 알에 해당한다고 해야 마땅한데, 이 애벌레에 대해서는 이미 많은 것이 알려져 있다. 쉬파리는 알을 낳는 것이 아니라 구더기를 낳는다는 것을 사람들은 이미 알고 있었다.

쉬파리에게는 일거리가 너무 많아서 걱정이다. 더욱이 그 일이란 당장 해야 할 바쁜 일들이다. 그러니까 시체를 처리하는 청소원들에게 하루라는 시일(時日)은 정말 헛되게 보낼 수 없는 긴 시간이다. 금파리의 알은 부화되는 시간이 빠르다고 하는데도 구더기가 되기까지 24시간이나 걸린다.

그래서 쉬파리란 놈은 세상에 태어나자마자 그 즉시 일할 수 있는 노동자를 직접 뱃속에서 배출(排出)해 낸다. 일반 위생사업을 위해 그토록 열심히 일하는 놈으로서는 알을 부화시키기 위해 한가롭게 시간을 보내며 바쁜 일을 내버려 둘 수가 없다는 것이다. 단 1분 동안이라도 그냥 보낼 수 없는 것이다.

한 번에 낳는 숫자는 그리 많지 않다. 그러나 낳는 횟수는 몇 번이나 거듭되는지 헤아릴 수 없다. 레오뮈르의 저서를 통해 쉬파리가 갖고 있는 새끼낳는 기계의 놀랄 만한 능력을 읽어 보기로 하자.

이 참을성 많은 박물학자는 이렇게 많은 구더기 부대의 마릿 수를 세어서 조사해냈는데, 그 수효가 대개 2만이라고 했다. 해부학자가 확인한 이런 숫자를 보고 여러분은 놀라지 않을 수 없을 것이다.

쉬파리는 지금 나의 창가에서 새끼를 낳듯이 몇 번이나 조그만 무더기로 새끼를 낳는 것일까? 그 뱃속에 들어 있는 새끼를 다 낳기까지는 죽은 강아지나 두더지, 누룩뱀 따위를 얼마나 많이 찾아 다녀야 할까?

한 계절 동안 이곳 저곳에 계속 새끼를 낳고 다닌다면 마침내는 뱃속에 들었던 새끼를 전부 낳게 될 것이다.

그리고 낳아 놓은 새끼들이 모두 무사히 자라난다면, 그야말로 세상은 쉬파리의 붕붕거리는 소리로 가득차고 말 것이다. 일년 동안에도 몇 세대가 태어날 테니까! 이것만으로도 넉넉히 짐작할 수 있다. 그러나 이런 엄청난 번식력을 억제하는 무엇인가가 있을 것임에 틀림없다.

이제부터 쉬파리의 구더기를 조사해 보기로 하자. 이 놈은 몸이 무척 튼튼하게 생겼다. 몸집이 뚱뚱하고 더우기 궁둥이의 뒷 모습으로 보아 손쉽게 금파리의 구더기와 구별할 수 있다. 생김새는 궁둥이 끝에서 뚝 잘린 것처럼 되었고, 또 술잔 모양으로 오목하게 들어갔다.

이 술잔 모양으로 파여진 밑에는 두 개의 호흡하는 환기(換氣)구멍이 뚫려 있다. 이 두개의 구멍은 변두리가 다갈색으로 되어 있고, 오목하게 파여진 가장자리에는 10개의 혹살이 마디처럼 붙어서 관(冠) 모양으로 방사형을 이루며 줄을 지어 장식되어 있다.

구더기는 이 관처럼 생긴 혹살이 장식물을 마음대로 오무려서 닫기도 하고 열기도 한다. 구더기는 액체 속에서 모습을 감출 때에는 이것으로 호흡구멍을 보호한다.

만약 환기구멍이 막히면 질식하게 될 테니까, 액체 속에 들어가 있는 동안 주름잡힌 관은 꽃잎을 모아 오무린 꽃봉오리처럼 되어서 액체가 이 술잔 속에 들어가지 못하도록 한다.

그리고 구더기는 다시 물 위에 떠올라 밑구멍이 액체 밖으로 나타난다. 그러면 관은 다시 열리고, 술잔 주둥이는 입을 벌려서 마치 꽃잎같은 흰 주름의 장식물을 붙인, 꽃술 대신 두 개의 갈색 구멍을 가진 꽃송이처럼 보인다.

구더기가 썩은 액체 가운데서 머리를 아래로 처박고, 서로 부딪쳤을 때는 끊임없이 작은 소리를 내며, 안전판(安全瓣)을 여닫아서 호흡한다. 이런 모습은 조그마한 말미잘을 잡아다 붙여 놓은 모습과 같다. 구더기는 구더기대로의 아름다움을 갖고 있다.

만일 모든 일에 논리가 있는 것이라면, 빠져 죽을 것을 이처럼 두려워하는 애벌레가 액체 속에서 살아야 할 까닭이 없다. 펼쳐보이는 것을 자랑 삼아서, 밑구멍에 관같은 장식물을 그저 붙여 둘 까닭도 없다. 쉬파리의 애벌레는 국화송이 같은 이 장식물로써 그 위험 많은 삶의 모습을 우리에게 보여주고 있다.

그들은 시체를 처리할 때 빠져죽을 염려가 많다. 왜 그럴까? 삶은 달걀의 흰자위로 기른 금파리의 구더기를 생각해 보자. 먹이는 그들의 입에 맞는다. 다만 그들이 내놓는 펩신의 작용으로 액체가 너무 묽어지면 그들은 빠져 죽어 버린다. 달리 방어하는 방법도 없고, 피부와 같은 면에 달려 있는 숨구멍 때문에 액체 밖으로 나올 발판이 아무것도 없을 때는 죽게 마련이다.

쉬파리의 구더기는 먹이를 액체로 만드는 데는 비할 바 없이 훌륭한 솜씨를 갖고 있는 화학자이긴 하지만, 이러한 위험을 안고 있는 것이다. 그들의 살찐 엉덩이는 부대(浮袋) 구실을 하며, 호흡하는 숨구멍을 밖으로 내놓게 한다.

쉬파리의 애벌레는 고도로 발달된 액화의 화학자이면서도 항상 물에 빠져 죽을 위험성이 많기 때문에 잠수부의 도구를 몸에 지니고 있는 것이다.

관찰하기 쉽게 하기 위해서 두꺼운 종이 위에 건져내 놓으면, 숨구멍이 달린 국화 모양의 장식물을 열고, 주둥이를 올렸다 내렸다 하며 활발하게 앞으로 움직여 나간다. 종이는 테이블 위의 창가로부터 세 발걸음 가량 앞에 있으며, 햇살이 밝게 비치고 있다. 이런 때의 구더기는 모두 창문과는 반대 방향으로 움직인다. 그들은 어쩔 줄 모르고 서둘러 달아나려고 한다.

구더기는 빛을 싫어한다. 달아나는 놈에게는 손도 댈 것 없이 종이의 앞 뒤를 바꾸어 방향을 달리 해 놓아 보면 그것을 알 수 있다. 이렇게 해 놓으면 구더기는 모두 즉시 걸음을 멈추고 당황하다가는 걸음을 돌려서 뒤로 돌아 어두운 쪽으로 달아나기 시작한다.

그들이 끝에까지 이르기 전에 다시 한 번 종이의 방향을 거꾸로 바꾸어 놓는다. 그러면 또다시 그들은 뒤로 돌아 달리기 시작한다. 아무리 실험을 거듭해 보아도 그때마다 창문과는 반대방향으로 길을 돌렸다. 그들은, 억지로 방향을 바꾸어 놓은 종이의 계략에는 속아 넘어가지 않았다.

여기서는 달리는 길이 그다지 길지 못했다. 종이의 길이가 70센티미터 정도였으니까. 그러니 좀 더 넓은 장소에서 실험해 보자.

나는 구더기를 마룻바닥에 내려 놓았다. 그리고는 붓 끝으로 머리를 창문 있는 쪽으로 돌려 놓았다. 손을 떼기만 하면 그들은 방향을 바꾸어 빛이 들어오는 쪽을 피해 달아났다.

이 앉은뱅이 족속들은 앉은뱅이로서 달릴 수 있는 전 속력을 다 내어 실험실의 마루를 건넌 다음, 여섯 걸음 떨어진 담벽까지 가서는 그 곳에서 다시 왼편 오른 편으로 갈라져 어떻게 해서든지 광선이 들어오는 창문을 피해 멀리 달아나려고 했다.

그들이 달아나는 것은 확실히 광선 때문이다. 왜냐하면 두꺼운 종이의 방향을 바꾸어도 만일 내가 커튼으로 그림자를 만들어주면 그들은 방향을 바꾸지 않는다. 이런 때는 그들은 창문이 있는 쪽으로 변함없이 달려간다. 그러나 커튼을 걷어 치우면, 즉시 또 뒤로 돌아 빛이 비치는 창문을 피해 달아나는 것이다.

캄캄한 시체 아래서 살도록 운명을 타고난 벌레, 구더기는 빛을 싫어한다. 여기에는 지극히 당연한 이유 이외엔 아무것도 없다. 이상한 것은 빛을 느껴서 안다는 그 사실이다.

구더기는 장님이다. 머리라고는 말할 수 없을 정도로 삐죽하기만 하며, 전신에 볼 수 있는 기관이라고는 아무것도 없다. 몸 전체의 다른 부분에도 마찬가지이다. 어디를 막론하고 모두가 흰 빛깔에 홀딱 벗은 알몸이다.

그런데다가 이 소경은 눈 구실을 할 수 있는 신경분포 같은 것도 갖고 있지 않다. 그런데도 빛에는 지극히 예민한 감각을 갖고 있다. 그 피부 전체가 일종의 망막(網膜)처럼 생겼는데, 물론 물건의 형태같은 것은 알 도리가 없으나 어둠 속에서 광선을 분별하는 힘을 갖고 있다.

따갑도록 내려쬐는 직사광선 아래서라면 설명하기 쉬운 일이다. 구더기의 피부에 비하면 아주 거친 우리들의 피부도 눈의 힘을 빌리지 않고 응달과 양달을 구별할 수 있다.

그러나 지금의 경우 문제는 꽤 복잡해 진다. 나의 실험 재료는 열어제친 하나의 창문을 통해 방안에 들어오는 햇살밖에는 받는 것이 없다. 그런데 이 아늑하고 약한 햇살이 구더기들을 안절부절못하게 하고 떠들게 하고 있다. 구더기는 밝은 빛이 고통스러워 달아난다. 어디까지든지 햇빛을 피해 숨어 버리려고 한다.

그러면, 도피자들은 무엇을 느끼고 있기 때문일까? 구더기들은 화학적인 복사(輻射) 때문에 고통을 느끼는 것일까? 미리부터 알고 있는, 또는 알지 못 하는 빛의 복사 때문에 죽을 지경으로 괴로워하는 것일까?

빛은 아직도 많은 비밀을 우리들에게 알려 주지 않고 있다. 우리들의 광학은 구더기에게 물어봄으로써 아마도 귀중한 자료를 수집할 수 있을 것이다. 그러므로 만약 지금 내게 필요한 도구가 있다면, 나는 기꺼이 이 문제를 더 깊이 연구할 것이다.

그러나 나는 지금 연구가에게 필요한 도구를 갖지 못하고 있다. 과거에도 가졌던 일이 없을 뿐만 아니라 앞으로도 갖추지 못할 것이다. 그러한 것들은 아름다운 진리보다도 실속있는 지위를 탐내는 처세에 약삭빠른 사람들이 갖고 있다. 어쨌든 나는 빈약한 수단이 허락하는 범위내에서 실험을 계속해 보기로 한다.

쉬파리의 애벌레는 적당한 크기로 자라면 땅 속으로 내려와 번데기로 탈바꿈한다. 땅 속으로 기어들어가는 것은 탈바꿈에 필요한 안정을 얻기 위해서이다. 또한 귀찮은 밝은 빛을 피하려는 목적도 아울러 갖고 있다.

구더기는 혼자몸이 되고, 또 태양열의 괴로움으로부터 될수록 빨리 벗어나려고 한다.

번데기는 보통 흙이 부드러울 때라도 10센티미터 이상 땅 속으로 들어가는 일이 별로 없다. 그 이상 들어가면, 성충이 되었을 때 날개의 힘이 약하기 때문에, 다시 나오는 괴로움이 크다는 것을 잊지 않기 때문이다. 그러므로 구더기는 약간의 깊이로 들어간 다음, 적당한 곳에서 집을 찾는다. 들어오는 빛을 막아 주는 층은 두텁다. 이렇게 땅 속 10센티미터 아래에도 깊은 어두움이 있고 기어들어간 자만이 느낄 수 있는 기쁨이 있다. 이곳이 그들에게는 안식처가 된다.

그런데 사람이 손을 대서 벌레가 안정을 느낄수 없을 만큼 옆의 흙을 얇게 해 놓으면 어떤 일이 일어날까? 이번에는 이 의문을 풀어 줄 도구가 가까이 있다. 그것은 굵은 유리관인데, 양쪽 끝이 열려 있고 깊이가 약 1미터, 폭이 2.5센티미터이다.

한 쪽 끝을 코르크 마개로 막고, 이 관 속에 가는 모래를 채웠다. 이 기다란 원기둥 유리관을 실험실 구석에 세로로 매달아 놓고 쉬파리의 애벌레 20마리를 넣어 키웠다. 그리고 이것과 비교하기 위해 주둥이가 25센티미터나 되는 병에도 이렇게 했다.

구더기는 흙 속으로 들어가 번데기가 되었다. 다음엔 두 개의 실험도구를 조사 · 비교해 보았다. 병 속에 있는 것은 자연상태 그대로의 것과 같았다. 구더기는 깊이 10센티미터 되는 곳에서 위로나 옆으로나 충분한 두께로 보호받은 조용한 집을 찾아 거기에 만족하고 머물렀던 것이다.

하지만 유리관 속의 것은 전혀 달랐다. 제일 조금 들어간 놈이 50센티미터쯤 되는 곳에 있었고 다른 놈은 더 밑에 들어가 있었다. 대부분이 유리관의 밑까지 내려가 코르크 마개에 닿아 있었다. 이놈들은 유리관을 더 길게 했더라면 더 깊이 파고 내려갔을 것이다. 20마리의 애벌레 가운데 보통의 깊이에 집을 마련한 놈은 하나도 없었다. 그들은 불안에 떨면서 한없이 구멍 속으로 들어갔던 것이다.

그들은 무엇으로부터 도망친 것일까? 그것은 빛이다. 세로로 위쪽은 필요 이상의 두께를 갖고 있다. 그러나 옆 쪽은 유리관의 중심부로 파 내려 갔다 할지라도 두께가 1~2센티미터 정도 밖에 안 되기 때문에 빛의 영향으로부터 자유롭지 못하여 언제나 기분이 나빴을 것이다. 그래서 구더기는 이 자극을 피하려고 밑으로 파 내려간 것이다.

그러면 부드러운 햇빛 가운데서도 어둡고 캄캄한 것을 좋아하는 이

벌레에게 작용하는 복사광(輻射光)이란 대체 어떤 것일까? 그것이 단순치 않다는 것은 확실하다. 단단히 다져진 흙이라면 1센티미터 이상의 두께만 되어도 완전히 투명하지 않다.

그러고보면 구더기를 두려움에 떨게 하고 밖이 너무 가깝다고 알려주어서 아주 깊은 곳까지 숨어 들어가게 하는 데는 보통의 복사광으로는 도달할 수 없는, 즉 우리가 상상키 어려운 복사광이 필요할 것이다.

구더기의 물리학은 우리에게 무엇을 발견시켜 줄 것인가? 실험도구가 없으므로 이런 정도에서 그치기로 한다.

파리의 구더기는 1미터 이상 파지 못한다. 10센티미터 가량의 두께로도 빛으로부터 도망치는 데는 충분하다. 그것도 지나치게 깊다고 할 수 있다. 탈바꿈이 끝나면 다시 땅밖으로 올라와야 한다. 이것은 큰 일이다. 그것은 실제로 생매장당한 우물파는 인부가 다시 올라오는 것과 마찬가지이다. 흙을 파서 약간의 공간이 생기면, 위에서부터 허물어져 내리는 모래나 흙과 싸워야 한다. 지레도 곡괭이도 없이, 구더기는 땅 속에서 위로 통하는 구멍을 만들어야 하니까 괴로운 일이다.

땅 속으로 들어갈 때의 구더기는 붙잡는 갈고리를 갖고 있었다. 그러나 올라올 때는 아무것도 가진 것이 없다. 이제 번데기에서 갓 태어나 몸도 굳어지지 못한 약한 것이 어떻게 흙을 뚫고 기어 나올 것인가?

흙을 가득 채운 유리 실험관 속에 번데기를 몇 마리 넣어 두고 어떻게 하는가를 지켜보면 알게 될 것이다. 쉬파리의 방법은 금파리나 그 밖에 같은 수법을 쓰는 무리들의 방법까지도 가르쳐 줄 것이다.

번데기의 모습을 하고 있는 파리 새끼는 맨 처음 두 개의 눈(目) 사이에서 나타나 머리의 크기를 두 배나 세 배로 확대시키는 헤르니아(hernia)의 도움을 받아 껍질을 깨고 나온다. 머리에 달린 이 주머니는 맥박이 고동치듯 들먹거린다. 이것은 '혈액'이 번갈아가며 드나들기 때문에 부풀었다 움츠렸다 하는 것이다. 마치 물통의 뚜껑을 밀어젖히는 수압 피스톤과 같다.

제일 먼저 나오는 것은 머리이다. 괴물같은 뇌수종환자(腦水腫患者)의 머리같은데, 움직이지 않으면서도 내부에서 활동을 계속한다. 번데기의 껍질 속에서는 번데기의 흰 옷을 벗어버리는 신비로운 일이 시작된다. 이 일이 계속되는 동안 헤르니아는 툭 튀어 나온 대로이다. 머리는 아직 파리의 머리가 아니다.

이것은 아래에 두 눈이 달린 곳이 빨갛고 크게 부풀어 혹처럼 기묘하게 생긴 세모꼴의 모자와 같다. 머리 한가운데서부터 세로로 쪼개어 좌우로 젖히고, 그 사이로 헤르니아의 혹을 내밀어 그것을 부풀게함으로써 번데기의 껍질을 열어 놓는다. 이것이 파리 종류가 번데기 속에서 나오는 독특한 방법이다.

한 번 껍질이 열렸는데도 왜 헤르니아는 아직도 오랜 시간 부푼 채로 내밀고 있는 것일까?

그것은 거추장스러운 주머니이지만, 벌레가 몸 전체의 부피를 될수록 작게하여 번데기의 낡은 껍질로부터, 또 그 다음엔 껍데기의 좁은 구멍으로부터 빠져나올 때 몸 속에 있는 체액(體液)을 임시로 보내두는 곳이라고 생각된다.

빠져 나오는 일이 계속되는 동안, 파리는 그 체액 중에서 내보낼 수 있는 것은 모두 다 밖으로 내보낸다. 파리는 밖에 달린 혹을 보기 흉할 정도로 부풀게 해서 번데기 속에 담긴 몸의 부피를 작게 한다. 이렇게 힘든 탈바꿈이 두 시간 가량이나 계속된다.

이제 파리는 겨우 빠져나왔다. 날개는 아직 초라하며 가슴 한가운데 겨우 닿을 정도이다. 이것은 마치 바이올린의 조롱목처럼 깊숙히 패여 주름잡혀져 있다. 이렇게 달려 있어야 넓이도 길이도 짧아지기 때문이다. 이제부터 흙 속을 통과하여 세상으로 나온다. 마찰을 적게하기 위한 가장 좋은 조건의 생김새를 갖추었다.

머리에 부풀었던 물주머니가 여기서 훌륭한 활동을 시작한다. 이마에 달린 혹이 부풀었다 움츠러들 때 모래나 흙이 흘러 내린다. 손 발은 겨우 거드는 일밖에 하지 못한다. 피스톤처럼 활동이 계속될 때 손발을 뻗쳐서 디딤판을 마련한다. 모래나 흙이 떨어지면, 그것을 밟고 넘어서 몸을 지탱한다. 머리는 그때마다 모래나 흙이 떨어진 만큼 위로 올라온다. 메마른 흙이나 모래같으면 일은 좀 더 빨라진다. 연약한 파리지만 불과 15분 동안에 10센티미터의 높이가 되는 흙기둥을 기어 올라온다.

흙 위로 빠져 나오면, 먼지투성이의 파리는 먼저 몸단장을 시작한다. 파리는 이것을 마지막으로 다시 한 번 이마에 달린 헤르니아를 내밀고, 그것을 앞발로 정성스럽게 손질한다. 이 혹처럼 생긴 기관을 제 자리에 돌려 놓아서 두 번 다시 깨지지 않을 이마로 만들기 위하여 털고 쓸어서, 머리 속에 모래알이 박혀 있을 염려가 없도록 하는 것이다. 날개도 두 세 차례 거듭 손질한다. 이것은 바이올린의 그 조롱목을 없애는 역할을 한다. 날개는 자라나고 넓어진다.

그리고는 모래나 땅 위에 가만히 앉아서 몸이 더 자라고 굳어지는 것을 기다린다.

이제는 제멋대로 날아갈 시기가 되었으니 그대로 내버려 두자. 이번에는 화분의 누룩뱀이 있는 다른 녀석들에게 가 볼 차례이다.

검정쉬파리

드넓은 대지(大地)를 주검의 더러움으로부터 깨끗이 하고, 죽은 동물의 시체를 생명의 보고(寶庫)로 돌아가게 하는 데는 수많은 청소부대가 필요하다.

우리고장의 검정쉬파리, 이놈도 청소부대의 한 몫을 다하는 놈이다.

검정쉬파리라면 누구나 다 알고 있을 것이다. 검푸르고 뚱뚱한 파리가 바로 그 놈이다. 잠깐만 돌보지 않아도 파리장 속에서 한 가지 일을 거뜬히 해치우고는, 밖으로 나오고 싶어 유리창에 붙어서 붕붕 소리를 내는 놈이다.

이 검정쉬파리는 사냥해온 짐승이나 푸줏간에서 사온 고기나 이것저것 할 것 없이 우리들의 음식물을 거침없이 더럽혀 주는 그 못된 구더기의 알을 어떻게 낳는 것일까? 그 계략은 어떤 것일까? 어떻게 하면 우리들은 그것을 방지할 수 있을 것인가? 그것이 바로 지금 내가 여기서 조사하고 싶은 일이다.

검정쉬파리는 가을부터 초겨울에 걸쳐 추위가 심해질 때까지 우리들의 집둘레에서 우글거리고 있다. 모습을 들판에 나타내는 것은 훨씬 전부터이다. 2월에 들어 햇볕이 따사롭게 비치는 양지쪽이면 벌써 돌담에 납작 엎드려 떨리는 몸을 녹이는 것이 보인다.

4월이 되면 벌써 퍽이나 많은 검정쉬파리가 봄식물의 꽃 위에서 노는 것을 보게 된다. 더운 계절이되면 이 꽃에서 저 꽃으로 날아다니며 밖에서 지낸다. 그러나 가을철이나 사냥의 계절이 오면 사람의 집에 침입해 들어와 몹시 추워질 때까지는 물러가지 않는다.

밖으로 부지런히 나가지 못하는 습성을 가진 데다가 나이들어 힘겨워 하는 나에게 이 벌레는 좋은 기회를 가져다 주었다. 제발로 찾아 드는 놈이니 연구재료를 찾아다닐 필요가 없기 때문이다.

뿐만 아니라 나에겐 좋은 눈을 가진 조수가 있다. 마침 가족들이 나의 계획을 알고 있었던 것이다. 그들은 판유리에 붙은 시끄러운 방문객을 잡아서 종이 봉지에 넣어 가져왔다.

나의 파리통 — 모래를 가득 깐 화분 위에 철사망을 씌워 만든 것이다 — 은 포로로 가득 채워졌다.

꿀물을 담은 술잔이 이 건물의 식당이 되었다. 포로들은 시간이 나

검정쉬파리

는 대로 여기에 식사하러 왔다. 그놈들이 어머니 구실을 하게 하려고 나는 내 아들이 공기총으로 잡아다 준 죽은 당닭새(金雀), 홍방울새, 참새 따위의 새들을 주었다.

나는 그저께 잡아온 죽은 홍방울새 한 마리를 주고는 그 곳에 검정쉬파리 한 마리만을 뚜껑 속으로 넣어 놓았다. 이 파리의 뚱뚱한 배는 알을 낳게 되었다는 것을 알려주고 있었다.(쉬파리와 검정쉬파리를 혼동하지 말 것. 파브르는 쉬파리는 직접 구더기를 낳고 검정쉬파리는 알을 낳는다고 말하고 있다-옮긴이) 사실 한 시간 쯤 지나 감금되었다는 두려움이 사라지자, 갇힌 검정쉬파리는 알을 낳으려고 뒤뚱뒤뚱 걸으며 조그만 새를 조사하기 시작했다.

파리는 홍방울새의 머리에서 꼬리로 가더니 꼬리에서 머리로 되돌아왔다. 이렇게 하기를 몇 차례나 거듭한 다음, 나중에는 쑥 들어간 눈망울 가까이로 다가왔다.

그리고는 알을 낳는 알 침을 직각으로 구부려 홍방울새의 주둥이 속으로 찔러 넣었다. 이렇게 30분이 지나니 알이 보이기 시작했다. 쉬파리는 알낳기에만 열중하는지 내가 확대경을 대고 관찰해도 움직이지조차 않았다. 내가 건드리기라도 하면 기분이 상했는지 신경질을 부렸다. 내가 가만히 있어 주니까 아무런 불안도 갖지 않았다.

알집이 텅 빌 때까지 한꺼번에 다 낳는 것은 아니다. 시간을 두고 한 무더기씩 낳았다. 파리는 몇 차례나 홍방울새의 주둥이로부터 떨어져서 씌워 놓은 쇠그물에 와서 붙었다. 그리고는 다시 알을 낳기 위해 뒷다리를 마주대고 싹싹 비벼서 알낳는 기구인 알침을 청소하고 매끄럽게 닦아 놓았다. 그리고 아직 배가 부르다고 느꼈는지 몇 차례나 홍방울새의 주둥이로 돌아와서 두시간 쯤 보냈다.

마침내 알을 다 낳았다. 파리는 이제 홍방울새의 주둥이로 돌아올 필요가 없었다. 뱃속의 알주머니가 텅 비었다는 증거이다. 다음날 그

쉬파리는 죽어 있었다. 홍방울새의 주둥이와 혀뿌리인 목구멍 위에 층을 이루어 알이 쌓여 있었다. 그 수효는 엄청나게 많아서 홍방울새의 목구멍 안은 흰 파리알 투성이가 되어 있었다.

나는 가느다란 막대기로 새의 주둥이를 위 아래로 벌려 놓고 그 속에서 어떤 일이 벌어지는가를 볼 수 있게 해 놓았다.

그리하여 알에서 구더기가 깨어나오는 데는 이틀이 걸린다는 것을 알았다. 알에서 깨어난 구더기는 한 덩어리로 뭉쳐서 태어난 장소를 버리고 좀 더 깊숙한 곳으로 기어 들어갔다.

파리가 찾아왔던 홍방울새의 주둥이는 처음엔 다물어져 있었다. 그 아래쪽에 겨우 머리털이 드나들 만한 틈이 벌어져 있었는데, 그 틈새에 알을 낳은 것이다. 어미 파리는 마음대로 늘였다 줄였다 하는 관 모양의 알침을 주둥이 안에 들여밀고 알을 낳은 것이다. 만약 주둥이가 꼭 다물어져 있었다면 파리는 어디다 알을 낳았을까?

나는 새의 위 아래 턱을 실로 묶어 꼭 다물어지게 했다. 그리고는 주둥이에 알이 들어간 홍방울새에게 두 번째로 검정쉬파리를 맞이하게 했다. 이번에는 한 쪽 눈 위, 눈동자와 눈꺼풀 사이에 알을 낳았다. 이번에도 이틀이 지난 다음 알이 깨어져 나오더니 구더기는 눈망울의 움푹 들어간 속으로 기어 들어갔다. 눈과 주둥이, 이것이 구더기가 날개 달린 먹이의 뱃속으로 파고 들어가는 두 갈래의 중요한 길이다.

물론 다른 데도 길은 있다. 상처 받은 곳이 그 길이다. 나는 홍방울새의 주둥이와 눈망울에 종이 덮개를 씌워서 파리의 알침이 들어가지 못 하도록 해 놓았다. 그리고는 파리통을 열고 집어 넣은 다음, 세 번째 어미 파리를 들여보냈다.

한 알의 총탄이 홍방울새의 가슴을 꿰뚫고 있었다. 그래도 상처에서는 피가 흐르지 않았으므로 상처 자국은 겉보기에 몰라볼 정도였다. 더욱이 나는 붓 끝으로 새털을 잘 쓰다듬어서 어느 모로 보나 감쪽같이 상처 없는 성한 새처럼 만들어 놓았다.

이윽고 파리가 달려왔다. 그리고는 홍방울새의 시체를 끝에서 끝까지 주의깊게 조사했다. 앞발로 가슴의 배를 두들겨 보기도 했는데, 이것은 사람이 손으로 두들겨 보는 것과 같은 청진(聽診) 방법이다. 날개 털의 반응으로 파리는 그 속이 어떻게 되었는지 아는 모양이었다. 먹이는 아직 썩지 않아 냄새를 풍기지 않았으므로 코로 냄새를 맡는 것만으로는 알 수 없을 것이다.

상처는 총알이 들어박힐 때에 보드라운 솜털로 틀어막혔기 때문에 핏방울이 흘러나온 것도 아니다. 그러나 파리는 곧 상처를 찾아냈다. 날개 털을 헤치고 상처를 들어내 놓는 일 따위를 하지 않고도 파리는 그 자리에 멈추어 서는 것이었다. 그리고는 자기 몸을 새털 속에 파묻듯이 하고 두 시간이나 움직이지 않았다. 나는 호기심으로 견디기 어려웠는데도 파리는 곁눈질 한 번 하지 않고 자기 일에만 열중해 있었다.

검정쉬파리의 일이 일이 끝나면, 이번에는 내 차례이다. 털 거죽에는 아무 상처도 없었다. 나는 알을 끄집어 내기 위해 틀어박힌 솜털을 헤치고 약간 깊숙한 곳까지 더듬어야 했다. 늘였다 줄였다하는 알침을 틀어 박힌 솜털 사이로 깊숙히 들여보내서 알을 낳았던 것이다. 알은 무더기로 쌓여 있었는데, 그 수효는 3백 개 가량이나 되었다.

파리는 주둥이와 눈망울에 가까이 갈 수 없는 먹이에도 알을 낳을 수 있고 또 상처가 없는 먹이라 할지라도 알을 낳을 수는 있지만, 이런 경우에는 당황하여 아무데나 낳아 버린다.

나는 사실을 좀 더 분명히 알기 위해 홍방울새의 깃털을 모두 뽑아 버렸다. 그리고 또 알을 낳을 만한 곳에 종이 덮개를 씌워 덮어 버렸다. 오랫동안 어찌할 바를 모르던 파리는 이곳 저곳을 조사하기에 바빴다. 특히 새의 머리 위에 앉아서는 앞발로 그 곳을 살살 두드려 청진이라도 하는 듯한 몸짓을 했다. 알에서 깨어난 구더기는 힘이 약하므로 이

기묘한 종이 덮개에 구멍을 뚫을 수 없다는 것을 어미 파리는 잘 알고 있었다.

종이 덮개는 어미 파리에게 커다란 경계심을 일으키게 했다. 그래서인지 가리워진 머리 부분이 가장 적당한 장소로 마음이 쏠리는데도 결국 덮여 있는 종이 위에는 한 번도 알을 낳지 않았다.

이 방해물을 치워 버리려고 헛수고를 많이 한 끝에 파리는 마침내 다른 장소를 선택하기로 결심한 듯했다. 그러나 가슴이나, 배 등의 거죽은 너무 위험성이 많고 햇빛이 지나치게 밝아서 적당하지가 않다. 파리에게는 으슥하고 어두컴컴한 장소가 필요한 것이다.

그래서 파리가 택한 곳은 날개죽지가 달린 겨드랑이 밑이나 허벅지와 다리가 이어지는 부분이었다. 그 두 곳에 알을 낳았지만, 수는 적은 편이었다. 겨드랑이 밑이나 사타구니는 더 좋는 장소가 없어서 하는 수 없이 선택한 곳이라는 증거였다.

이상의 여러 사실로 미루어 보아 다음과 같은 결론을 내릴 수 있다. 알을 낳기 위해 검정쉬파리는 살이 드러나 있는 상처나 또는 가죽이 두껍지 않은 입이나 눈의 점막(粘膜) 부분을 찾아 다닌다는 것이다. 그리고 파리에게는 어둠컴컴한 곳이 필요하다. 우리는 좀 더 시간이 지난 다음에 그들이 어둠을 좋아하는 까닭을 알게 될 것이다.

종이모자는 구더기가 눈망울 등을 통해 들어가는 것을 막는 데 완벽한 효과를 나타냈다. 그래서 나는 이 방법을 새 전체에 써 보기로 했다. 깊은 상처를 입은 놈과 거의 상처 없이 죽은 홍방울새를 따로따로 한 마리씩 종이에 쌌다. 마치 씨앗 장수가 꽃씨를 보존하기 위해 풀로 붙이지 않고도 꽃씨를 싸 두듯이 쌌다. 종이는 아무것이나 괜찮고 신문지 조각도 좋다.

종이에 싼 이 홍방울새의 시체를 그늘도 지고 볕도 드는 테이블 위에 던져 두었다. 여러 종류의 쉬파리들이 내가 사냥해다 던져 둔 새의 냄새를 맡고 열어 둔 창문을 통해 실험실 방안으로 자주 찾아들었다. 나는 매일 종이에 싸인 방울새 냄새를 맡고 날아온 파리들이 종이 주머니 위에 앉아 사뭇 바쁘게 조사하고 있는 것을 보았다.

파리란 놈들이 끊임없이 왔다 갔다 하는 것을 보면 그것을 갖고 싶어서 못 견디겠는 모양이었다. 그러나 그 중의 어느 한 놈도 종이 주머니에 알을 낳기로 결심하는 놈은 없었다. 구겨진 종이 주름살에 알침을 박아 보려고 하는 놈도 없었다.

좋은 계절은 다 지나가려 하는데 콧구멍을 벌름거릴 만큼 냄새가 풍기는데도 종이 주머니 위에는 아무것도 알을 낳은 것이 없었다. 모든 어미 파리들은 구더기들이 얇은 종이 장벽도 넘을 수 없다는 것을 일찌감치 알아차리고 알낳기를 꺼려했던 것이다.

파리의 이 조심성에 나는 조금도 놀라지 않았다. 모성(母性)은 언제나 지극히 영리하게 앞 일을 내다보고 있기 때문다. 그러나 나를 놀라게 한 것은 다음에 기록하는 결과였다.

홍방울새를 싼 종이 주머니는 만 일년 동안이나 테이블 위에 던져진 채로 있었다. 가끔 내용을 검사해 보았지만 죽은 새는 아무렇지도 않았다. 날개털도 그대로 있고 악취도 없이 바짝 말라서 미이라처럼 되어 있었다. 그것은 아무런 분해도 일으키지 않고 미이라가 되어 있었던 것이다.

나는 공기 중에 던져 둔 시체처럼 이 작은 새도 흐늘흐늘 썩어서 물이 흐르는 것을 보게 될 것이라고 짐작했던 것인데, 결과는 정반대였다. 사냥해온 홍방울새는 조금도 썩지 않고 꼬장꼬장 말라 버렸다. 썩은 것으로 분해되는 데는 무엇이 부족했던 것일까? 단지 파리가 손을 대지 못했을 따름이다. 그러므로 파리의 구더기는 시체를 분해시키는데 근본적인 원인이 된다. 놈은 부패를 취급하는 화학자 중의 화학자인 것이다.

이 종이로 만든 봉지에서 지나쳐 버릴 수 없는 유익한 또 하나의 결과를 얻을 수 있었다. 우리나라(프랑스)의 시장, 특히 남쪽 지방의 시장에서는 사냥해 온 날짐승을 그대로 진열장의 갈고리에 매달고 판다.

종달새는 한 다스씩 코가 꿰어 실에 매달려 있다. 개똥지빠귀, 비취새, 황새, 발구지, 자고새 등 우리들의 통구이 꼬치요리에서 입맛을 돋구는 날짐승들이 모두 며칠 또는 몇 주일씩 파리의 흉칙한 발 끝에 더럽혀지고 있다.

겉보기에는 아주 멀쩡하기 때문에 사람들은 무심코 사버린다. 그러나 집에 가지고 와서 요리하려고 할 때, 맛있는 구이로 만들려는 새가 구더기의 먹이가 되었다는 것을 알게 된다. "에잇, 기분나빠! 구더기의 밥이 되다니! 누구의 장난이야?"

진범은 검정쉬파리이다. 누구나 그것 쯤은 알고 있다. 그러나 소매상인도, 도매상도, 사냥꾼도 누구 하나 어떻게 하면 그것을 방지할 수 있나를 진지하게 생각하는 사람은 없다.

어떻게 하면 구더기의 침입을 막을 수 있을까? 그것은 아주 쉬운 일이다. 하나하나 종이 주머니에 넣는 것이다. 파리가 달려들기 전에 처음부터 이렇게 경계를 게을리하지 않으면, 어떤 새라도 조금도 상하지 않고 언제까지나 맛있는 요리를 만들 수 있다.

코르시카의 개똥지빠귀는 올리브의 열매를 먹고 사는 통통하게 살찐 맛있는 새이다. 그것은 하나하나 종이 주머니에 싸여 공기가 잘 통하는 상자에 넣어진 채 우리의 오랑쥬 거리에까지 운반된다. 그것은 요리사의 까다로운 주문대로 고스란히 보존되어 있다.

나는 그 개똥지빠귀에 종이 봉지를 싸도록 생각해 낸 이름모를 사람에게 찬사를 보내고자 한다. 이러한 모범을 다른 새들에게도 본받게 할 사람이 있을는지 의심스럽다.

이 보존법에 대해 한 가지 중대한 비난을 가하려는 사람도 있을 것이다. 종이 주머니를 씌우면 겉으로 물건을 볼 수 없다는 것이다. 보기만 해도 입맛을 돋구는 겉모습을 볼 수 없다는 것이다. 지나가는 손님에게 속에 든 것이 무엇이며 성질이 어떤 것인지 알려주지 못한다는 것이다. 하지만 그것을 밖에서도 볼 수 있게 하는 방법이 있다.

그것은 새들에게 종이 모자를 씌워 주는 것이다. 머리 부분은 목구멍과 눈알의 점막 때문에 파리의 습격을 가장 받기 쉬운 곳이다. 파리가 붙는 것을 막고 알을 낳으려는 계획을 없애는 데에는 머리를 잘 간수하는 것이 무엇보다 중요하다.

조사방법을 바꾸어 검정쉬파리에 대해 더 알아 보기로 하자. 높이 10센티미터 가량의 양철통에 푸줏간에서 사온 고기 한 점을 넣어 둔다. 그리고 그 뚜껑에 한 군데 쯤 겨우 바늘이나 들어갈 만한 좁은 구멍을 만들어 놓는다.

미끼로 내놓은 먹이가 썩어 냄새를 풍기게 되면 어미 파리는 한 마리씩 또는 떼를 지어 달려온다. 그들은 나의 코로는 거의 느낄 수 없는 냄새에 이끌려 모여드는 것이다.

잠시 그들은 쇠붙이로 만든 그릇을 조사하며 들어갈 구멍을 찾는다. 먹고 싶은 고기 덩어리에 가까이 갈 수 있는 길은 하나도 보이지 않으므로 그들은 좁은 틈이 있는 양철통 위에 알을 낳기로 결심한다.

앞에서도 말한 것처럼 검정쉬파리는 홍방울새의 썩는 냄새가 나도 종이 봉지 위에 알을 낳지는 않았다. 그런데 지금 그들은 조금도 주저하지 않고 쇠붙이 판 위에 알을 낳는다. 알을 낳는 알받이 판의 성질에 따라 달라지는 것일까?

나는 양철뚜껑 대신에 종이로 뚜껑을 만들어 풀로 붙여 보았다. 그리고는 칼 끝으로 여기에 구멍을 냈다. 그것만으로 충분했다. 어미 검정쉬파리는 종이 뚜껑을 배척하지 않고 여기에 알을 낳았다.

그러고 보면 그의 마음을 결정짓게 한 것은 냄새만이 아니었다. 무엇보다도 알에서 깨어난 구더기가 드나들 수 있는 틈이 있느냐에 달려 있는 것이다.

어미벌레는 그 나름의 빈틈없는 지혜를 갖고 있다. 즉 조금이라도 저항하는 장애물을 돌파하기에는 어린 애벌레는 너무나도 힘이 약하다는 것을 어미 파리는 이미 알고 있는 것이다. 그러므로 냄새의 유혹이 있더라도 갓난 구더기가 혼자 나갈 수 있을 만한 구멍이 발견되지 않는 한 알을 낳지 않는다.

나는 예외적인 조건 속에서 알을 낳을 수밖에 없게 된 어미 파리의 결심에 장애물의 빛과 그 세기, 굳기, 등 기타 성질이 어떤 영향을 미치는지 알고 싶었다. 이것을 알기 위해 나는 조그만 유리병 하나 하나에 고기 한 점씩을 넣어 두었다. 뚜껑으로는 여러 가지 색깔의 종이와 양초칠을 한 헝겊, 또는 술병의 마개로 쓰이는 금박종이를 썼다.

그런데 어떤 색깔의 뚜껑 위에서도 어미 파리는 알을 낳으려고 하지 않았다. 그러나 칼 끝으로 조금만 틈을 내어 놓아도 뚜껑은 모두 얼마 안가 파리의 방문을 받고는 틈새에 하얀 알의 무더기가 쌓였다. 장애물의 겉모양은 이런 경우 아무런 영향도 주지 못한다는 것이 확실해졌다. 어두운 색깔이든, 밝은 색깔이든, 색깔이 있든 없든, 그런 것은 문제가 되지 않았다. 다만 먹이가 있는 안으로 구더기가 들어갈 수 있느냐 없느냐가 문제일 뿐이다.

먹이로부터 좀 떨어진 곳에서 알이 깨어나면 이 갓나온 애벌레는 음식물이 있는 곳을 쉽게 찾아 간다. 그들은 알에서 깨어나면 조금도 주저함이 없이 놀라울 만큼 정확하게 냄새나는 곳을 찾아 간다. 잘 덮어지지 않은 뚜껑 틈이나, 칼로 뚫어 놓은 좁다란 틈으로 기어 들어간다. 이제야 그들은 약속의 땅, 악취가 코를 찌르는 그들만의 천국에 들어간 것이다.

그들은 목적지에 가는 동안 지쳐서 높은 담에서 뛰어내릴 것인가?

결코 그런 일은 없다. 병의 벽을 따라 조용히 기어 간다. 뾰죽한 앞 몸을 지팡이로 삼고, 갈고리로 앞 길을 더듬어 간다. 그리하여 먹이 있는 곳에 이르면 곧 그곳에 안식처를 정해 버린다.

장치를 바꾸어 조사를 계속해 보기로 하자. 높이가 25센티미터 이상이나 되는 크고 넓은 시험관 밑에 고기 한 조각을 미끼로 넣었다. 그리고 쇠그물로 덮었다. 그물 눈은 2밀미미터 정도니까 파리가 그 구멍을 통해 속으로 들어갈 수는 없다. 이윽고 검정쉬파리는 내가 장치해 놓은 이 그물가로 날아왔다. 코로 맡는 냄새가 눈보다 더 훌륭한 안내자가 되는 모양이다. 검정쉬파리는 잘 보이지 않게 뚜껑으로 덮은 시험관에도 열심히 달려들었다. 보이지 않는 것도 보이는 것과 마찬가지로 파리를 이끄는 것이다.

검정쉬파리는 그물눈 위에 앉아 주의깊게 그것을 조사했다. 그러나 그곳이 좋지 않다고 보았는지, 또는 쇠그물의 눈이 의심을 사게 만들었는지 나는 파리가 그곳에 알을 낳는 것을 볼 수 없었다.

나는 이 검정쉬파리의 증언이 의심스러워 이놈 대신 쉬파리의 도움을 청하기로 했다. 이놈은 알을 낳지 않고 처음부터 완벽한 형태를 갖추고 태어나는 구더기의 건강을 믿기 때문인지 내가 보고 싶어하는 것을 잘 보여주었다. 쉬파리는 쇠그물을 검사하고는 그중의 그물눈 하나를 선택했다. 그리고는 그 곳에 꽁무니를 들이박고 내가 있는 앞에서도 태연하게 구더기를 10마리 이상이나 낳았다.

애벌레는 몸에 있는 약간의 끈끈이액 때문에 잠시 쇠그물망에 붙어 있었다. 그들은 꿈틀거리고 버르적거리다가는 몸을 뒤흔들었다. 그리고 마침내는 밑바닥으로 떨어졌는데, 그 높이는 25센티미터 이상이나 되었다. 이것이 끝나자 어미 벌레는 새끼가 혼자서도 잘 살 수 있다고 생각하고는 날아가 버렸다.

구더기가 고기덩이에 떨어지면 더 바랄 것이 없고 다른 곳에 떨어지면 기어서 고기 있는 곳을 찾아갈 것이다. 그러면 어느 정도의 높이에서 쉬파리는 새끼를 낳아 떨어뜨릴 용기를 갖는 것일까? 나는 시험관 위에 지름의 넓이가 병의 목과 같은 정도의 통을 또 올려 놓았다. 병의 주둥이에는 칼로 약간 짼 종이 뚜껑을 덮었다. 이렇게 해 놓으니 전체의 높이가 65센티미터나 되었다. 이런 높이에서도 새끼를 떨어뜨릴까?

그러나 이런 것은 문제가 되지 않았다. 갓나온 애벌레의 몸은 부드럽고 탄력성이 있어서 떨어졌다고 해도 큰 일이 없었다. 시험관 속은 며칠 동안에 애벌레로 우글거렸다. 그것이 쉬파리의 가족이라는 것은 애벌레의 밑구멍 끝에 작은 꽃잎같이 벌렸다 닫혔다 하는 주름잡힌 관(冠)이 있기 때문에 곧 알 수 있었다.

나는 어미가 새끼를 낳을 때에 운나쁘게도 그 자리에 입회하지 못했다. 그러나 쉬파리가 지금까지 해왔던 것으로 미루어 그가 낳은 새끼들이 높은 곳에서 뛰어내린 것을 의심치 않는다. 시험관 속에서 벌어진 일이 그것을 나에게 증명해 준다.

나는 구더기의 다이빙 솜씨를 찬탄해 마지않았다. 그래서 좀 더 확실한 증거를 얻기 위해 시험관을 새로운 것으로 바꾸기로 했다. 이번에 쓰려는 것은 높이가 120센티미터나 되었다. 이 원기둥 모양의 유리관을 어둠컴컴하고 파리의 왕래가 잦은 곳에 세워 놓았다.

쇠그물을 덮은 주둥이는 이미 파리들이 덤벼들고 있는 다른 시험관이나 유리병의 장치와 같은 높이이다.

가끔 검정쉬파리와 쉬파리가 쇠그물 뚜껑 위에 앉아서 잠깐 조사하고는 달아나 버렸다. 나는 이 장치를 가장 좋은 계절의 세 달 동안 그 자리에 놓아 두었으나, 그곳에서는 아무일도 일어나지 않았다. 무슨 까닭일까? 너무 깊어서 고기 썩는 냄새가 밖으로 퍼지지 못하기 때문일까? 아니, 그렇지는 않을 것이다. 틀림없이 냄새는 퍼지고 있다.

냄새를 잘 맡지 못하는 나의 코도 그 냄새를 맡고 있다. 증인으로 불려 온 우리집 아이들은 냄새를 한 층 더 잘 맡고 있다.

그러면 어째서 먼젓 번까지는 상당히 높은 곳에서 구더기를 떨어뜨린 쉬파리가 두 배 정도의 높은 기둥꼴 유리관 위에서는 그것을 떨어뜨릴 용기를 내지 못하는 것일까? 구더기가 다칠 것을 근심해서일까? 시험관이 너무 길어서 불안한 생각을 갖게 하는 것은 아무 것도 없었다. 나는 쉬파리가 유리관을 조사하거나 그 길이를 재어 보는 것을 한 번도 본 적이 없다. 그는 쇠그물로 덮인 뚜껑 위에 앉아 있었다.

쉬파리는 밑에서부터 올라오는 고기 냄새가 약하기 때문에 그것으로 그 깊이를 아는 것일까? 그럴지도 모른다.

그러나 아무리 냄새의 유혹이 있어도 쉬파리는 애벌레를 지나치게 높은 곳에서 떨어지게 하는 모험은 시키지 않았다. 더 먼 장래의 일까지 생각하여 번데기 껍질이 터진 다음 날개돋친 자기 새끼가 날기 시작할 때 길다란 굴뚝 벽에 부딪쳐서 아무리 애써도 밖으로 나가지 못할 것을 근심해서였을까? 그토록 먼 앞일까지 염려한 지혜는 모성(母性)의 본능의 규칙과 일치하고 있다. 모성의 본능은 장래의 필요에 따라 바꾸어지는 규칙을 갖고 있다고 보지 않으면 안 된다.

그러나 떨어지는 높이가 어떤 정도를 넘지 않는 한도에서는 쉬파리에서 갓 나온 애벌레는 놀라운 다이빙 솜씨를 보여 주었다. 우리들의 실험은 모두 그것을 확인해 주고 있다.

그런데 이러한 사실은 우리의 가정생활에 가치있게 응용할 수 있도록 안내해 준다. 곤충학의 불가사의한 점이 때로는 우리의 실생활에 도움을 주는 것이다.

보통 파리장은 옆 모서리면이 쇠그물이고 다른 두 면은 덮거나 여닫는 장치로서, 커다란 광주리처럼 되었다. 파리가 달려들지 못하게 할 물건을 매달기 위해 위에는 갈고리가 늘어져 있다. 또 사용할 수 있는 빈 자리를 채우기 위해 파리가 붙지 못하게 할 물건을 파리장의 아래

판 위에 그냥 놓아 두는 일이 많다. 이러한 방법만으로 파리와 구더기를 충분히 막아낼 수 있을까? 결코 그렇지 않다.

아마 먹이로부터 멀리 떨어져 있는 쇠그물 위에서는 그다지 알을 낳고 싶어하지 않는 검정쉬파리 따위로부터는 파리장 속의 물건을 보호할 수 있을 것이다.

그러나 쉬파리가 남아 있다. 이 놈은 좀 더 흉측한 일꾼이며 융통성이 있어서 구더기를 쇠그물 눈으로 새어 들어가게 하여 파리장 안에 떨어지게 할 것이다. 떨어진 놈은 기는 방법을 잘 알고 있기 때문에 손쉽게 판 위에 올려진 먹이에 다가갈 수 있을 것이다. 매달아 놓은 물건만이 구더기의 피해를 면하게 될 것이다. 높은 곳, 특히 줄에 매달려 있는 것을 찾아 가는 것은 구더기에게 잘 맞지 않기 때문이다.

그러면 어찌해야 좋을까? 어려울 것이 없다. 사냥해 온 개똥지빠귀, 물총새 따위는 한 마리 한 마리씩 종이에 싸서 뭉쳐 두는 것이 제일 좋다. 푸줏간에서 사온 고기도 이와 마찬가지 방법으로 충분하다. 공기가 잘 통하는 한 장의 종이로 싸 두면 파리장이나 그밖의 특별한 장치가 없어도 구더기 따위의 침입을 막을 수 있다. 종이에 특별히 벌레를 제거해 버리는 힘이 있어서서가 아니라, 종이 자체가 아무리 해도 뚫고 들어가거나 넘어가지 못 할 장벽을 이루고 있기 때문이다.

검정쉬파리는 그런 곳에 알 낳기를 좋아하지 않는다. 쉬파리도 새끼 낳기를 꺼려한다. 갓 나온 새끼 구더기로서는 이 장애물을 돌파할 힘이 없다는 것을 두 종류의 어미 파리는 아주 잘 알고 있는 것이다.

모직물이나 모피에 가장 많이 해를 끼치는 좀나방에 대해서도 종이는 마찬가지 힘을 갖고 있다. 모직물의 털을 좀 먹는 이놈들을 물리치는 데는 일반적으로 장뇌유(樟腦油), 나프탈린, 담배, 라벤더 따위를 사용하고 있다.

이런 방법들을 헐뜯을 생각은 없으나 사용해 본 결과 그다지 효력이 없다는 것을 인정하지 않을 수 없다. 장뇌유나 라벤더 향수의 냄새는 좀나방의 피해를 막을 수 없다.

그러므로 나는 가정 부인들에게 이러한 약품 대신 신문지를 사용하도록 권하고 싶다. 벌레가 좀먹지 못하도록 해야 할 모피, 플란넬, 모직물, 그밖의 어떤것이든 주의깊게 신문지에 싸서 그 끝을 이중으로 접은 다음, 핀으로 여며 둔다.

이 접어 둔 것이 흐트러지지 않고 그대로 있는 한, 좀나방은 결코 종이 속에까지 침입해 들어가지는 못한다. 우리집에서도 나의 제안으로 이러한 방법을 쓴 이후 지금까지와 같은 피해는 입지 않게 되었다.

파리 이야기로 다시 돌아가자. 유리병 속에 있는 한 조각의 고기덩어리가 부드럽고 마른 모래로 2~3센티미터 두께로 덮여 있었다. 열어제쳐 둔 이 병은 넓다란 주둥이를 갖고 있어서 냄새에 이끌려 올 수 있는 놈은 아무 방해도 받지 않고 달려 올 수 있다.

검정쉬파리는 이윽고 이 유리병을 찾아 왔다. 그들은 병 속에 들어갔다가 나오고 또 들어갔다. 그리고는 냄새를 맡아 눈에 보이지 않는 물건의 정체를 조사했다.

옆에서 지켜보고 있노라니까 깔아 놓은 모래를 조사하는데, 발로 그것을 톡톡 쳐 보기도 하고 주둥이로 그것을 조사해 보기도 하는 것이었다.

그들은 사뭇 분주한 듯했다. 두 세 주일 동안 나는 이 방문객이 제멋대로 하도록 내버려 두었다. 그러나 한 마리도 알을 낳지 않았다.

그것은 죽은 새의 시체를 싼 종이 봉지가 나에게 보여 준 것과 꼭 같았다. 파리는 확실히 같은 이유에서 모래 위에 알을 낳는 것을 꺼려했다. 종이는 연약한 새끼 벌레에게는 뚫거나 넘을 수 없는 장벽이라고 그들은 판단했다. 모래라면 더욱 나쁘다. 그것은 너무 딱딱하고 거칠어 연약한 새끼 벌레의 피부를 모두 상하게 할 것이고, 메마른 모래는 구더기의 운동에 가장 필요한 습기를 모조리 없애 버릴 것이다.

그리고 탈바꿈을 할 때가 되면 구더기는 주둥이에 달린 갈고리를 땅 속에 들이박고 기어 들어가야 하는데, 방금 깨어 나온 그들에게 그것은 한없이 위험한 일이다. 이러한 어려움을 알고 있기에 어미 파리는 아무리 냄새가 유혹한다 할지라도 알 낳기를 거부하는 것이다.

사실 나는 주의 부족으로 알무더기를 놓쳐 버린 것이 아닌가 싶어 오랫동안 기다리다가 병 속에 들어 있는 것을 위에서부터 아래까지 깨끗이 조사해 보았다. 고기 조각과 모래에는 애벌레나 번데기가 한 마리도 없었다. 아무데도 없었다.

모래의 두께가 1~2센티미터에 불과하므로 이 실험에는 주의가 필요하다. 썩은 고기는 부피가 좀 불어나기 때문에 어딘가 조금 솟아날 수 있다. 그때엔 눈에 보이는 고기 덩어리의 부분이 아무리 작아도 파리는 그곳에 알을 낳는다. 때로는 썩은 고기에서 나오는 즙이 모래에 스며드는 경우가 있는데, 애벌레의 첫 숙소로는 그것만으로도 충분하다. 이럴 때는 3센티미터 내외의 두께로 모래를 깔면 막아낼 수 있다.

인생의 무상함을 우리들에게 설교할 목적으로 교회의 성직자들은 무덤 속의 구더기 이야기를 함부로 끄집어내어 이야기거리로 삼아 왔다. 그들의 음산한 말을 그대로 믿어서는 안 된다.

우리들의 시체를 분해하는 화학은 지나친 웅변으로 우리들 인생의 허무함을 이야기하고 있다. 그 위에 또 헛된 상상력으로 만들어 낸 무서운 이야기를 덧붙일 필요는 없다. 무덤 속의 구더기라는 것은 사실을 사실대로 보지 못한 음산한 인간의 발명품이다.

단지 땅 속 몇 센티미터 아래서도 죽은 시체는 편히 잠들 수 있다. 파리가 그 시체를 더럽히러 간다는 것은 절대로 있을 수 없는 일이다.

땅 위에서라면, 즉 모든 것을 휩쓸어 버리는 땅 위에서라면 이 무서운 파리의 마수가 침입할 수 있다. 그것은 정해져 있는 움직일 수 없는 사실이기도 하다.

다른 제작물을 만들어내는 데 쓰기 위해 다시 재료를 녹여내는 것이라면, 주검으로 변한 이상 인간이라고 하여 가장 천한 짐승이나 새들과 다를 것은 없다. 그 때에 이르면 파리들은 당연히 그들의 권리를 행사하여 우리들을 보잘 것 없는 동물의 시체와 마찬가지로 취급한다.

물질을 변화시키는 재생공장에서 자연의 법칙은 인간만을 특별히 예외로 취급하지는 않는다. 그 도가니 속에서는 벌레도 사람도, 거지도 왕자도 절대 꼭 같다.

거기에서야말로 이 세계의 단 하나뿐인 평등, 구더기를 앞에 둔 평등이 있을 뿐이다.

17. 곤충의 지혜

에밀이 발견한 땅말벌

예전에 나는 땅말벌이 여치 따위를 죽이는 것을 보려고 고생하며 돌아다닌 일이 있다. 그로부터 20년이 지났다.

그런데 우연히 이 달 초에 내 아들 에밀이 큰 소리로 나를 부르며 내가 일하는 방으로 뛰어들어오는 것이었다.

"빨리 오세요! 땅말벌이 먹이를 끌고가고 있어요. 뜰 아래 창고 앞의 플라타너스 나무 밑에서요."

에밀은 저녁 식사를 하고 식구들이 모두 둘러 앉아서 차를 마시며 즐겁게 이야기를 나누는 때 내 이야기를 듣기도 하고 들로 소풍을 나갔을 때도 여러가지를 보고 들어서 곤충에 관해서는 꽤 많이 알고 있었다.

에밀은 제대로 보았다. 달려가 보니 커다란 땅말벌이 여치를 마비시켜 더듬이를 물고 가까이 있는 닭장 옆으로 끌고 가고 있었다. 저 담을 기어 올라 높은 처마끝의 기와 아래에 집을 지으려는 것 같았다.

몇 년 전에도 바로 이 곳에서 이와 똑같은 땅말벌이 먹이를 끌고 틈이 벌어진 기와의 용마루 아래까지 기어 올라가서 그 틈에다 집을 짓는 것을 본 적이 있다. 이 벌은 몇 년 전 가파른 담을 힘겹게 기어 오르던 벌의 손자쯤 되는지도 모른다.

그때와 같은 큰 공사가 지금 시작되고 있었다. 이번에는 구경꾼도 많았다. 플라타너스 나무 그늘에서 일하고 있던 식구들이 모두 몰려와서 삥 둘러섰다. 벌은 여러 사람들이 지켜보는 데도 아랑곳하지 않았다. 벌은 머리를 치켜들고 여치의 더듬이를 입에 문 채 뒷걸음질치며 끌어가고 있었는데, 그 침착하고 대담한 걸음걸이가 구경하는 사람들을 모두 놀라게 했다.

하지만 나만은 이 광경을 지켜보며 아쉬운 심정이었다.

"아! 살아 있는 여치가 있었으면 정말 좋았을 텐데!"

이런 내 희망이 당장 이루어지리라고는 꿈에도 생각하지 않고 중얼거렸다.

"살아 있는 여치요?"

에밀은 반문하더니

"오늘 아침에 잡아둔 팔팔한 놈이 있어요."

하고는, 재빨리 계단을 올라 자기 방으로 뛰어 들어갔다.

그곳에는 책장 한 모퉁이를 책으로 둘러 쌓아 놓고 예쁜 박쥐나방의 애벌레를 기르는 우리가 있었다. 그는 여치를 세 마리나 갖고 나왔다. 게다가 두 마리는 암컷이었고 한 마디는 수컷이었다.

20년 전에는 이 곤충을 구하지 못해서 더할 나위없는 기회를 놓쳐버렸는데, 이번에는 일이 잘 되려는지 모든 것이 척척 들어맞았다. 여기에는 또 한 가지 꼭 해야 할 이야기가 있다.

때까치 한 마리가 현관 앞 높은 플라타너스 가지에 둥지를 틀었다. 그런데 며칠 전 이 지방을 휩쓴 미스트랄이라는 태풍 때문에 플라타너스 가지가 이리저리 흔들리더니 때까치의 둥지가 그만 뒤집혔다. 네 마리의 새끼 때까치가 땅 위에 떨어져서 세 마리는 죽었고, 아직 살아 있는 한 마리를 그 다음 날에야 발견했다.

살아 남은 새끼를 에밀이 기르기로 했다. 에밀은 새끼 때까치에게 먹이기 위해 부근의 풀밭에서 하루 세 번 메뚜기 사냥을 했다. 그러나 벼메뚜기는 원래 작아서 때까치의 먹이로는 만족스럽지 못했다. 그래서 에밀은 가끔 개수리취의 줄기나 가시가 돋힌 잎 사이에서 여치를 잡아다가 먹였다.

말벌

여치는 새끼 때까치가 가장 좋아하는 먹이였다. 지금 에밀이 내게 갖다준 여치 세 마리는 그 식량 창고에서 꺼내온 것이다. 땅에 떨어진 때까치 새끼가 불쌍하다고 키워 주던 에밀 덕택으로 멋진 실험을 할 수 있는 좋은 기회가 나에게 주어진 것이다.

땅말벌이 넓은 장소에서 마음껏 일하게 하기 위해서 구경꾼들은 뒤로 물러섰다. 나는 핀세트로 먹이를 빼앗고 빼앗은 먹이와 똑같은, 몸통 끝에 칼을 찬 암여치 한 마리를 주었다. 땅말벌이 다리를 약간 버둥거리는 것을 보니 먹이를 빼앗겨 화가 난 모양이었다.

땅말벌은 살이 쪄서 빨리 달아나지도 못하는 새로운 먹이에 덤벼들었다. 말안장같이 생긴 여치의 가슴을 물고, 허리를 구부려 꽁무니를 여치의 가슴 아래로 대더니 침을 꽂았다. 그러나 몇 번 주사를 놓았는지는 분명치 않았다. 여치는 너무 순해서 반항할 줄도 모르고 주사만 맞았다. 마치 도살장으로 끌려가는 양과 같다고나 할까.

땅말벌은 여유있게 천천히 주사침을 놓고 있었다. 여기까지는 찌르는 장소를 쉽게 확인 할 수 있었다. 그런데 먹이의 가슴과 배가 땅에 닿아 있어 그 밑에서 어떤 일이 벌어지고 있는지는 확인할 수 없었다.

여치의 몸통을 조금 치켜들면 잘 보이련만 그렇게 하면 벌은 그냥 가버릴 것이다. 하지만 그 다음 일은 잘 볼 수 있었다. 가슴에 주사를 다 놓았는지 땅말벌의 꽁무니가 목으로 갔다. 눌려서 길게 늘어난 목덜미에 주사를 찔렀다. 다른 곳보다 주사 효과가 훨씬 빠른 것 같았다.

상처 받은 신경중추는 식도 및 신경마디 같았지만 이 신경마디가 움직이고 있는 입, 이빨, 더듬이 등이 그대로 움직이는 것을 보면, 그렇지 않은 것을 알 수 있다. 땅말벌은 여치 목에 주사를 놓아서 가슴 첫 번째 신경마디를 마비시키는 것이었다.

이런 식으로 일이 끝나자 여치는 꼼짝도 하지 못했다. 나는 다시 땅말벌의 먹이를 빼앗고 손에 있는 암컷을 주었다. 첫 번째와 마찬가지의 수술이 되풀이되었으며 결과도 같았다. 처음에 자기가 잡았던 먹이, 그리고 내가 준 먹이 두 마리를 합해서 연속 세 번 과학적인 외과 수술을 해낸 셈이다.

그러나 아직 남아 있는 수컷 여치에게도 네 번째의 수술을 해 줄 수 있을까? 그것은 퍽 의심스러웠다. 벌이 피로하기 때문이 아니라 먹이가 마음에 들지 않기 때문이다. 나는 이 벌이 암컷 이외의 먹이에게 수술하는 것을 한 번도 본 적이 없다. 알을 배서 배가 불룩한 여치 암컷은 땅말벌 새끼가 가장 좋아하는 먹이이다.

나의 예상은 적중했다. 세 번째의 먹이를 빼앗긴 땅말벌은 대신 준 수컷을 차버리는 것이었다. 벌은 여기 저기 없어진 암컷을 찾느라고 바삐 돌아다녔다.

땅말벌은 서너 차례 여치 옆으로 가까이 왔다가 마음에 안 든다는 듯 멸시하는 눈빛으로 그것을 바라보더니 다른 곳으로 날아가 버렸다. 땅말벌에게는 수컷 여치가 필요치 않다. 20년 뒤에 행한 이번 실험은 나에게 다시 한 번 그 사실을 증명해 주었다.

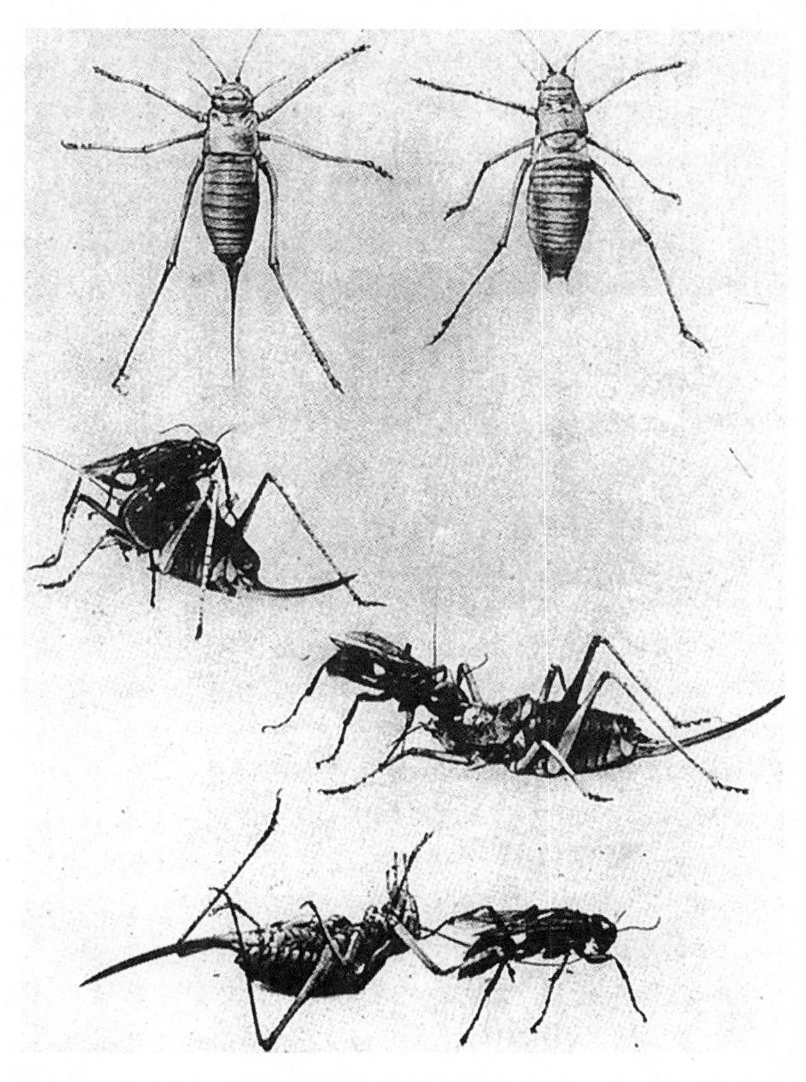

위 : 암여치(왼쪽)와 숫여치(오른쪽)
아래 : 여치를 수술한 뒤 끌고 가는 땅말벌

침에 찔린 암컷 세 마리가 내 손에 남아 있었다. 그 가운데 두 마리는 내 눈 앞에서 쓰러진 것인데, 다리가 완전히 마비되어 있었다. 뒤집어 놓거나 엎어 놓아도 꼼짝하지 못하는 것을 보면 이 곤충은 죽은거나 다름없었다. 다만 두 개의 더듬이가 쉴 새 없이 떨고 있고, 놀란 것처럼 가끔 몸 전체를 꿈틀하는 것이 아직 살아 있다는 것을 알려주고 있었다. 움직이지는 못하지만 감각만은 그렇지 않은 모양이었다. 얇은 표피의 한 부분을 가볍게 찌르기만 해도 몸 전체를 가늘게 떨고 있었다. 다만 다리는 전혀 움직이지 않았다.

그것은 벌이 운동을 하게 하는 신경중추만을 상하게 했기 때문이다. 다른 곳에는 상처가 없는 것으로 보아 이 곤충이 죽는다면 상처가 심하기 때문이 아니고 먹이를 먹지 못했기 때문일 것이다. 그래서 실험해 보았다.

상처 없는 여치 두 마리를 들판에서 잡아 한 마리는 캄캄한 곳에, 또 한 마리는 밝은 곳에 먹이를 주지 않고 가두어 놓았다. 어두운 데 있던 놈은 나흘째에 죽었으며 밝은 곳에 있던 놈은 이보다 하루 앞서 사흘만에 죽었다. 이 차이가 생긴 것은 밝은 곳에서는 곤충이 기를 쓰고 밖으로 나가려고 했기 때문일 것이다.

동물의 모든 활동은 에너지의 소비를 통해 나오므로 활동량이 많으면 많을수록 신체 내에 축적된 에너지를 많이 소모하게 된다. 두 쪽 다 똑같이 먹이를 먹지 못하는 경우, 빛이 밝은 데서는 활동량이 많기 때문에 그만큼 수명이 짧아진다. 어두운 곳에서는 활동량이 적으므로 그만큼 생명이 길어진다.

주사침을 맞은 세 마리의 여치 중 한 마리는 먹이를 주지 않고 어두운 곳에 두었다. 이 곤충은 먹이 없이 어두운 곳에 가두어져 있는 데다가 땅말벌한테서 심한 상처를 입었다. 그러나 더듬이를 움직이고 있는 17일 동안 생명이 붙어 있었다.

이 여치는 18일만에 더듬이를 움직이지 못하고 죽어 버렸다. 그렇다면 상처를 입은 곤충이 전혀 상처입지 않은 곤충보다 4배나 더 오래 산 셈이다. 상처 때문에 죽을 것이라고 생각했었는데 그 상처가 오히려 생명을 연장시켜 주었다.

언뜻 생각하면 이상한 것 같지만 알고 보면 아주 간단하다. 상처가 없을 때 곤충은 살아야겠다고 이리저리 날뛴다. 그러면 육체의 에너지는 소모되게 마련이다.

수술을 받아 마비된 곤충은 생물의 생명을 유지하기 위한 가냘픈 내부의 기본운동만 계속한다. 그러므로 밖으로 나가려고 할 때와는 달리 운동량이 아주 적으며 그만큼 힘이 절약되는 것이다.

상처가 없는 곤충은 몸의 기능이 원활하므로 에너지가 끊임없이 소모되지만, 소모된 에너지를 보충할 만한 먹이가 없기 때문에 4일만에 축적된 에너지를 소모하고 죽게 된 것이다. 움직이지 못 하는 곤충은 에너지 소모가 더디었으므로 18일이나 살 수 있었다.

생리학적으로 본다면 살아 있다는 것은 끊임없는 에너지 소모과정이라고 말할 수 있다. 땅말벌의 먹이들은 이 이상의 실험이 필요 없다는 확실한 증거를 보여 준 것이다.

또한 땅말벌의 애벌레에게는 신선한 먹이가 필요하다. 만약 산 채로 먹이를 집 속으로 끌어 들인다면 그 먹이는 4~5일만에 시체로 변하여 썩어 버릴 것이다. 그리고 어린 애벌레는 살기 위해 썩은 먹이만을 먹어야 할 것이다.

그러나 벌의 독침에 찔린 먹이는 움직이지 못하기 때문에 애벌레를 해칠 위험도 없고 오랫동안 썩지 않으므로 애벌레에게 신선한 먹이를 두고 두고 공급하게 된다. 과학을 통해 배운 인간의 지혜도 이보다 뛰어나지는 못할 것이다.

땅말벌의 침을 맞은 나머지 두 마리는 어두운 곳에 두고 먹이를 주었다. 여치는 긴 더듬이의 움직임 말고는 죽은 시체와 다름 없었다. 거의 움직이지 못하는 곤충에게 먹이를 주는 일이 쓸데없는 것 같았지만, 입은 자유로이 벌릴 수 있기에 약간 희망을 걸고 해 보았는데, 뜻밖의 성공이었다.

물론 이런 경우 배추잎처럼 건강할 때 먹던 먹이는 문제가 있기 때문에 주어서는 안 된다. 말하자면 중환자나 마찬가지이므로 우유로 영양을 보충해 주고 약으로 치료해야만 하는 것이다.

나는 설탕물을 먹이기로 했다. 여치를 젖혀 눕히고 지푸라기로 설탕물 한 방울을 입 속에 떨어뜨려 주었다. 그랬더니 더듬이가 움직이기 시작했고 입안의 기관이 들먹거렸다. 그 한 방울의 설탕물을 만족한 듯이 삼켜 버렸다. 특히 오랫동안 굶주린 뒤면 더 그랬다. 나는 이제 됐다 싶을 정도로 먹이를 매일 한 두 차례 주었다.

이렇게 설탕물을 먹은 여치는 21일이나 살았다. 그러나 내가 돌봐주지 않아서 굶어 죽은 놈과 별 차이가 없었다. 내가 조심하지 않아서 실험대에서 두 번 마루바닥에 떨어뜨린 일이 었었는데, 그 때 받은 충격이 죽음을 재촉했는지도 모른다. 또 다른 한 마리는 그런 일이 없었기 때문인지 40일 동안이나 살아 있었다.

이것으로 내가 목표로 했던 것이 증명되었다. 땅말벌의 침에 찔린 먹이는 상처 때문이 아니고 굶주려서 죽는 것이다.

본능의 지혜와 본능의 무지

지금까지 우리들은 땅말벌이 타고난 지혜와 본능으로 애벌레를 위해 얼마나 정확하고 재치 있게 과학적으로 수술하는지를 보았다. 하지만 이번에는 의외의 경우에 부딪혔을 때 땅말벌이 얼마나 어리석게 제

한된 지혜밖에 쓰지 못하며, 얼마나 얼토당토않은 일을 저지르는가를 보기로 하자.

본능의 힘은 묘해서 때로는 측량할 수 없는 지혜와 어떤 때는 측량할 수 없는 어리석음과 연결되고 있다.

본능의 힘은 놀라운 것이어서 때로는 아무리 어려운 일도 해낸다. 꿀벌은 밑바닥이 세 개의 마름모 꼴로 된 육각형의 작은 방을 꾸미고, 한 치의 오차도 없이 가장 좁은 표면적 속에 가장 큰 부피를 집어넣는 어려운 문제를 보기좋게 해결하고 있다.

사람이 그것을 해내려면 가장 높은 수준의 대수학의 지식을 동원해야 할 것이다. 살아 있는 먹이로 애벌레를 키우고 있는 벌은 먹이를 잡을 때 해부학과 생리학 분야의 뛰어난 학자라도 따르지 못할 방법을 쓰고 있다.

그 곤충은 일정한 테두리 안에서는 본능적으로 전혀 어려움 없이 일을 처리한다. 그런데 일단 테두리를 벗어나면 어느것 하나 쉽게 처리하지 못한다. 비상한 지혜로 우리들을 깜짝 놀라게 해주던 곤충이 아주 단순한 일인데도 보통 때와 차례가 바뀌기라도 하면 정말 바보가 되어 우리들을 어리둥절케 하는 것이다. 땅말벌이 그렇다.

자기 집으로 여치를 끌고 가는 땅말벌의 뒤를 따라가 보자. 운이 좋으면 다음과 같은 광경을 보게 될 것이다.

땅말벌이 바위 틈을 통해 자기 집으로 들어갈 때 한 마리의 사마귀가 기도를 드리는 듯한 자세로 출입구 위에 서 있다. 이 놈은 자기 동료도 아무 꺼리낌없이 잡아먹는 악당이다. 길 옆에 숨어서 기다리고 있는 이 악당이 얼마나 위험한지는 땅말벌도 잘 알고 있을 것이다. 알고 있기에 먹이를 그 자리에 내던지고 용감하게 사마귀를 공격한다.

그래서 사마귀를 쫓아버리든가, 위협해서 꼼짝 못하게 만든다. 악당은 움직이지도 못하고, 흉기와 다름없는 두 갈래의 톱니가 난 앞다리를

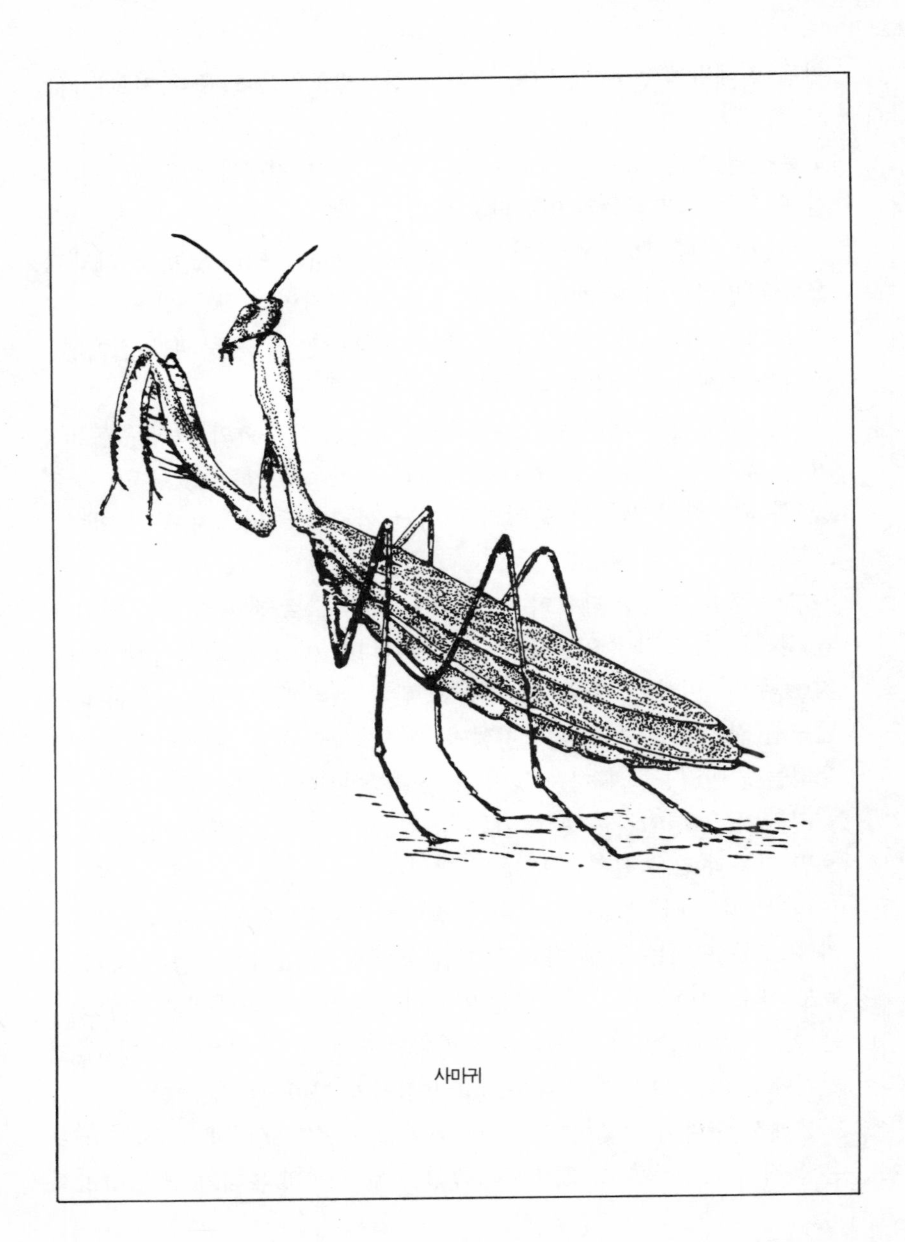

사마귀

접어두고 있다.

땅말벌은 대담하게 사마귀가 있는 풀잎 옆을 지나간다. 머리를 돌리는 방향으로 보아 땅말벌이 경계를 늦추지 않고 또 눈짓과 위협으로 상대방을 제압하고 있다는 것을 알 수 있다. 이처럼 용기있는 땅말벌은 그 대가로 무사히 자기 집으로 먹이를 끌고 들어간다.

사마귀에 대해 한 가지 더 말해 두자. 사실, 베일을 걸친 듯한 연록색의 긴 날개, 하늘을 향하고 있는 머리, 가슴에 끌어안듯 두 팔을 붙이고 있는 모습은 마치 기도에 열중하고 있는 여자 수도자의 모습같다. 그러나 알고 보면 살생을 즐기는 아주 무서운 놈이다. 땅구멍을 파고 있는 벌들의 공사장은 이 사마귀가 즐겨 찾는 사냥터는 아니지만 그래도 자주 모습을 드러낸다.

벌집 근처에 있는 풀잎에 조용히 앉아 있다가는 지나가는 놈이 재수좋게 가까이 오기를 기다린다. 사냥꾼 벌과 그 먹이를 한꺼번에 잡아서 꿩도 먹고 알도 먹자는 심사로 끈기있게 기다리고 있는 것이다.

대체로 벌은 사방을 이리저리 경계하며 지나가지만, 때로 경솔한 놈이 걸려들게 된다. 사마귀가 날개를 활짝 펴고 소리를 내면서 가까이 온 곤충을 위협하면 상대방은 순간적으로 겁을 먹고 주춤한다. 사마귀는 이 순간을 놓치지 않는다. 톱니가 달린 앞다리로 용수철처럼 빠르게 곤충을 잡아채는 것이다. 먹이를 입에 문 이리가 덫에 걸리는 격이다. 사마귀는 앞다리를 사정없이 조여서 먹이를 갉아먹기 시작 한다. 이것이 성실한 신자처럼 기도드리고 있는 사마귀의 본모습이다.

땅말벌 이야기로 돌아가자. 이야기를 계속하기 전에, 이 벌의 집 구조를 알아 둘 필요가 있다. 보통 벌집은 모래나 부드러운 흙이 깔려 있는, 자연적으로 숨어 있기 좋은 곳에 자리를 잡는다. 출입구의 구멍은 3~4센티미터 밖에 안되며, 똑바르다. 이곳을 지나면 달걀 모양의 넓다란 방이 하나 나온다. 이것은 시간과 기술을 다해서 정성스럽게 지은 집이라기보다는 급히 되는 대로 지어 놓은 허술한 집이다.

앞서 말했듯이 먹이를 잡으면 그것을 잠시 사냥한 장소에 두기 위한 집구멍을 급히 하나만 파기 때문에 방을 더 만들어 둘 여유가 없다. 그러나 운좋게 먹이를 또 잡게 되면 그때마다 새로운 구멍을 파서 여기저기 방이 하나뿐인 집이 또 생긴다.

그러면 내가 만들어 준 새로운 환경 속에서 이 벌이 어떻게 행동 하는가를 실험해 보자.

실험 1

땅말벌은 먹이를 질질 끌면서 집에서 약간 떨어진 곳까지 온다. 여치의 더듬이를 물어서 끌고 오는 것이다. 그 여치의 더듬이를 사정없이 가위로 싹둑 자르니 끌려 오던 먹이가 갑자기 가벼워진다. 땅말벌은 웬일인가 해서 놀란다. 다시 정신을 차리고는 먹이 쪽으로 가서 서슴지 않고 남은 더듬이의 끝을 물고 간다. 남은 더듬이는 기껏해야 1밀리미터가 될까 말까다. 하지만 땅말벌에게는 이 정도로도 충분하다.

나는 벌이 다치지 않도록 조심하며 여치의 남은 더듬이를 남김없이 잘라 버렸다. 그랬더니 물고 갈 것이 없어졌으므로 이번에는 바로 옆에 있는 긴 수염을 물고 끌어 당긴다. 벌은 끌어 당길 줄이 바뀌어도 전혀 개의치 않는다.

먹이는 구멍으로 끌려 들어가서 출입구 쪽에 놓여 있다. 벌은 먹이를 구멍에 넣기 전에 방안을 조사해 보려는 듯이 혼자서 제 집에 들어간다. 노랑날개 땅말벌이 하는 짓 그대로이다.

이때가 기회다 싶어 나는 얼른 먹이의 수염을 남김없이 잘라 버렸다. 그리고는 구멍에서 약간 떨어진 곳, 즉 구멍에서 한 걸음 쯤 떨어진 곳에 놓아 보았다.

말벌이 사냥한 여치를 집으로 끌어들이고 있다

땅말벌은 밖으로 나오더니 출입문 앞에 있는 먹이에게 곧바로 갔다. 가까이 가서 위와 아래 양 옆을 자세히 살펴보지만 붙잡을 데라고는 하나도 없다. 그래서 난감해한다. 그러다가는 어쩔 수 없다고 판단했는지 입을 크게 벌리고 여치의 머리를 물려고 무던히 애를 쓴다. 하지만 아무리 애를 써도 이렇게 큰 놈을 한 입으로 물 수는 없다. 벌의 이는 둥글고 매끈 매끈한 여치의 머리에서 마냥 미끄러질 따름이다. 몇 번 거듭해 보았으나 허탕이었다. 벌은 할 수 없다는 듯이 옆으로 비켜서 버렸다. 다시 해 보려는 의욕조차 잃어버린 것 같았다.

기분이 몹시 상한 것 같았다. "에이, 못하겠어"하고 투덜대는 듯했다. 벌은 뒷다리로 날개를 비비고, 앞다리를 입에 대고 쓰다듬은 다음 그저 눈만 비벼댔다.

벌은 하던 일을 집어치우겠다고 생각하고 있는 것이다. 그런데 더듬이나 수염처럼 손쉽게 잡아 끌 것이 전혀 없는 것은 아니다. 다리가 여섯 개나 있고 알을 낳는 긴 관도 있다. 모두 가늘어서 땅말벌이 어렵지 않게 물 수 있는 것들이다.

여치의 더듬이를 끌어서 우선 머리부터 구멍 속에 넣는 것이 먹이를 창고에 보관하는 가장 손쉬운 방법이라는 것을 나도 알고 있다. 그러나 수염이나 더듬이가 없으면 앞발 하나라도 끌 수 있지 않은가?

구멍 속에 먹이를 넣는 데는 별 차이가 없을 것이다. 보통 구멍은 입구가 넓고 길이는 매우 짧은 편인데, 때로는 그 짧은 것조차 전혀 없는 경우도 있다. 그렇지만 땅말벌은 그 작은 입으로 사냥한 먹이의 커다란 머리를 물려고만 할 뿐, 한 번도 여치의 발이나 관의 끝을 물려고는 하지 않으니 어찌 된 일인가? 거기까지 생각이 미치지 못하기 때문일까? 그렇다면 가르쳐 줘야겠다.

나는 벌의 입에 여치의 발 끝을 대주기도 하고 관의 끝을 대주기도 했다. 그래도 벌은 좀처럼 그것을 물려고 하지 않았다. 그러나 아무리 그래 보아도 전혀 효과가 없었다. 참 이상한 사냥꾼이었다. 더듬이가 없으면 발목이라도 잡아야 할 터인데 잡은 곤충을 그대로 버려 두다니!

벌은 내가 계속 지켜 서 있고 이상한 일만 자주 일어나니까 정신이 멍해져 있을지도 모를 일이다.

여치와 구멍을 번갈아 쳐다보고 있는 땅말벌을 잠시 그대로 내버려 두기로 했다. 혼자 있게 가만히 두면 마음의 안정을 찾아 좋은 방법을 생각해 낼지도 모르는 일 아닌가. 그래서 나는 벌을 그대로 두고 다른 일을 하고 있었다.

약 2시간이 지난 다음 그 곳에 다시 가 보았다. 벌은 이미 없고 집 구멍도 아까처럼 열린 그대로 있었다. 여치도 내가 놓아 두었던 그 곳에 그대로 있었다. 결국 벌은 다른 수단을 생각해 내지 못했다. 그는 자기가 파서 만든 집이며 먹이를 모두 버리고 간 것이다. 여치의 발목만 물 줄 알았더라도 먹이를 그렇게 버려두지는 않았을 것이다.

앞에서는 지혜로써 우리들을 놀라게 한 생리학의 대가였지만 익숙해진 습관의 테두리를 벗어나면 지극히 간단한 일조차도 처리하지 못하는 바보가 되는 것이다.

사냥한 먹이의 가슴에 있는 신경마디를 독침으로 찔러서 순식간에 활동을 멈추게 만들던 그 벌이 언제나 붙잡곤 했던 더듬이가 없어지자 다른 곳을 붙잡을 생각을 못하는 것이다. 더듬이가 없으면 발목을 붙잡는다는 생각도 못할 만큼 그 것이 어려운 모양이다.

땅말벌에게는 수염이 유일하게 더듬이를 대신할 수 있는 것이다. 두 개가 다 없으면 더 이상은 생각하지 못한 채 벌은 먹이를 집으로 끌어 들이지 못하게 되는 것이다.

실험 2

벌은 구멍을 막느라 바빴다. 살아 있는 먹이는 창고에 넣었다. 알은 그 위에 놓여 있다. 벌은 뒤 쪽으로 발톱을 써서 대문 앞을 쓸고 있다. 그리고는 집 출입구 아래로 먼지를 쓸어 날린다. 힘차게 쓸기 때문에 흙과 먼지가 함께 어우러져 연기처럼 날아 다닌다.

그러면서 땅말벌은 때로 모래알을 입으로 골라내기도 한다. 이것은 뚜껑을 튼튼하게 하기 위해 뚜껑 위에 얹는 석재로 사용하기 위한 것이다.

출입구는 이 공사로 인해 순식간에 없어져 버렸다. 벌이 이런 공사를 하고 있는 동안 나는 벌의 집에 손을 댔다. 제발 땅말벌이 놀라지 않기를 바랐다. 나는 칼 끝으로 깊이가 얕은 구멍을 조심조심 파고 뚜껑의 재료를 빼낸 다음 안방과 바깥을 이어주는 통로를 원래대로 열어 놓았다. 이어서 집이 무너지지 않도록 조심하며 방에 있는 여치를 핀셋으로 꺼냈다.

땅말벌의 알은 여치의 배 위에 뒷다리가 달린 아래쪽 한 곳에 놓여 있었다. 벌은 두 번 다시 돌아오지 않아도 좋을 만큼 집안 정리를 완벽하게 끝내 놓았던 것이다.

나는 꺼낸 먹이를 상자 속에 넣고 그 곳을 다시 벌에게 내주었다. 벌은 내가 자기의 빈 집에서 도둑질하는 것을 옆에서 보고만 있었다.

출입구가 열려 있는 것을 본 벌은 집 안으로 들어가 잠시 머물러 있다가 다시 밖으로 나와서 내가 중단시켰던 일을 계속했다. 뒷쪽으로 먼지를 쓸어내고 흙을 날려 방의 출입구를 빈틈없이 막기 시작했다. 그리고는 아주 중요한 일이나 하는 듯이 정성을 다해서 문밖의 먼지와 땅을 다지는 것이었다.

출입구가 다 막아지자 벌은 일이 다 끝나 아주 만족한 듯이 손발을 비비며 멀리 날아가 버렸다. 땅말벌은 집 안에 들어갔을 때 구멍 안에 아무것도 없다는 것을 알았을 것이다. 그런데도 벌은 아무 일도 없었다는 듯이 정성껏 방밖의 뚜껑을 덮었다. 혹시 또다시 곤충을 잡아와서 새로 알을 낳아 놓으려는 것일까?

그리고 출입구를 막아 놓는 것은 집을 비운 사이 도둑이 드는 것을 막으려는 것일까? 그렇지 않으면 집이 무너지지 않도록 조심하는 것인지도 모른다.

살아 있는 곤충을 먹이로 삼는 벌의 무리로는 나나니벌이 있는데, 이 나나니벌도 사냥을 나갈 때나 해질 무렵 일을 끝낼 때는 평평하고 작은 돌로 출입구를 봉해 놓는다. 그러나 이것은 아주 단순한 문단속으로, 다시 돌아온 벌은 막았던 돌을 손쉽게 치워서 문을 활짝 연다.

그러나 우리가 앞서 본 땅말벌의 문막이 공사는 나나니벌의 그것과는 아주 다르다. 아주 튼튼한 벽과 구멍 전체에 흙먼지와 작은 돌이 층층이 쌓이기 때문에 임시 방편이 아닌 것이다. 일을 마무리짓는 모습으로 보아 땅말벌이 집으로 다시 돌아오는 일은 없을 것 같다.

틀림없이 새로 잡은 여치는 다른 곳의 창고에 넣을 것이다. 이것은 추측에 지나지 않으므로 더 확실한 실험으로 결론을 내릴 필요가 있다.

나는 땅말벌이 온갖 정성을 다해 막아 둔 집으로 알을 낳기 위해 다시 돌아오는 모습을 보려고 거의 1주일이나 그것을 그대로 두었다. 나의 추측과 사실은 일치했다. 벌집은 문이 막힌 그대로 있었다. 그러나 분명히 그 속에는 먹이도, 알도, 애벌레도 없었다. 벌은 돌아오지 않았던 것이다.

내가 먹이를 꺼낸 텅 빈 방을 조사해 보고도 조금 전까지 있었던 먹이가 없어진 것을 모르는 것일까? 먹이를 잡을 때는 놀라운 능력과 지혜를 발휘하는 땅말벌이 자기 집에 있던 먹이가 없어진 것을 모를 만큼 멍청한 것일까?

정말 이해하기 어려운 일이다. 그리고 그 벌은 내가 보는 앞에서 앞으로 다시 쓰지도 않을 빈 집을 힘들여 막아 놓는 바보같은 짓을 했던 것이다.

벌은 자기의 애벌레를 보호하기 위해서 그랬던 것처럼 정성껏 빈 집 문을 막아 놓는 것이다. 곤충의 본능적 행위는 이처럼 서로 긴밀하게 연결되어 있다. 어떤 일이 한 가지 끝나면 그 뒤의 행위도 반드시 처음 행위와 연속되어야만 하는 모양이다. 어떤 사정이 생겨 두 번째 행위가 필요하지 않은데도 역시 그 행위는 반복된다.

땅말벌은 먹이를 사냥해 와서 집 안에 넣고 그곳에 알을 낳은 다음 소중히 간직한다. 그렇게 사냥해 온 먹이를 내가 몰래 훔쳐내 집 안이 텅 비어 있는데도 전혀 상관하지 않는다. 사냥을 하고 먹이에 알을 낳아 두었으니까 이번에는 집 구멍을 막을 차례라는 순서에만 집착하는 것이다. 그런 일이 아무 쓸모없는 일이라고는 생각지도 않는다.

실험 3

자기가 하고 있는 일이 보통때와 같은 것인지 아닌지에 따라서 벌은 매우 지혜롭기도 하고 때로는 어리석어지기도 한다. 내가 실험한 땅말벌은 그것을 확실히 증명해 주고 있다.

가장자리에 흰 무늬가 있는 흰줄박이땅말벌은 꽤 큰 메뚜기도 공격한다. 벌집 주위에 많은 메뚜기들은 종류를 가리지 않고 모두 이 벌의 먹이가 된다.

메뚜기가 지천으로 널려 있으므로 벌은 사냥하러 멀리 나갈 필요도 없다. 제 집에서 나온 흰줄박이땅말벌은 햇살이 퍼지는 풀잎 위에서 먹이를 찾고 있는 메뚜기를 보자 쏜살같이 공격한다.

뒷발로 버둥대는 것을 누르면서 침을 찌른다. 땅말벌은 이 일을 식은 죽먹기보다 쉽게 해치운다. 메뚜기는 엷은 비단같은 날개를 몇 번 떨고 다리를 구부렸다 폈다 하더니 축 처진다. 벌은 이 먹이를 자기 집으로 끌어간다. 걸어가며 먹이를 잡아끈다. 이번에도 남들이 그렇게 하듯이 더듬이를 입에 물어 다리 사이에 끼고는 자기 집으로 끌고 간다. 이 벌은 집 가까이 이르면 땅말벌처럼 먹이의 머리를 깨물어 본다. 그러나 땅말벌처럼 그것을 소중히 여기지는 않으며, 때로 이 일을 생략하는 경우도 있다.

가까스로 구멍 앞에 이르자 벌은 메뚜기를 문 밖에 버려둔 채 방 안에 별 이상이 없는데도 출입구로 바쁘게 들어간다. 몇 번 구멍 속에 머리를 틀어박기도 하고 때로는 조금 들어가 보기도 한다. 그리고 메뚜기 있는 곳으로 돌아와 조금 옮긴 다음 또 메뚜기를 놓고 부리나케 구멍 안을 살핀다.

구멍을 조사하러 이런 식으로 왔다 갔다 하다 보면 때로는 불상사가 일어나기도 한다. 어쩌다 메뚜기를 가파른 언덕에 놓으면 언덕 아래로 굴러 떨어지는 것이다.

흰줄박이땅말벌은 돌아와 메뚜기가 있던 곳에 아무것도 없는 것을 보자 메뚜기를 찾으러 나선다. 헛수고를 하기도 하지만 없어졌던 메뚜기를 찾기만 하면 가파른 언덕길로 끌고 올라온다.

한 번 이런 괴로움을 당한 뒤에도 흰줄박이땅말벌은 여전히 사냥한 먹이를 똑같은 비탈길 위에 놓아 둔다. 벌은 여러 번 집 안을 조사하는데, 처음 한 번만은 당연히 조사할 필요가 있다. 무거운 먹이를 이끌고 집 안으로 들어가기 전에 집안이 깨끗한가, 먹이를 방 안으로 끌어들일 때 걸리적거릴 것은 없는가를 조사해야 하는 것이다.

그런데 처음 살펴본 뒤에도 잠시 쉬었다가 몇 번 반복해서 보는 것은 왜일까? 이벌은 건망증이 심해서 방금 살핀 것을 잊어버리고 다시 살피는 것일까? 그렇다면 기억력이 너무나 형편없다. 지금 막 본 인상이 머리 속에 와 박히기도 전에 사라져 버리는지도 모른다.

먹이는 출입구 앞에 끌려 와서 더듬이를 구멍 속으로 늘어뜨리고 있다. 벌은 홀로 구멍 속으로 들어가 안을 조사한 다음 출입구로 나와서 메뚜기의 더듬이를 물고 끌어들인다.

나는 이 메뚜기 사냥꾼이 안을 살펴보는 동안 끌려온 메뚜기를 좀 떨어진 곳으로 밀어 놓았다. 그러자 땅말벌이 나에게 보여준 행동이 그대로 반복되었다.

벌은 다시 메뚜기를 끌고 와 출입구에 메뚜기를 놓고는 혼자서 다시 안으로 들어가는 것이다. 이 두 종류의 땅말벌은 먹이를 집으로 끌어들이기 전에 반드시 먼저 구멍 속으로 들어가 조사한다는 점에서 똑 같다.

그런데 좀 더 주의를 기울여야 할 것이 있다. 나는 흰줄박이땅말벌의 먹이를 몇 번 출입구에서 멀리 갖다 놓고 벌이 잡으러 오게 했다. 그리고 벌이 구멍 속으로 들어간 사이에 먹이를 숨겨 버렸다.

벌은 밖으로 나와 없어진 먹이를 찾으러 한 참이나 돌아다니다가 단념했는지 안으로 다시 들어갔다. 조금 지나 다시 나왔는데, 다시 사냥을 나가려는 것일까? 아니, 천만의 말씀이다.

땅말벌은 집의 구멍을 막기 시작했다. 임시로 출입문을 막는 것이 아니라 마지막으로 문을 막는 모습이다. 흙먼지와 모래를 가득 쓸어 넣어서 정성껏 구멍을 막았다. 흰줄박이땅말벌은 구멍 속에 단 하나의 방을 만들고, 그곳에 먹이 하나만을 넣어 둔다. 이 벌이 출입구까지 옮겨다 놓은 메뚜기를 집 안에 넣지 못하는 것은 이 사냥꾼의 잘못이 아니라 나때문이다.

땅말벌은 융통성 없이 습관대로 텅 비어 있는 구멍을 막고 공사를 끝마친다. 규칙대로 빈틈없이 자기 일을 하고 있는 것이다. 이 벌은 예외가 있을 수 없는 규칙에 따라 빈 집에 문을 막고 공사를 마무리지었다.

자연은 곤충들에게 그 새끼를 기르는 데 필요한 능력밖에 주지 않았다. 이 능력은 경험을 통해 고쳐나갈 수는 없지만, 그러나 종족을 보존해 나가는 데는 충분하다. 그리고 동물들은 현재에서 앞으로 더 나갈 줄을 모른다.

이제 결론을 내리기도 한다. 곤충의 본능이란 평상시에는 능숙하게 해내던 일도, 사정이 바뀌거나 순서가 바뀌게 되면 본능으로서는 처리할 수 없다는 것이다.

18. 새끼 거미들의 길 떠나기

씨앗은 일단 열매 속에서 익으면 떨어진다. 땅에 떨어진 씨는 싹을 틔우고 땅의 조건이 좋으면 그 곳에서 번식한다.

뜰의 봉선화는 씨가 여물면 조금만 건드려도 씨방이 금방 다섯 갈래로 터져서 밖으로 씨를 흩어지게 한다. 봉선화에 '화 잘 내는 꽃'라는 이름이 붙여진 것도 건드리기만 해도 터지지 않고는 못배기는 이 꽃의 급격한 작열(炸裂)을 말해 주는 것이다.

습한 숲 속에는 봉선화와 비슷한 이질풀이 자라는데, 이 꽃에도 '참지 못 하는 풀, 건드리지 말라'라는 이름이 붙어 있다. 이질풀, 물봉선화도 씨앗을 퍼뜨리는 방법이 봉선화와 비슷하기 때문이다.

3색 오랑캐꽃은 세 개의 꽃받침을 갖고 있는데, 그 꽃받침들은 각각 보오트와 같이 가운데가 오목하게 패여 있고, 거기에 씨앗이 두 줄로 들어 있다. 이것이 마르면 꽃받침의 끝이 뒤집혀서 씨앗을 밀어내어 튕겨나가게 한다. 가벼운 씨앗, 그 중에서도 국화과 식물의 씨앗은 볏이나 날개 모양의 나는 도구를 갖고 있어서 훨훨 날아 긴 공중 여행을 한다.

약한 산들바람에도 잘 나는 민들레 씨앗은 메마른 씨앗 송이로부터 날아 올라 한가롭게 공중으로 흩어진다.

바람의 힘으로 날아다니는 데는 볏 다음으로 날개가 가장 편리한 도구이다. 얇은 비늘같이 생긴 막질(膜質)의 날개 덕택으로 노랑 자란꽃(紫蘭花)씨는 높은 처마나 바위 틈바구니, 낡은 담벽의 틈새에까지 날아가서 전부터 자라고 있는 이끼 틈에서도 새 싹을 돋게 한다.

느티나무 열매는 넓직하고 가벼운 날개를 갖고 있는데, 씨앗은 한가운데 박혀 있다. 단풍나무 열매는 두 개씩 맞붙어 있어서, 마치 날개를 펼친 새의 모습과 같다. 물푸레나무 열매는 배를 젓는 노의 끝처럼 생겨서 거센 바람이 불면 한없이 멀리까지 날아간다.

이러한 식물처럼 곤충들도 역시 때에 따라서는 여행도구를 사용하여 다른 곳으로 옮아가는 방법을 쓰고 있다. 그 덕택으로 많은 가족이 순식간에 들판에 퍼져서, 각자 이웃에 폐를 끼치지 않고 햇빛 아래에 자신이 살아갈 곳을 차지한다.

이러한 도구, 이토록 교묘한 방법을 생각해 낸 솜씨는 느티나무 열매나, 민들레의 볏이나 모두가 서로 뒤떨어짐이 없다.

이제 특히 호랑거미 종류를 예로 들어 보기로 한다. 이 거미는 먹이를 잡는 데 한 나무 가지에서 다른 가지에, 마치 새 그물을 쳐놓듯이 커다랗게 세로 그물을 쳐 놓는 멋진 놈이다. 우리동네 부근의 시골에서 가장 눈에 잘 띄는 놈은 색동호랑거미인데, 노랑과 검정, 은빛의 띠를 아름답게 두르고 있다.

이 거미의 알 주머니는 참으로 예쁘다. 귀여운 비단 주머니같다. 이 주머니의 잘록한 목 위에는, 가운데에 오목한 입이 있고, 그 곳은 또 공단으로 만든 듯한 뚜껑으로 막혀 있다. 다갈색 리본이 제멋대로 날줄을 그은 것처럼 이 주머니의 한 끝에서 다른 끝까지 장식하고 있다.

이 알 주머니를 열어 보기로 하자. 속에는 무엇이 들어 있을까? 사람이 짠 무명이나 비단보다 더 질기고 또 전체를 완전히 방수(防水)처리한 내부에는 세상에서 제일 푹신푹신한 이불과 요가 펼쳐져 있고 솜보다 더 부드러운 명주같은 찌꺼기가 깔려 있다. 이처럼 부드러운 잠자리를 마련해 주는, 사랑에 넘치는 어미 벌레는 좀처럼 찾아보기 어려울 것이다.

이 비단 주머니 한가운데는 자유로이 여닫을 수 있는 덮개로 닫혀 있는 명주 주머니가 들어 있다. 여기에는 아름다운 귤색깔의 알이 약 500개나 들어 있다.

생각해 보면 이 아름다운 수예품은 동물의 열매인 동시에, 씨눈(胚芽)의 상자로서 식물의 열매와 비교될 만한 것이다. 다만 색동호랑거미의 주머니에는 씨앗 대신에 알이 들어 있을 뿐이다. 다른 점이 있다면 겉 모양에 한해서이고, 알이든 씨앗이든 결국은 마찬가지이다.

거미의 알 주머니인 이 살아 있는 열매는 매미가 가장 좋아하는 한여름에 자랄대로 자라난다. 그런데 이것은 어떤 방법으로 터지는 것일까? 그리고 또 어떻게 흩어져 나가는 것일까?

주머니 속에는 알에서 깨어난 새끼 거미가 몇 백 마리나 들어 있다. 거미 새끼들은 한 이불 속에서 함께 자라던 정든 형제들을 떠나 먼 여행길에 올라야 한다. 그들은 이웃과 지나친 경쟁을 하지 않아도 될 곳을 찾아가 그곳에서 독립된 삶을 살아가지 않으면 안 된다. 그런데 이 어린 꼬마 거미들은 어떤 방법으로 멀고 먼 타향으로 이주(移住)해 갈 것인가?

그 첫 번째의 대답은 호랑거미보다 좀 더 조숙한 다른 거미가 보여주었다. 5월 초순 나는 뜰아래 유카꽃나무(Yucca, 북미원산의 백합과 상록관목-옮긴이) 위에서 그 거미의 가족을 발견하였다. 유카는 작년부터 꽃을 피우기 시작했다. 꽃줄기에는 작은 가지가 많이 돋아나고, 높이는 1미터까지 자랐다. 그 줄기에 달려 있는 사아베르(서양식의 큰 칼-옮긴이)같은 푸른 잎 위에, 갓 깨어나온 거미의 두 가족이 우글거리고 있었다. 꼬마 거미들은 연한 노랑색으로 허리에는 세모꼴의 까만

긴호랑거미의 알주머니가 터져 있다.

얼룩점을 갖고 있었다.

훨씬 뒷날에야 등에 장식된 세줄기의 하얀 십자 때문에 이 거미를 십자거미 또는 왕관거미라고 부른다는 것을 알게 되었다.

태양이 빛나기 시작하자, 그 중 한 가족이 웅성거리기 시작했다. 한 놈 한 놈 꽃줄기에 기어 올라 꼭대기까지 올라갔다. 그리고는 그 곳에서 왔다 갔다 하며 야단법석이었다. 까닭은 바람이 약간 불기 때문에 혼란을 일으키고 있는 것이었다. 새끼 거미들은 일정한 순서로 움직이는 것이 아니었다.

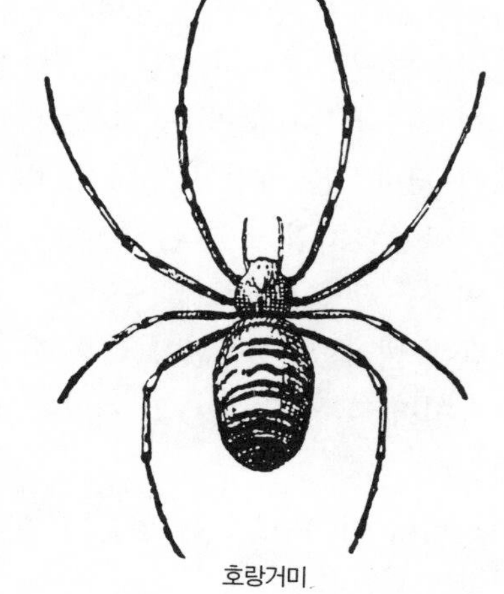
호랑거미

꽃줄기의 꼭대기에서 거미 새끼들은 간격을 두고 한 놈씩 출발했다. 그들은 갑자기 뛰어 내렸다. 아니, 날아간다고 하는 표현이 더 정확할 지도 모른다. 날개를 가졌다고 해도 좋을 것 같았다.

잠깐 동안에 새끼 거미들은 보이지 않게 되었다. 겉으로만 보아서는 이 이상한 공중여행을 설명해 줄 만한 것이 아무 것도 없었다. 왜냐 하면 시끄러운 바깥에서는 세밀한 관찰을 할 수가 없기 때문이다. 따라서 이것을 자세히 관찰하기 위해서는 실험실의 조용한 분위기가 필요했다.

나는 큰 상자 속에 색동호랑거미의 새끼들을 채집해 가지고 뚜껑을 덮은 다음 실험실로 옮겨와, 열어 놓은 창문에서 두 발자국 쯤 떨어진 테이블 위에 놓았다. 나는 조금 전 뜰에서 본 사실로 미루어 새끼 거미들이 높은 곳에 오르고 싶어하는 것을 알고 그들이 나무에 오르도록 팔 길이만한 나무가지를 묶어 세워 주었다.

새끼 거미부대는 모두 재빠르게 나무로 기어 올라가 꼭대기에 이르렀다. 잠시 동안이지만 꼭대기에 오르지 않은 놈은 한 마리도 없었다. 무슨 까닭으로 나무가지 묶음 위의 꼭대기에 오르려고 하는지 이제 곧 알게 될 것이다.

새끼 거미들은 여기 저기 손이 미치는 대로 줄을 쳐 놓았다. 그들은 올라갔다 내려왔다를 되풀이했는데, 그러는 동안에 그물같은 넓은 막이 생겼다. 꼭대기의 나뭇가지 끝에서 부터 40~50센티미터나 떨어진 아래의 테이블 한 끝에 이르기까지 흰 천을 짜놓았다. 이 막은 출발을 준비하는 운동장이며 그들의 일터였다.

그 천위를 꼬마 거미들은 부지런히 왔다 갔다 했다. 햇빛이 비치자 새끼 거미들은 점점이 빛나서, 마치 은백색 천 위에 펼쳐진 반짝이는 성좌(星座)처럼 보였다.

이것은 망원경으로 볼 수 있는 수많은 별들이 푸른 하늘에 반짝이는 모습과 비슷했다. 한없이 작은 것과 한없이 큰 것은 이런 경우 꼭 같은 모습이며, 다른 것은 다만 거리관계의 차이가 있을 뿐인 것처럼 느껴졌다.

그러나 이 살아 있는 성운(星雲)은 항성과는 반대로 끊임없이 움직이고 있다.

새끼 거미들은 줄 위를 왔다 갔다 했고, 또 줄 위에 매달리기도 했다. 뛰어내리는 거미의 무게에 이끌려서 실 주머니로부터 실이 뽑아져 나왔다. 그리고는 부지런히 같은 실을 타고 올라가 다시 떨어짐으로써 2중의 실을 만들어냈다.

거미줄은 실제로 실 주머니로부터 저절로 나오는 것이 아니라 힘들여 뽑아내는 것이다. 그들은 이렇게 일터에서 일함으로써 이제부터 흩어져 나갈 준비를 하고 있는 것이다. 길을 떠나기 위해 짐을 꾸리고 여행을 위한 몸 단속을 하고 있는 셈이다.

이윽고 열어 놓은 창문과 테이블 사이를 몇 마리의 새끼 거미가 가벼운 걸음걸이로 왔다 갔다 하기 시작했다. 그들은 공중을 달려갔다. 그러나 무엇 위를 달리는가? 빛이 들어오는 각도만 좋으면 때때로 이 새끼 거미의 뒤에서 빛의 화살같은 한 올의 실이 한 순간 나타났다가 사라지는 것을 볼 수 있다. 주의해서 보면 겨우 눈에 뜨일 만한 닻줄이 뒤에 있는 것을 볼 수 있다.

그러나 창가의 앞 쪽에서는 아무것도 보이지 않는다. 위에서도 아래에서도 아무것도 보이지 않는다. 아무리 보는 각도를 달리해 보아도, 이 꼬마 거미가 걷고 있어야 할 발판이 보이지 않았다. 거미는 완전히 허공을 걷고 있는 것처럼 보였다.

그러나 이것은 겉보기에만 그럴 뿐이다. 날아간다는 것은 도저히 있을 수 없는 일이다. 거미가 허공을 지나려면 반드시 건너야 할 다리(橋)가 필요하다. 눈에는 보이지 않지만 적어도 나는 이 다리를 끊을 수는 있다. 막대기를 내리쳐서 창가로 걸어가는 거미의 앞 공간을 잘라 보았다. 그 이상은 필요치 않다.

그러자 새끼 거미는 당장 앞으로 나가는 것을 멈추고 떨어져 버렸다. 눈에 보이지 않는 길이 끊어진 것이다. 옆에서 이것을 보고 있던 나의 아들 폴은 이 마법의 지팡이가 갖고 있는 힘을 놀라워했다. 왜냐하면 폴의 밝은 눈으로도 새끼 거미가 걷고 있는 실로 된 다리를 찾아볼 수 없었기 때문이다.

반대로 뒤쪽에서 보면 실은 보인다. 이런 차이는 쉽게 설명할 수 있다. 걷다가 언제 떨어질지도 모르므로 이 줄타기 꼬마 광대는 목숨을 구하기 위해 예비로 새로운 구명용 줄을 갖고 있는 것이다.

그러므로 뒤에 따르는 실은 두 겹으로 되어 굵어졌기 때문에 눈에 보이게 된다. 앞에 있는 줄은 아직 외줄이기 때문에 가늘어서 보이지 않는다. 물론 이 보이지 않는 다리도 새끼 거미가 실 줄을 던져서 만드는 것은 아니다. 그것은 공기의 흐름을 따라 놓여지는 것이다.

십자거미의 새끼는 언제나 이런 줄을 많이 가지고 있어서 바람이 아무리 약해도 그것을 흘려 보내서 줄을 친다.

파이프 담배대에서 피어오르는 실오라기같은 담배 연기가 흘러 사방으로 펴져 나가는 것과 비슷하다.

허공에 떠 있는 거미줄은 바람에 흘러 어디고 닿기만 하면 그대로 거기에 붙어 버린다. 그리하여 공중에 다리가 놓여지고 거미는 이제 걷기 시작해도 좋다.

남아메리카의 원주민들은 안데스 산맥의 깊은 골짜기를 칡덩굴로 만든 다리로 건넌다고 한다. 새끼 거미는 눈에 보이지 않는 줄, 무게가 없는 실 위를 걸어서 허공을 가로지른다.

그러나 허공에 둥둥 떠 있는 실을 어디론가 보내려면 공기의 흐름이 필요하다. 지금 이 흐름은 열어젖힌 실험실의 출입문과 창문 사이에 생기고 있다. 그러나 나는 그것을 느끼지 못한다. 그만큼 흐름이 약하기 때문이다.

내가 그것을 알게 된 것은 파이프 담배의 연기가 천천히 이 흐름을 따라 흘러가고 있기 때문이다. 바깥의 차가운 공기는 문으로 들어오고 방 안의 더운 공기는 창문으로 나가고 있다. 이 공기의 흐름이 거미줄을 끌어당겨 거미가 출발할 수 있도록 만들어 주는 것이다.

나는 이 공기의 흐름을 없애기 위해 양쪽 출입문을 닫고는 창문과 테이블 사이에 막대기를 내리쳐서 실을 모두 끊었다. 이제는 공기가 움직이지 않기 때문에 나설 놈이 없었다. 기류(氣流)가 없으니 실도 날 수가 없고, 따라서 이제는 옮겨갈 수도 없게 되었다.

그러나 이윽고 또 이동이 시작되었다. 그것은 내가 미처 생각지도 못했던 방향에서 일어났다. 마루의 한 점에 햇빛이 따갑게 비쳐 들었다. 그곳은 다른 곳보다 덥기 때문에 가볍게 떠오르는 공기 기둥이 그

곳에 생겼다.

이 공기의 기둥이 거미줄을 붙잡으면 거미 새끼들은 당연히 방안의 천장으로 올라가게 될 것이다.

하늘을 향한 이 이상한 승천(昇天)이 실제로 실현되었다. 좀 아쉬운 것은 많은 새끼 거미들이 이미 창문 가로 출발해 버린 다음이라, 남아 있는 놈의 수가 줄어서 더 이상 실험을 계속할 수 없었다는 점이다. 그래서 다시 한 번 더 실험해 볼 필요가 있었다.

다음 날 나는 뜰의 유카나무에서 같은 새끼 거미 부대를 두 번째로 채집해 왔다. 어제 잡아 왔던 거미 새끼의 수와 거의 같을 정도로 마릿수가 많았다.

어제와 같은 준비가 오늘도 되풀이되었다. 거미 새끼들은 어제와 같이 실을 뽑아 흰 천을 짜서 걸어 놓았다.

이 천은 길을 떠나려는 이주민(移住民)들을 위해 내가 세워 준 나무 끝에서 시작하여 테이블 변두리에까지 닿아 있었다. 이 운동장 위에 500~600마리의 새끼 거미들이 우글거리고 있었다.

이 조그마한 사회가 사뭇 분주하게 출발 준비를 서두르고 있는 동안, 나는 나대로 준비하기에 바빴다. 방안의 창문을 모두 닫아서 공기가 움직이지 못하게 했다. 그리고는 테이블 다리 밑에는 조그만 석유 난로를 놓고 불을 붙였다. 그 열은 거미가 쳐 놓은 흰 천이 있는 높이에서는 손에 느껴지지 않았다.

그러나 이 보잘 것 없는 석유 난로가 위로 올라가는 공기의 둥근 기둥을 만들어 거미줄을 천장으로 끌고 갈 것이다.

우선 이 공기가 흐르는 방향과 힘의 세기를 조사해 보자. 나는 민들레 씨앗의 털 수염을 뽑아 가볍게 한 다음, 이것을 검사의 재료로 사용했다.

그것을 난로 위의 테이블 높이에서 놓아주자 천천히 위로 흘러서 거의 모두가 천장까지 올라갔다. 이와 같이 또는 이보다 더 멋지게 거미의 가는 줄도 위로 흐를 것이다.

바로 그대로였다. 우리 세 사람의 구경꾼에게는 아무것도 보이는 것이 없는데, 한 마리의 새끼 거미가 위로 올라 갔다.

거미는 여덟 개의 다리로 공중을 엉금엉금 기어 올라가 높은 곳에서 흔들거리고 있었다. 점점 그 수가 많아졌다. 다른 놈들은 딴 길을 통해, 때로는 같은 길을 통해 오르고 있었다.

이 수수께끼의 비밀을 모르는 사람을 사다리도 없는데 마법을 쓰는 것처럼 하늘로 올라가는 것을 보고 깜짝 놀랄 것이다.

몇 분이 지나자 거미들의 대부분은 높은 천장에 모두 올라가 붙었다.

거미 새끼의 첫 출발

거미가 천장에 올라가는 것은 그리 힘든 일이 아니다. 천장은 4미터 가량의 높이이다. 그러므로 십자거미의 새끼는 아무것도 먹지 않고 적어도 4미터 길이의 실을 그의 방적기로 만들어 낼 수 있다. 그리고 그것은 눈에 보이지도 않을 만큼 작은 알 속에 들어 있다. 대체 새끼 거미들은 몸에 지니고 있는 실을 어느 정도로 가늘게 자아낼 수 있는 것일까? 인간은 불로 빨갛게 가열하지 않는 한 눈에 보이지 않을 정도로 가는 백금선은 만들기 어려울 것이다.

그러나 십자거미의 새끼는 아주 간단한 방법으로 햇빛에 비쳐 보아도 눈에 띄지 않을 만큼 가느다란 실을 그의 방적기에서 뽑아 낸다.

사다리도 없이 하늘에 오를 수 있는 승천가(昇天家)들을 천장에서 떠나도록 해 주자. 왜냐하면 그곳은 살기에 마땅치 않은 곳이기 때문이다. 정녕 먹이를 먹지 못하고는 실을 더 뽑아 낼 수도 없을 것이고, 대부분은 굶어 죽을 것이 틀림 없기에, 나는 창문을 열어 놓았다. 난로에서 올라오는 미지근한 공기의 흐름은 창 윗 부분에서 밖으로 흘러 나갔다.

민들레 씨앗의 솜털이 흘러가는 방향을 보고 나는 그것을 알았다. 따라서 공중에 떠돌던 거미줄은 이 흐름을 타고 바람을 따라 밖으로 흘러 나가지 않을 수 없게 될 것이다.

두 겹으로 되어 있어 눈에 보이는 거미줄의 아래 쪽을 잘 드는 가위로 싹둑 잘라 보았다. 거미줄을 끊은 결과는 참으로 이상했다.

거미는 실에 매달린 채 바람에 날려 창문을 통해 자취를 감추고 말았다. 그들은 어딘가에 내려 앉을 것이다. 비행하는 줄에 키(舵)가 달려 있기만 하다면 그것은 얼마나 타기 좋은 공중 그네일까?

귀여운 새끼 거미들은 바람을 타고 날아서 대체 어디 쯤 착륙하게 될까? 아마 100보(步)나 1,000보 쯤 떨어진 곳인지도 모른다. 모두가 무사히 여행하도록 빌어 주자.

새끼 거미들이 어떻게 흩어져 나가느냐 하는 의문은 이것으로 풀렸다. 그런데 이러한 일이 드넓은 벌판에서 일어났다면 어떻게 되었을까? 그것은 뻔하다.

타고나길 곡예사로 태어나 줄타기에 명인(名人)인 거미 새끼들은 우선 높은 나무 가지에 올라갈 것이다. 머리 위를 비행할 수 있는 줄이 마음대로 날 수 있는 넓은 공간을 찾기 위해서이다.

여기에서 그들은 각자 갖고 있는 실 주머니에서 실을 뽑아내어 바람의 움직임에 몸을 싣는다. 햇빛을 받아 뜨거워진 땅에서는 상승기류(上昇氣流)가 위로 올라온다. 이 기류를 따라 하늘로 올라가는 비행 줄은 곧바로 팽팽해지고 둥둥 뜨기도 하며 옆으로 흔들리기도 하고 당겨지기도 한다. 결국 줄은 끊어지고 매달린 거미를 데리고 먼 곳으로 사

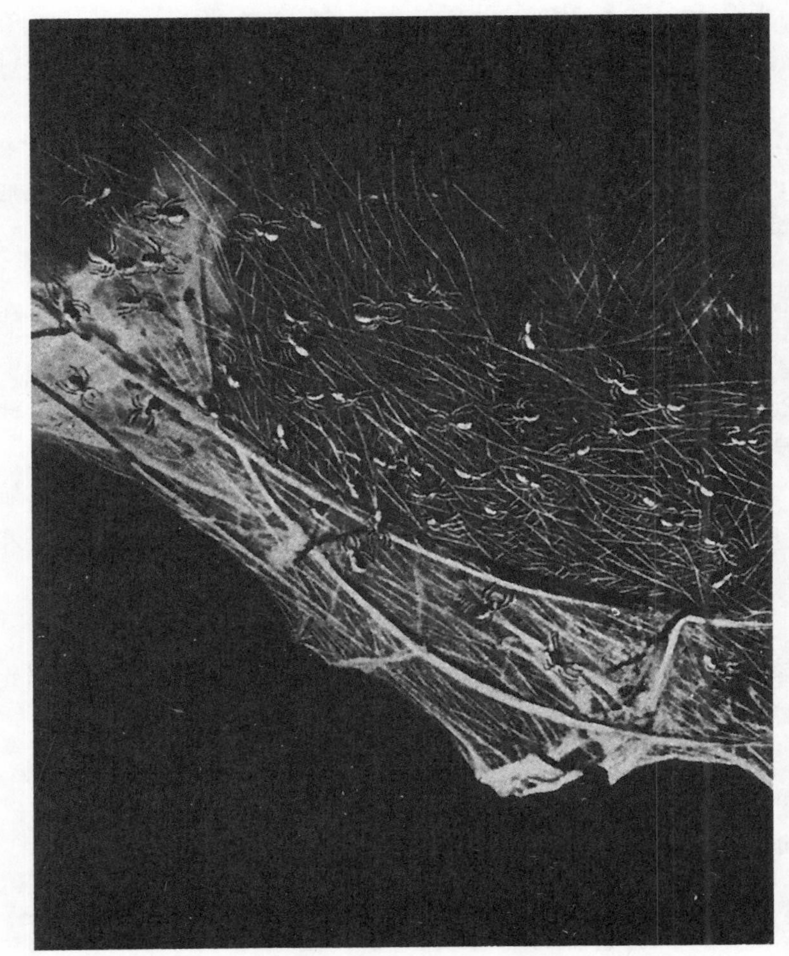

호랑거미의 새끼들이 그들이 살 곳으로 길을 떠나고 있다.

라져 버리는 것이다.

세 줄기의 하얀 십자를 등에 그려 붙인 십자거미 즉, 지금 새끼 거미들의 이주(移住)를 처음으로 우리에게 보여 준 거미는 어미로서는 보잘 것 없는 솜씨를 가진 놈이다. 알을 넣어 두는 곳이라고는 간단하게 짜여진 비단 공일 뿐이다. 이 세공품(細工品)은 호랑거미의 알 주머니에 비하면 초라한 것이다.

나는 색동호랑거미의 알 주머니에서 좀 더 재미 있는 것을 배우게 될 것이라고 기대하고 있었다. 그래서 가을부터 어미 거미들을 키우며 준비해 두었다. 내가 보는 눈 앞에서 알 주머니를 짜는 것을 보고 또한 중요한 점을 하나도 빼놓지 않고 알기 위해 나는 이 거미들을 두 무리로 나누었다. 한 무더기는 가느다란 나무가지를 묶어 받쳐 준 다음 쇠그물 광주리에 넣어서 실험실 안에 두고, 나머지 절반은 뜰 아래 만년향나무 위 바깥 공기 중에 버려 두었다.

나는 이 알 주머니에 커다란 희망을 갖고 있었지만 , 기대했던 광경을 볼 수는 없었다. 즉 색동호랑거미는 새끼들의 집으로 삼고 있는 멋진 주머니에 비해 멋진 첫 출발의 모습을 보여주지는 못했다. 간단히 적어 보면 다음과 같다.

새끼 거미가 알에서 깨어나는 것은 3월이 가까왔을 무렵이다. 이 시기가 되었을 때에 색동호랑거미의 호리병같은 알 주머니를 가위로 잘라 열어제쳐 보자.

거기에는 한가운데 있는 방으로부터 나온 후 둘레에 있는 이불에서 거의 기어나오게 된 새끼 거미가 있으나 나머지는 아직도 금빛 알 무더기로 남아 있다. 새끼는 한꺼번에 부화되는 것이 아니라 2주일 동안 간격을 두고 계속 알에서 깨어난다.

새끼 거미에게는 아직 찬란한 차림새로 몸을 단장한 어른의 모습이 없다. 배는 희고, 앞의 절반은 분을 바른 것 같고, 뒤의 절반은 검은 빛이 섞인 다갈색이다.

몸의 나머지 빛깔은 엷은 금빛이며 앞의 눈만이 검은색이다. 새끼들은 부드러운 다갈색 이불 속에서 가만히 엎드려 있으나, 건드리기라도 하면 귀찮다는듯 꿈틀거리거나 튼튼치 못한 걸음걸이로 걸어 보기도 한다. 그들은 밖에 나가는 위험을 무릅쓰기 전에 우선 몸을 튼튼히 해야 한다는 것을 알고 있다.

몸을 튼튼히 하는 것은 속주머니를 싸고 있고 알 주머니를 불룩하게 하고 있는 실솜 가운데서 이루어진다. 이 장소는 근육이 단단히 굳어지기를 기다리는 곳이다. 모두가 이 한가운데 있는 주머니에서 나와 실솜 속으로 기어든다. 그리고 4달이 지나 혹독한 더위가 찾아올 때가 아니면 그 곳에서 나오지 않는다.

새끼의 수는 아주 많다. 셀 수 있는 데까지 세어 보니 약 6백 마리 정도였다. 이렇게 많은 새끼 거미들이 완두콩 크기만한 주머니 속에 들어 있는 것이다. 어미 거미는 이 많은 새끼들을 어떤 기적적인 방법으로 품고 있는 것일까?

그리고 그 많은 새끼들은 어떻게 똑같이 자라나는 것일까? 알이 들어 있는 곳은 짧은 원통형으로 되어 있고 밑이 불룩하다. 그곳에서 빽빽한 하얀 벽을 지나간다는 것은 불가능한 일이다. 둥글게 생긴 입구는 천으로 된 뚜껑이 막고 있으므로 약한 어린 새끼가 그것을 넘는다는 것은 어려운 일이다. 그러면 새끼는 어떤 방법으로 나오는 것일까?

뚜껑의 열림이 자유롭고 또 새끼 거미들이 일시에 태어나는 것이라면 모두 힘을 합쳐 등으로 떼밀어서 뚜껑을 밀어 올릴 것이라고 생각할 수 있다.

그러나 뚜껑의 천은 몸 전체의 천과 하나를 이루고 있고 그 사이는 거의 붙어 있다. 뿐만 아니라 알에서 깨어날 때는 몇 무더기씩 사이를 두고 깨어나므로 한꺼번에 새끼가 태어나는 것도 아니다. 그렇다면 여기서는 새끼 거미들이 힘을 모으는 것과는 별도로 식물의 씨방과 비슷하게 자연적인 작열(터짐)이 분명히 있다고 보지 않으면 안 된다.

여름이 되면 예쁜 금어초(金魚草)의 줄기 끝에는 세 개의 창이 열린다. 패랭이꽃의 열매는 꼬투리의 일부가 벌어져 꼭대기에 별 모양의 입을 연다. 이렇게 씨방은 각각 특별한 장치를 갖고 있다. 그리고 그것을 훌륭하게 열기 위해서는 태양의 애무가 필요하다.

호랑거미의 씨 주머니도 이와 비슷하게 특별한 장치를 갖고 있다. 알이 부화되지 않는 한 뚜껑은 꼭 닫혀 있으며 입구도 막혀 있다.

매미는 6, 7 월을 가장 좋아 한다. 호랑거미의 새끼들도 매미 못지않게 이 계절을 좋아하여 밖에 나가고 싶어한다. 그러나 단단한 기구(氣球)처럼 생긴 겉주머니 벽에 통로를 낸다는 것은 아주 어려운 일이다. 그래서 다시 한 번 자연의 작열이 필요하다. 그러면 어디서 터질 것인가?

얼핏 생각하면, 주머니의 겉 뚜껑이 달린 데서 일어날 것 같다. 기구처럼 생긴 주머니의 목은 주름이 잡히듯 잘룩해져서, 술잔 모양으로 구부러진 천장에 의해서 닫혀져 있다. 닫혀진 천장의 저항력은 다른 담벽과 마찬가지로 굳세다. 그러나 뚜껑은 주머니를 만드는데 마지막으로 완성시킨 곳이므로, 천장 뚜껑이 터지게 마련된 것이 아닐까?

우리들은 기구처럼 생긴 이 주머니의 구조때문에 갈피를 잡을 수가 없다. 천장 뚜껑은 꼼짝도 안 한다. 어떤 경우를 막론하고 내가 핀세트로 주머니 전체를 망가뜨리기 전에는 아무리 해도 뚜껑을 열 수가 없다. 그러면 터지는 것은 다른 곳에서 일어나는 것일까? 여기가 터지는 곳이라고 일러주는 자국같은 것은 하나도 없다.

사실대로 말하면, 이것은 미리부터 마련된 장치에 의해서 터지는 것이 아니다. 터지는 곳은 때에 따라서 대단히 불규칙하다. 비단 주머니는 마치 잘 익은 석류알같이 뜨거운 햇볕을 받으면 터지게 되는 것이다.

결과적으로 보아, 햇볕에 뜨거워진 주머니 속의 공기가 팽창해서 이렇게 터지는 모양이다. 안에서부터 밖으로 압력이 작용된 증거는 확실하다. 터진 주머니의 가장자리 헝겊이 모두 밖을 향하고 있기 때문이다. 그리고 터진 구멍으로 주머니 속을 채우고 있던 다갈색 이불이 비죽이 내다보인다. 실 솜에 싸여 있던 새끼 거미들은 폭발 때문에 제 집에서부터 흩어져 나와 야단법석을 떨고 있다.

기구처럼 생긴 색동호랑거미의 알 주머니는 폭탄과 같다. 내려 쬐는 햇볕으로 인하여 폭발하고, 그 속에 있던 거미 새끼들은 해방되는 것이다.

이러한 폭발에는 6, 7월의 타는 듯한 태양열이 필요하다. 나의 실험실처럼 온도가 따뜻하기만 한 곳에서는 알 주머니가 입을 열지 않는다. 그리고 내가 손을 대지 않는 한, 거미 새끼들은 밖으로 나오는 일이 없다.

드문 일이긴 하지만 송곳으로 뚫은 것처럼 동그랗게 구멍이 뚫리는 수가 있다. 이러한 구멍은 그 가운데 들어 있는 새끼 거미들이 뚫은 것이다. 그들은 릴레이식으로 참을성있게 이빨로 알 주머니의 벽 어딘가를 뚫는 것이다.

이와 반대로 뜰의 만년향나무 위에 있는 기구 모양의 알 주머니는 뜨거운 햇볕을 받고 있기 때문에, 끝내는 터져서 다갈색의 실 솜과 거미새끼를 쏟아 놓는다. 들판의 햇볕 아래서도 같은 일이 일어난다. 아무것도 가리는 것이 없는 나무 가지 위의 호랑거미 알 주머니는 7월의 뜨거운 여름이 되면 갇혔던 공기가 팽창하는 압력으로 터지게 된다. 해방된다는 것은 결국 거미 새끼들의 집이 폭파되는 것이다.

새끼 거미들은 일부분만 다갈색 솜의 파도와 함께 밖으로 쏟져 나온다. 대부분은 아직도 이불 속에 남아 있다. 이제부터는 구멍이 열렸으니까 나가고 싶은 놈은 애쓸 것도 없이 차례대로 밖으로 나올 수 있다.

그리고 새 살림을 차리기 전에 꼭 갖추어야 할 것이 아직 남아 있다. 새로운 피부가 완성되어야 하는 것이다. 특히 피부의 탈바꿈은 모두가 같은 날에 이루어지는 것이 아니다. 그러므로 옛집을 떠나는 데는 며칠이 걸린다. 낡은 껍질을 벗어 버리면 조그만 분대(分隊)를 이루며 이주가 시작된다.

여행을 떠나는 놈들은 가까운 나무 가지에 기어 올라가서 그곳에서 일광욕을 하면서 각자 흩어질 준비를 한다. 그 방법은 십자거미가 보여준 것과 같다. 실을 뽑아내는 이 거미들은 실 줄을 바람에 날리게 한다. 실은 공중에 휘날리고, 끊어지고 하면서 새끼거미들을 함께 데리고 날아간다.

같은 시간에 함께 새로운 세계로 떠나는 수효가 적기 때문에 겉보기에는 대단해 보이지도 않고 또 떠들썩하지도 않다.

내가 가장 실망한 것은 붉은십자거미도 아주 씩씩하고 호화로운 첫 출발을 하지 못한다는 것이다. 이 거미는 호랑거미 다음으로 예쁘고 훌륭한 알 주머니를 만드는 놈이다. 그것은 납작한 원뿔꼴을 하고 있는데, 별무늬가 있는 원반형의 뚜껑을 갖고 있다. 주머니의 표면은 튼튼하며, 더우기 그 두께는 호랑거미의 그것보다도 더 두껍다. 그러므로 자연적으로 터져야 할 필요성이 더욱 크다.

알 주머니가 터지는 것은 뚜껑의 변두리에서 그리 멀지 않은 곳에서부터 일어난다. 호랑거미의 기구형 알 주머니가 터지는 것과 같이 이것도 7월의 뜨거운 더위의 힘을 빌어야 한다. 터지는 원인은 여기서도 마찬가지여서 주머니 속의 공기가 뜨거워져 팽창하기 때문에 일어난다. 터지면 주머니를 가득 채우고 있던 솜의 일부분이 밖으로 쏟아져 나온다.

새끼 거미들은 옷도 갈아입지 못하고 한꺼번에 떼를 지어 밖으로 쏟아져 나온다. 아마도 알 주머니 속에는 옷을 갈아 입는 데 필요한 넓이의 공간이 없는 모양이다. 원뿔꼴의 주머니는 호랑거미의 기구 모양의 알 주머니 만큼은 넓지 못하다.

그러므로 새끼 거미들은 모두 한꺼번에 밖으로 나온다. 그리고는 가까운 나무 가지 위에서 우선 몸을 안정시킨다.

이곳은 임시 야영장이다. 거미 새끼들은 공동으로 실을 뽑아 내어 잠시 동안에 엷은 천막을 짜내고 1주일 가량 이 임시 숙박소에서 머문다.

피부의 탈바꿈은 이 임시 숙박소에서 이루어진다. 벗어버린 허물은 살림방 밑에 쌓인다. 허물벗은 거미 새끼들은 꼭대기에서 줄을 드리워 그네를 만든 다음 그 위에서 체조를 해서 힘을 단련시킨다.

충분히 몸을 단련시키고 나면 차례차례로 하나 둘씩 여행을 떠난다. 실을 글라이더로 삼아 공중을 대담하게 나는 일은 없다.

거미는 실에 매달려 땅으로부터 약 3센티미터 떨어진 공중으로 뛰어 내려 한들거리는 바람을 따라 시계추처럼 왔다 갔다 한다. 그러는 중에 때로는 이웃 나무 가지에 가 닿기도 한다. 이것으로 여행의 첫 걸음을 내딛는 것이다.

그러다가는 적당한 장소에서 다시 뛰어 내려 새로운 흔들이 운동을 한 다음 한층 먼 곳으로 떠나간다. 실은 충분히 길지 못하기 때문에 붉은십자거미의 새끼는 짧은 기간의 숙박을 거듭하며 적당한 고장을 찾을 때까지 여러 곳을 구경하며 여행한다.

만약 바람이 거세게 불면 먼 여행도 간단히 끝난다. 흔들이의 그네줄은 끊어지고 이 꼬마 거미들은 실 줄에 매달려서 먼 곳까지 운반된다.

따지고 보면 첫 여행을 떠나는 방법은 대체로 같은 순서를 밟고 있다. 하지만 이 지방의 두 종류의 실잣는 거미는 알집을 만드는 솜씨에서는 훌륭한 재능을 보여 주면서도 첫 여행을 떠나는 솜씨에서는 나의 기대를 채워주지 못했다.

내가 키워주는 수고까지 아끼지 않았는데, 아주 빈약한 결과밖에 보여 주지 못한 것이다.

우연히도 왕십자거미가 나에게 보여준 그 멋진 광경을 어느 거미에게서 또 다시 볼 수 있을까?

19. 멋진 그물을 짜는 호랑거미

그물을 짜는 방법

새잡이 그물은 인간의 악랄한 속임수의 하나이다. 그물, 말뚝, 네 개의 긴 장대를 사용하여 흙빛과 같은 큰 그물 두 개를 아무것도 심지 않은 밭 한 구석의 오른편에 하나, 왼편에 하나씩 땅 위에 쳐 놓는다. 그리고는 가늘고 긴 줄의 한 끝을 잡고 있다가 때를 맞추어 풀숲에 숨어 있던 새잡이가 끈을 잡아당긴다. 그러면 그물은 움직이고 들어가는 문이 갑자기 좁아진다.

이 두 개의 그물 사이에는 미끼로 쓰는 새장이 놓여 있다. 그 속에는 방울새, 되새, 금작새, 그리고 여러 종류의 참새, 파랑새, 박새 따위가 들어 있는데, 이들은 모두 밝은 귀를 갖고 있어서 멀리서 동료들이 날아가는 것만 알면 재빨리 이끌어 들이는 울음을 울어댄다.

동료를 잘 유혹하는 이 꼭둑각시 새가 짧게 나는 것을 보면, 겉보기에는 자유로히 날고 있는 듯이 날개를 파닥거리고 있다. 그러나 사실은 가느다란 끈에 발목이 묶여 말뚝에 붙들어 매여 있다. 미끼가 된 새가 지칠대로 지쳐서 아무리 날아가려 해도 날지 못하고 낙심하고 있어도 새잡이는 모습을 드러내지 않고 이 새를 움직일 수 있다.

긴 끈을 잡아 당겨서 막대기 위에 장치해 둔 지레를 움직이는 것이다. 이 무자비한 기계를 움직임에 따라 허공에 매달린 꼭두각시 새는 노끈을 잡아당길 때마다 날다가는 떨어지고 또 날기를 거듭한다.

새잡이는 초가을 아침 따사로운 햇볕을 받으며 숨어서 기다리고 있다. 갑자기 여기 저기서 신나게 울어대는 새소리가 들려온다. 방울새는 핑크! 핑크! 하고 모두 모이라고 소리치듯이 울어댄다. 허공에서는 새로운 새 울음 소리가 대답하듯이 들려오고 미끼 새는 덩달아 또다시 울어낸다.

뭇 새들은 이 소리에 이끌려 멋도 모르고 날아와 밭 위에 내려 앉는다. 그러면 숨어 있던 새잡이는 얼른 그물의 줄을 잡아당긴다. 그물은 갑자기 오므라들고 새떼들은 갇혀 한 마리도 도망가지 못한다.

사람의 핏줄 속에는 야수의 피가 흐르고 있다. 새잡이는 그물에 걸려든 새를 모두 잡아 죽이려고 달려 온다. 그들은 새들의 숨통을 눌러 죽이고 콧구멍을 줄에 꿰어 시장으로 가져간다.

악랄한 수법에서는 호랑거미의 그물도 새잡이의 새 그물에 뒤떨어지지 않는다. 자세히 조사해 보면 볼 수록, 그것이 새 그물 이상으로 완벽한 것임을 알게 된다. 두 세 마리의 파리를 잡아 먹기 위해 만들어진 것 치고는 얼마나 정교한 기술인가? 먹어야 하는 필요를 채우기 위해 이처럼 학리적(學理的)인 기술을 이용한 놈은 다른 어느 동물에서도 찾아볼 수 없다. 이제부터 설명하는 것을 음미해 보면, 여러분도 반드시 나의 말에 동의할 것이라고 믿는다.

우선 무엇보다 먼저 그물을 만드는 것부터 보기로 하자. 그물을 짜는 것을 거듭 살펴 볼 필요가 있다.

이렇게 복잡한 일의 설계는 토막토막 부분적으로밖에 볼 수가 없다. 오늘 한 부분을 관찰하고 내일 두 번째 부분을 관찰하면 우리는 새로운 사실을 알게 된다. 이렇게 해서 관찰의 횟수를 거듭해 가면 그 때마다 하나의 사실이 다른 사실을 보충해 주어 알게 된 사실의 양을 크게 늘려 주며 어느때는 뜻하지 않은 방향으로 생각을 미치게 하기도 한다.

눈 덩어리는 하얀 눈 위를 구르면서 커진다. 묻어나는 눈의 층이 얇아도 나중에는 엄청나게 큰 덩어리가 된다. 관찰과학의 진리도 이와 마찬가지여서 끈기있게 모으고 쌓아올림으로써 결실을 보게 되는 것이다. 처음엔 무(無)에서 출발하여 점점 쌓아 가는 동안에 끝내는 발견의 기쁨을 누리게 되는 것이다.

거미가 그물을 짜는 것을 관찰하려는 사람이면, 이 무로부터 사실을 모으는 데 시간을 좀 써야 할 것이다. 하지만 적어도 좋은 기회를 찾기 위해 멀리까지 돌아다닐 필요는 없다. 아무리 작은 뜰에도 훌륭한 실로 그물을 짜는 호랑거미가 있는 법이기 때문이다.

나는 우리집 안의 뜰에 유명한 거미를 내 손으로 직접 많이 잡아다 모아 놓았다. 실험에 사용할 거미는 여섯 종이었다. 모두 몸집이 크고 훌륭한 솜씨를 가진 방직공들이다. 긴호랑거미, 색동호랑거미, 붉은십자거미, 십자거미, 흰십자거미, 왕십자거미 따위이다.

여름날 시간을 정해 놓고 때로는 이놈에게, 저놈에게, 그 날의 형편에 따라 일을 시키고 그들이 하는 일을 살펴보는 것은 손쉬운 일이다. 전날에 미처 보아 두지 못했던 것을 다음날이면 한층 더 좋은 조건 아래서 볼 수 있다. 또 그 다음 날이면 보고싶은 것을 마음껏 볼 수 있다. 이리하여 맨 나중에는 조사하려던 것들이 완전히 뚜렷한 모습으로 나타난다.

저녁때마다 키가 큰 만년향 울타리의 이곳 저곳을 가 보자. 시간이 오래 걸릴 것 같으면, 그물을 짜고 있는 곳 앞의 광선이 잘 비치는 나무그루터기에 걸터 앉아 주의깊게 살펴보자.

저녁때 이렇게 한 바퀴 돌아보면 이미 얻었던 지식의 공백을 메꿔주는 사실을 무엇인가 새롭게 얻게 된다.

계속해서 몇 년 동안, 그리고 여러 계절에 걸쳐 조사하는 것은 그리 어려운 일이 아니다. 그러나 이런 것으로 돈이 벌어지는 것은 아니다. 하늘에 맹세해도 좋다. 그래도 상관없다. 사상(思想)을 사랑하는 정신은 모두 이 자연의 학교에서 만족을 얻고 돌아오니까.

이 여섯 종류의 거미 하나 하나가 그물을 짜는 것을 기록하는 것은 같은 이야기가 되풀이되는 것이므로 필요치 않다. 거의가 같은 방법으로 그물을 짜기 때문이다.

내가 실험재료로 사용한 거미는 그리 크게 자라지는 못한 암컷으로 늦가을에 흔히 볼 수 있는 것들과는 매우 다르다. 실 주머니가 들어 있는 배는 후추알보다 크지 않을 정도이다. 실을 뽑는 암컷들이 모두 어리다고 해서 일하는 솜씨도 변변치 못할 것이라고 생각하면 잘못이다. 거미의 솜씨는 나이와는 상관없다. 엄청나게 뚱뚱한 배를 갖고 있는 어미 거미라고 해서 솜씨가 더 좋은 것은 아니다.

그리고 일을 갓 시작한 젊은 거미는 관찰하는 사람에게 큰 도움을 준다. 그들은 햇볕이 내려 쪼이는 낮에도 일한다. 그러나 나이가 먹어 경험이 많은 놈들은 밤이 되어 어두워지지 않으면 일을 하지 않는다. 젊은 거미는 그다지 힘들이지 않고 우리에게 그물 짜는 비밀을 보여주지만, 나이 먹은 놈들은 일하는 솜씨를 감추는 것이다.

7월이라면 일을 시작하는 때는 해지기 2시간 전 쯤부터이다. 이 시간이 되면, 뜰에 있는 실뽑이 처녀들은 낮에 숨어 있던 집에서 나와 각자 제 자리를 골라 여기 저기서 실을 뽑기 시작한다. 그 수가 아주 많으므로 아무 놈이나 하나 택하여 관찰할 수 있다. 그 중 한 놈을 선택하자. 지금 이 놈은 방금 건축의 기초공사를 시작하고 있다.

거미는 이렇다 할 순서도 없이 만년향나무 울타리의 조그만 가지에서 다른 나뭇가지 끝으로 약 50센티미터 가량의 거리를 기어 다닌다. 그리고 뒷다리를 얼게빗 삼아, 실 주머니에서 뽑아낸 실을 차례차례로 걸어 놓는다. 이 기초 공사에는 종합적인 계획이 서 있는 것 같지는 않다. 거미는 신나게 왔다 갔다 하고 올라갔다 내려왔다 한다. 그때마다 여기 저기 걸쳐 놓은 줄로 발판이 튼튼해진다. 다 된 기초 공사는 조잡하고 빈약한 발디딤판 같다.

하지만 그것을 조잡하다고 말해도 좋을까? 아마 그렇게 말해서는 안 될 것이다. 이런 일에 관한 한 거미는 아주 능숙하다. 집지을 대지의 전체 형편을 잘 살펴 보아서 거기에 맞도록 집을 짓는 것이다.

그것은 내가 보기에는 아주 불규칙한 것처럼 보이지만, 거미가 보기에는 아주 적합한 것이다. 대체 거미는 어떤 것을 원하고 있는 것일까? 거미가 지금 만들고 있는 것은 둥근 사냥 그물을 짜기 위한 튼튼한 테두리이다. 지금 공사하고 있는 이상한 모양의 뼈대는 그것에 필요한 조건을 채워 주고 있는 것이다.

그리고 이 공사는 아직 임시적인 것일 뿐이다. 거미는 매일 밤 그것을 다시 고쳐 만든다. 사냥을 한 번 치르고 나면 하룻밤 사이에 그물은 망가져버리게 마련이다. 그물은 걸려든 먹이가 필사적으로 몸부림치는 것을 감당하기에는 너무 약하다.

이와는 달리, 어미 거미의 그물은 한층 더 튼튼한 실로 짜여 있으므로 며칠이고 견디어 낸다. 그러므로 거미는 다음의 이야기로 알 수 있듯이 가장 정성을 들여 테두리를 짜 놓는다.

거미는 멋대로 구획진 대지 안을 가로 질러서, 특별히 굵은 줄 하나로 그물의 첫 줄을 걸쳐 놓는다. 다른 줄과는 달리, 이 줄의 위치는 세로로 길게 흔들리는 진동을 막을 만큼, 모든 나무가지에서 동떨어진 딴 곳에 자리잡게 된다.

그 한가운데는 반드시 명주 방석으로 된 커다란 흰 점이 있다. 이것은 만들어질 그물의 중심을 나타내는 곳이다. 그것은 거미의 길잡이로서, 놀랄 만큼 복잡한 선회운동(旋回運動)의 질서를 정확하게 하기 위한 표지(標識)이다.

이제는 사냥하기 위한 그물을 짤 때가 되었다. 거미는 표지가 자리 잡고 있는 중심을 떠나 가로지른 줄을 따라 갑자기 테두리로 간다. 그리고는 다시 테두리에서 한가운데로 들어온다. 왔다, 갔다, 바른 쪽으로, 왼 쪽으로, 위로, 아래로 몸을 날쌔게 움직여 올라갔다 떨어졌다 한다. 그리고는 뜻하지 않은 비스듬한 딴 길을 통해 중심으로 돌아온다. 그 때마다 방사선(放射線)이 한 줄씩 여기 저기 걸쳐진다.

이 공사는 아주 제멋대로 진행되었기 때문에, 이것을 나중에 분별해서 알아내려면 끈기있는 관찰이 필요하다. 거미는 앞서 친 방사선의 한 줄을 통해서 집 터의 변두리로 나온 다음, 그곳에서 다시 몇 걸음 걸어 나가서 테두리에 줄을 붙인다. 그리고는 다시 왔던 길을 통해 중심점으로 돌아온다.

거미는 중심에 돌아온 다음에 줄을 적당히 당기고, 나머지는 중앙의 표지에 감아 놓는다. 하나의 방사선을 칠 때마다 남은 실이 이렇게 모이므로 중앙의 표지는 점점 커진다.

이것은 조그마한 흰 점에 지나지 않았으나, 나중에는 실꾸리가 되어 꽤 큰 방석 모양이 되기도 한다. 부지런한 가정주부인 거미가 남은 실로 만든 이 방석을 무엇에 쓰는가에 대해서는 뒤에서 이야기하기로 하자.

지금은 호랑거미가 하나의 방사선을 친 다음, 우리의 눈길을 줄 만큼 열심히 그것을 다지고 매만져서 마무리한다는 것만을 이야기하겠다. 이렇게 함으로써 거미는 마치 사람들이 수레바퀴의 중심에 살 통을 만들듯이 방사선들의 한가운데에 튼튼한 중심점을 만든다.

완성된 그물의 방사선은 겉보기에는 무질서한 듯하나 사실은 깊이 연구하고 생각해서 만든 것이다.

몇 줄인가의 방사선을 어떤 방향에 치고 나면, 거미는 거꾸로 가서

긴호랑거미의 거미줄

다른 몇 줄을 반대 방향에 쳐 놓는다. 이처럼 방향을 바꾸는 것은 아주 논리적인 것이어서 거미가 그물이 일그러지지 않도록 하는 데 얼마나 능숙한가를 보여 주는 것이다. 방사선이 규칙적으로 쳐지는 것이라면, 한 쪽만의 방사선은 아직 대항선을 갖지 못하므로 그 당기는 힘만으로는 그물의 형태가 일그러지지 않을 수 없다. 기둥을 안정시킬 만한 것이 없으므로 그물을 못쓰게 할 염려가 있다.

그러므로 옆으로 계속 줄을 치기 전에 반대 방향에 한 무더기의 줄을 쳐서 전체의 균형을 유지할 필요가 있다. 한 방향으로만 당기는 힘이 있으면 반대 방향으로 당기는 힘을 대항시켜 놓지 않으면 안 된다. 우리들의 역학(力學)은 그렇게 가르치고 있다. 아무것도 배우지 않았어도 줄을 쳐서 건축하는 거미는 그렇게 하는 것이다.

사람들은 겉보기에는 질서도 없이 단속적(斷續的)인 방법으로 만들어 놓은 이 그물을 하나의 혼란스러운 세공품으로 생각할 것이다. 그러나 그렇게 생각하면 큰 잘못이다. 방사선은 모두 같은 거리에 있으며, 규칙적으로 만들어진 아름다운 바퀴 모양을 하고 있다.

방사선의 수는 거미의 종류에 따라 다르나, 십자거미는 그 그물에 21개를 치고, 긴호랑거미는 32개, 붉은십자거미는 42개를 둔다. 이러한 숫자는 반드시 고정돼 있는 것은 아니지만 그 차이는 아주 적은 편이다.

그런데 우리들 가운데 누가 오랫동안 생각하지도 않고 측량 도구도 하나 갖지 않은 채 즉석에서 이렇게 많은 부채꼴로 원을 나눌 수 있을 것인가?

호랑거미는 무거운 몸집으로 바람에 흔들리는 실줄 위에서 건들거리면서도, 아무렇지도 않은 듯이 미묘한 나눗셈을 하고 있는 것이다. 우리들의 기하학으로 보면 무모하다고 말할 수밖에 없는 방법으로 거미는 그것을 멋지게 해낸다. 무질서로부터 질서를 만들어내고 있다.

그러나 거미의 실력 이상의 것을 거미에게 요구해서는 안 된다. 거미줄들이 같은 각도를 갖고 있다고 하지만 그것은 근사치일 따름이다. 같다는 것은 눈으로 보아 그렇다는 것이지 정밀한 측정 시험에 걸리면 낙제할 정도다. 그러므로 여기서 수학적인 정확성을 말한다는 것은 온당치 않다.

하지만 어떻게든 그것을 이루어 놓은 결과에 사람들은 놀라지 않을 수 없다. 호랑거미가 이 복잡하고 어려운 문제를 이처럼 근사하게 해결해내는 비법은 대체 어디에 있는 것일까? 지금도 나는 생각에 잠겨 있다.

이제 방사선을 치는 일은 끝났다. 거미는 중심의 방석 위에 자리잡고 있다. 그리고는 이 발판을 중심으로 조용히 빙글빙글 돌기 시작한다. 이것은 자질구레한 공사를 마무리하는 것이다.

거미는 중심으로부터 아주 가는 실을 가지고 이 방사선에서 저 방사선으로 촘촘한 소용돌이선을 그린다. 이렇게 해서 중심지는 완성되는데, 그 크기는 어미 거미의 그물일 경우 손바닥만한 크기까지 된다. 새끼 거미의 그물이라면 이보다 훨씬 작지만, 그렇다고 없는 것은 아니다. 그 이유는 나중에 설명하기로 하고, 나는 그것을 휴식처라고 부르겠다.

다음엔 실이 굵어진다. 맨 처음의 줄은 겨우 눈에 보일까 말까 할 정도로 가늘었는데, 이제부터는 뚜렷이 보인다. 거미는 큰 걸음으로 비스듬이 걸으며, 중심에서 멀어짐에 따라 소용돌이의 간격이 넓어진다. 그리고는 지나온 방사선에 실을 붙들어매고 마지막으로 테두리의 밑변에 와서 마무리한다.

거미는 둘레 사이의 간격이 갑자기 넓어진 소용돌이를 그리는 것이다. 둘레 사이의 평균 거리는 젊은 거미가 지은 건축에서도 1센티미터는 된다.

곡선의 소용돌이라는 말을 잘못 받아들여서는 안 된다. 거미의 공사장에는 어떠한 곡선도 없다. 거기에는 직선과 직선의 연결밖에 없다. 여기서는 다만 곡선에 내접(內接)하는 다각적인 선을 말하는 것 뿐이다. 진짜 그물이 짜여지면서 없어지는 일시적인 이 다각선을 나는 보조선(補助線)이라고 불러두겠다.

보조선의 목적은 그물 끝의 가로대나 방사선이 너무 멀리 떨어져 있어서 적당한 발판이 없을 때에 그 발판의 가로대 구실을 하기 위한 것이다. 또 거미가 이제부터 시작할 섬세한 작업을 도와주기 위한 것이다.

그러나 그보다 앞서 마지막 준비를 끝내지 않으면 안 된다. 방사선을 쳐 놓은 집터는 여러모로 변하곤 한다. 나무 가지의 형편에 따라 정해지므로 불규칙하다. 오목하게 들어간 곳이 있으면 그물이 올바른 모양으로 완벽하게 되지 않는다. 거미에게는 규칙적으로, 그리고 순서에 따라 소용돌이 모양의 줄을 칠 수 있는 확실한 공간이 필요하다. 그리고 먹이감이 걸렸다가 달아날 수 있는 공간을 남겨서는 안 된다.

거미는 이런 것을 잘 알고 있으므로 막아 두어야 할 구석이 어디인가도 잘 파악하고 있다. 한 편으로 돌다가는 다시 반대 방향으로 돌면서 거미는 방사선에 의지하여 그곳에 줄을 친다. 그리하여 이 틈새에는 급한 각도로 꺽인 지그재그 줄이 쳐지는 것이다.

이제는 여기저기 구멍을 막는 줄이 지그재그로 쳐졌다. 그러면 마침내 가장 중요한 일, 즉 사냥을 하기 위한 본격적인 그물을 짜야할 차례가 되었다. 지금까지의 모든 일은 이것을 하기 위한 준비공사에 지나지 않았다. 거미는 한 쪽은 방사선에, 다른 한 쪽은 보조선의 가로대에 발을 붙이고 소용돌이선을 쳤을 때와는 반대 방향으로 걷는다.

먼저는 거미가 중심에서 멀어져 가며 소용돌이선을 쳤지만, 이번에는 중심으로 간격이 더 좁아진 선을 그으며 다가간다. 거미는 테두리에서 멀지 않은 보조선의 테두리에서부터 출발한다.

이제부터 계속해서 일어나는 것은 관찰하기가 매우 어렵다. 그만큼 운동이 재빠르며 돌발적으로 일어나기 때문이다. 그것은 눈을 어리둥절하게 하는 엉뚱한 비약과 파동운동·곡선운동이 합쳐진 것이다. 일의 진행을 다소라도 순서있게 알기 위해서는 끈기있는 주의력과 여러 차례의 관찰이 필요하다.

실을 자아내는 도구인 2개의 뒷다리는 끊임없이 움직인다. 이 다리가 공사장의 어느 위치에 서느냐에 따라 이름을 붙여 두기로 하자. 거미가 그물 위를 걸어다닐 때에 소용돌이의 중심에 가까이 있는 것을 안 다리, 바깥 쪽에 있는 것을 바깥 다리라고 해 두자. 바깥 다리는 실주머니에서 가느다란 실을 끌어내어 그것을 안 다리에 넘겨주고, 안 다리는 이것을 방사선 위에 틀림없는 솜씨로 갖다 붙인다.

이와 동시에 앞 다리는 거리를 재어 바로 전에 걸쳐 놓은 소용돌이선에 발을 걸치고, 새로운 가로실을 붙여야 할 방사선 위의 자리를 적당한 거리로 끌어당긴다. 방사선에 닿자마자 실은 끈끈이로 인해 달라붙는다. 손질을 많이 해야 할 필요도 없고 매듭이 생기지도 않는다.

이리하여 실뽑는 아가씨가 좁은 간격을 두고 돌아감에 따라 발판으로 쓰였던 보조가로대에 가까이 가게 된다. 가로대에 아주 가까워지게 되면 마지막으로 가로대를 치워야 한다. 거미는 맨 위의 가로대에 매달려 앞으로 나가면서 쓸모없이 된 가로대를 하나 하나 거두어, 그것을 다음의 방사선이 맞닿는 점에 조그맣게 뭉쳐 놓는다. 이리하여 한 덩어리의 명주로 된 '애톰'(原子)이 만들어지는데, 이것은 사라진 소용돌이선이 지나간 자국을 나타내 준다.

사라진 보조선의 유일한 자취인 이 점을 분별하는 데는 알맞는 각도에서 광선이 비쳐야 한다. 정확하게 규칙적인 간격을 갖고 있는 이 매듭은 없어진 소용돌이 선을 생각하지 않으면 먼지가 묻은 것처럼 여겨

질 것이다. 그것은 둥근 그물이 찢어져 나갈 때까지 언제까지나 눈에 보이는 매듭처럼 남을 것이다.

다음으로 거미는 잠시도 쉬지 않고 돌고 돌아 중심으로 가까이 가며 방사선에 실을 걸어 놓는다. 그 시간은 약 30분 정도이다. 어미 거미라면 한 시간 동안 다시 소용돌이선을 도는 데 시간을 보낸다. 돌아가는 횟수는 붉은십자거미의 그물에서는 약 50회, 긴호랑거미의 경우면 약 30회이다.

마지막으로 거미는 아직도 몇 바퀴 더 돌아야 하는 공간이 남아 있는데도 갑자기 소용돌이선을 중단한다. 중심에서 약간 떨어진, 내가 휴식처라고 부른 경계선에 왔을 때이다.

왜 이렇게 갑자기 멎는가는 다음에 이야기하기로 하자. 그때의 거미는 젊은 놈이건 나이먹은 놈이건 어느 놈을 막론하고 재빨리 중심의 방석 위로 올라가서 그것을 벗겨 가지고는 공처럼 둥글게 뭉친다.

나는 아마 버리려는 것이라고 생각했다. 그러나 아니었다. 거미가 그런 비경제적인 일을 할 리가 없다. 거미는 맨 처음, 그물을 짜기 시작할 때의 표지(標識)이며, 줄을 치고 나머지 실을 뭉쳐 놓았던 이 방석을 먹어 버리는 것이다. 거미는 이것을 소화기 속에서 녹여 가지고 틀림없이 실 주머니 속으로 다시 보낼 것이다.

이러한 먹이는 소화시키기 어려워서 밥주머니의 활동을 많이 필요로 하겠지만, 그러나 소중한 재료이므로 버릴 수 없는 것이다. 그것을 먹어 치우면 일은 모두 끝난다. 거미는 곧 그물 한가운데로 들어와 머리를 아래로 향하고는 사냥터에 자리잡는다.

우리는 지금까지 거미의 일하는 모습을 보면서 다음과 같은 것을 생각케 된다. 거미는 오른손잡이인가 왼손잡이인가 하는 것이다.

대체로 우리는 나면서부터 오른손잡이이다. 그 원인은 아직 밝혀지지 않았으나, 어쨌든 좌우가 균형을 잃고 있기 때문에 오른쪽이 왼쪽보다 반 이상이나 힘이 세고, 오른쪽 반신(右半身)이 운동도 훨씬 잘 한다. 이 불균형은 특히 손에 잘 나타나 있다.

그런데 다른 동물은 오른손잡이일까, 왼손잡이인가? 그렇지 않으면 어느 쪽도 다 아닐까? 귀뚜라미, 여치, 그밖의 많은 벌레들은 오른쪽 날개 위에 있는 활(弓)로 왼쪽 날개 위에 있는 발음기(發音器)를 비벼댐으로써 소리를 낸다. 이러한 벌레는 모두 오른손잡이이다.

우리는 무심코 휙 돌아설 때 오른쪽 발뒷굼치를 중심으로 해서 돈다. 힘이 센 오른쪽 발을 중심으로 해서 힘이 약한 왼발을 돌린다. 소라껍질처럼 나선패(螺旋貝)를 갖는 연체동물은 거의 모두가 왼쪽에서 오른쪽으로 돌아 몸을 튼다. 바다에 사는 동물과 뭍에 사는 많은 동물 가운데서 몇 종류만이 겨우 오른쪽에서 왼쪽으로 몸을 틀어 예외로 하고 있을 뿐이다.

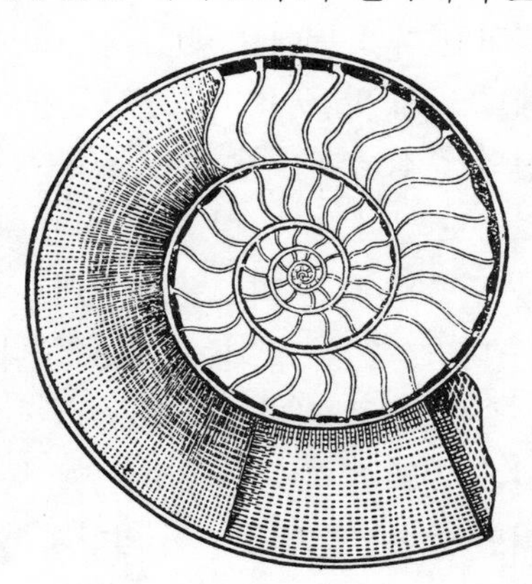

암모나이트의 소용돌이선

좌우 두 개의 구조로 된 동물들이 어떤 식으로 오른손잡이와 왼손잡이로 나뉘어 있는지를 잠시 알아보는 것도 흥미없는 일은 아니다. 좌우 비대칭성(非對稱性)은 일반적인 규칙일까? 꼭같이 잘 쓰고 꼭같은 힘을 갖는 양 다리를 갖춘 중성(中性) 동물은 존재하지 않는 것일까? 물론 존재한다. 그리고 거미가 그런 것 중에 속한다. 아주 부럽게도 거미는 오른쪽과 마찬가지로 잘 쓸 수 있는 왼쪽 반신(左半身)을 갖고 있다.

거미는 다음의 관찰이 보여 주는 것처럼 양손잡이이다. 열심히 관찰하기만 하면 우리는 그물을 짤 때의 모든 호랑거미가 방향에 관계없이 돌아가는 것을 알 수 있는 것이다. 무슨 까닭에서인지 우리는 그 비밀을 알 수 없으나, 거미는 한 번 방향을 정해 놓고는 그대로 실행한다. 한 번 방향을 정하면 이 실뽑는 아가씨는 도는 방향을 바꾸지 않는다. 때로는 일의 진행을 방해하는 사건이 벌어져 일단 중단했다가도 일을 다시 시작할 때는 역시 같은 방향이다.

예컨대 그물을 짜 놓은 부분에 파리같은 것이 걸리는 일이 있다. 그 때 거미는 갑자기 하던 일을 멈추고 먹이에 가까이 가서 묶어 놓는다. 그리고 다시 멈추었던 일자리로 돌아가면 앞서와 같은 방향으로 맴돌이 그물을 계속해서 짜 나간다.

거미는 일을 시작할 때 이번에는 어떤 방향으로 돌아가면서 일하는 것처럼 다음 번에는 반대 방향으로 돌아가면서 일한다. 그러므로 몇 차례나 다시 만들어야 하는 그물을 제작하는 데도, 같은 거미는 돌아가는 선의 중심에 오른쪽 반신을 위주로 쓰기도 하고, 왼쪽 반신을 위주로 하기도 한다. 앞서 살펴보았듯이 거미가 그물을 짜는 일은 대단한 기술을 필요로 하는 미묘한 일인데, 일을 위해 거미는 언제나 중심에 가까운 다리, 즉 어느 때는 오른쪽 다리를, 다른 경우에는 왼쪽 다리를 사용한다. 높은 정밀성을 필요로 하는 이런 일에, 오늘은 오른쪽 다리, 내일은 왼쪽 다리를 사용하는 거미를 본 사람이라면 거미류가 얼마나 뛰어난 양손잡인가를 믿어 의심치 않을 것이다.

이웃에 살고 있는 주민들

근본적으로 호랑거미의 솜씨는 어미이든 새끼이든 나이에 별 차이가 없다. 1년의 경험을 쌓은 새끼 거미 때와 마찬가지 일을 한다. 거미들의 직인조합(職人組合)에는 수습공이나 숙련공의 차별이 없다. 처음으로 실을 자아내기 시작할 때부터 모두가 그 기술의 오묘한 이치를 터득하고 있다. 앞에서는 처음으로 그물을 짜는 새끼 거미에 대해 알아 보았으므로 이번에는 어미 거미가 하는 일에는 무엇이 다른가 알아 보기로 하자. 나이가 많이 들었기 때문에 무언가 더 하는 일이 있는지 알아보자.

7월이 되면 실험 재료는 얼마든지 있다. 뜰의 만년향나무 위에서 한 떼의 젊은 거미들이 열심히 줄을 치고 있다. 나는 어느 날 저녁 황혼이 사라지고 어두움이 깃들 무렵, 우리집 대문 앞에서 큰 거미 한 마리를 발견했다. 이놈은 작년에 태어난 풍채좋은 거미인데, 이 시기에는 보기 드문 당당한 체격이 나이먹은 거미임을 증명하고 있다.

그것은 십자거미였다. 회색 옷을 입고 있고 배를 장식하고 있는 두 개의 검은 줄 무늬가 뒤로 뻗어나가다가 나중에는 한 줄로 합쳐져 있다. 아랫배는 좌우로 퍼져서 뚱뚱하게 나와 있다.

시간이 너무 늦기 전에 이놈이 일을 시작해 주기만 한다면 이 이웃사촌이야말로 나의 실험에는 안성맞춤이다. 일은 잘 되어갈 듯하다. 나는 이 체격이 근사한 거미가 다행히도 최초의 실을 걸기 시작하는 것을 보았다. 이런 속도로 일이 진행되면 밤이 깊기 전에 공사가 끝날 것 같다.

실제로 7월과 8월의 대부분은 매일 밤 사냥이 이루어지기 때문에 그물은 찢어지게 마련이다. 지나치게 그물이 찢어지면 다음날 다시 그물을 짜기 때문에 저녁 8시부터 10시 사이면 그물 짜는 것을 조사할 수 있다. 거미는 밤모기가 잘 드나드는 좁은 길 입구 가까이, 내가 관찰하기 좋은 곳에 거미줄을 치고 있었다. 거미에겐 그곳이 좋은 곳인 모양이었다. 여름 내내 거의 매일 밤 줄을 치면서도 이사하지 않았기 때문이다.

빨갛게 타는 저녁놀이 사라져갈 때면, 날마다 우리 집안 식구들은 모두 나와서 거미들이 그물 짜는 곳을 방문하곤 했다. 어른이나 아이들이나 할 것 없이 뚱뚱한 배를 가진 거미가 흔들거리며 거미줄 한 가운데를 나는 듯이 왔다 갔다 하는 것을 보고 감탄하지 않을 수 없었다. 그리고 또 언제나 기하학적으로 그물이 짜여지는 것을 보고는 그 놀라운 솜씨에 감탄하곤 했다. 이윽고 밤이 깊어 들고 있는 호롱불의 희미한 빛에 이 그물이 비치면, 마치 달빛으로 빚어진 꿈 속의 장미를 보는 것같았다.

아직 미진한 점을 더 자세히 조사하기 위해 내가 돌아오는 시간이 늦어지면, 이미 잠 자리에 들 시간인데도 식구들은 자지 않고 나를 기다리곤 했다. 그리고는 나에게 묻는 것이었다.

"오늘 저녁에는 거미가 무슨 일을 했어요? 그물을 다 짰나요? 나비를 잡았나요?"

그러면 나는 그날 일어났던 일을 이야기해 주었다. 가족들은 내일도 오늘처럼 일찍 잠자리에 들지 않을 것이다. 아, 거미의 일터에서 보낸 그 밤들은 얼마나 아름답고 멋진 밤이었는지!

날마다 기록되어 가는 왕십자거미의 일기장이 먼저 우리들에게 가르쳐 주는 것은 건축의 뼈대를 이루는 굵은 줄이 어떻게 만들어지는가 하는 것이다. 대낮에는 나무 그늘 속에 숨어 보이지 않던 거미가 저녁 여덟시 쯤 되면 숨어 있던 집에서 당당한 걸음으로 나타나서 나무 가지의 맨 끝으로 올라간다. 그리고는 높은 곳에서 잠시 대지(垈地)의 형편을 살펴보고 어떻게 하면 장소에 알맞게 건축을 할 것인가 방법을 생각한다. 거미는 날씨의 좋고 나쁨도 염두에 두고 밤 하늘이 맑은지 아닌지 살펴 본다.

그리고는 갑자기 여덟 개의 다리를 크게 벌리고, 실 주머니에서 나오는 줄에 매달려 수직으로 떨어진다. 마치 노끈 꼬는 사람이 규칙적으로 뒷걸음을 치며 노끈을 꼬듯이, 왕십자거미도 낙하운동으로 실줄을 뽑아낸다. 몸의 무게가 실을 뽑아내는 힘이 된다.

이 낙하운동에는 떨어지는 몸무게 때문에 급격하게 속도가 더해지는 일은 없다. 떨어지는 놈이 마음대로 실 주머니를 좁혔다 넓혔다 하고, 또 때로는 그것을 아주 막기도 하기 때문에 훌륭하게 조절하고 있는 것이다. 이렇게 마음대로 운동함으로써 살아 있는 추로부터 실이 뽑혀 나온다.

내가 들고 있는 호롱불은 분명하게 거미줄을 비추고 있으나, 실이 잘 보이지 않는 때가 있다. 그럴 때 뚱뚱한 이 거미는 아무 발디딤판도 없는 공중에서 다리를 쩍 벌리고 있는 듯이 보인다.

거미는 땅 위에서 7~8센티미터 떨어진 곳에서 갑자기 멈춘다. 그리고 명주실은 이제 나오지 않는다. 거미는 방향을 바꾸어 바로 전에 뽑아냈던 그물을 타고 줄을 따라 올라가면서 아까와 같이 실을 또 뽑아낸다.

그러나 이번에는 몸의 무게가 도움이 되지 않으므로, 실을 뽑아내는 방법이 다르게 나타난다. 뒷다리가 날쌔게 움직여 실 주머니로부터 실을 뽑아내고, 그것을 빼내는 대로 놓아 준다.

높이가 2미터 가량이나 되는 원래의 출발점에 돌아오면 거미는 그곳에서 이중으로 겹쳐진 실을 갖게 된다. 이 이중의 실은 바람의 움직임으로 하느적거리는데, 거미는 실의 한 끝을 적당히 고정시키고 바람에 흔들리고 있는 다른 한 끝이 나무 가지에 걸려 붙기를 기다리고 있다.

기다리는 시간이 오래 걸릴 때도 있다. 십자거미의 의젓한 참을성이 오히려 나를 조바심하게 만든다. 더 견딜 수 없게 된 나는 거미를 거들어 주려고 나선다. 밀짚으로 바람에 나부끼는 줄을 걷어 적당한 나무 가지에 걸어 준다. 거미는 내가 거들어 만들어진 외줄 다리(橋)가 바람이 그 장소에 가져다 준 것과 마찬가지라고 판단했을 것이다. 나는 거미에게 베풀어준 나의 도움이 저 세상에서 착한 일로 기록될 것으로 믿고 있다.

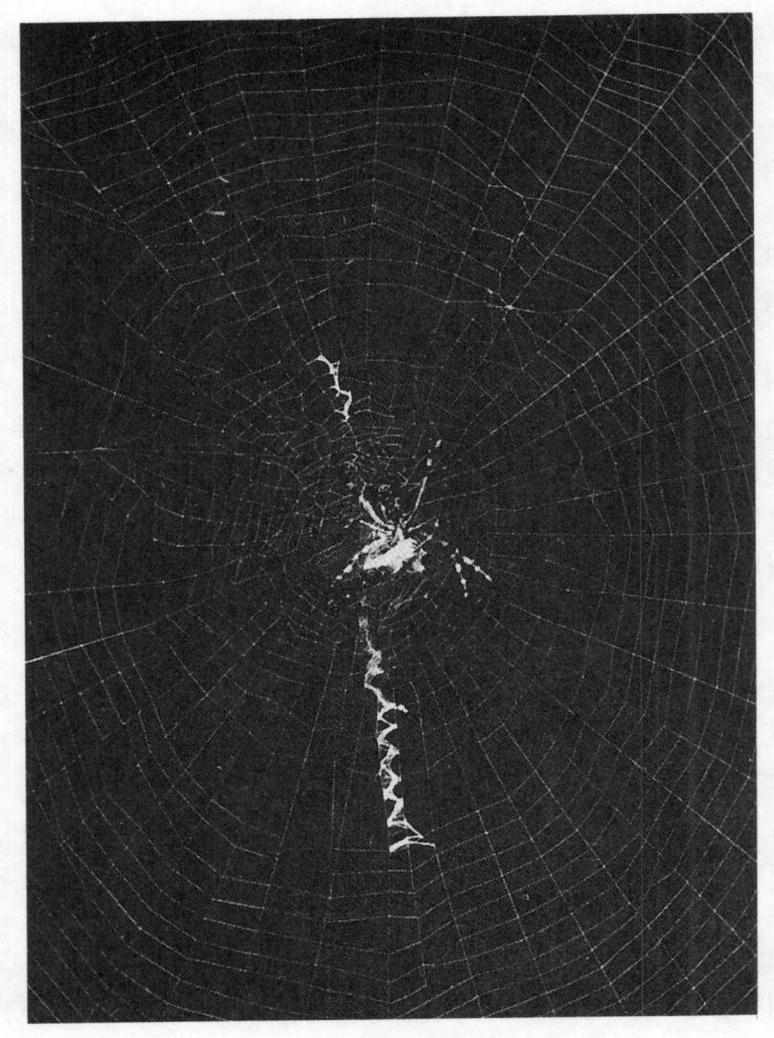

호랑거미의 거미줄

실이 걸쳐졌다는 것을 안 십자거미는 이 끝에서 저 끝으로 몇 차례나 왔다 갔다 하며, 그 때마다 실의 굵기를 더해간다. 내가 도와 주건 말건, 이렇게 해서 뼈대를 이루는 주요 부분의 거는 줄이 만들어진다. 이 줄은 그다지 굵지는 못하지만, 그 구조로 보아 나는 이 줄을 '거는줄'이라고 불러두기로 한다. 이 줄은 외줄처럼 보이지만, 양 끝에서는 그 줄이 갈라져서, 왔다 갔다 할 때마다 뽑아낸 실의 횟수만큼 여러 갈래로 나누어져 있는 것을 볼 수 있다. 이 줄은 여러 군데에 걸쳐져 있고 양 끝이 단단하게 나무 가지에 연결되어 있다.

이 '거는줄'은 거미가 걸쳐 놓은 다른 줄에 비교도 안 될 만큼 튼튼하며 아주 질기다. 대개 그물은 밤중의 사냥을 겪고 나면 찢어져 버리기 때문에, 다음 날 저녁이면 항상 다시 만들어진다. 거미는 찢어진 그물을 걷어치운 다음, 깨끗이 청소된 같은 대지 위에 새로이 그물을 만드는데, 다만 몇 차례씩 다시 만드는 가운데서도 '거는 줄'만은 남겨 두게 마련이다.

이 '거는 줄'은 만들기가 그리 쉽지 않다. 이 줄을 만들려는 계획이 뜻대로 이루어지느냐 아니냐는 거미의 능력에만 달려 있지 않기 때문이다. 바람의 힘이 실을 나무 가지에까지 옮겨다 주는 것을 기다려야 하기 때문이다.

때로는 바람 한 점 없이 고요하기도 하고 또 어떤 때는 실이 엉뚱한 곳에 걸리기도 하기 때문에 기약없는 성공을 기다리며 오랜 시간을 기다리지 않으면 안 된다. 그러므로 이 '거는줄'이 적당한 방향, 적당한 자리에 확실하게 걸쳐지기만 하면 십자거미는 부득이한 경우 이외에는 이것을 새로 만드는 일이 없다. 밤마다 거미는 이 거는 줄을 왔다 갔다 하며 새로운 실로 이 줄을 튼튼하게 한다.

이렇게 해서 거는 줄이 쳐지면 기초공사는 다 된 셈이다. 거미는 제 마음 대로, 이 나무 가지에서 저 나무 가지로 갔다 왔다 할 수 있다.

그리고는 이 거는 줄 위에서 건축공사를 시작한다. 거미는 이 줄 위에서 떨어지는 장소를 바꾸어가면서 조금 떨어졌다가는 떨어질 때에 뽑아낸 실을 타고 다시 올라온다. 이렇게 함으로써 두 겹으로 된 줄이 생기고 거미는 거는 줄을 건너서 다른 가지에 이 줄의 끝을 걸게 된다. 그리하여 오른쪽에도 왼쪽에도 몇개의 가로대가 생기게 된다.

다음에는 이 가로대 줄이 여러 군데로 방향을 달리하는 다른 가로대 줄을 만들게 된다. 가로대 줄이 충분한 수에 이르면 십자거미는 이제 실을 뽑아내기 위해 낙하 운동을 할 필요가 없게 된다. 거미는 이 줄에서 저 줄로 건너다니며 언제든지 그 뒷다리로 실을 이끌어 내어 그물을 짜 나간다.

이리하여 어떤 수의 직선의 집합체가 만들어진다. 아주 불규칙한 다각형의 터가 마련되고, 그곳에 매우 규칙적인 작품인 그물이 짜여지게 되는 것이다.

한 마리의 거미 직공이 하는 일을 이 이상 설명할 필요는 없을 것이다. 나이 어린 거미는 이 점에 대해 우리들에게 충분히 가르쳐 주고 있다. 어느 경우에나 중심에 눈에 잘 띄는 표지(標識)가 되는 둥근 방석이 있고, 거기에서 같은 거리의 방사선이 깔려 있으며 나중에는 없어지는 임시 발판인 보조 소용돌이선이 맴돌고 있다.

그런데 궁금한 점이 또 있다. 즉, 듣지 못하던 낯선 소리가 들릴 때에 거미가 착각을 일으키거나 주저하는 일은 없는지 나는 알고 싶었다.

거미는 태연하게 일만 하고 있을 것인가? 고요한 가운데서 정신을 한 군데로 집중시킬 필요는 없는 것일까? 나는 이미 내가 옆에 있든 없든, 또 등불을 들고 있든 아니든, 거미는 조금도 아랑곳하지 않고 자기 일만 하는 것을 보았다. 등불의 밝은 불빛도 그의 일을 멈추게 하지 못했다. 어둠 속에서 일하듯이 거미는 밝은 빛 가운데서도 빠르거나 더딤 없이 한결같이 계속해서 일하고 있었다. 이것은 내가 생각하고 있는 실험을 위해 다행한 일이었다.

8월의 첫째 일요일은 이 마을을 지켜주는 수호성인(守護聖人)의 축일(祝日), 즉 돌에 맞아 순교한 에티엔느 성인의 기념일이었다. 축제가 시작된지 3일째 되던 날 저녁 9시, 이 축제를 마지막으로 장식하는 불꽃놀이가 있었다. 그것은 마침 우리집 대문 앞, 즉 거미들이 일하고 있는 데서부터 몇 발자국 떨어진 거리에서 축포를 쏘아 올리게 되어 있었다. 실뽑는 아가씨들은 불꽃놀이 대원들이 북을 울리고 나팔을 불며 관솔불을 켜들고 어린이들과 함께 왔을 때, 마침 그 커다란 소용돌이선을 치기 시작하는 참이었다.

나는 불꽃놀이 구경보다는 동물의 심리학에 더 흥미를 갖고 있었기 때문에 등불을 손에 들고 왕십자거미가 하는 일을 관찰하고 있었다. 많은 군중들이 떠드는 소리, 축포를 쏘는 소리, 밤 하늘에 터지는 오색 불꽃의 아름다운 연속 폭음, 불꽃 화살이 하늘을 나는 소리, 비처럼 쏟아져 내리는 불꽃, 갑자기 환하게 밝아지는 흰색, 빨강색, 초록색의 찬란한 불빛들……

그러나 이 소란스러운 밤하늘 아래서도 거미들은 자기가 하는 일에만 열중하고 아랑곳하지 않았다. 거미는 보통때와 다름없이 고요한 저녁에 하던 일을 그 순서대로 돌아가며 그물 짜기에만 바빴던 것이다.

지난날 내가 플라터너스 나무 아래서 대포를 쏘았을 때도 매미는 오케스트라를 멈추지 않았었다. 지금도 그랬다. 불꽃놀이의 눈부신 빛과, 펑 펑 터지는 불꽃의 폭음도 거미의 일을 멈추게 하지는 못했다.

그러니, 세상이 무너져 버린다 한들 이 거미들에게 무슨 상관이 있겠는가. 이 마을이 다이나마이트로 폭파되어 산산조각이난다 해도 그런 일에는 끄떡도 하지 않을 것 같았다.

평소와 조금도 다름없이 사냥 그물을 짜고 있는 거미의 이야기로 돌아가자. 커다란 소용돌이선은 쉬는 장소의 경계선에서 갑자기 중단되고 있었다. 그러자 거미는 일을 끝마치고 뒷거둠한 실 끝으로 만든 중심의 방석을 떼어내 먹어 치우고 있었다.

그러나 일을 끝마치는 이 식사를 하기 전에, 호랑거미의 두 종류, 즉 호랑거미와 붉은십자거미만은 아직도 그가 하던 공사에 손수 이름을 써서 서명(署名)하는 일을 남겨 놓고 있다.

이 미묘한 마지막 손질은 사람으로 치면 작품을 완성한 다음 서명하는 일이라 할 수 있는데, 나는 거미의 이런 일을 보강작업으로 보고 싶다. 그런데 나이 젊은 호랑거미 종류는 결코 이런 일을 하지 않는다.

젊은 거미는 그물이 그다지 많이 찢어지지 않아 아직 쓸모가 있는데도 매일 저녁 비단실을 낭비해 가면서 그물을 다시 짠다. 대개 젊은 거미들은 해가 서산에 넘어가면 깨끗이 새로운 그물을 만들어 놓는다. 내일이면 일을 다시 해야 하니까, 추후로 보강하는 따위의 일은 하지 않는다.

이와 반대로 어미 거미는 계절이 깊어가면 알을 낳을 때가 다가오는 것을 느끼고, 알 주머니에 사용할 명주실의 소비량에 대비하기 위해 실을 아껴 절약한다. 이 시기의 사냥 그물은 크기도 넓고 재료가 많이 사용되는 공사이기 때문에 될수록 오래 사용하려고 한다. 그렇지 않으면 많은 재료가 들어가는 알집을 만들어야 할 시기가 닥쳐왔을 때에 저장품이 모자랄 염려가 있다.

이런 이유에서인지 또는 다른 이유에서인지 그 비밀은 알 수 없으나 호랑거미와 붉은십자거미는 그물이 오래 견디도록 질기게 하고, 먹이가 걸려들 덫을 튼튼하게 해 두는 것이 좋다고 생각한다.

다른 거미류, 즉 알 주머니가 공 모양으로 단순하고 그물을 만드는데도 그다지 재료를 들이지 않는 거미들은 이 들쭉날쭉한 보강장치를 만들 줄 모른다. 그리고 젊은 거미가 하듯이 거의 매일 저녁 그물을 다시 짜고 있다.

등불을 밝혀 들고 나의 이웃집 주인인 뚱뚱보 붉은십자거미를 찾아가 보면 사냥 그물의 수리를 어떻게 하고 있는지 알 수 있다.

황혼이 사라지고 어둠의 장막이 내려 덮이려 할 때, 그녀는 조심조심 낮에 쉬고 있던 방에서 내려온다. 푸른 나뭇잎 그늘을 빠져 나와서 거미줄로 다가온다. 그곳에서 잠시 가만히 동정을 살핀 다음, 그물 위로 내려와서 크게 팔을 벌리고 찢어지다 남은 그물 조각을 긁어 모은다. 소용돌이줄도 방사선도 뼈대도 모두 갈퀴같은 손 아래로 모아진다. 단 한 가지 줄만이 남겨지는데, 그것은 거는 줄이다. 먼저번 건축공사때도 기초가 되었던 것이며, 또 이제부터도 약간 손질만 하면 새로운 건축의 기초가 될 줄이다.

이렇게 긁어 모아 한 데 뭉친 그물 조각은 공처럼 된다. 거미는 먹이를 잡아 먹을 때와 같이 그것을 아주 맛있는 것처럼 먹어 버린다. 자기가 뽑아냈던 실을 호랑거미들이 얼마나 아끼고 뒷처리를 잘하는가를 여기서도 알 수 있다.

우리는 앞에서 그물을 다 짠 다음 나머지 실과 중심 표지의 방석을 호랑거미가 먹어치우는 것을 보았다. 지금 여기서는 자기가 짰던 그물 전체를 삼켜버리는 것이다. 이 낡은 그물의 재료는 위 속에서 삭은 다음 액체로 되었다가 다음에 소중하게 쓰이는 것이다.

터가 깨끗이 청소되고 나면 남아 있는 거는 줄을 기본으로 하여 테두리가 둥근 그물을 짜기 시작한다. 대체로 낡은 그물이라 해도 찢어진 곳만 꿰매서 수선하면 다시 사용할 수 있을 터인데, 그것을 수선하는 편이 오히려 간단하지 않을까?

가정주부가 헝겊으로 깁듯이 거미도 그물을 수선할 수 있을까? 찢어진 그물 눈을 꿰매고 끊어진 실을 다시 이어 낡은 것에 새 것을 꼭 들어맞게 하는 것은 좀처럼 쉬운 일이 아니다. 그러기 위해서는 지적인 연구와 기술을 발휘할 수 있는 뛰어난 지혜가 있어야 한다.

가정에서 옷을 수선하는 우리 여성들은 이런 일에 숙련되어 있다. 그들은 이성(理性)을 지도자로 하여 뚫어진 구멍을 재고, 앞 뒤와 좌우를 맞추어가며 필요한 장소에 작은 헝겊을 갖다 대어 깁는다. 거미도 이와 비슷한 지혜를 갖고 있는 것일까?

그렇다고 사람들은 말한다. 그러나 이것은 확실히 옆에 가서 직접 관찰한 일이 없는 사람들이 하는 말이다. 어설픈 이론의 주머니를 불리는 데는 세심한 관찰이 필요치 않다. 그런 사람들은 미리 짐작하고 자기 만족에 취해 있는 것이다. 우리는 그만큼 대담하지 못하니까 우선 조사해 보기로 하자. 참말로 거미는 그런 것을 수리할 수가 있을까 없을까, 이것을 실험으로 알아보자.

지금까지 여러가지 기록을 보여 준 이웃집 주인 십자거미는 저녁 9시에 그물짜기를 끝마쳤다. 밤 하늘은 맑고, 밤 공기는 훈훈하여 자벌레나방이 원무곡(圓舞曲)을 춤추기에 알맞는 밤이다. 사냥감 먹이가 많이 걸려들 듯하다.

소용돌이줄 치기를 끝낸 십자거미가 중심에 있는 방석을 먹어치우려고 갔을 때, 나는 잘 드는 가위로 그물의 한복판을 잘랐다.

방사선은 반대로 당기는 힘을 갖고 있지 못했으므로 그물이 줄어들어 손가락 셋이 들어갈 만한 틈이 생겼다.

거는 줄에 피난하고 있던 거미는 그다지 두려워하는 빛도 없이 내가 하는 일을 보고 있었다. 내가 일을 끝마치자 거미는 조용히 제자리로 돌아왔다. 찢어진 반 원 한쪽의 중심에 자리잡고 앉았다. 그러나 한쪽 발이 디딜 만한 발판이 없었으므로, 그물이 불완전하다는 것을 즉시 깨달았다. 그러자 두 가닥의 실이 찢어진 구멍을 가로 질러서 걸쳐졌다. 실은 두 줄 뿐이었다. 디딜 자리가 없던 발은 이 줄을 발판으로 했다. 그러나 그 다음 거미는 사냥에만 열중하여 움직이지 않았다.

나는 찢어진 그물의 양쪽을 연결시키기 위해 거미가 두 줄의 실을 뽑아 걸치는 것을 보았을 때, 과연 거미의 수선하는 솜씨를 볼 수 있을 것이라는 희망을 가졌다. 거미는 찢어진 그물의 한쪽에서 다른 한쪽에 걸쳐진 가로줄을 늘려갈 것이라고 생각했다.

그리고 나중에 수선한 그물이 이미 짜 놓았던 그물과 조화를 이루지 못하더라도 적어도 뚫어진 구멍의 공간만은 메꾸게 될 것이고, 그리하여 수리된 그물은 찢어지지 않았던 그물과 별다름 없이 사용할 수 있게 될 것이라고 생각했다.

그러나 내가 기대하고 있던 대로는 되지 않았다. 한밤이 지나도록 이 실뽑는 아가씨는 그런대로 구멍뚫린 그물로 사냥을 계속했을 뿐 그 이상의 일은 하지 않았다. 다음 날 나는 그물이 어제 그대로 조금도 달라진 곳이 없는 것을 보았다. 아무런 수선도 한 흔적이 없었다.

그리고 이것은 이번 경우에 한해서만 부주의했다든가, 어미 거미가 관심없이 게을리했기 때문이 아니다. 그물을 짜는 데는 모두 훌륭한 솜씨를 가진 거미들도 이처럼 수리하는 능력은 갖고 있지 못하다는 것을 보여준 것이다.

색동호랑거미와 붉은십자거미는 이 점에서 주목할 만하다. 십자거미가 거의 매일 밤 그물을 새로이 짜고 있는데 비해, 이 두 종류의 거미가 그물을 새로 짜는 것은 극히 드물다. 웬만하면 그대로 사용하고 있다. 그들은 걸레가 다 된 그물로 사냥을 계속한다. 그물을 새로 짜려고 결심하는 것은 낡은 그물이 더 이상 쓰지 못하게 되었을 때이다. 찢어진 그물은 이튿날이면 더 망가져 있다. 하지만 그래도 수선하지 않는다.

이러한 사실은 우리에게 거미는 결코 수선할 줄을 모른다는 결론을 내리게 한다. 그것은 거미에게 명예롭지 못한 일이지만 그러나 어김없는 사실이다. 거미들은 겉보기에는 깊은 생각을 지닌 듯하지만 구멍뚫린 그물에 알맞는 재료를 가져다 메꾸려는 보잘 것 없는 생각도 못하는 것이다.

그러니까 그물을 짜는 데는 뛰어난 솜씨를 갖고 있는 이 예술가들도 이성(理性)이라는 신성한 불(火)은 갖지 못하고 있다. 즉, 아주 어리석은 여자라도 갖고 있는 낡은 양말을 기울 수 있는 지혜를 거미는 전혀 갖고 있지 못한 것이다. 옛부터 전해오는 그릇된 관념을 바로잡는 데도 거미줄을 관찰하는 것은 큰 도움을 줄 수 있다고 나는 생각한다.

거미줄의 끈끈이

호랑거미들이 소용돌이 모양으로 짜내는 거미줄은 흥미있는 학문적인 연구의 대상이 될 수 있다. 특히 호랑거미나 붉은십자거미를 주의를 기울여 조사해 보자. 이 두 종류의 거미는 모두 이른 아침부터 관찰할 수 있다.

겉보기에도 그들이 소용돌이선을 만들고 있는 실은 뼈대를 이루는 실이나 방사선 실과는 다르다. 햇빛에 반짝이는 것을 보면 매듭지어진 곳이 수없이 눈에 띄는데, 그것은 좁쌀알같은 묵주를 생각케 한다. 그물 위에서 이 실을 확대경으로 관찰하는 것은 약간만 바람이 불어도 흔들리기 때문에 거의 불가능하다.

나는 유리판 위에 연구하려는 실 두 세 올을 끊어 올려 놓았다. 자, 이제 확대경과 현미경을 준비하자.

참으로 놀랄 만한 모습이 나타났다. 눈으로 볼 수 있는 세계와 눈에 보이지 않는 세계의 중간에 있는 이 실은 여러 올이 합쳐져 꼬아진 것임이 드러났다. 우리들의 공업기술이 가는 구리선들을 묶어 탄력이 있는 전선을 만드는 것과 마찬가지이다.

더욱이 이 실은 가운데 속이 비어 있다. 그 관(管)은 아주 가늘고 비어 있는 구멍 속에는 아라비아 고무를 녹인 듯한 끈끈한 액이 가득 차 있다. 끊어진 양쪽 끝에서 이 액체가 투명하고 긴 줄을 그으면서 흘러나오고 있는 것이 보인다. 현미경의 판유리 위를 덮는 커버 글라스의 압력으로 속이 늘어나서 꼬인 리본처럼 되었다. 그리고 그 끝에서 끝까지 한가운데에 중심이 비어 있는 곳을 검은 줄이 지나가고 있다.

관 속에 있는 액체는 비틀린 리본처럼 꼬여 있는 실의 표면을 통해 땀이 배어나오듯 밖으로 나올 것이다. 그리하여 거미줄을 끈끈하게 해줄 것이다.

실제로 그물은 놀랄 만큼 끈끈하게 달라 붙는다. 가느다란 밀짚으로 부채꼴의 가로줄을 가만히 건드려 보라. 아무리 살짝 건드려도 그것은 거침없이 달라붙는다. 밀짚을 들어올리면 실은 금방 달라붙어서 늘어나고, 마치 고무줄같이 2~3배나 늘어난다. 지나치게 잡아당기면 끊어지지 않고 떨어져서 제자리로 돌아간다. 꼬였던 줄이 풀려서 늘어났다가는 다시 꼬여서 짧아진다.

말하자면 이 소용돌이 모양의 거미줄은 하나의 모세관이라 할 수 있는데, 이만큼 가는 줄은 우리들의 물리학으로서도 만들기가 어려울 것이다. 거미줄은 걸려든 먹이가 발버둥쳐도 끊기지 않을 만큼 탄력성을 갖고 있다. 실 속에는 끈끈한 액체가 예비로 저장되어 있어서 줄이 바람에 말라 표면의 끈끈한 성질이 약해지면 다시 밖으로 배어나와 전처럼 끈끈해진다. 참으로 경탄하지 않을 수 없다.

호랑거미류는 줄을 던져서 사냥하지 않는다. 거미들은 끈끈이 줄로 사냥한다. 이 끈끈이 줄은 무엇이든 잡을 수 있다. 민들레의 씨만큼 가벼운 것도 닿기만 하면 붙어 버린다. 그러나 거미는 언제나 그물에 붙어 다니는데도 발이 붙지 않는다. 왜 그럴까?

우선 거미는 그물 한가운데에 하나의 광장을 만들어 놓고 있다. 이 광장을 만드는 실에는 끈끈이가 없다. 이것을 만드는 줄은 중심에서 조금 떨어진 곳에서 갑자기 끊어져 있다. 커다란 거미줄에는 대체로 10 제곱센티미터의 면적에 끈끈이가 없는 그물이 만들어져 있는데, 이것이 광장이다. 실험용 밀짚이 조금도 달라붙지 않는 그물이다.

호랑거미는 가운데 있는 이 쉼터에서 하루 종일 먹이가 걸려들기를 기다리며 앉아 있다. 여기에는 아무리 오랫동안 앉아 있어도 끈끈이가 흘러나오는 줄이 없기 때문에 거미의 발이 달라붙을 염려가 없다. 다른 뼈대 부분의 실과 마찬가지로 속에 구멍이 없고 꼬이지 않은 실이 이 부분을 만들고 있다.

그러나 먹이가 그물의 변두리에 걸려들면 재빨리 달려가서 이것을 붙들어 매서 달아나려고 버둥거리는 놈을 꽉 잡아 놓아야 한다. 그렇게 하려면 거미는 그물 위를 걸어야 하는데, 우리는 거미가 조금이라도 걷는 데 지장을 느끼는 것을 본 적이 없고, 끈끈한 실이 발에 붙어 다니는 것도 본 일이 없다.

나는 어린 시절 목요일이 되면 동무들과 함께 들에 나가 삼밭의 엉겅퀴벌레를 잡곤 했다. 그때 우리는 장대 끝에 거미줄의 끈끈이를 바르기 전에 끈끈이가 손에 묻지 않도록 몇 방울의 기름을 바르곤 했었다. 호랑거미들도 이처럼 기름의 비밀을 알고 있는 것일까? 실험해 보기로 하자.

나는 실험용 밀짚을 기름이 약간 묻은 종이로 문질렀다. 그렇게 했더니 밀짚을 거미줄 위에 놓아도 달라붙지 않았다. 원리는 발견되었다. 나는 살아 있는 호랑거미로부터 다리 하나를 떼어 내어 그것을 끈끈한 실에 가져다 댔다. 끈끈한 거미줄이었는데도 거미다리는 중성(中性)의 실, 즉 방사선실과 뼈대를 이루는 실에 갖다 댄 것보다도 더 달라붙지 않았다.

그러나 다음의 실험결과는 이것과 너무나 큰 대조를 보여 주었다. 나는 거미 다리를 기름기를 잘 녹이는 이황화탄소(二黃化炭素) 가운데

약 15분 가량 담가 놓았다. 그리고 이 액체를 붓에 묻혀 거미 다리를 정성껏 닦았다. 이 거미 다리는 끈끈이 줄에 어떻게 되었을까? 이렇게 씻은 다음의 거미 다리는 끈끈한 거미줄에 너무 잘 달라붙었다. 다른 물건, 예를 들어 기름을 바르지 않은 밀짚처럼 잘 달라붙었다.

기름기는 달라붙기 잘하는 끈끈이를 막아주는 물질이라고 볼 수 있을까? 이황화탄소의 작용은 그렇다고 말해 주고 있다. 더우기 이러한 물질은 동물의 몸에서 흔히 볼 수 있는 것이며, 그것이 땀을 흘리는 작용같은 것을 통해 거미의 몸에 아주 엷게 발라지지 않는다고 누가 단언할 수 있을 것인가?

우리는 엉겅퀴벌레를 잡으려는 장대 끝에 끈끈이를 칠하기 위해 손가락에 약간의 기름을 바른다. 이와 마찬가지로 호랑거미들은 끈끈이에 발이 붙을 염려 없이 그물의 모든 곳에서 일할 수 있도록 특별한 땀을 몸 전체에 바르고 있다.

그러나 끈끈이 줄 위에 너무 오래 머물러 있으면 좋지 않을 것이다. 오랫동안 끈끈이 줄에 머물러 있으면 나중에는 달라붙고 말 것이고, 그렇게 되면 민첩하게 달려가 먹이가 떨어져 나가기 전에 습격할 수도 없게 될 것이다. 그러므로 오랫동안 기다려야 할 중심의 휴게소에는 결코 끈끈이가 배어 나오는 줄을 쓰지 않는 것이다.

거미가 그물의 어떤 흔들림도 즉시 느낄 수 있도록 여덟 개의 다리를 모아 가지고 꼼짝도 안 하고 있는 곳은 오직 중심에 있는 이 쉼터뿐이다. 또한 거미가 먹이를 잡아 놓고 식사 — 먹이가 큰 것일 때는 아주 오랜 시간이 걸린다 — 를 하는 곳도 여기 뿐이다. 먹이를 잡아 붙들어 놓고 깨문 다음 언제나 줄 끝에서 먹이를 끌고 오는 곳도 이곳이다. 호랑거미는 이렇게 기다리는 장소와 식당을 끈끈이가 없는 중앙지대에 마련해 둔다.

이 끈끈이는 양이 아주 적기 때문에 그 화학적 성질을 연구하는 것은 거의 불가능하다. 현미경으로 보면 약간 알갱이가 있는 유리같은 액체가 실로부터 흘러나오는 것을 볼 수 있을 뿐이다. 우리는 다음과 같은 실험으로 더 많은 것을 알 수 있다.

나는 거미줄을 잘라 한 묶음의 끈끈한 실을 평평한 유리판 위에 놓았다. 거미줄은 유리판에 평행으로 달라붙었다. 나는 이 유리판을 뚜껑으로 덮고 그 밑에는 물을 넣었다. 이윽고 실은 습기로 포화된 공기 가운데서 물방울에 쌓이고, 점점 부피가 늘어나 흘러내리게까지 되었다. 그러자 실의 형태는 없어지고, 실 구멍 속에서 아주 작고 가느다란 한 줄의 물 알갱이가 나타났다.

24시간이 지난 뒤, 실은 가운데 구멍을 잃어 버리고 거의 눈에 보이지 않을 정도로 되었다. 만약 그때에 유리판에 물을 한 방울 떨어뜨리면 아라비아 고무의 작은 미립자가 만들어내는 듯한 끈적끈적한 액체를 얻을 수 있다. 결론은 분명하다. 호랑거미들의 끈끈이는 습기에 아주 민감한 물질이다. 습기로 가득찬 대기 가운데서 이 끈끈이는 많은 습기를 흡수하여 실의 벽을 통해 스며나온다.

이 실험은 끈끈이에 대한 두 세 가지 사실을 입증해 준다. 우선 어미가 된 긴호랑거미와 붉은십자거미는 그물을 짤 때 안개가 짙어지면 짜던 그물을 도중에 포기하곤 한다는 것이다. 거미는 전체의 뼈대를 세우고, 방사선 줄을 치고 보조소용돌이선 등, 습기가 아주 많아도 변질하지 않는 여러 부분을 만들기는 하지만, 끈끈이 줄은 안개에 젖으면 녹아서 쓸모없는 누더기가 되어버리고 물기로 인해 힘을 잃게 되기 때문이다.

끈끈이 그물이 습기에 매우 예민하다는 것은 불편한 점도 있지만 크게 유익한 점도 있다. 이 두 종류의 호랑거미는 항상 대낮에 사냥을 한다. 하지만 특별한 준비가 갖추어 있지 않는 한, 끈끈이 줄은 뜨거운 여름날 말라 버려 쓸모없는 것으로 변해 버릴지도 모른다.

그러나 실제로는 이와는 정반대이다. 가장 볕이 뜨거운 시간에도 끈끈이 줄은 변함 없이 탄력성이 있고 부드러워서 점점 잘 달라붙는다.

왜 그럴까? 그것은 거미줄이 습기에 아주 민감하기 때문이다. 공기 중에 습기가 포함되어 있지 않을 때는 없다. 습기는 천천히 거미줄에 배어 들어서 줄 구멍 속의 액체를 적당히 엷게 하고, 끈끈이의 힘이 약해지면 그것을 밖으로 스며나가게 한다. 끈끈이로 먹이를 잡는 기술이라면 어느 새잡이가 호랑거미를 당해 낼 수 있을 것인가? 거미는 한 마리의 자벌레나방을 잡기 위해 얼마나 교묘한 방법을 쓰고 있는 것인가?

그리고 또 거미는 얼마나 제작욕(製作慾)이 왕성한 벌레인가? 원의 둘레와 그 둘레의 수를 안다면 끈끈이 줄의 전체 소용돌이선의 길이를 계산하는 것은 어렵지 않다. 십자거미는 그 그물을 다시 만들때마다, 한 차례에 끈끈이 줄을 20미터 가량 뽑아낸다. 붉은십자거미는 좀 더 솜씨가 좋아서 30미터 가량을 뽑아낸다. 그런데 내 이웃인 붉은십자거미는 두 달 동안 거의 매일 저녁 그물을 짜고 있다. 그러므로 십자거미는 이 기간을 통해 끈끈한 실을 1킬로미터 이상이나 생산하는 셈이다.

나는 나보다 더 많은 기구를 갖추고 또 내 눈보다 덜 피로한 눈을 가진 해부학자가 이 미묘하기 그지없는 거미의 그물 짜기를 설명해 주었으면 좋겠다고 생각한다. 어떻게 해서 모세관(毛細管)모양의 실이 자아지는 것일까? 어떻게 해서 이 관은 끈끈이로 채워지고 회전을 많이 한 꼬여진 실로 만들어지는 것일까? 또 어떻게 해서 실을 뽑아내는 같은 구멍이 뼈대를 만드는 실, 소용돌이선을 만드는 실, 모슬린 모양의 실, 알 주머니를 부풀게 하는 솜을 각각 만들어 내며 그리고 같은 주머니의 실에서도 날줄 모양으로 쳐지는 검은 줄을 어떻게 공급하는 것일까? 나는 기계가 어떻게 움직이는가를 이해하지도 못하면서 다만 그 결과만을 보고 있는 셈이다.

통신줄(通信線)

내가 관찰한 여섯 종류의 호랑거미 중에서도 긴호랑거미와 붉은십자거미만은 뙤약볕이 내려쬐는 곳에서도 끊임없이 그의 그물 위에서 먹이를 기다리고 있다. 그러나 그밖의 다른 거미들은 대개 어둠의 장막이 내릴 때가 아니면 자태를 나타내지 않는다. 이러한 거미들은 그물에서 약간 떨어진 나무떨기 속에 숨어 있는 집—두 서 너 장의 나뭇잎을 끌어당겨 간단하게 통 모양으로 말아 붙인 것—을 갖고 있다. 대개의 경우 낮 동안은 이곳에 조용히 틀어박혀 쉬고 있다.

타는 듯이 내려쬐는 햇볕은 거미들을 괴롭히지만 들에 있는 벌레들에게는 즐거움을 가져다 준다. 잠자리는 공중을 시원스럽게 날아 다니고 메뚜기는 풀잎에서 뛰어 다닌다.

그런데 끈끈이가 묻은 그물은 어제밤 찢어지긴 했지만 아직도 도움이 된다. 조심성없는 벌레들이 끈끈한 거미줄에 걸려든다면, 멀리 숨어 있던 거미는 어떻게 알고 이 뜻밖의 손님을 맞이할 것인가? 걱정할 것은 아무것도 없다. 거미는 즉시 달려온다. 어떻게 해서 아는 것일까? 아래에 그 방법을 설명해 보겠다.

그물의 움직임은 겉보기보다는 훌륭하게 경보(警報)를 전달해 준다. 아주 간단한 실험이 그것을 증명해 준다. 이황화탄소로 방금 질식시킨 메뚜기를 호랑거미의 끈끈이 그물에 가만히 붙여 놓는다. 이 죽은 벌레를 그물 한가운데 자리잡고 있는 거미의 앞이나 뒤, 또는 옆에 가만히 놓아 본다. 맨 처음에는 아무 일도 일어나지 않는다. 호랑거미는 먹이가 걸려들어도 모른 척하고 그대로 가만히 있다. 벌레를 정면에 놓아 보아도 마찬가지이다. 깨닫지 못하는 모양이다.

나는 죽은 메뚜기를 밀짚 끝으로 약간 건드려 보았다. 그 이상의 일을 할 필요는 없다. 호랑거미와 붉은십자거미는 중심에 자리잡은 방석에서 달려나왔다. 다른 거미라면 숨어 있던 나뭇가지에서 달려나왔을 것이다. 거미들은 모두 메뚜기에게 달려가 그것을 묶는다. 보통 살아 있는 메뚜기가 걸려들었을 때와 마찬가지 취급을 한다. 그러므로 거미로 하여금 공격하게 만들기 위해서는 그물을 흔들어 줄 필요가 있다.

이번 메뚜기는 회색빛이었기 때문에 어쩌면 확실하게 거미의 눈에 띌 만큼 주의를 끌지 못했는지도 모른다. 빨강색은 우리들의 눈에 가장 잘 띄는 빛깔이므로 이 색깔은 거미의 눈에도 잘 보일는지 모른다. 나는 빨간 양털을 조그맣게 싼 다음 메뚜기만한 크기의 미끼를 만들었다. 그리고 그것을 거미줄에 갖다 놓았다.

나의 실험은 성공적이었다. 그 물건이 움직이지 않는 한 거미도 움직이지 않았다. 그러나 그것을 밀짚 끝으로 건드리자마자 거미는 부리낳게 달려나왔다.

거미 중에 어떤 놈은 발 끝으로 그 물건을 잠깐 건드려 본 다음, 더 이상은 조사하지도 않은 채 다른 먹이와 마찬가지로 명주실로 감싸버리기도 한다. 그리고 어떤 거미는 우선 먹이를 마비시켜 놓아야 한다는 일반적인 규칙에 따라 가짜 먹이를 깨물어 놓기도 한다. 그리고는 그제서야 겨우 속았다는 것을 깨닫고 물러가서는 다시는 찾아오지 않는다. 다만 훨씬 시간이 지난 다음, 방해가 되는 물건을 그물 밖으로 던져버리기 위해 나타날 뿐이다.

때로는 약은 놈들도 있다. 다른 거미와 마찬가지로 이놈들도 내가 밀짚으로 흔들어대면 빨간 양털 미끼로 달려온다. 그들은 나뭇잎 사이에 숨어 있는 집에서 그물 가운데로 나와서 수염과 다리로 그것을 더듬어 본다. 그러나 즉시 아무 쓸모도 없다는 것을 알아차리고는 그것 때문에 쓸데없이 실을 허비하지 않도록 주의한다. 움직이고 있는 나의 가짜 먹이는 거미를 속이지 못한 것이다. 잠깐 조사해 보고는 던져 버린다.

그러나 이 약은 거미도 어리석은 거미들과 마찬가지로 나무 숲속에 숨어 있던 집에서 부지런히 달려나오는 것이다. 거미는 그것을 어떻게 아는 것일까? 눈으로 보고 달려오는 것이 아닌 것만은 확실하다. 거미줄에 걸려든 물건을 발로 건드려 보고 또 약간 깨물어 보기 전에는 사실 먹이인지 아닌지 알 수 없는 것이다. 거미는 지독한 근시이기 때문이다. 10센티미터 가량 떨어져 있어도 먹이가 움직이지 않고 가만히 있으면 깨닫지 못한다. 그리고 대개는 캄캄한 밤중에, 즉 눈이 잘 보여도 소용없는 시간에 사냥을 한다.

거미의 눈이 가까이 있는 것도 볼 수 없다면, 멀리서 먹이를 지키고 있지 않으면 안 될 때는 어떻게 할 것인가? 이런 경우, 멀리서 무엇이 걸려든 것을 알려 주는 무슨 방법이 있어야 할 것이다.

이러한 장치를 찾아내기는 어렵지 않다. 어떤 거미라도 좋으니, 낮에 숨어 있는 호랑거미들의 그물을 뒤에서 주의해서 살펴 보자. 그물의 중심에서 한 오라기의 실이 나와 이 그물의 바깥쪽으로 비스듬히 뻗어서 거미가 숨어 있는 곳에까지 가 닿아 있는 것을 볼 수 있다. 중심점에 닿아 있는 것을 제외하면, 이 실과 그물의 다른 부분과의 사이에는 아무 관계도 없고 또 뼈대를 이루는 줄과도 만나지 않고 있다. 이 실은 아무것과도 만나는 일 없이 거미줄의 중심에서부터 거미가 숨어 있는 곳까지 곧장 닿아 있다. 그 길이는 평균 50센티미터 가량이고, 나무 가지가 높은 곳에 숨어 있는 십자거미 따위는 2～3미터나 된다.

이 줄은 의심할 여지 없이 긴급한 일이 벌어졌을 때 거미가 재빨리 그물로 달려가는 줄 다리(橋)이며, 또 일을 끝낸 다음 숨어 있던 곳으로 돌아오는 다리이기도 하다.

그러나 그런 역할을 하는 것 뿐일까? 아니다. 왜냐하면 만일 호랑거미가 숨어 있는 집과 그물의 사이를 단순히 연결하는 길만을 목적으로 했다면, 이 줄 다리는 레이스같은 그물의 가장자리와 연결되어 있을 것이다. 그러면 거리도 가깝고 비탈도 그리 심하지 않을 것이다.

그리고 또 무슨 이유로 이 줄은 언제나 그물의 중심에서만 나오고 다른 곳에서는 나오는 일이 없을까? 그것은 이 점이 방사선의 집중점이고, 따라서 움직임이 있을 때는 진동이 집중되는 중심점이기 때문이다. 그물 위에서 움직이는 것은 모두가 이 한 곳에 그 진동을 전달한다.

그렇다면 먹이가 그물의 어떤 점에서 버둥거리고 있다는 것을 멀리까지 전달하는 데는 중심에서 나온 이 한 가닥의 줄로써 충분하다. 그물의 평면밖으로 뻗어 나와 있는 이 비스듬한 줄은 줄 다리 이상의 구실을 한다. 그것은 무엇보다도 통신기(通信器)이며 통신선(通信線)이다.

이것을 실험을 통해 알아 보기로 하자. 나는 메뚜기를 잡아 그물 위에 놓았다. 그물에 걸린 메뚜기는 발버둥쳤다. 거미는 즉각 숨어 있던 곳으로부터 뛰어나와 줄 다리를 건너 메뚜기를 습격하고 결박한 다음 규칙대로 수술을 가했다.

잠시 거미는 메뚜기를 가는 줄로 묶어 집으로 끌고 갔다. 그리고는 오랜 식사가 계속되었다. 여기까지는 별로 신기할 것이 없다. 모든 일은 보통 때와 마찬가지로 진행되었다.

나는 며칠동안 거미를 가만히 내버려 두었다가 다시 거미에게 실험을 계속했다. 내가 거미에게 주려고 한 것은 이번에도 메뚜기였다. 그러나 이번에는 줄이 흔들리지 않도록, 가위로 살짝 통신선을 끊어 놓았다. 그리고는 먹이를 그물 위에 올려 놓았다. 완전 성공이었다. 그물에 걸린 메뚜기는 몸부림치며 그물을 흔들어댔지만 거미는 이런 소동을 알지 못하는 듯 가만히 있었다.

이런 경우, 거미는 줄 다리가 끊어졌기 때문에 달려올 수 없어서 제 집에 그대로 머물러 있다고 생각할지도 모른다. 그러나 눈을 비비고 다시 보아야 한다. 줄이 한 가닥 끊겼다 해도 거미에게는 백 개도 넘는

다른 길이 남아 있다. 그 길은 어느 것이나 모두 거미가 나올 수 있는 길과 연결되어 있다. 그물은 여러 올의 실로 작은 나무 가지에 매어져 있고 그 실은 어느 것이나 손쉽게 건너 다닐 수 있다. 그런데도 거미는 어느 줄도 쓰지 않고 언제까지나 우두커니 숨어 있다.

왜 그럴까? 통신선이 끊어져 그물의 움임이 거미에게 전달되지 못하기 때문이다. 거미는 너무 멀리 떨어져 있어 먹이가 걸려든 것도 보지 못하고 또 알지도 못한다. 한 시간 동안이나 메뚜기는 버둥거리고, 거미는 우두커니 있고, 나는 그것을 바라보고 있었다. 그러나 거미는 통신선이 잘려 오랫동안 아무런 연락이 없음을 이상히 여겼는지 나중에는 사정을 조사하려고 내려왔다.

거미는 처음에 만들어 놓은 뼈대줄을 따라 아무 어려움 없이 그물로 건너왔다. 메뚜기는 즉시 발견되어 결박당했다. 그리고 거미는 통신선을 다시 만들고 이 길을 따라 먹이를 제 집으로 끌고 갔다.

이웃에 사는 억센 십자거미는 3미터나 되는 긴 통신선을 갖고 있기 때문에 나에게는 더할 나위 없이 좋은 실험재료였다. 아침나절에 보면 그물은 하나도 상한 데가 없고 먹이도 무엇 하나 걸리지 않았을 때가 있다. 이것은 지난 밤에 사냥이 시원치 않았다는 증거이다. 이놈은 굶주려 있을 것이 분명하다. 먹이를 보여 주면 높은 곳에 숨어 있는 집으로부터 내려오게 할 수 있을까?

나는 거미가 좋아하는 먹이인 잠자리를 그물에 붙여 보았다. 잠자리는 죽는다고 몸부림치며 그물 전체를 요란하게 흔들어댔다. 거미는 나무 숲에 숨어 있던 집을 나와 통신선을 따라 황급히 내려왔다. 그리고는 잠자리에게 달려와 먹이를 묶어 가지고 왔던 길을 되돌아 제 집으로 끌고 갔다. 그리고는 숲속의 조용한 자기 방에서 그것을 먹었다.

며칠 뒤 같은 조건 아래서 통신선만 미리 끊어 놓고 다시 실험해 보았다. 이번에는 힘이 세고 버둥거리기 잘 하는 잠자리를 택했는데, 거미는 하루 종일 내려오지 않았다. 통신선이 끊어져 있기 때문에 거미는 집 3미터 밑에서 일어나는 일을 알지 못했던 것이다. 걸려든 잠자리는 그 자리에 남아 있었다. 이것은 먹이가 마땅치 않아서가 아니라, 그것이 거기에 있는 줄을 몰랐기 때문이다.

저녁때 날이 어두워지자, 거미는 집을 나와 찢어진 그물 위로 나왔는데, 그곳에서 잠자리를 발견하고는 그 자리에서 먹어 버렸다. 그리고는 그 뒤 통신선을 새로 만들었다.

한낮 동안을 멀리 떨어진 곳에 숨어 있는 거미들은, 아무도 지켜 주는 이 없는 사냥 그물의 형편을 끊임없이 연락해 주는 이 특별한 통신선 없이는 견디어내기 어렵다. 그리고 또 실제로 많은 거미들이 갖고 있다.

그러나 이런 것은 나이들어 휴식을 좋아하고, 한가롭게 지내는 것을 즐기게 되었을 때 뿐이다. 젊은 시절에는 몸이 날쌔고 부지런하기 때문에 호랑거미들은 통신용 줄의 기능을 알지 못한다. 더우기 한창때는 매일매일 그물을 다시 짜기 때문에 그런 일시적인 것에 통신장치를 마련해 두지는 않는다. 아무것도 걸려들지 않는 찢어진 그물에 비용과 힘을 들여서 통신기관 같은 것을 만드는 것은 헛된 일이라고 생각하는 것 같다.

나이 먹은 거미들은 제 집에 엎드려 생각에 잠기고 세월이나 보내는 늙은이기 때문에 그물에서 일어나는 일을 통신선의 중계를 통해 먼 데서도 아는 것이다.

숲속에 숨어 사는 거미들은 너무 오래 긴장하고 있으면 견디어낼 도리가 없기 때문에 그런 감시를 하지 않기 위해서, 또 그물과 등지고 조용히 쉬고 있으면서도 그물 위의 사정을 잘 알 수 있도록 하기 위해 항상 통신선을 발 아래 닿도록 해 두고 있다. 이 문제에 관해 내가 관찰한 것 중에서 우리가 이해할 수 있도록 가르쳐 주는 다음의 사실을 이야기해 두고자 한다.

왕십자거미 한 마리가 두 포기의 부들 사이에 거의 1미터 가량이나 되는 넓이의 그물을 치고 있었다.

태양은 날이 새자마자 자리를 떠난 거미줄에 햇살을 비추고 있었다. 거미는 숲속의 제 집에서 쉬고 있었다. 이 집은 통신선을 따라가면 곧 발견할 수 있다. 그 집은 몇 오라기의 거미줄로 나뭇잎을 끌어 당겨서 만든 오두막집이다.

거미가 숨어 있는 이 곳은 속이 깊숙하고 들어가는 출입구를 막고 있는 거미의 둥근 엉덩이를 제외하고는 모두가 가리워져 있다. 거미는 머리부터 집으로 들어간다. 따라서 그물을 보고 있지 않은 것만은 확실하다.

근시가 아니라 아무리 좋은 눈을 갖고 있다 할지라도 이런 자세로 앉아 있는 한은 먹이가 걸려든 것을 결코 알 수 없다. 그러면 햇볕이 따사롭게 내려 쬐는 이 시간에 거미는 사냥을 단념하고 있는 것일까? 결코 그렇지 않다. 좀 더 자세히 관찰해 보라.

놀랄 만한 일이다! 뒷 다리 하나가 가랑잎으로 만든 초가집 밖으로 나와 있고 바로 그 발 끝에 통신용 줄이 닿아 있는 것이 아닌가! 십자거미가 통신선을 밟고 있는 모습을 보지 못한 사람은 이 벌레가 얼마나 영리한 두뇌를 가졌는지 모르는 것이다.

끄덕끄덕 졸고 있던 거미는 먹이가 걸려들면 발에 닿아 있는 진동수신기로 소식을 전해 듣고 후닥닥 일어나서 달려 나온다. 내 손으로 사냥 그물 위에 메뚜기를 놓아 주면, 보기에도 시원스럽게 날쌘 솜씨를 보여 준다. 거미는 붙잡은 먹이에 만족하겠지만, 나 또한 거미가 알려 준 것들에 대해 더 큰 만족을 느끼고 있다.

그러나 이번 일은 너무나도 좋은 기회이기 때문에, 나는 이웃집 주인이 지금 알려 준 것을 좀더 가까이서 잘 조사해 두지 않고는 견딜 수 없었다. 다음날 나는 통신용 줄을 끊었다. 이 줄은 60센티미터 남짓한 길이였는데, 어제처럼 집 밖으로 내민 뒷다리에 줄이 감겨 있었다. 이때에 나는 잠자리와 메뚜기를 한꺼번에 그물 위에 놓아 보았다. 메뚜기는 긴 뒷다리로 몸부림쳤으며 잠자리는 날개를 파닥거렸다. 사냥 그물은 아주 심하게 흔들렸기 때문에 십자거미가 숨어 있는 집 가까이 있는 나뭇잎까지 흔들릴 정도였다.

그러나 이 흔들림은 바로 옆에 있는 거미로 하여금 조금도 움직이게 하지 못했고, 어떤 일이 벌어졌는지 조사하러 나오게 하지도 못했다. 통신용 줄이 끊어진 다음부터 거미는 무슨 일이 생겼는지를 도무지 알지 못했다. 하루 종일 거미는 움직이지 않았다. 저녁 8시 쯤 새 그물을 짜려고 나와서야 비로소 지금까지 모르고 있던 먹이를 발견했다.

한 가지 더 이야기해 두어야 할 것이 있다. 그물은 자주 바람에 흔들린다. 뼈대를 이루는 여러 부분은 바람이 부는 대로 흔들리고 잡아당겨지고 하기 때문에 그 움직임은 자연히 통신용 줄에 전달되게 마련이다. 하지만 그럴지라도 거미는 그물의 움직임에 마음을 쓰지 않고 제 집에서 나오는 일이 없다. 거미는 그것이 바람의 장난이라는 것을 잘 구별해 내기 때문이다.

그러므로 통신장치는 잡아당기기만 하면 움직임을 전달해 주는 문간의 초인종 구실을 하는 셈이다. 이것은 우리들이 사용하고 있는 전화와 같이 음향의 시초인 분자운동(分子運動)을 전달할 수 있는 것이다. 거미는 발 끝으로 이 전화선을 붙잡고 발로써 전화를 받는다. 그리고 이 전화를 통해 거미는 미묘한 진동을 듣는다. 잡힌 벌레로부터 오는 진동과 바람으로 일어나는 흔들림을 구별하면서.

소유에 대하여

한 마리의 개가 소 뼈다귀를 발견했다. 개는 그늘에 엎드려 앞발로 뼈다귀를 움켜잡고 혓바닥으로 핥고 있다. 이것은 누구도 손댈 수 없는 개의 재산이고 개의 소유물이다.

한 마리의 거미가 그물을 짰다. 이것도 역시 거미의 소유물이다. 더우기 개의 뼈다귀보다 더 의미있는 소유물이다. 개는 운좋게 냄새 잘 맡는 코 덕택으로 자본도 수고도 들이지 않고 다만 발견했을 뿐이다. 그러나 거미는 그물을 우연히 손에 넣은 것이 아니라 그 재산을 만들어 낸 주인이다. 거미는 그물의 재료를 뱃속에서 끌어내 자기 힘으로 손수 만든 것이다. 만일 세상에 신성한 소유물이 있다고 한다면 이 그물같은 것이라고 해야 할 것이다.

라 퐁텐은 강한 자의 이론이 제일가는 이론이라고 말했다가 평화주의자들로부터 커다란 분노를 샀었다. 그는 개가 개와 싸우는 경우나 그 밖의 짐승들 사이의 싸움에서는 언제나 강한 놈이 뼈다귀를 가질 수 있다고 말하고 싶었을 것이다.

그는 이 세상에서의 성공이 반드시 그 사람의 우수함을 증명하는 것이 아니라는 것을 잘 알고 있었다. 확실히 인도(人道)에서 벗어나는 일을 하는 사람들이 나타나 야만적인 규율(規律)을 만들기도 했었다. 힘은 벌률보다 앞선다고 말하면서.

우리는 피부 색깔을 조금씩 변화시켜 가는 애벌레에 지나지 않는다고 말할 수 있지 않을까? 조금씩, 아주 조금씩 법률을 힘보다 우월한 것으로 여기는 방향으로 진보시켜 가는 사회의 조그만 애벌레가 아닐까? 어느 때가 되어야 이 거룩한 진보가 다 이루어질 것인가?

우리가 야수와 같은 성질에서 해방되려면 얼마나 더 기다려야 할 것인가? 남반구에 있는 오세아니아주가 유럽으로 흘러가고 대륙의 표면이 변하여 순록이나 맘모스가 활약했던 빙하시대가 다시 찾아올 때까지 기다려야 할 것인가? 어쩌면 그럴지도 모른다. 도덕의 진보란 그만큼 느린 것이다.

강한 자의 이론을 직접 보고 싶은 사람은 몇 주일 동안 거미와 함께 생활해 보는 것이 좋을 것이다. 거미는 스스로 그물을 만들었으므로 합법적인 재산 중에서도 가장 정당한 재산의 소유자이다.

그런데 여기서 첫번째 의문이 생긴다. 거미는 거미줄이라는 제품에 어떤 상표를 붙여 놓았기에 자기가 짠 그물을 남의 것과 구별하는 것일까?

나는 이웃에 사는 두 마리 호랑거미들의 그물을 바꿔치기해 보았다. 거미는 남이 짜 놓은 레이스 위에 옮겨지자 주저없이 한가운데에 들어가 자기 그물처럼 만족하고 움직이려 하지 않았다. 낮에도 밤에도 살림을 제 것으로 바꾸어 놓는 이사는 끝내 하지 않았다. 두 마리의 거미는 모두 자기 자신의 영지(領地)위에 있다고 믿고 있었다.

나도 그럴 것이라고는 생각하고 있었다. 이 두 개의 그물은 너무나 닮아 있었기 때문이다.

다음으로 나는 종류가 다른 두 마리 거미의 그물을 바꾸어 보기로 했다. 나는 호랑거미를 붉은십자거미의 그물 위에 옮겨 보고, 붉은십자거미는 호랑거미의 그물 위에 옮겨 보았다.

이 두 종류의 그물은 서로 다르다. 붉은십자거미의 그물은 수많은 회선(回線)의 끈끈한 소용돌이선을 갖고 있다. 이처럼 낯선 그물 위에서 거미는 어떻게 할 것인가?

발 밑에 있는 그물 눈은 한쪽은 지나치게 넓고 한쪽은 너무나 촘촘하다. 나는 이 갑작스러운 변화에 불안을 느끼고 거미가 미친 듯이 달아나려 할 것이라고 생각했다.

그러나 결코 그런 일은 일어나지 않았다. 거미들은 조금의 불안한 기색도 없이 그물 한가운데에 앉아서, 변한 것은 아무것도 없다는 듯이 먹이가 걸려오기를 기다리고 있었다. 그 뿐만이 아니었다. 남의 그물이 찢어져서 쓸모없게 되지 않는 한 거미는 며칠이 지나도 손수 제 그물을 다시 만들려고도 하지 않았다.

그러므로 호랑거미들은 자기 그물을 분별할 능력이 없다고 보아야 한다. 남이 만든 건축물을, 더우기 다른 종족이 지어 놓은 것까지도 자기 집으로 아는 모양이다. 이러한 잘못으로 인해 일어나는 비극적인 장면을 보기로 하자.

연구 재료를 항상 풍부하게 준비해 두고 요행수를 믿고 허둥대는 일이 없도록 하기 위해 나는 뜰에서 발견한 여러 종류의 거미를 채집해다가 뜰 아래 나무 숲에서 살게 했다. 바람이 잘 통하고 햇볕과 그늘이 잘 드는 만년향나무 울타리 밑은 이렇게 해서 많은 거미를 기르는 사육장이 되었다.

나는 각각 다른 종이 봉지에 넣어 그것들을 옮겨 왔는데, 아무 준비 없이 그 자리에서 끄집어내어 거미를 나무 숲 위에 놓아 주었다. 적당한 자리를 골라 집을 짓는 것은 거미 자신들이 할 일이다. 그들은 대개 한낮 동안 내가 놓아 준 자리에서 움직이지 않았다. 거미는 밤이 되기를 기다려 적당한 터를 찾아 그곳에 그물을 만들었다.

그중에는 그다지 참을성이 없는 놈도 있다. 조금 전까지도 그들은 자그마한 갈대 사이나 우거진 떡갈나무 숲에 그물을 치고 있었는데, 지금 그들에겐 그것이 없다. 그래서 그들은 자기의 재산을 찾기 위해, 또는 남의 재산을 빼앗기 위해 — 거미들에겐 그것이 마찬가지이다 — 여기저기 찾아 다녔다.

나는 새로 붙들어 온 한 마리의 호랑거미가 며칠 전부터 우리집 뜰에서 살고 있는 붉은십자거미의 그물 위에 발을 올려놓고 있는 것을 보았다.

붉은십자거미는 그물의 한가운데 진을 치고 있었다. 겉보기에는 태연하게 다른 거미가 올라오는 것을 기다리고 있는 것 같았다. 그러나 곧 맞붙잡고 필사적인 격투가 벌어졌다.

붉은십자거미가 졌다. 호랑거미는 이놈을 줄로 묶어 끈끈이가 없는 쪽으로 끌고가서 응당 그래야 하는 듯이 천연스럽게 먹는 것이었다. 24시간이 지났을 때 시체는 조각조각 찢어지고, 마지막 국물까지 빨린 채 애처롭게도 건더기만 남아 버려졌다. 폭력으로 정복당한 그물은 침입자의 소유물이 되고, 그는 이 그물이 찢어져서 못 쓰게 될 때까지 이용하는 것이다.

이런 경우엔 명분이 없는 것도 아니다. 두 마리의 거미는 서로 다른 종(種)에 속해 있기 때문에, 이렇게 서로 다른 종족 사이에서 일어나는 살생은 생존경쟁에서 있을 수 있는 일이다.

하지만 만약 두 마리의 거미가 같은 종에 속해 있었다면 어떻게 되었을까? 나는 곧 그 결과를 보게 되었다.

나는 자연적인 조건 아래서 침입자가 나타나는 것을 기다릴 수 없었으므로, 한 마리의 호랑거미를 그 동료의 그물 위에 놓아 보았다. 당장에 맹렬한 공격이 시작되었다.

한 때는 어떻게 될지 모르던 전투의 승리가 이번에도 외부에서 침입한 놈에게로 돌아갔다. 싸움에 진 거미는 사정없이 먹혀버리고 말았다. 그리고 그 그물은 이긴 자의 소유물이 되고 말았다.

강자(強者)의 이론은 여기에서 무섭게 나타나고 있었다. 즉 형제를 잡아먹고 그 재산을 빼앗는 것이다.

옛날에는 사람도 그와 같은 일을 하고 있었다. 사람은 그 형제들을 습격하여 잡아먹기도 했다. 지금도 개인과 국가 사이에 서로 빼앗는 일이 거듭되고 있다. 그러나 실제로 서로 잡아먹는 일은 거의 없어졌다. 양고기가 더 맛이 있다는 것을 알게 된 다음부터는 이런 일이 없어졌다.

그러나 우리는 거미를 필요 이상으로 악당 취급을 하지는 말자. 거미는 동족끼리 싸우며 살아가는 것이 아니다. 또 일부러 남의 재산을 약탈하러 가는 일도 없다. 이렇게 흉악한 성격을 나타내는 것은 이 벌레에게 보통과는 다른 환경이 생겼을 때이다. 자기 그물에서 떼어 내어 남의 그물에 올려 놓은 것은 나 자신이지 거미가 한 일은 아니다.

이때부터 자기 것과 남의 것을 분별하는 데 아무런 경계선도 필요없게 되었다. 발에 닿는 것이 그대로 자기 소유물이 되고 말았다. 침입자가 강하면 먼저 살고 있던 놈을 잡아먹는데, 이것은 경쟁을 간단하게 해결하는 철저한 수단이다.

내가 일부러 만들어 놓은 변칙, 이러한 변칙이 생기지 않는 한 거미는 그물을 지극히 소중히 여기는 까닭에 남의 그물도 소중하게 생각하는 것 같다.

거미가 동족끼리 빼앗고 빼앗기는 것은 대개 낮에 일어난다. 그물은 밤에 짜므로 이 일을 하지 않는 동안 그물을 잃어버린 경우에 그렇게 한다. 거미는 생활수단을 잃어버리고 또 자기가 강하다는 것을 알았을 때에 비로소 이웃을 공격하여 그것을 잡아먹고 재산을 약탈하는 것이다. 그것은 그렇다 치고 다른 이야기로 넘어가 보자.

이 번에는 습성이 서로 크게 다른 거미를 조사해 보기로 하자. 붉은십자거미와 호랑거미는 그 모양도 빛깔도 많이 다르다. 붉은십자거미는 배통이 크고 모습이 올리브의 열매같으며, 노랑, 검정, 흰 색의 찬란한 띠를 두르고 있다. 호랑거미는 흰 명주실로 감싼 듯한 작은 배를 갖고 있고 그 끝에는 꽃무늬 모양이 아로새겨져 있다. 윤곽과 색깔만 보아도 이 두 마리의 거미를 가까운 친척이라고 볼 수는 없다.

그러나 겉모양보다는 소질이 많은 것을 지배한다. 소질은 가장 중요한 성질이라 할 수 있는데, 겉모양의 세밀한 부분까지 자세히 구별하는 분류학도 이런 점을 충분히 염두에 두지 않으면 안 될 것이다. 이 두 종류의 거미는 모습은 서로 비슷하지 않지만 살아가는 방식은 서로 많이 닮았다.

이 두 종류의 거미는 모두 낮에만 사냥을 한다. 그리고 결코 자신의 그물을 떠나는 일이 없다. 그들은 모두 자신의 공사가 완성되면 이 작품에 들쭉날쭉한 모양의 서명(署名)을 한다.

그물은 어느 것이 호랑거미의 것이고, 어느 것이 붉은십자거미의 것인지 분간하기 어려울 정도로 비슷하다. 그래서 호랑거미가 붉은십자거미를 잡아먹은 뒤 그 그물을 자기 소유물로 이용해도 크게 이상할 것이 없다.

또 붉은십자거미도 강할 경우에는 호랑거미의 재산을 빼앗고, 그 소유자를 잡아먹어 버린다. 강한 놈이 싸움에 이기고 나면 남의 집을 자기 집처럼 점령해 버리고 만다.

이 번에는 얼룩덜룩한 다갈색 모습을 한 왕십자거미를 조사해 보자. 이놈은 등에 세 개의 흰 색깔의 십자 표시가 나란히 줄지어 있는 무늬를 갖고 있다. 특히 밤에만 사냥하기를 즐기는 이 거미는 낮에는 태양을 피해 가까운 관목 숲의 그늘진 곳에 몸을 숨기고 있다.

끈끈한 그물과는 통신용 줄의 도움을 받아 연락하고 있다. 그러나 그 그물은 구조도 겉보기도 앞서 두 종류의 거미와 거의 별다름이 없다. 만약 내가 일부러 그 그물에 호랑거미를 찾아가게 한다면 어떻게 될 것인가?

한창 햇볕이 내려쬐는 대낮에, 나는 세 개의 십자가를 짊어지고 있는 십자거미의 그물에 침입자를 보냈다. 그물에는 아무도 없다. 그물 주인은 가랑잎으로 만든 오두막집에 숨어 있다. 통신용 줄은 곧 움직인다. 침입당한 거미가 달려나온다. 성큼성큼 자기 그물의 이곳 저곳을 조심해서 살펴본다. 그리고 위험하다고 생각한다. 그리하여 침입자에게 아무 대항도 하지 않고 제 집으로 재빨리 돌아가 버린다.

그러나 침입자는 침입자대로 조금도 즐거운 기색이 없다. 같은 종류의 그물 위에서든 붉은십자거미의 그물 위에서든 상대와 맞닥뜨리면 생사를 건 결투가 벌어질 것이고, 그 싸움이 끝나자마자 그물 한복판을 점령할 것이다.

그러나 지금은 그물 위에 아무도 없기 때문에 결투는 벌어지지 않는다. 전략상 중요 지점인 중심지를 점령하는 데 방해하는 자는 아무도 없다. 하지만 호랑거미는 내가 놓아준 장소에서 움직이려고 하지 않는다.

나는 긴 밀짚 끝으로 그 거미를 건드려 보았다. 자기 집에서였다면 이렇게 귀찮게 굴었을 때 호랑거미는 다른 거미가 그렇듯이 침입자를 위협하기 위해 그물을 심하게 흔들었을 것이다. 그러나 지금은 아무런 행동도 하지 않는다.

내가 여러 차례 건드려도 거미는 발 하나 움직이지 않았다. 두려움 때문에 어쩔 줄을 모르는 모습이었다. 그것도 무리는 아닐 것이다. 다른 거미가 자기를 예의 감시하고 있기 때문일 것이다.

다른 이유 때문에 이렇게 두려움에 떨고 있는지도 모를 일이다. 내가 밀짚으로 건드려 거미가 발을 움직이려고 할 때 보니까 거미는 발을 치켜들기를 좀 꺼려하는 것 같았다.

거미는 잠시 힘껏 몸을 뒤틀더니 발판의 실을 망가뜨릴 만큼 발 끝을 끌어당겼다. 이것은 이미 날렵한 곡예사의 걸음걸이가 아니다. 줄이 발에 걸렸을 때의 조심스러운 걸음걸이이다.

아마도 끈끈이 실이 자기가 뽑아낸 것보다 더 끈끈했던 모양이다. 끈끈이의 성질이 다른데다가 자기의 신발에 새로운 끈끈이에 알맞을 만큼 기름칠을 하지 못한 까닭일 것이다.

아무리 시간이 지나도 거미는 같은 모습으로 있었다. 몇 시간 동안이나 같은 상태가 계속되고 있었다. 호랑거미는 그물 한 구석에 가만히 앉아 있고, 다른 한 놈은 오두막 집에 틀어박혀 있었다. 두 마리가 모두 불안에 떨고 있는 것이 확실했다.

해가 지면 어두움을 벗삼는 거미들은 용기를 되찾는다. 십자거미는 오두막집에서 나와 침입자가 있든 없든 마음을 쓰지 않고 통신용 줄이 닿아 있는 그물의 중심부로 똑바로 달려 나왔다. 호랑거미는 상대자가 나타나자 공포를 느끼고 얼른 몸을 돌려 만년향나무가 우거진 숲속으로 달아나 버렸다.

여러 차례 다른 종류의 거미로 실험해 보았지만 실험으로 색다른 결과를 얻지는 못했다.

자기가 짜 낸 그물 위에서는, 그리고 적어도 그 끈끈하기가 같은 그물 위에서는 그렇게 대담한 호랑거미도 남의 그물 위에서는 자신을 잃어버리고 겁쟁이가 되어서 십자거미를 공격하지 못하는 것이다.

십자거미는 십자거미대로 낮에는 나뭇잎 오두막 집에서 나오려고 하지 않는다. 그렇지 않으면 낯선 침입자를 한 번 흘겨본 다음 얼른 자기 집으로 돌아가 버린다. 여기서 밤이 되기를 기다린다. 그리고 어두운 밤이 오면 용기를 회복해 가지고 무대에 다시 나타난다. 그리고 다만 자신의 모습을 나타내는 것 만으로, 또는 필요에 따라서는 솜씨를 보여줌으로써 침입자를 격퇴한다. 승리는 권리를 침해당한 쪽으로 돌아온다.

이것은 도리에 마땅한 일이다. 그러나 이런 일을 가지고 거미를 칭찬해서는 안 된다. 밖에서 온 자가 그물의 주인을 존경한다고 했댔자 이것은 아주 중대한 여러 이유에서 그렇게 되는 것이다.

첫째 침입자는 내막을 알 수 없는 요새 안에 숨어 있는 적과 싸우지 않으면 안 된다. 둘째로, 그물을 점령했다 해도 항상 자기가 써오던 그물과는 끈끈한 정도도 다르기 때문에 사용하기가 불편하다.

그만큼 가치가 있는지 없는지도 모르는 그물을 위해 자기 생명까지 걸고 싸운다는 것은 어리석기 짝이 없는 일이다. 거미는 그것을 잘 알고 있다. 그러므로 적극적으로 나오지 못한 것이다.

그러나 호랑거미는 그물을 잃어버린 뒤 동족의 그물을 보든가 또는 끈끈한 정도가 같은 붉은십자거미의 그물을 만나게 되면 아무 거리낌 없이 도전해 온다. 소유자의 배를 무참하게 가르고 재산을 강탈한다.

힘은 법보다 앞선다고 동물은 말한다. 아니, 법률이라는 것은 동물세계에서는 존재하지 않는다. 동물세계는 혼란스러운 식욕의 세계이다. 그 식욕은 힘이 없을 때에만 제재를 받는다.

본능의 밑바닥에서 빠져나올 수 있는 인류만이 양심의 뚜렷한 잣대를 갖추고 법률을 만들며 그것을 점점 발전시켜 나가는 것이다.

비록 지금은 아직 희미하다 할지라도 해가 거듭됨에 따라 더욱 더 밝아져가는 신성한 빛으로 인류는 빛나는 횃불을 올리게 될 것이다. 이 횃불은 우리들 인간 사회의 야수의 법칙을 소멸시키고 어느 날엔가 사회의 모습을 바꾸어 놓고 말 것이다.

부록

- 파브르의 생애
- 파브르의 연보

파브르의 생애

빈농의 아들

파브르는 그의 어렵고도 긴 삶 속에서 겪었던 많은 체험들을 『곤충기』의 곳곳에 삽화로 집어넣어 자신의 인생 이야기도 함께 들려주고 있다.

장 앙리 파브르는 1823년 12월 23일 프랑스 남부의 아베롱 현에 있는 생 레옹에서 태어났다. 이곳은 지중해로 부터 내륙으로 100킬로미터 들어간 르에르그 산맥 속의 고원지대에 있는 가난한 농촌이었다.

그의 아버지 앙트완 파브르는 가난한 농민이었다. 생 레옹의 건너편에 있는 마라바르라는 마을에서 태어난 그의 아버지는 농삿일을 별로 좋아하지 않아서 결혼 후 생 레옹 마을로 옮겨온 뒤로는 장인의 법률관계 일을 돕고 있었다. 학력이라고는 간신히 책을 읽고 쓸 수 있는 정도였고, 부인이 부업을 해야만 생활을 꾸려갈 수 있을 만큼 늘 가난을 면치 못했다.

동생 프레데릭이 태어나자 어머니는 더 이상 힘든 일을 할 수 없었다. 그래서 앙리는 생 레옹으로 부터 40킬로미터나 떨어진 마라바르 마을의 친 할아버지 할머니댁으로 옮겨가 살지 않을 수 없었다. 그의 나이 3살 때였다.

앙리는 양초도 램프도 귀한 깊은 산골에서 풀과 나무와 꽃과 양들과 새와 곤충과 함께 어울려 지내며 자랐고, 이런 어린 시절의 삶은 그의 마음 속에 깊은 인상을 주어 그가 평생 자연과 곤충을 사랑하며 살게 했다.

여섯 살이 되자 마라바르에는 학교가 없었기 때문에 그는 다시 생 레옹 마을로 돌아와 학교에 들어갔다. 그의 교육을 맡은 국민학교의 교사는 리카르 선생님이었는데 68세였다. 이 선생님은 학생들을 가르치는 일 말고도 교회의 종을 치거나 이발사 노릇을 해야 했으며 남의 땅을 관리해 주지 않으면 안 될 만큼 하는 일이 많았다고 한다.

앙리의 가족은 살아가기가 더 어려워지자 생 레옹의 집과 땅을 팔아 아베롱 현의 중심 도시인 로데즈로 이사했다.

그의 나이의 9살 때였다. 아버지는 이곳에서 카페를 열었는데, 커피와 함께 간단한 식사와 맥주나 포도주를 파는 가게였다.

앙리는 이곳에서 왕립학원에 들어갔지만 그는 학비를 벌기 위해 일요일이면 교회에 나가지 않으면 안 되었다. 교회에서 하는 일은 미사 준비를 돕고 미사중에는 신부님의 기도서 책장을 넘겨주거나 때때로 방울을 흔들어 주는 것이었다고 한다.

그는 이 학교에서 라틴어와 그리스어를 열심히 배웠고 고대 로마의 시인 베르길리우스의 시에 깊은 감동을 받기도 했다. 그는 이 어린 시절에 읽은 베르길리우스의 시를 오래동안 잊지 않았으며, 곤충기에서도 종종 인용했다.

그의 가족은 이곳에서 4년동안 근근히 생계를 꾸려갔지만 더 이상 카페를 유지할 수 없어 북쪽의 오리악으로 옮겨 갔다. 하지만 이곳에서도 장사가 잘 되지 않아 다시 큰 도시인 툴르즈로 이사해야만 했다.

그는 툴루즈의 레스킬 신학교에 들어갔다. 이 학교에서도 그는 일요일의 미사를 도와주는 대신 학비를 면제받으며 일년간 공부를 계속할 수 있었다. 그러나 아버지의 카페는 이곳에서도 실패하여 다시 몽페리에 라는 도시로 옮겨가는 어려움을 겪어야만 했다.

아비뇽 사범학교의 근로학생

집안이 견디기 어려운 가난에 빠지자 그는 마침내 집을 나와 스스로 일을 하지 않으면 안 되었고 학교도 가지 못하게 되었다. 14세의 나이로 그는 보케르라는 곳에서 레몬을 팔거나 철도 선로공 노릇을 하면서 스스로 빵을 벌어 삶을 이어갔다. 당시의 노동자들은 하루에 12～14시간에 걸친 긴 노동을 해야 했는데, 그 대가로 받는 돈은 2프랑이 고작이었다고 한다. 더구나 나이 어린 사람의 임금은 그 절반도 되지 않았다.

그러나 이러한 불행한 삶도 배우고자 하는 그의 간절한 소망을 꺾을 수는 없었다. 당시 가난 속에서도 공부하고자 하는 학생들에게는 한 가지 길이 열려 있었는데, 그것은 사범학교의 근로학생이 되어 학비도 면제받고 기숙사에도 들어가는 것이었다. 그리고 사범학교를 나오면 국민학교의 선생님이 될 수 있었다.

그 지방의 큰 도시의 하나인 아비뇽에도 사범학교가 있었다. 파브르는 근로학생 선발시험에서 수석으로 합격했다. 아비뇽은 약 1천 4백년 전에 세워진 도시로, 14세기 초에 교황이 로마에서 이곳으로 옮겨온 뒤 크게 발전한 곳이다. 이곳엔 거대한 교황의 궁전이 있었고 교회와 수도원, 대학 등이 세워져 있었다.

파브르는 진학의 꿈을 이루긴 했지만 이 학교의 수업에 만족할 수 없었다. 그의 왕성한 지식욕에도 불구하고 이 학교의 수업은 그를 실망시켜 학업에 열중할 수 없었다. 그는 수업시간에 다른 책을 읽었고 아름다운 전원지대를 돌아다니거나 시를 읽거나 지었다. 론강을 건너 레잔그르 언덕에서 쇠똥구리 스카라베 사쿠레를 처음 발견한 것도 이때였다.

이처럼 학업에 소홀하였으므로 그는 2학년 1학기에 학교로부터 '공부를 태만히 하여 학업성적이 불량하다'는 경고를 받았다. 그는 이런 꾸지람에 크게 당황하고 부끄러움을 느꼈다. 그는 분발했다.

그래서 그는 2학년 2학기부터 3학년 수업을 받게 해달라고 교장선생님께 청하여 허락을 얻었으며 학년말에는 졸업시험을 통과했다. 2년만에 3학년 과정을 마치고 졸업증서를 받기는 했지만 그는 1년 동안을 더 자기가 원하는 공부를 마음대로 하기로 결정했다.

그는 『곤충기』 10권에서 '잊을 수 없는 수업'이라는 제목 아래 이 이야기를 쓰고 있다. 그는 이 1년 동안 라틴어와 그리스어 공부를 더욱 열심히 했고 자연과학에도 깊은 관심을 갖고 공부했다.

독학으로 얻은 학사학위

사범학교를 졸업한 앙리는 19세의 나이로 카르팡트라스의 국민학교 선생님이 되었다. 그의 급료는 1년에 겨우 7백프랑에 지나지 않았다. 그것은 노동자의 임금인 하루 2프랑과 비슷했다. 그는 이 학교에서 가르치는 동안 곤충학이라는 학문을 알게 되었고 에밀 브랑샤르, 레오뮈르, 레옹 뒤프르 같은 곤충학자의 이름도 알게 되었다.

1844년(21세) 12월 3일, 그는 같은 학교에서 가르치고 있던 마리 비야르(23세)와 결혼했다.

이 즈음 학문을 하고자 하는 정열은 더욱 불타올라서 그는 혼자서 자연과학과 수학공부를 열심히 했다. 독학으로 대학입학 자격시험을 준비했다. 이 자격을 얻어내면 대학에서 공부할 수 있고, 그럴 만한 학비가 없으면 일하면서 공부하여 시험을 쳐서 학사학위를 딸 수 있었다.

1846년(23세) 그는 몽펠리에 대학에서 대학입학자격시험(수학)에 합격했고, 대학에서 강의를 듣지 않고 혼자서 책을 가지고 공부하여 1년 뒤에는 수학과 물리에서 각각 학사학위를 얻었다.

그러나 그의 가난한 삶은 조금도 나아지지 않아 카르팡트라스에서의 삶에 절망을 느꼈다. 그는 중학교에서 물리를 가르치고 싶어했는데, 마침내 기회를 얻어 1849년(26세) 코르시카 섬의 중심도시인 아작시오(나폴레옹이 태어난 곳)의 중학교 물리교사가 되었다. 급료는 1년에 1800프랑이었다.

코르시카의 자연은 그에게 깊은 인상을 주었다. 이곳에서 그는 식물학자 르키앙과 박물학자 당통을 만나 산과 들을 돌아다니며 함께 식물채집을 하기도 했다. 그는 이곳에서 4년 동안 일했다.

1853년 아비뇽으로 돌아온 그는 모교인 사범학교에서 물리와 화학을 가르치는 교사가 되었다. 하지만 그는 대학의 박물학 교수가 되는 오랜 꿈을 버릴 수 없었다. 그러기 위해서는 또다른 이학사 자격을 얻지 않으면 안 되었다. 1854년 툴루즈대학에서 치른 자격 시험에서 파브르는 유명한 자연발생설의 지지자였던 시험관을 상대로 자신의 개인적인 이론과 확신을 논리정연하게 전개하여 시험관을 놀라게 했고, 좋은 성적으로 시험에 합격할 수 있었다.

'나의 길은 곤충학'

그러나 이 1854년은 그가 의사이며 곤충학자인 레옹 뒤프르의 조그만 책자를 감명깊게 읽고 앞으로의 삶의 진로를 결정한 해이기도 했다.

노래기벌이 비단벌레를 사냥하여 애벌레의 식량으로 저장해 두는 것을 관찰하여 기록한 뒤프르의 연구논문을 그는 아주 재미있고 감명깊게 읽었다.(이책의 2장 참조) 그리고 이 논문에서 부족한 점을 발견하고는 그것을 보충하는 자신의 독자적인 연구를 하기로 결심했다. 그는 카르팡트라스의 벼랑길에서 바구미를 사냥하는 혹노래기벌을 관찰하여 그것을 1855년 『자연과학 연보』에 발표했다. 이 논문은 프랑스의 아카데미로부터 '실험생리학상'을 받았을 뿐만 아니라 레옹 뒤프르로부터 창찬과 격려를 받아 그에게 커다란 용기를 주었다.

그러나 이러한 학문적인 성취도 가난한 삶을 바꾸어 놓지는 못했다. 연봉은 1,600프랑으로 줄어들어 있는데다가 가족은 늘어나 가난은 더욱 더 그의 삶을 누르고 있었다. 아버지는 실패를 거듭하던 카페의 문을 닫아 버리고 아는 사람의 농장에 고용되어 일하고 있었다.

앙리에게는 안드레아, 아그라에, 그리고 클레르라는 세 딸이 있었는데, 그는 가족을 부양하기 위해 개인교수와 특별강의를 하는 등 바쁘게 뛰어다니지 않으면 안 되었다. 하지만 그는 면밀한 관찰을 토대로 한 연구를 멈추지 않고 그 결과를 잇달아 발표하여 국내외로부터 점점 더 주목의 대상이 되었다.

그리하여 그의 논문을 읽은 다윈이 그의 저서 『종의 기원』에서 파브르를 가리켜 '최고의 관찰자'라고 칭찬하기에 이르렀다. 그는 누에의 병을 조사하기 위해 아비뇽을 찾은 파스퇴르의 방문을 받기도 했다.

한편 아비뇽에 사는 동안 파브르는 몇 사람의 친구를 사귀게 되었는데, 그중의 한 사람은 테오도르 드라크르였다. 식물학자인 드라크르는 일년의 반은 파리에서, 반은 아비뇽에서 지냈으며, 파브르와 함께 방투우 산을 오르기도 했다.

한편 코르시카에서 그와 함께 식물을 채집했던 르키앙은 코르시카에서 죽었지만, 14년 뒤 그가 간직했던 표본과 문헌이 그의 출신지인 아비뇽시에 기증되어 '르키앙 박물관'이 세워졌다. 파브르는 이 박물관의 관장이 되어 사범학교 선생님과 겸임하게 되었다.

특히 기록할 만한 것은 영국의 경제학자요 사상가인 존 스튜어트 밀과의 친교라고 할 수 있다. 밀은 『자유론』·『대의정부론』·『꽁트와 실증주의』·『부인의 권리와 종속』을 쓴 저자이다. 아비뇽은 따뜻하고 살기 좋은 곳이어서 부유한 영국인들의 휴양지로 많은 사랑을 받고 있었는데, 밀도 그곳을 찾은 영국 사람중의 하나였다. 특히 이곳은 결핵 요양지로 널리 알려져 있었다. 부인을 지극히 사랑했던 밀은 부인의 갑작스런 죽음에 충격을 받아 부인의 묘지가 보이는 곳에서 자서전을 쓰며 살고 있었다.

식물 분류에 깊은 관심을 갖고 있던 밀은 르키앙 박물관으로 표본을 보러오곤 했는데, 관장인 파브르와 자주 만나 사귀게 되었다. 두 사람은 자주 식물채집을 하러 나가곤 했으며, 보클뤼즈라는 마을의 식물을 그림으로 나타내고 해설을 붙인 『보클뤼즈 식물지』를 함께 만들기로 했다.

알기쉽고 재미있는 과학책들을 쓰다

파브르는 교수가 되어 대학에서 가르치고 싶은 꿈을 오래 간직하고 있었다. 그러나 대학교수직은 급료가 얼마 되지 않아 생계를 유지하기 어렵다는 것을 알게 된 뒤로는 그런 희망을 포기하고 박사학위를 받으려는 노력도 하지 않았다. 그는 어느 대학에서 동물학과 조교수가 되어주지 않겠느냐는 제의를 받기도 했지만 이를 거절할 수밖에 없었다.

가난을 벗어나 하고 싶은 학문을 마음껏 하기 위해서는 돈이 필요하다는 것을 파브르는 오래전부터 절실하게 느끼고 있었다. 그래서 그는 전부터 관심을 가져온 꼭두서니에서 염료를 뽑아내는 연구에 힘을 쏟아 1866년(43세)에는 꼭두서니에서 불순물 없는 알리자린이라는 색소를 뽑아내는 데 성공을 거두었다. 그의 오랜 노력이 결실을 거두어 희망에 부풀어 있을 무렵, 그러나 그는 자신의 오랜 노력을 물거품으로 만들어 버리는 신문기사를 읽게 되었다.

'독일, 석탄에서 알리자린을 인공합성……' 꼭두서니에는 알리자린이라는 물질이 들어 있는데, 석탄에서 그것을 인공적으로 합성하는 데 성공했다는 것이다.

파브르는 이제 화학으로 돈을 벌려는 생각을 버리고 책을 쓰기로 결심했다. 딱딱하고 어려운 과학이 아니라 재미있고 쉬운 과학책을 쓰는 것이었다. 그는 어렵고 재미없는 교과서로 학생들을 가르치면서 늘 새로운 과학교과서와 학습서의 필요를 절실하게 느끼고 있었다.

마침 파리에는 샤를 드라그라브라는 출판사 사장이 있었는데, 그 역시 파브르와 같은 생각을 가지고 있어서 누구나 쉽게 읽을 수 있는 과학책을 내기로 합의했다.

『대지』·『하늘』·『식물기』 등이 잇달아 출판된 것은 이러한 두 사람의 노력의 결실이었다. 그의 이런 저술은 훗날의 오랑주시절에도 계속되어 『새로운 수학』·『초보 천문학』·『초보 기하학』·『화학』·『오로라』·『지리입문』 등 61권에 이르렀다.

한편 파브르는 꼭두서니의 연구에 몰두하고 있던 시절 교육부장관인 빅토르 뒤루이의 방문을 받은 일이 있는데, 이를 계기로 그들의 친교는 오래도록 계속되었다. 뒤루이는 프랑스 교육의 근대화에 크게 기여한 개방적이고 진보적인 지식인이요 관리였다. 그는 과학과 진리에 대한 파브르의 성실한 자세와 줄기찬 탐구에 깊은 감명을 받고 있었다.

파브르의 연구결과들이 파리를 비롯하여 전국적으로 알려짐에 따라 프랑스 정부는 1868년(45세) 파브르에게 레지옹 도뇌르 훈장을 수여했다. 훈장을 받은 다음 날에는 나폴레옹 3세를 만나기도 했다. 뒤루이장관은 파브르가 황태자의 가정교사가 되었으면 좋겠다고 생각했으나 이루어지지는 않았다.

한편 프랑스의 교육계는 여러 교육문제들을 놓고 진통을 거듭하고 있었다. 뒤루이장관을 중심으로 교육을 근대화시키려는 공화파(개혁파)와 교육을 장악하고 있으며 교회를 편드는 왕당파(보수파) 사이에 끊임없는 싸움이 계속되고 있었다. 프랑스의 교육은 오랫동안 교회에 맞겨져 왔었다. 파브르는 교육이 종교로부터 독립해야 한다는 입장을 갖고 있었는데, 뒤루이장관도 같은 생각이었다.

교단을 떠나야 하는 슬픔

1868년(45세) 아비뇽시는 뒤루이장관의 새 교육방침에 따라 공개강좌를 열었다. 파브르도 일 주일에 두 번 강좌를 맡았다. 그의 정열적인 강의는 특히 젊은 여성들에게 인기가 있었다.

그러나 식물이 열매를 맺으려면 암술에 수술의 꽃가루가 묻어 수정 되어야만 한다는 강의 내용이 문제가 되어 강단에서 쫓겨나고 말았다. 젊은 여성들 앞에서 식물의 수정 이야기를 한 것이 교회의 공격을 받게 된 것이다.

파브르는 시민학교의 강좌를 빼앗겼을 뿐만 아니라 아비뇽 사범학교의 교사직도 사임하지 않을 수 없었다. 파브르의 과학교육을 못마땅하게 여긴 교회의 공격은 뒤루이장관에 대한 보수파의 공격과 서로 연결되어 있었으며, 뒤루이장관 역시 이듬해에 물러나고 말았다. 그것 뿐만이 아니었다. 파브르가 살고 있던 집 주인은 열렬한 기독교 신자였는데, 그조차도 파브르를 좋지 않게 생각하여 집을 비워줄 것을 요구했다.

파브르는 아비뇽을 떠날 수밖에 없었다. 그러나 그는 당장 집을 구해 이사할 돈도 없었다. 그러나 런던에 있던 존 스튜어트 밀이 3천 프랑이나 되는 큰 돈을 보내주어 그를 궁지에서 구해주었다. 그는 1970년(47세) 마침내 교단을 포기하고 오랑주로 이사했고 이곳에서 과학책을 저술하여 그 수입으로 살아갔다. 그리고 그 수입 중에서도 얼마간의 저축을 하여 밀이 보내준 돈을 갚았다.

오랑주로 온지 2년쯤 지난 1873년 어느날 파브르와 밀은 오랜 시간 함께 다니며 식물채집을 했는데, 그로부터 일주일이 못되어 밀은 세상을 뜨고 말았다. 밀의 죽음은 파브르에게 큰 슬픔을 주었고 함께 내기로 했던 『보클뤼즈의 식물지』의 출판도 불가능해지게 되었다. 파브르는 훗날 이 시기를 돌아보면서 "힘도 없고 믿고 의지할 수 있는 친구도 없이 고독과 불운과 싸우지 않으면 안 되었다." 고 회상했다. 그리고 철학을 하기에 앞서 나는 가족과 나의 위(胃)를 채우지 않으면 안 되었다"고 썼다.

밀이 세상을 뜬 뒤 아비뇽시는 파브르에게 르키앙 박물관장의 직도 그만두도록 요구하여 책을 써서 얻는 것 이외에는 아무런 수입이 없었다. 그는 시당국에 항의 했으나 끝내 박물관을 떠나고 말았다.

불행은 잇달아 그를 찾아왔다. 그가 20년 동안 관찰하고 연구해 온 곤충들의 생활을 알기쉽고 재미있게 풀어 쓴 『곤충기』 제1권의 원고가 거의 끝나갈 무렵인 1877년(54세), 파브르는 가장 사랑했던 아들 (둘째 아들임. 첫 아들 장은 파브르가 24세때 사망했다) 쥘을 잃었다. 쥘은 날카로운 감각을 가진 정열적인 소년으로 자연을 아주 좋아했으며 과학에도 문학에도 놀라운 재능을 갖고 있었다. 쥘은 16세의 소년이었다.

파브르는 쥘이 죽은 뒤 완성한 『곤충기』 제1권에서 어린 쥘이 좋아했던 곤충 3종류에 아들의 이름을 따서 붙이고 "네가 그토록 사랑했던 아름다운 벌들에게 네 이름이 붙여져 언제나 이 책속에 남아 있기 바란다"고 썼다. 이 해 겨울 그는 심한 폐렴에 걸려 삶과 죽음의 갈림길을 방황했다. 그러나 그는 다시 일어나 1878년(55세) 『곤충기』 제1권의 원고를 완성했다.

'황무지'의 땅으로

이듬해엔 그가 살던 집의 주인이 바뀌었다. 이 집주인은 어떤 이유에서였는지 집 앞의 플라타너스의 가로수를 잘라 버려 그의 마음을 슬프게 했다. 파브르는 이 집에 불만을 느끼기 시작하여 이사를 하기로 결심하고 오랑주에서 6km 떨어진 셀리냥 마을 변두리에 집 한 채를 마련해 옮겨갔다. 그가 오랫동안 갖고 싶어하던 집이었다.

그곳은 건조하고 거친 땅이었지만 갖가지 나무와 풀과 꽃들이 흐드러지게 피어나고 온갖 벌레들이 어우러져 사는 곤충들의 낙원이었다. 그는 그가 사는 곳을 '알마스'(프로방스 말로는 '황무지'라는 뜻)라고 이름지어 불렀다.

1879년 4월 3일, 그는 마침내 『곤충기』 제1권을 드라그라브 출판사를 통해 내놓았다. 이 책의 프랑스어 제목은 『곤충학적 회상록』(Souvenirs entomologiques)이었다. 책의 제목이 이렇게 붙여진 것은 곤충들의 삶의 기록인 동시에 책을 쓴 파브르 자신의 삶의 회상록이기도 했기 때문이다. 그는 그 뒤 1907년(84세)에 제10권을 간행하고 1909년(86세) 제11권을 쓰기 시작하기 까지 30년에 걸쳐 계속 『곤충기』를 써나갔다. 3년에 한 권씩 써낸 셈이다.

『곤충기』는 처음 나왔을 때 별로 좋은 반응을 얻지 못했다. '곤충학'이란 말이 당시의 프랑스 사람들에게 별로 친숙하지 않았기 때문이다.

학자나 전문가들은 이 책을 무시하거나 비웃었다. 학문적으로 가치있는 책이 되려면 어려운 말도 많이 나오는 등 '무게'가 있어야 하는데 너무 쉽게 씌어져 있을 뿐만 아니라 학문 속에 문학을 끌어들여 뒤섞어 놓았다는 것이 그 이유였다.

그리고 학자들은 학력도 보잘 것 없는 한 시골 남자가 파리 자연사박물관의 박사와 대가들을 비판하고 다윈의 진화론까지 정면에서 비판하고 있는 것을 못마땅하게 생각하고 있었다.

그러나 정작 다윈은 『곤충기』 1권을 읽고 가장 많은 감명을 받은 사람 중의 하나였다. 그는 파브르에게 보낸 편지에서 "만약 내가 본능의 진화에 대해 쓰게 된다면, 나는 귀하가 기록한 사실 가운데 몇 가지를 활용하고 싶다"고 말했다. 그리고 그는 또 다음과 같이 썼다. " 앞으로 귀하의 『곤충기』를 받아 볼 수 있으면 참으로 감사하겠습니다. 어떤 의미에서 나는 그런 은혜를 입을 자격이 있다고 생각합니다. 왜냐하면 귀하의 연구에 대해 진실로 나보다 더 찬사를 보내고 있는 사람은 나 말고는 유럽에 없다고 믿고 있기 때문입니다."

철학자 베르그송 또한 파브르의 연구를 높이 샀는데, 본능을 찬양한 파브르의 관찰은 그의 저서 『창조적 진화』에 중요한 이론적인 초석의 하나가 되었다.

알마스에서 비교적 평화로운 날들을 보내고 있던 1885년 파브르는 부인 마리를 잃었다. 부인의 나이 64세였다. 당시 그의 가족으로는 두 딸 아그라에와 클레르, 아들 에밀, 그리고 함께 사는 늙은 아버지가 있었다. (그의 아버지는 93세까지 건강하게 살았다.)

2년 뒤 파브르는 젊고 활기차며 똑똑한 조세핀 드데르와 재혼했는데, 그의 나이 63세, 조세핀의 나이 23세였다. 두 사람 사이에서는 그 뒤 폴, 포린, 안나 3남매가 태어났다.

그러나 알마스에서의 평화로운 생활에도 위기가 왔다. 최근 몇 해 동안은 그의 책이 많은 사람들에게 읽혀져 인세 수입이 매년 1만 6천 프랑에 이르렀는데, 교육제도가 개혁되어 그의 알기 쉬운 과학책들이 잘 팔리지 않게 되자 생활은 다시 큰 위협을 받게 되었다. 그래서 그는 노후를 위해, 그리고 3자녀의 교육을 위해 출판사에 남겨 놓았던 얼마 안 되는 돈을 가져다 쓸 수밖에 없었다.

1908년 궁핍을 견디다 못한 파브르는 그가 그토록 아껴왔던 자신이 그린 『버섯그림 모음집』을 팔려고까지 생각했다. 그때 노벨문학상을 받은 프로방스의 시인 미스트랄이 이 가난한 학자를 찾아와 그를 돕고자 나섰다. 처음에 그는 버섯그림집을 부자에게 사게 하여 그것을 다시 아를르의 박물관에 기증케 하려고 생각했으나, 그 대신 정부로부터 연금을 받을 수 있도록 노력하여 그 그림을 팔지 않아도 되게 하였다. 이밖에도 미스트랄은 파브르에게 노벨상을 주게 하려고 노력했으나 두 번 후보에 오르는 것으로 그쳤다.

'파브르의 날'의 영광

1910년(87세) 미스트랄과 파브르의 제자 르그로 박사를 중심으로 한 친구와 제자, 독자들이 궁핍으로 부터 파브르를 구하려는 운동에 나섰다. 그들은 파브르에게 감사하기 위해 '파브르의 날'을 정하고는 힘을 쏟아 행사를 준비했다. 여기에는 철학자 베르그송, 동물학자 부비에, 수학자 포앙카레, 시인 에드몽 로스탕, 작가 로맹 롤랑, 모리스 메테를링크 등 여러사람들이 참가했다.

그들은 '파브르의 날'을 위한 편지에서 다음과 같이 썼다.

"파브르는 위대한 학자이다. 그는 철학자 처럼 사색하고 예술가처럼 관찰하고 시인처럼 표현한다.

—에드몽 로스탕

"그의 천재적인 관찰과 그가 보여준 정열과 인내력은 마치 훌륭한 예술작품을 보는 것 처럼 나를 감동시킨다."

"나는 이번 휴가에 3권의 책을 가지고 갔다. 그 가운데 두 권은 『곤충기』였다.

—로맹 롤랑

"앙리 파브르는 오늘의 세계가 갖고 있는 가장 숭고하고 순수한 영광이다.

—모리스 메테를링크

'파브르의 날' 행사는 1910년 4월 3일에 열렸다. 이날 알마스에서는 조각가 프랑수아 시카르가 금으로 만든 판에 파브르의 상(像)을 조각하고 뒷 면에 그의 위대함을 새겨 넣은 기념패가 그에게 헌정되었다. 프랑스 정부는 전에 그에게 주었던 것보다 더 높은 급의 레지옹 도뇌르훈장과 함께 연금 2천 프랑을 주었고, 스톡홀름 과학아카데미 또한 '린네상'을 주었다.

이날 셀리냥 마을에서 열린 축하연에 파브르는 너무 늙어서 걸어갈 수 없었다. 그는 오랑주에서 끌고 온 축제용 마차를 타고 갔다. 이 '파브르의 날'을 계기로 그의 이름과 업적은 더욱 더 세계적으로 알려지게 되었고, 그의 궁핍을 보고 있을 수만은 없다는 운동이 더욱 광범위하게 일어났다.

미스트랄은 그때 다음과 같은 시를 썼다.

프랑스여,
그대는 연로한 파브르를
모를 리 없고,

그대가 그에게 해야 할 것을
하지 않고 있다는 것 또한
모를 리 없다.

고귀한 삶에서 더 고귀한 삶으로

프랑스는 물론 세계 곳곳에서 보내온 따뜻한 손길에 노학자는 당혹했다.

독일에서도 성금을 보내왔으며, 특히 베를린의 일간신문인 『베를리너 타게블라트』는 "필요하다면 프랑스가 거부하는 영광의 빚을 독일이 갚고 싶다"고 썼다.

그러나 파브르는 이 성금을 하나 하나 보내온 사람들에게 되돌려 보내고 이름을 알 수 없는 사람들로 부터 온 것은 셀리냥의 가난한 사람들에게 나누어 주었다.

부인 조세핀이 죽은(48세) 다음 해인 1913년 가을, 당시의 프랑스 대통령 포앙카레는 알마스로 파브르를 찾아가 프랑스국민을 대표해 경의를 표했다.

파브르는 1915년 5월 요독증으로 중태에 빠진 뒤 그해 10월11일 세상을 떴다. 고난에 가득 찬 92세의 생애였다. 그의 묘비에는 다음과 같은 파브르 자신의 말이 새겨졌다.

"죽음은 끝이 아니라 더욱 고귀한 삶을 향해 떠나는 출발이다."

파브르 연보

1823 : 12월 23일 남프랑스의 생 레옹에서 가난한 농민인 아버지 앙트완과 어머니 빅트와르 사이에서 맏아들로 태어남.

1825(2) : 동생 프레데릭 태어남.

1827(4) : 생활이 어려워 마라바르의 할아버지댁에 맡겨져 6살까지 이곳에서 자람.

1830(7) : 생 레옹으로 돌아와 국민학교에 들어감.

1833(10) : 로데즈로 이사, 왕립학원에 들어감.

1839(16) : 아비뇽 사범학교에 수석입학.

1842(19) : 사범학교 졸업. 카르팡트라스 국민학교의 교사가 됨.

1844(21) : 동료교사인 마리 비야르(24)와 결혼.

1845(22) : 첫 딸 엘리자벳 태어남. 몽페리에 대학에서 대학입학자격시험에 합격.

1847(24) : 몽펠리에 대학에서 수학 학사 학위를 받음. 큰 아들 장이 태어남.

1848(25) : 몽펠리에 대학에서 물리학 학사학위 얻음.큰 아들 장이 죽음.

1849(26) : 코르시카 섬의 아작시오 중학교 물리교사가 됨. 식물학

자 르키앙을 알게 되어 함께 식물 채집.

1850(27) : 둘째 딸 안드레아 태어남.

1851(28) : 박물학자 모칸 당통의 권유로 박물학자의 길을 가기로 결심.

1853(30) : 아비뇽 사범학교의 물리교사가 됨. 셋째 딸 아그라에 태어남.

1854(31) : 툴루즈 대학에서 박물학 학사학위 받음. 레옹 뒤프르의 비단벌레노래기벌에 관한 논문을 읽고 곤충생태를 연구하기로 결심함.

1855(32) : 넷째 딸 클레르 태어남.

1856(33) : 혹노래기벌 연구로 프랑스 아카데미로부터 실험 생리학상 받음.

1859(36) : 다윈의 『종의 기원』에서 파브르는 '최고의 관찰자'라는 찬사를 들음.

1861(38) : 둘째 아들 쥘 태어남. 르키앙 박물관 관장이 됨. 영국의 사상가 존 스튜어트 밀과 사귐.

1863(40) : 셋째 아들 에밀 태어남.

1865(42) : 쉽게 쓴 과학책 『하늘』과 『대지』를 출판. 그후 『식물기』등 많은 과학책을 저술함.

1866(43) : 꼭두서니에서 알리자린이라는 색소를 뽑아내는 데 성공하여 가난을 벗어날 수 있다는 꿈에 부풀음.

1868(46) : 교육부장관 뒤루이로부터 레지옹 도뇌르 훈장 받음. 나폴레옹 3세도 만남. 아비뇽시의 시민학교에서 강의함. 독일에서 인공색소 알리자린을 합성하는 데 성공하여

꼭두서니 색소를 공업화하려던 꿈이 좌절됨. 시민학교에서 한 식물의 수정에 관한 강의가 문제되어 시민학교 강좌를 빼앗기고 아비뇽 사범학교에서도 사직함.

1870(47) : 아비뇽을 떠나 오랑주로 이사함.

1873(50) : 존 스튜어트 밀 사망. 르키앙 박물관장을 사임.

1877(54) : 둘째 아들 쥘 사망.

1878(55) : 폐렴으로 생명이 위태로움. 『곤충기』 제1권 원고 완성.

1879(56) : 셀리냥 마을에 인접한, 자신이 '알마스'라고 이름 지은 곳으로 이사함. 『곤충기』 제1권이 드라그라브 출판사에서 간행됨.

1882(59) : 『곤충기』 제2권 출판.

1885(62) : 부인 마리 비야르 사망.

1887(64) : 조세핀 드데르(23)와 재혼.

1888(65) : 조세핀과의 사이에 아들 폴이 태어남.

1890(67) : 딸 포린 태어남.

1891(68) : 넷째 달 클레르 사망.

1895(72) : 딸 안나 태어남.

1898(75) : 딸 안드레아 사망.

1907(84) : 『곤충기』 제10권 간행. 인세수입이 줄어 생활이 매우 궁핍해짐. 쥐네르상과 함께 연금 3천 프랑 받음.

1909(86) : 『곤충기』 제11권 쓰기 시작. 시집 간행.

1910(87) : 시인 미스트랄과 르그로 등이 애써 준비하여 '파브르의 날' 행사 개최. 정부로부터 두번 째의 레지옹 도뇌르 훈장과 함께 연금 2천 프랑 받음.

1912(89) : 부인 조세핀 사망(48).

1913(90) : 포앙카레 프랑스 대통령이 방문, 프랑스 국민을 대표하여 경의를 표함.

1914(91) : 셋째 아들 에밀 사망.

1915(92) : 10월 11일 세상을 뜸. 셀리냥에 묻힘.

1921 : 프랑스 국회, 알마스에 있는 파브르의 집을 사적으로 보존키로 결의하고 박물관을 세움.

옮긴이의 말

꽃 위에서 춤추는 나비, 꿀을 나르는 벌, 하늘을 나는 잠자리, 타고난 음악가인 매미, 멋진 그물을 짜는 거미, 긴 행렬을 이루면서 이동하는 개미……. 이런 곤충들은 우리가 들이나 숲을 찾기만 하면 쉽게 만날 수 있는 벌레들이다.

이 곤충들은 어떻게 살아가는 것일까? 그들은 어떻게 먹이를 구하며 어떻게 자녀를 낳아 기르는 것일까? 그들은 어떤 본능과 습성을 갖고 있으며 어떤 지혜를 갖고 있는 것일까?

평생을 곤충과 함께 살면서 그들을 관찰하고 연구하여 바로 이와 같은 곤충세계의 비밀을 우리들에게 알려주고 있는 것이 이 책이다. 파브르는 이 책을 통해 신비로운 곤충들의 세계를 재미있고도 쉽게 우리에게 알려줄 뿐만 아니라 곤충과 곤충이, 곤충과 짐승들이, 풀과 꽃과 나무들이, 생명과 생명들이 서로 긴밀하게 연결되어 서로 주고 받으면서 대자연 속에서 '하나의 큰 생명'을 이루고 있다는 진리를 우리에게 가르쳐 주고 있다.

파브르는 곤충들을 관찰하되 그들을 따뜻한 사랑과 경이의 눈으로 바라보았으며 자연을 대하되 그것이 서로 연관된 정밀한 질서로 이루어져 있다는 경외심을 가지고 대했다. 그러므로 이 책은 생명에 대한 찬가이며 자연을 경탄하는 서사시라고도 말할 수 있다.

또한 파브르는 곤충들을 설명하되 우리 인간의 행동을 예로 들어 설명함으로써 우리 자신을 돌아보게 한다. 책임을 중히 여기는 인격, 양심과 의무, 일하는 것의 존엄성을 군데 군데서 강조하고 있다. 그런 점에서 이 책은 하나의 철학책이라고도 말할 수 있다. 로스탕이 "파브르는 철학자처럼 사색하고 예술가처럼 관찰하며 시인처럼 표현한다"고 말한 것은 이를 두고 한 말일 것이다.

파브르는 딱딱하기 쉬운 과학책이 재미있고도 향기높은 문학책이 될 수 있다는 것을 이 책에서 보여 주었다. 그러므로 이 책은 과학과 문학이 이상적으로 결합된 하나의 모범적인 예를 보여준 것이라고도 말할 수 있을 것이다.

그동안 우리나라에서는 수많은 종류의 파브르 곤충기가 나왔다. 그럼에도 불구하고 이 책을 새롭게 펴내는 까닭은 여태까지의 『곤충기』들이 거의 모두 어린이용으로 풀어 쓰거나 적당히 줄이고 가필하여 엮어낸 것들 뿐이기 때문이다.

그러므로 이 책들에는 파브르가 말하고자 한 철학과 사상의 메시지가 생략된 경우가 많으며 또한 제대로 살아 있지 않다.

뿐만 아니라 파브르 자신의 문장이 아니기 때문에 그의 글이 갖는 문학적 향기를 느끼기 어렵다. 파브르의 『곤충기』는 어린이들이 즐겨 읽고 있는, 또 읽어야 할 책이면서도 어른이 함께 읽는 책이라는 것을 강조하고 싶다.

다시 말해서 『곤충기』는 진화론을 쓴 다윈이 감명깊게 읽은 책이고 철학자 베르그송과 경제학자 존 스튜어트 밀에게 깊은 영향을 준 책이라는 것을 덧붙여 여기 밝혀두고자 한다.

이 책은 모두 10권에 이르는 방대한 『곤충기』가운데서 가장 재미있고도 유익한 부분을 골라 파브르의 문장을 따라가며 옮긴 것이다. 그러므로 국민학교 4·5·6학년의 어린이로부터 중·고교 학생은 물론 어른들이 함께 파브르의 문학적 향기를 즐기며 읽을 수 있는 책이라고 생각한다.

이제 『곤충기』의 제 1권이 간행된 날로부터 약 1백15년의 세월이 흘렀다. 이 1백여 년 동안에 우리가 사는 지구에서는 파브르가 상상조차도 할 수 없었던 일들이 벌어지고 있다. 생명계의 수많은 종(種)들이 멸종되어 이 지상에서 영원히 살아져 가고 있다. 파브르가 그토록 신기하게 여겼던, 그리고 우리 시골에서도 흔히 볼 수 있었던 쇠똥구리조차 요즘은 좀처럼 찾아보기 힘들게 되었다. 파브르가 관찰한 곤충들 가운데 멸종된 것도 적지 않을 것이다. 머지 않아 참새도 천연기념물이 될지도 모른다. 이대로 간다면 지금 지구에 살고 있는 생명들이, 인간이 살아남을 수 있을까? 참으로 슬퍼하고 두려워하지 않을 수 없다.

우리는 이 『곤충기』를 읽는 많은 분들이, 특히 청소년들이 파브르의 눈을 통해 자연을 봄으로써 이 지구 위의 모든 생명에 대해, 자연에 대해 깊은 사랑과 경외심을 갖게 되기를 바란다. 그리하여 죽어가는 지구를 살리는 실천운동에 나서기를 바란다. 또한 가난과 역경 속에서도 비상한 인내와 불굴의 정신으로 고난을 이겨낸 파브르의 삶을 통해 용기와 격려를 받기 바란다. 또한 그의 준엄한 과학정신과 진실의 추구, 그리고 진리에 대한 사랑도 함께 배우게 되기를 바라마지 않는다.

—옮긴이

❑옮긴이 **정석형**

서울대학교 문리과대학 불어불문학과 졸업.
옮긴 책으로는『파브르 식물기』(두레)가 있다.

❑그림 **신여명**

본문 중의 곤충 일러스트레이션(부분)

파브르 곤충기

지은이　J. H. 파브르
옮긴이　정석형
펴낸이　조추자
펴낸곳　도서출판 두레
1쇄 인쇄일　2000년 4월 6일
1쇄 발행일　2000년 4월 15일

등 록　1978년 8월 17일 제1-101호
주 소　서울시 마포구 공덕1동 105-225
전 화　(02)702-2119(영업) 703-8781(편집)
팩 스　(02)715-9420
E-mail　dourei@chollian.net

ISBN 89-7443-025-8 03490